COMMENT NOURRIR 7 MILLIARDS D'HOMMES

Worldwatch Institute

Traduction de l'anglais (américain) :
Sylvie Del Cotto, Ludwig Ferchal, Jean-Marc Millanvoye, Nadine Millanvoye, Chantal Mitjaville, Éléonore Mongiat.

100%

PAPIER RECYCLE

3 1244 121

Papier Vertabook fabriqué à partir de 100% de fibres papetières recyclées.

Les émissions de gaz à effet de serre associées à l'édition et à la diffusion de ce livre sont compensées pour en limiter l'impact sur le climat. Cette compensation se traduit par le financement de projets d'énergie renouvelable et d'efficacité énergétique dans des pays en développement.

Découvrez ces projets sur www.actioncarbone.org

WORLDWATCH INSTITUTE

COMMENT NOURRIR 7 MILLIARDS D'HOMMES

Un ouvrage publié sous la direction de :
Danielle Nierenberg et Brian Halweil
Avec la participation de :
Royce Gloria Androa, Charles Benbrook, Marie-Ange Binagwaho, Louise E. Buck, Roland Bunch, Marshall Burke, Christopher Flavin, Dianne Forte, Samuel Fromartz, Hans R. Herren, Mario Herrero, Marcia Ishii-Eiteman, Nancy Karanja, Anna Lappé, Brigid Letty, David Lobell, Saidou Magagi, Serena Milano, Anuradha Mittal, Mary Njenga, Qureish Noordin, Sandra L. Postel, Chris Reij, Andrew Rice, Sara J. Scherr, Alexandra Spieldoch, Tristram Stuart, Abdou Tenkouano, Ann Waters-Bayer. Et avec Linda Starke.

Éditions de La Martinière

Collection « GoodPlanet »
dirigée par Yann Arthus-Bertrand

Suivi éditorial :
Olivier Blond et Olivier Milhomme

Avec le soutien du Groupe Capgemini.
Il est de la responsabilité de grands groupes internationaux tels que Capgemini de participer à l'émergence de nouveaux modèles de développement, notamment par un appui à la recherche et à l'innovation. Le Groupe est fier de s'associer à l'édition 2011 du Worldwatch Institute. Présent dans quarante pays, employant plus de cent quinze mille collaborateurs, Capgemini est l'un des leaders mondiaux du conseil, des services informatiques et de l'infogérance.

Titre original : *State of the World 2011 : Innovations that Nourish the Planet*

ISBN 978-2-7324-4750-6

Connectez-vous sur : www.lamartinieregroupe.com

Dépôt légal : novembre 2011

INTRODUCTION

Yann Arthus-Bertrand avec Olivier Blond
Fondation GoodPlanet

Remettre les paysans au cœur du monde

J'ai toujours aimé les paysans – je les ai photographiés pendant des années. Ils exercent l'un des plus beaux métiers du monde : nourrir les hommes. Ils le font souvent avec courage, intelligence et générosité. Leur rôle va même bien au-delà. Ils façonnent les paysages et transforment – en bien ou en mal – les écosystèmes. Je les critique parfois quand ils abîment l'environnement par des pratiques intensives, mais c'est toujours avec bienveillance. En France, ils sont environ cinq cent mille. Mais dans le monde, ce sont plus de 2 milliards de personnes qui travaillent la terre, souvent sans l'aide d'aucun tracteur ou engin mécanique.

Dans notre culture urbaine, les paysans sont souvent perçus comme les reliques d'un monde dépassé, car ils vivent au rythme des saisons plutôt qu'à celui des dépêches ou de Twitter. Mais cela pourrait changer. Car les paysans sont au cœur d'une transformation à la fois essentielle et technologique.

Essentielle, parce que nourrir le monde redevient un enjeu, avec l'augmentation de la population, qui atteint 7 milliards cette année et pourrait dépasser 10 milliards d'ici à 2050. D'autant plus que la modification des régimes alimentaires et l'augmentation de la consommation de viande font peser une pression supplémentaire (50 % de la production agricole mondiale sont consacrés aux élevages). Alors que les terres arables viennent à manquer, que les sols s'épuisent à cause de décennies de pratiques écologiquement néfastes, le prix des matières agricoles s'envole et amène des crises comme celle de 2008 avec les émeutes de la faim. La montée des prix et les tensions sur les marchés font de l'agriculture, longtemps méprisée par les investisseurs, un secteur attractif, à tel point que spéculation et acquisitions à grande échelle prennent place. Ce qui n'est pas sans poser de problèmes politiques et éthiques majeurs. Et ce qui nous rappelle que la faim n'est pas qu'une question de production mais aussi une question de pauvreté et d'accès à la nourriture.

Technologique, car le métier d'agriculteur est, malgré son image surannée, extrêmement technique. Même le plus pauvre et le plus isolé des paysans doit sélectionner les semences, contrôler l'irrigation, maîtriser la fertilité des sols, assurer l'accès en matière organique, optimiser les récoltes en fonction des prédateurs possibles ou du climat. Il doit comprendre le système financier pour avoir accès aux crédits nécessaires et connaître les marchés volatils sur lesquels seront vendus ses produits.

Chacun de ces points connaît aujourd'hui de profondes transformations, car les nombreux progrès de l'agriculture conventionnelle ont été obtenus avec des techniques finalement contre-productives – qui épuisent les écosystèmes dont les paysans ont besoin pour produire. Il faut une nouvelle révolution verte, ou une révolution doublement verte, c'est-à-dire une transformation des pratiques qui augmente encore la production mais s'appuie désormais sur les écosystèmes et les préserve.

De l'avis de tous les experts, à la FAO ou ailleurs, cette révolution est possible. Les technologies existent déjà, elles permettraient de multiplier par deux la productivité mondiale. En particulier pour les tout petits producteurs, qui possèdent parfois moins de 1 hectare et produisent à peine de quoi se nourrir.

C'est ce que montre ce livre essentiel. Restaurer les sols avec un couvert végétal naturel plutôt qu'avec des intrants, améliorer l'accès à l'eau, identifier des variétés résistantes aux parasites, diminuer les gaspillages en amont ou en aval, etc., les pistes sont multiples, et le Worldwatch a fait un travail remarquable en rassemblant les plus intéressantes d'entre elles.

Ces technologies permettraient de résoudre une grande partie de la faim et de la pauvreté dans le monde – car permettre aux petits paysans de dégager un excédent, c'est leur permettre de trouver l'argent pour envoyer un enfant à l'école, acheter un animal qu'ils pourront revendre en cas de mauvaise récolte ou payer le médecin. Très souvent, ces modifications reposent sur une implication plus juste et plus équitable des femmes. Ces technologies ne ressemblent pas à celles qui permettent d'envoyer des navettes dans l'espace ou de construire des images en trois dimensions. Elles n'en sont pas moins importantes. Et pas si simples que ça. En fait, c'est même leur complexité qui en retarde l'avènement. Car elle rend longue et difficile leur diffusion dans des zones de densité faible, souvent défavorisées.

L'agriculture est un véritable enjeu pour notre monde. Il faut que nous lui accordions tout l'intérêt qu'elle mérite.

Yann Arthus-Bertrand
et Olivier Blond
Fondation GoodPlanet
www.goodplanet.org

Membres de l'équipe

Robert Engelman
Vice-président des programmes

Barbara Fallin
Directrice financière et administrative

Christopher Flavin
Président-directeur général

Gary Gardner
Chercheur en chef

Saya Kitasei
Responsable des énergies renouvelables

Alex Kostura
Assistant au développement/assistant du P-DG

Colleen Kredell
Directeur de la communication en ligne

Trudy Loo
Directrice des dons individuels

Haibing Ma
Directrice du programme Chine

Lisa Mastny
Rédactrice en chef

Danielle Nierenberg
Directrice des recherches

Alexander Ochs
Directeur du climat et de l'énergie

Mary Redfern
Directrice des relations institutionnelles

Michael Renner
Directeur de recherches

Samuel Shrank
Chargé des énergies renouvelables

Patricia Shyne
Directrice des publications et du marketing

Russell Simon
Directeur de la communication

Molly Theobald
Chargé de recherches

Chercheurs, conseillers et consultants

Erik Assadourian
Directeur de recherches

Hilary French
Directrice de recherches

REMERCIEMENTS

L'institut Worldwatch n'aurait pas pu concevoir un livre aussi ambitieux que *L'État du monde 2011 : comment nourrir 7 milliards d'hommes* sans un formidable réseau mondial de conseillers et de collaborateurs. Depuis deux ans, nous étudions ce qui relie la faim, la pauvreté et la dégradation de l'environnement. De plus, nous recherchons des solutions durables à ces problèmes. Le bilan de nos travaux sont publiés sur www.NourishingthePlanet.org, et permet de partager les histoires des agriculteurs, groupes d'agriculteurs, journalistes, scientifiques et donateurs avec notre réseau mondial de lecteurs en expansion permanente.

Nous devons d'énormes remerciements au Comité consultatif de *Nourishing the Planet*. Depuis deux ans, ce groupe de consultants de confiance nous indique des projets sur le terrain et pose un regard critique sur les différentes parties du projet, y compris le blog de NtP. Le comité consultatif comprend les éminents individus suivants : Bina Agarwal, Lorena Aguilar, Dave Andrews, Shayna Bailey, Charles Benbrook, Jake Blehm, Louise Buck, Ben Burkett, Olivier De Schutter, Jim DeVries, Amadou Diop, Alan Duncan, Sue Edwards, Tewolde Berhan, Gebre Egziabher, Charles Erhart, Cary Fowler, Dennis Garrity,

Hans Herren, Jackie Hughes, Dyno Keatinge, Gawain Kripke, Loren A. Labovitch, David Lobell, Luc Mougeot, Mark Muller, Sam Myers, Sudha Nair, Arivudai Nambi, Eliud Ngunjiri, Diamantino Nhampossa, Jan Nijhoff, Tim Ogborn, Thomas Pesek, Jules Pretty, Chris Reij, Raj Rengalakshmi, Mike Robinson, Sara Scherr, Christina Schiavoni, Alexandra Spieldoch, David Spielman, Steve Staal, Abdou Tenkouano, Norman Uphoff, Edith Van Walsum, Swarna S. Vepa et Jacob Wanyama. De plus, nous voulons remercier le conseil d'administration de l'institut Worldwatch pour son travail de direction : le président du conseil Tom Crain, le vice-président Robert Charles Friese, la trésorière Geeta B. Aiyer, la secrétaire Nancy Hitz, le président du Worldwatch Christopher Flavin, Ray Anderson, L. Russell Bennett, Marcel Brenninkmeijer, James Cameron, Cathy Crain, James Dehlsen, Ed Groark, Satu Hassi, Jerre Hitz, Jeffrey Lipton, Akio Morishima, Sam Myers, Ajit Nazre, Richard Swanson, Izaak Van Melle et Wren Wirth. Nos membres émérites du conseil sont : Øystein Dahle et Abderrahman Khene. À notre grande tristesse, Andrew E. Rice, membre du conseil et ancien président, est décédé en 2010 après une lutte courageuse contre le cancer. Sa passion de toujours pour le développement économique et social aurait rendu Andy particulièrement heureux s'il avait vu le sujet mis en avant cette année par *L'État du monde.*

L'État du monde n'existerait pas sans les généreuses contributions financières de nos nombreux bienfaiteurs. Plus de trois mille cinq cents amis de Worldwatch ont financé près d'un tiers du budget de fonctionnement de l'institut.

Le programme de recherche de Worldwatch est soutenu par une liste d'organisations et de fondations. Nous remercions la fondation Bill & Melinda Gates qui nous a permis d'établir des rapports d'enquête sur le terrain. Grâce à eux, nous avons pu consacrer *L'État du monde* aux innovations qui font reculer la faim et la pauvreté. Des remerciements spéciaux sont adressés à Haven Ley et à Brantley Browning, nos responsables de programme à la fondation. Ils nous ont apporté leurs conseils et leurs encouragements tout au long du projet, et nous leur en sommes profondément reconnaissants.

Notre reconnaissance va également à un certain nombre d'autres fondations, gouvernements et institutions dont le soutien au cours de l'année passée a rendu possibles de nombreux autres projets de l'institut : la fondation American Clean Skies ; l'*Apollo Alliance Project,* avec un financement des fondations Rockefeller et Surdna ; la fondation Heinrich Boell ; la fondation Casten Family ; la fondation Compton, Inc. ; le Del Mar Global Trust ; l'Energy and Environment Partnership avec l'Amérique centrale ; le ministère des Affaires étrangères du gouvernement de Finlande ; Sam Gary et Associés, Inc. ; le ministère fédéral allemand de l'Environnement, Protection de la nature et Sécurité nucléaire ; le fonds Richard et Rhoda Goldman et le prix Goldman pour l'environnemental ; la fondation Hitz ; la Steven C. Leuthold Family Foundation ; le *Map Royalty, Inc. Sustainable Energy Education Fellowship Program* ; les maristes de l'USA Sharing Fund ; le Renewable Energy & Energy Efficiency Partnership ; la fondation Shared Earth ; la fondation Shenandoah ; la fondation Flora L. Thornton ; la fondation des Nations unies ; la fondation Wallace Genetic, Inc ; le Wallace Global Fund ; l'institut Johanette Wallerstein et la fondation Winslow.

Nous sommes également redevables à notre réseau international de partenaires de publication qui ont rendu *L'État du monde* accessible à un large public. Ils ont apporté conseils, traduction, assistance et aide à la distribution. Nous adressons des remerciements spéciaux à Universidad Livre da Mata Atlântica de Brasil ; China Environment Science Press en Chine ; Oy Yliopistokustannus University Press en Finlande ; GoodPlanet et les Éditions de La Martinière en France ; Germanwatch, la fondation Heinrich Böll et OEKOM Verlag GmbH en Allemagne ; Evonymos Ecological Library en Grèce ; Earth Day Foundation en Hongrie ; Centre for Environment Education en Inde ; World Wide Fund for Nature et Edizioni Ambiente en Italie ; Worldwatch Japon ; Africam Safari, Televis Verde, SEMARNAT, et les Universidad de las Americas Puebla à Mexico et Latin America ; Editura Tehnica en Roumanie ; Worldwatch Norden ; Center of Theoretical Analysis of Environmental Problems et International Independent University of Environmental and Political Sciences en Russie ; DOYOSEA-Korea Green Foundation en Corée du Sud ; Centre UNESCO de Catalunya pour la version catalane et Fundacion Hogar del Empleado and Editorial Icaria pour la version castillane en Espagne ; Taiwan Watch Institute ; Turkiye Erozyonla Mucadele, Agaclandima ve Dogal Varliklari Koruma Vakfi en Turquie et Earthscan au Royaume-Uni.

Worldwatch entretient depuis longtemps un lien avec W.W. Norton & Company à New York. Grâce à leur équipe, et en particulier à Amy Cherry, Laura Romain, Devon Zahn et Louise Mattarelliano, *State of the World, Vital Signs* et d'autres livres du Worldwatch ont été accueillis dans les librairies et les salles de classe des États-Unis.

Nos lecteurs bénéficient des compétences de l'équipe du service clientèle de Direct Answer, Inc. Nous remercions Katie Rogers, Marta Augustyn, Colleen Curtis, Lolita Guzman, Cheryl Marshall, Katie Gilroy, Ronnie Hergett et Valérie Proctor qui fournissent un service clientèle de premier ordre en répondant aux commandes des clients sur un ton amical.

Les auteurs de *L'État du monde* de cette année ont profité du regard critique d'autres rédacteurs, membres du comité consultatif et d'experts ainsi que des corrections réalisées par plusieurs correcteurs anonymes. Thomas Prugh, ancien rédacteur de *Worldwatch Magazine,* a offert ses commentaires sur la plupart des chapitres, nous aidant à donner des recommandations importantes aux auteurs au début du travail rédactionnel. Sophia Murphy et Lisa Mastny, rédactrices de l'équipe de Worldwatch, ont elles aussi fourni une relecture soutenue et un travail de rédaction sur de nombreuses parties, leur aide ayant permis de monter l'édition finale.

Les experts Nourriture et Agriculture Mark Bittman, Chad Dobson, Joan Gusow, Anna Lappé, Francis Moore Lappé, Raj Patel, Michael Pollan et Roger Thurow ont eux aussi partagé généreusement leur savoir dès les premières étapes du projet, nous orientant vers des personnes et des buts précis.

Pour la présente édition de L'*État du monde,* nous avons recruté un nombre record d'éminents penseurs, avocats, journalistes, agriculteurs, militants et scientifiques parmi les auteurs et collaborateurs. En plus des auteurs de chapitres perspicaces et compétents, un merveilleux groupe d'universitaires et de journalistes ont collaboré en rédigeant les petits articles qui apparaissent entre les chapitres. Ces articles SUR LE TERRAIN décrivent des innovations agricoles particulières et des organisations travaillant dans le domaine du développement agricole. D'autres rédacteurs et chercheurs ont fourni les encadrés de plusieurs chapitres.

En 2009 et 2010, le projet *Nourishing the Planet* a été soutenu par un groupe de stagiaires incroyablement brillants. Abby

Massey a travaillé avec zèle sur les chapitres Ier et XIII, aidant à rechercher l'information et à coécrire le texte d'un encadré. Abby a également été un élément important de l'équipe de NtP, tenant des blogs, aidant à programmer nos réunions et nos rendez-vous, et travaillant sur les données des innovations agricoles. Kristina Van Dexter a travaillé sur le projet dès le début, et Stephanie Pappas a aidé à trouver des informations sur la circulation des fonds pour l'agriculture. Ronit Ridberg a employé ses talents de chercheuse à retrouver les informations utiles au chapitre XII, tandis qu'Alexandra Tung a passé son été à trouver des statistiques et des innovations intéressantes pour les chapitres IV et VIII, tout en prenant part au chapitre Ier. Ses contributions au chapitre IV ont été particulièrement utiles à la rédactrice Sandra Postel. Daniel Kandy a participé aux chapitres IX, X et XV ; Matt Styslinger a collaboré au chapitre VII ; Vanessa Acara fut d'une grande aide en menant des recherches et en esquissant un encadré pour le chapitre VII ; Janeen Madan a travaillé sur les chapitres III et XIV ; et Abisola Adekoyo, Elena Davert et Daniel Kana ont vérifié toutes les données des chapitres pour s'assurer que les statistiques et les données étaient cohérentes sur la globalité du livre.

La plupart de nos rédacteurs ont également profité de l'aide de leurs collègues ou de l'équipe : Chris Reij aimerait adresser des remerciements spéciaux aux partenaires d'African Regreening Initiatives au Mali et au Burkina, et en particulier à Mary Allen et Mathieu Ouedraogo ; Pay Dreschel tient à remercier Philip Amoah, Ben Keraita, Robert Abaidoo, Kwame Nkrumah et Terry Clayton pour leur aide dans son SUR LE TERRAIN sur l'irrigation par les eaux usées.

De plus, ce livre n'aurait pas pu être écrit sans les dizaines d'experts, universitaires, journalistes, femmes et hommes d'affaires, chauffeurs de taxi, chauffeurs de bus, propriétaires d'hôtel, fermiers et citoyens de tous les jours qui ont apporté leurs conseils et leur aide lors de nos voyages en Afrique subsaharienne l'année passée. Un grand merci aux personnes suivantes : Jules Adjima, Pierluigi Agnelli, Leila Akahloun, Dr. King David Amoah, Stephen Amoah, Dr. Kwasi Ampofo, Festus Annor-Frempong, Emmanuel Antai-Taylor, Raymond Auerbach, Eric Biantuadi, Diallo Bineta, Mark Bittman, Donna Bryson, Madou Camara, Argent Chuula, Maimouna Coulibaly, Madyo Couto, Dr. Rosa da Costa, Matty Demont, Joseph DeVries, Raoul DuToit, Felix Edwards, Bishr El-Touni, Moussa Faye, Gregory Flatt, Mariam Ouattara Gnire, Bill Guyton, Richard Haigh, Rick Hall, Getrude Hambira, Jan Helsen, Dee Hertzberg, Eric Holt-Gimenez, Momodou Mbye Jabang, Chris Johnson, Calestous Juma, Susan Kaaria, Daniel Kamanga, Elizabeth Katushabe, Dr. Charles Kayumba, Sabera Khan, Yacouba Kone, Diana Lee-Smith, Suzanne Lenzer, Mark Lesiit, Dale Lewis, Mia MacDonald, Seck Madieng, Mohamedou Ould Mohamed Mahmoud, Esther MjokiMaima, Annalisa Mansutti, Sainey Marenah, Santiago Medina, Katlella Abdou MaiMoussa, Rob Munro, Roni Neff, Kristoff et Stacia Nordin, Charles Onyoni Onyando, Osabarima, Nancy Ayesua Out, Fatouma Sophie Outtara, Dov Pasternack, Raj Patel, Steve Power, Charles A. Ray, Jill Richardson, Albert Rouamba, Pap Saine, Aïssatou Seck, Kamuturaki Seremos, Lindiwe Majele Sibanda, Ruth N. Simwanza, Paul Yempapou Sinandja, Salibo Some, Noel Kokou Tadegnon, Joe Welsh, Mark Wood et Denise Young. Nous aimerions également remercier Joyce Nierenberg, Stuart Pollack et Barbara Sabbath, qui ont accepté de prendre des appels d'Afrique en PCV tard le soir, et pour leur soutien général dans tous nos efforts.

Stimulée par tous ces formidables soutiens financiers, contacts, amis, conseillers, bénévoles et collègues, l'équipe de Worldwatch a apporté son propre dévouement à *L'État du monde.* L'institut ne pourrait pas fonctionner sans sa directrice financière et administrative Barbara Fallin, qui assure la bonne marche des bureaux depuis vingt-deux ans. Nous souhaitons remercier Darcey Rakestraw, le directeur de la communication de Worldwatch, qui a quitté l'institut en 2010 pour partager son savoir avec Food and Water Watch. Darcey a confié ses tâches aux mains expertes de Julia Tier qui, juste avant le bouclage du livre, a quitté Worldwatch pour se lancer dans l'aventure de l'enseignement de l'anglais en Thaïlande. Ben Block, rédacteur de l'équipe de Worldwatch et Web manager, a également quitté l'institut à l'automne 2010 pour un programme Fulbright au Pérou. De plus, Alice Jasperson, manager de *Vital Signs Online*, a décidé de quitter son poste qui la noyait sous les données pour le Salvador. Et Juliane Diamond a quitté son poste d'assistante au développement et de présidente dans le but de satisfaire ses intérêts pour la Wildlife Alliance.

Molly Theobald, notre chercheuse en alimentation et agriculture, a rejoint l'équipe de *Nourishing the Planet* en 2009. Molly est devenue une spécialiste de tous les corps de métiers, éditant des vidéos, écrivant des blogs et participant à deux articles SUR LE TERRAIN. Elle a été rejointe par l'assistante de communication de NtP Amanda Stone pendant l'été 2010. Amanda a effectué un travail gigantesque en contactant des journalistes sur tout le globe, et également en améliorant le profil communautaire de NtP sur Twitter, Facebook, Tumlr et d'autres médias émergents. Bernard Pollack, le partenaire et compagnon de voyage de Danielle, a contribué au projet en tant que conseiller en communication pour NtP.

Quand nous avons commencé à évoquer ce livre, la participation de nombreux membres de l'équipe de Worldwatch a enrichi le débat, dont le vice-président Robert Engelman qui a inspiré NtP et l'institut par sa façon de nous diriger. Patricia Shyne, directrice des publications et du marketing, nous a aidés en mettant NtP en contact avec les partenaires internationaux de Worldwatch. Les chercheurs en chef, Gary Gardner et Michael Renner, ont également été d'un grand secours grâce à leurs conseils et à leurs suggestions, et en écrivant pour le blog et pour le livre.

Notre équipe de développement, qui maintient le lien entre Worldwatch et ses fidèles, a elle aussi été un soutien actif pour ce livre. Nous avons apprécié l'esprit créatif de Mary Redfern, responsable des relations avec les fondations, et de Trudy Loo, directrice du programme des amis de Worldwatch. Nous avons également été motivés par le nouvel assistant du développement et assistant du président de Worldwatch, Alex Kostura.

Lisa Mastny, en parallèle de son travail éditorial sur les comptes-rendus de Worldwatch, a pris le temps de tenir la frise chronologique de ce livre dont les informations ont été rassemblées par Kelsey Russell, tandis qu'Alexander Ochs, Erik Assadourian, John Mulrow, Saya Kitasei, Sam Shrank, Amanda Chui et Haibing Ma, nouveau directeur du programme Chine, ont tous offert leurs précieux conseils sur certains chapitres ou aspects du projet. Corey Perkins et son équipe de conseillers en informatique ont également aidé à maintenir le site et le blog de NtP à la pointe.

Comme toujours, nous sommes redevables à Linda Starke, éditrice indépendante, qui a aidé les auteurs à faire de leurs brouillons finaux des chapitres raffinés. C'est la vingt-huitième année que Linda participe à l'édition de *L'État du monde*, en apportant ses compétences et son dévouement, et notre reconnaissance est infinie. De plus, la graphiste Lyle Rosbotham a rapidement transformé quinze chapitres dispersés et une multitude d'articles brefs en un livre illustré de photos accrocheuses.

La famille Worldwatch continue de s'agrandir. L'an dernier, le directeur des recherches de Worldwatch et codirecteur des projets Brian Halweil et sa femme Sarah ont accueilli un nouveau membre dans leur famille, Cyrus Halweil. Lisa Mastny et son partenaire Steve Conklin ont accueilli Elsa dans leur foyer. Cyrus et Elsa nous rappellent à notre volonté de vivre dans un monde plus juste, dans un environnement viable, libéré de la misère et de la faim.

Danielle Nierenberg et Brian Halweil
Directeurs des projets

Worldwatch Institute
1776 Massachusetts Avenue, NW
Washington, DC 20036
www.worldwatch.org
www.NourishingthePlanet.org

SOMMAIRE

ENCADRÉS

TABLEAUX

SCHÉMAS

AVANT-PROPOS

Olivier De Schutter
Rapporteur spécial des Nations unies sur le droit à l'alimentation

Nous vivons dans un monde qui produit plus de nourriture que jamais et qui pourtant n'a jamais compté autant de victimes de la faim. Il y a une raison à cela : pendant trop longtemps, nous sommes restés concentrés sur le développement de la nourriture disponible, négligeant à la fois les impacts de la distribution de la production alimentaire et les effets à long terme sur l'environnement. Nous avons réussi, de façon notable, à augmenter les rendements. Mais il est temps de prendre conscience que produire plus ne permet pas nécessairement d'éliminer la faim. Si l'accroissement des rendements est une condition nécessaire au recul de la famine et de la malnutrition, il ne suffit pas à tout résoudre. Tandis que les niveaux de production mondiale ont explosé au cours de la seconde moitié du XXe siècle, nous avons créé une situation qui a engendré les conditions d'un désastre écologique majeur au XXIe siècle.

Cette réflexion explique en partie pourquoi le combat mondial contre la faim et la malnutrition reste inefficace depuis le Sommet mondial de l'alimentation de 1996, traitant du droit à une alimentation satisfaisante. En 2000, les Nations unies ont mandaté un rapporteur spécial sur le droit à l'alimentation, dont le rôle est de transmettre les dernières informations concernant les progrès, ou leur absence, conduisant à l'élimination de la faim. Par ailleurs, en 2004, les gouvernements se sont mis d'accord pour soutenir la mise en place progressive du droit à une alimentation satisfaisante dans le contexte de la sécurité alimentaire nationale. Ces développements prouvent que la communauté internationale est convaincue que nous devons affronter le problème de la faim dans le monde non par le biais de la production seule, mais également en affrontant la marginalisation, les inégalités croissantes et l'injustice sociale.

Le droit à l'alimentation a pour objectif d'améliorer la responsabilité des gouvernements et de s'assurer qu'ils ne confondent pas le défi que représente le combat contre la faim et la malnutrition avec la volonté de produire plus. Mais la responsabilité est également un outil qui permet de garantir que les politiques publiques seront guidées par les besoins de ceux qui se trouvent en bas de l'échelle sociale et que ces politiques seront contrôlées en permanence et, au besoin, ajustées. Dans un monde de plus en plus complexe et qui change rapidement, apprendre devient vital pour une politique publique saine : tirer des leçons pour repenser nos valeurs et nos présupposés, les modèles selon lesquels nous travaillons et nous abordons les problèmes.

Dans les politiques agricoles et alimentaires, trois développements importants rendent un tel apprentissage non seulement urgent, mais également indispensable. Premièrement, nous réalisons à quel point nos systèmes alimentaires actuels sont fragiles. En résultat de l'accroissement démographique et d'un manque d'investissement en agriculture dans plusieurs pays en voie de développement, en particulier en Afrique subsaharienne, la dépendance de nombreux pays vis-à-vis des marchés internationaux a augmenté de façon significative. Cela représente une lourde charge, en particulier lorsque les prix grimpent en flèche en réaction aux bulles spéculatives qui se forment sur le marché des produits agricoles – et surtout depuis que des factures alimentaires plus élevées vont de pair avec la hausse du prix de l'essence.

Deuxièmement, il est de plus en plus évident que le changement climatique affectera de façon significative la production agricole. À ce sujet, le changement climatique menace d'ores et déjà la capacité de régions entières, en particulier celles où l'agriculture dépend de l'eau de pluie, à maintenir leur niveau de production agricole. Selon le Programme des Nations unies pour le développement, d'ici à 2080 la hausse du nombre de personnes qui seront touchées par la famine pourrait atteindre 600 millions en conséquence directe du changement climatique.

En Afrique subsaharienne, les zones arides et semi-arides devraient augmenter de 60 à 90 millions d'hectares. Le groupe d'experts intergouvernemental sur l'évolution du climat a estimé qu'en Afrique du Sud les récoltes issues des champs arrosés par la pluie pourraient être réduites de moitié entre 2000 et 2020. Dans certains pays en voie de développement, les pertes de la production agricole pourraient être en partie compensées par les gains réalisés dans d'autres régions, mais le résultat général serait une baisse d'au moins 3 % de la capacité de production d'ici aux années 2080 et pourrait atteindre 16 %

si les effets prévus de la fertilisation par le carbone (une hausse des rendements due à une concentration accrue en dioxyde de carbone dans l'atmosphère) ne se matérialisent pas.

Troisièmement, comme cela a déjà été signalé, nous savons qu'augmenter la production de nourriture et éradiquer la faim et la malnutrition sont deux objectifs bien distincts. S'ils peuvent être complémentaires, ils ne sont pas nécessairement liés. Il a fallu une génération entière pour comprendre que l'ensemble de la « révolution verte » incluant l'irrigation, la mécanisation, les variétés de semences à haut rendement et les engrais chimiques avait besoin d'être entièrement repensé pour être viable, d'un point de vue à la fois social et environnemental. Dans 80 % des études sur la révolution verte menées ces trente dernières années, les chercheurs qui ont examiné la dimension de l'équité ont conclu que l'inégalité augmentait en réponse à la modification technologique.

La révolution verte n'a pas atteint les cultivateurs les plus pauvres qui travaillent des terres atypiques. Elle échappe largement aux femmes puisqu'elles ont moins facilement accès au crédit que les hommes, qu'elles reçoivent moins d'aide de la part des services de développement et qu'elles ne peuvent pas s'offrir les instruments de la révolution technologique. Elle a parfois enfermé des cultivateurs pris à la gorge par le manque d'argent dans une dépendance aux intrants onéreux. Elle est passée des formes de production exigeant un travail intense à un modèle d'agriculture qui nécessite un capital important, accélérant l'exode rural devant l'absence d'emplois de remplacement.

Nous pouvons tirer des conclusions évidentes de cette situation. Il est nécessaire d'améliorer la résistance des pays les plus pauvres, ceux qui importent la nourriture, face aux prix variables et en augmentation constante des marchés internationaux. Il faut encourager les modes de production agricole qui permettent de résister au changement climatique, ce qui signifie que ces modes de production devront être plus diversifiés et faire davantage appel aux arbres. Il faut envisager un type d'agriculture qui atténue le changement climatique. Et nous devons mettre en œuvre une agriculture qui permette de contribuer au développement rural en créant des emplois dans les fermes et en dehors d'elles, et en maintenant des revenus décents pour les cultivateurs. Ce principe est généralement reconnu au-delà des barrières idéologiques et géographiques. Le défi, cependant, est de tirer des leçons de ces trois développements réunis au lieu de les traiter séparément. Grâce à *L'État du monde 2011,* on comprend que d'autres solutions sont possibles.

Si l'on encourage une production agricole qui respecte l'environnement et profite aux pauvres des zones rurales, les pays en voie de développement pourront se nourrir sans aide extérieure. Les approches agroécologiques s'éloignent de la tendance du XXe siècle à réduire la nature à ses éléments séparés. Désormais, elles reconnaissent la complexité de la production alimentaire. Elles considèrent la plante en relation avec son écosystème. Elles récompensent l'inventivité des agriculteurs qui passent de l'état de bénéficiaires passifs des connaissances développées en laboratoires à celui de coïnventeurs du savoir dont ils ont besoin.

L'agroécologie se caractérise généralement par son faible recours en apports extérieurs, ce qui limite la dépendance aux engrais et aux pesticides coûteux. Les intrants comme le fumier ou le compost sont en grande partie des productions locales ; et quand les plantes légumineuses et les arbres sont utilisés pour fertiliser la terre, la diversité de la parcelle participe à rendre ces systèmes autosuffisants. Les techniques agroécologiques nécessitent bien souvent un lien étroit entre les fermiers et la terre et peuvent réclamer un travail intense. C'est un atout, pas un handicap : dans les zones rurales, la création d'emplois peut profiter à leur développement, en particulier si l'on encourage en parallèle les structures de transformation agroalimentaire locales et la création d'emplois non agricoles.

Mais les systèmes qui reposent essentiellement sur les apports produits localement, sur l'expérience des agriculteurs et sur des modes durables de production ne prospéreront que s'ils sont encouragés par des mesures publiques fortes. Les modes de production agroécologiques peuvent produire un immense rendement par hectare, et leur utilisation des ressources naturelles les rend efficaces. Néanmoins, parce qu'ils exigent un énorme travail, ils ont du mal à concurrencer les formes de production à grande échelle fortement mécanisées et capitalisées. Sans le soutien de l'État, ils ne peuvent que perdre.

Les gouvernements peuvent encourager ces systèmes en donnant la priorité à l'agriculture durable dans les programmes d'achats publics ou par le biais des impôts, en taxant les externalités produites par les grandes plantations lourdement mécanisées ou en avantageant les systèmes qui contribuent au recul de la pauvreté et à la protection de l'environnement. Ils ont leur rôle à jouer en fournissant les biens publics dont l'éco-agriculture a besoin : des services de développement qui travaillent en partenariat pour la transmission des connaissances entre agriculteurs ; des équipements de stockage et une infrastructure reliant les fermiers aux consommateurs pour éviter aux agriculteurs d'avoir à passer par des intermédiaires ; l'organisation des fermiers en coopératives pour les aider à augmenter leur force de négociation sur le marché, à réussir certaines économies d'échelle dans la transformation et la commercialisation, et à améliorer la vitesse à laquelle chaque agriculteur peut profiter des connaissances des autres. Quand les gouvernements n'ont pas les équipements nécessaires ou qu'ils ne sont pas à la hauteur de leurs devoirs, le secteur privé devrait prendre conscience de ses responsabilités si l'on ne veut pas accroître notre dette envers l'avenir.

Pour appliquer pleinement le droit à l'alimentation, qui inclut une dimension de durabilité, on ne peut pas se reposer entièrement sur le fonctionnement du marché. L'État doit tenir son rôle. Et, pour cela, il faut investir dans des mécanismes responsables et contrôler les améliorations obtenues grâce à l'État. C'est pourquoi j'encourage les gouvernements à créer des stratégies nationales d'application du droit à l'alimentation en s'appuyant sur les directives volontaires de l'Organisation des Nations unies pour l'alimentation et l'agriculture (FAO) pour le droit à l'alimentation. Le droit de manger à sa faim n'a pas une valeur uniquement symbolique. Il fait référence à la fois à un devoir légal et à un cadre opérationnel. Le droit à l'alimentation doit s'étendre aux lois, aux politiques et aux programmes de sécurité alimentaire. Il complétera le modèle de développement agricole esquissé dans ce texte et dans ce livre en général. Il garantira que nous sommes sur la bonne voie pour combattre la famine.

PRÉFACE

Christopher Flavin
Président du Worldwatch Institute

La vague de chaleur qui a touché l'ouest de la Russie pendant l'été 2010 ressemble, à première vue, à une crise localisée. Les températures ont atteint 40 °C, voire plus, pendant plusieurs semaines, donnant à Moscou des airs de Dubai. Une population faiblement équipée en air conditionné a souffert de la chaleur torride. La situation devint plus grave quand la vague de chaleur provoqua de vastes incendies de forêt qui détruisirent des quartiers de banlieue et conduisirent les habitants de Moscou à étouffer dans une épaisse fumée pendant plus d'une semaine. Alors que la détresse se répandait, le Premier ministre, Vladimir Poutine, prit les commandes d'un Canadair pour montrer que le gouvernement maîtrisait la situation.

Dans d'autres parties du monde, ce temps inhabituel pour la Russie avait des airs de spectacle télévisé. Mais il est progressivement devenu évident que la vague de chaleur et la sécheresse qui l'accompagnait avaient dévasté les champs de blé du pays. Au bout de quelques jours, les représentants de l'État ont annoncé que les exportations de blé seraient suspendues, ce qui a eu pour conséquence immédiate de faire tripler les prix mondiaux du blé. Les répercussions sur le maïs, le soja et sur tout le marché mondial des produits alimentaires n'ont pas tardé.

Ce deuxième pic du coût des denrées alimentaires en moins de deux ans nous a rappelé la vulnérabilité d'un système alimentaire global qui peine à nourrir près de 6,9 milliards d'hommes dans un environnement limité où le climat est de plus en plus instable. En première ligne de cette crise agricole, les 925 millions d'hommes sous-alimentés dans le monde, dont la plupart sont des enfants vivant en Afrique et en Asie du Sud, et qui se trouvent confrontés au risque de voir leur vie aller vers une plus grande précarité dans les mois à venir.

De façon ironique, l'histoire de l'agriculture mondiale de ces dernières décennies est, à certains égards, celle d'une réussite. Le désir d'augmenter les récoltes en investissant dans les nouvelles technologies agricoles et dans les infrastructures a atteint plusieurs de ses objectifs immédiats. La productivité a connu une hausse régulière chez les principaux producteurs de céréales comme l'Australie et les États-Unis, tandis que dans certains pays d'Asie, comme la Chine, on a réussi à multiplier les rendements et ainsi à réduire la pauvreté rurale et la faim.

Mais ce n'est qu'une petite partie de l'histoire. L'agriculture a fait peu de progrès dans la plus grande partie de l'Asie du Sud et de l'Afrique subsaharienne, là où les gouvernements et la communauté internationale n'ont pas suffisamment investi ces dernières décennies. L'incapacité à faire progresser l'agriculture dans certaines des régions les plus pauvres du monde a empêché l'économie rurale de se développer, laissant des centaines de millions d'hommes prisonniers du cycle de la pauvreté. L'agriculture fournit du travail à 1,3 milliard de petits producteurs et de travailleurs sans terre. On estime que c'est la principale source de revenus pour 86 % des 3 milliards de ruraux que comptent les pays en voie de développement. Pour leur permettre d'envisager un avenir meilleur, il faut s'attarder sur ce qui se passe dans les fermes situées dans les zones les plus démunies du monde.

Jusqu'à récemment, la plupart des décideurs croyaient qu'il n'existait qu'un seul moyen pour faire progresser l'agriculture en Afrique : doubler la mise sur la révolution verte, c'est-à-dire fournir plus de semences et plus d'engrais et ainsi accroître le rendement. Cette formule simple est séduisante mais, dans la plupart des cas, elle n'a pas fonctionné. Les graines et les engrais sont trop coûteux pour la vaste majorité des agriculteurs pauvres ou ne sont tout simplement pas disponibles. De plus, les bénéfices de projets de ce genre reviennent à un petit nombre de gros fermiers, qui pourraient produire de la nourriture en abondance mais qui ne cherchent pas à promouvoir le développement rural.

Heureusement, l'idée que la famine puisse être supprimée grâce à l'argent et à la technologie seules est discréditée par ses propres points faibles mais également par la preuve flagrante qu'envisager différemment un système agricole durable et capable de nourrir le monde peut compléter ou remplacer les innovations traditionnelles offertes par l'agriculture. C'est particulièrement vrai en Afrique subsaharienne, où des milliers de petits cultivateurs s'appuient sur la sagesse ancestrale, en plus des nouvelles technologies, pour produire en abondance sans endommager ni le sol de leur région ni l'écosystème mondial.

C'est toute l'histoire de ce livre et du projet de Worldwatch, *Nourishing the Planet.* En 2009 et 2010, la codirectrice du projet, Danielle Nierenberg, s'est rendue dans vingt-cinq pays d'Afrique, auprès des cultivateurs, pour en apprendre plus sur leurs réussites dans tous les domaines, de la micro-irrigation au jardinage sur les toits, de l'agroforesterie aux nouvelles techniques de protection de la terre. De retour à Washington, notre équipe de chercheurs a retrouvé et analysé, grâce à Internet, un plus grand éventail de projets agricoles novateurs et a pu transmettre ces informations aux nombreux lecteurs du blog de *Nourishing the Planet,* aux visiteurs de YouTube et aux abonnés de Twitter.

Le tableau qu'ils ont dressé est assez exaltant. Bien que, à l'évocation de la notion de progrès, nous ayons tendance à penser au dernier moteur de recherche ou à des jeux vidéo, les modestes cultivateurs africains montrent que la nouveauté touche certaines des communautés les plus pauvres et qu'elle pourrait avoir un impact plus fort sur les hommes et sur la planète que la plupart des innovations high-tech. En donnant le pouvoir aux petits cultivateurs, en particulier aux femmes, qui prédominent dans l'agriculture africaine, par le biais d'innovations simples mais transformatrices, un changement rapide et productif est possible. Si une petite partie des ressources actuellement réservées aux fermes industrielles des États-Unis et aux plantations de soja du Brésil était reversée aux petits cultivateurs novateurs, on réaliserait plus rapidement l'objectif des Nations unies qui est de réduire de moitié la faim dans le monde avant 2015.

Les enjeux impliquent d'aller au-delà du problème immédiat de la faim. À une époque où le monde se heurte aux limites de la terre arable et de l'eau disponible dans de nombreuses régions, augmenter la productivité agricole sera plus essentiel que jamais si l'on veut satisfaire les besoins alimentaires. Et le pétrole à bas prix ne pourra plus remplacer les ressources renouvelables dégradées comme au XXe siècle. C'est pour cette raison que des innovations telles que les cultures sans labour, les engrais naturels ou les biocarburants localement produits pour remplacer le gazole sont tellement enthousiasmantes.

De plus, l'agriculture a un énorme impact sur la nature. La plupart des innovations décrites dans ce livre peuvent enrayer les dégâts causés par la production de denrées alimentaires sur l'eau, sur les sols et sur les services essentiels que l'écosystème nous rend à tous.

L'économie de l'alimentation mondiale se trouve au cœur des problèmes mondiaux de l'environnement. L'agriculture d'aujourd'hui, avec sa forte dépendance aux carburants fossiles, non seulement contribue au réchauffement planétaire (une partie du carbone présent dans l'atmosphère était auparavant enfoui dans les profondeurs de la terre des plaines de l'Amérique du Nord et de l'Europe centrale), mais elle représente aussi une menace grave pour le changement climatique. L'été 2010 fut le plus chaud jamais enregistré, et les scientifiques affirment que les événements météorologiques hors du commun qui l'ont accompagné (dont des inondations à 2 000 kilomètres au sud de Moscou, au Pakistan, qui ont immergé 600 000 hectares de riches terres cultivées) auraient été improbables sans l'augmentation de 30 % de la concentration de dioxyde de carbone dans l'atmosphère ces trois dernières décennies.

Il y a une bonne nouvelle encourageante et qui provient directement des innovations agricoles décrites dans ce livre. En effet, de nouvelles approches peuvent concerner tout un éventail de priorités urgentes en matière de développement, de la protection des réserves menacées d'eau douce à la restauration de la pêche, en passant par le ralentissement du changement climatique. L'innovation agricole contribue également à l'amélioration de la santé, non seulement en nourrissant les plus pauvres, mais aussi en réduisant l'épidémie d'obésité qui se répand du monde riche vers le monde pauvre.

C'est avec joie que nous nous sommes associés à la fondation Bill & Melinda Gates sur ce projet littéralement révolutionnaire qu'est *Nourishing the Planet.* En réunissant l'engagement de la fondation à stimuler la productivité agricole et notre désir de trouver des approches viables pour l'environnement, nous construisons un nouveau pont qui pourrait permettre à des centaines de millions de cultivateurs pauvres d'Afrique et d'ailleurs d'envisager de meilleurs lendemains.

Nourrir les hommes et nourrir la planète sont désormais liés de façon inextricable puisqu'ils sont essentiels à notre avenir. Nous espérons que *L'État du monde 2011* aidera à envisager le devenir du système alimentaire de façon plus méthodique et plus radicale. Nous devons abandonner des vérités trop simples comme « plus c'est gros, mieux c'est », et renoncer à chercher des solutions miracles à des problèmes complexes. C'est à ce prix que l'agriculture pourra devenir un centre d'innovation humaine, et que nos objectifs, qui consistent à éliminer la famine et à créer un monde durable, pourront être atteints.

Chapitre 1

Une nouvelle voie vers un monde sans faim

*Brian Halweil et Danielle Nierenberg**

* **Brian Halweil** et **Danielle Nierenberg** dirigent le projet *Nourishing the Planet* (Nourrir la Planète) du Worldwatch Institute.

Le long des berges du fleuve Gambie, près du littoral, un groupe de femmes a réussi à faire reculer la faim dans leur communauté de façon exceptionnelle. Ce succès repose sur un mollusque bien connu vivant en eau salée. En effet, pour accroître leurs revenus et sauvegarder une source de nourriture, les quinze communautés de l'Association des femmes ostréicultrices (Women's Oyster Harvesting Association), soit près de six mille individus, ont accepté de fermer une partie de leurs parcs à huîtres pendant toute une année et de prolonger la saison de fermeture dans d'autres zones[1].

À court terme, ces choix furent difficiles. Mais, dès la saison suivante, les huîtres étaient plus grosses, et leur prix a pu être augmenté en parallèle. Les clients, principalement des marchands locaux ou des femmes voulant faire des huîtres frites pour leur famille, un petit plaisir gorgé de protéines, ont été disposés à payer un peu plus cher. En même temps, les récoltants, essentiellement des immigrés venus des nations voisines et des régions les plus pauvres de Gambie, posent la question de la restauration des mangroves et de la construction d'incubateurs pour renforcer les populations sauvages d'huîtres, tout en visant les marchés haut de gamme des hôtels et des restaurants qui accueillent les touristes[2]. Quand on cherche des solutions pour éradiquer la faim et la pauvreté dans le monde, ce ne sont pas nécessairement les huîtres qui viennent en premier à l'esprit. Après tout, selon le dernier rapport de la FAO, 925 millions de personnes ne mangent pas à leur faim. C'est 98 millions de moins qu'en 2009. Mais, de nos jours, un enfant continue à mourir toutes les six secondes de malnutrition. Les huîtres ne peuvent pas résoudre cette tragédie à elles seules[3].

Que faire ? Les solutions habituellement proposées sont les variétés de semences au rendement élevé, les barrages pour irriguer de vastes espaces et les montagnes d'engrais pour revivifier les terres épuisées. Pourtant, les produits de la mer représentent environ 15 % des calories et un tiers de la consommation mondiale de protéines, et plus encore dans les nations les plus pauvres dont une grande partie de l'Afrique de l'Ouest. Ainsi, dans de nombreuses régions, la pêche restera une source d'alimentation et de revenus durable pour les communautés pauvres. Mais les fruits de mer ne sont qu'un des maillons négligés de la chaîne alimentaire qui seraient susceptibles d'apporter une réponse là où les engrais, l'irrigation ou la production accrue de céréales n'ont rien changé[4].

C'est lors d'un voyage destiné à trouver des solutions tout aussi négligées que nous sommes tombés sur ce groupe d'ostréicultrices. Le contexte et les principes du projet de Worldwatch pour nourrir la planète *(Worldwatch's Nourishing the Planet)* étaient les suivants : l'agriculture est arrivée à un carrefour. Près d'un demi-siècle après la révolution verte, une bonne partie de la population souffre toujours de famine chronique. De plus, l'essentiel des bénéfices de cette révolution a été obtenu grâce à l'agriculture intensive, qui dépend largement des carburants fossiles pour ses intrants et pour son énergie. La question de savoir si les terres cultivées peuvent produire plus de nourriture est faussée par celle de savoir s'il est possible d'y parvenir sans mettre en péril les sols, l'eau douce et la diversité des cultures dont le monde dépend. Le prix des produits alimentaires dans le monde est soumis à des pressions inflationnistes, elles-mêmes entraînées par une demande rapidement croissante en viande de la part de l'Asie, en blé de l'Afrique, en biocarburants de l'Europe et de l'Amérique du Nord, ainsi que d'autres facteurs. Le changement climatique a peu de chances d'alléger cette pression ou de simplifier le travail des agriculteurs[5].

Peut-être plus troublant, les investissements dans le développement de l'agriculture faits par les gouvernements, par les prêteurs internationaux et par les fondations sont plus bas que jamais. Cependant, les mêmes prix record de la nourriture qui handicapent les organisations d'aide alimentaire et menacent des centaines de millions de personnes de famine poussent également les gouvernements, les fondations et d'autres groupes à envisager de déplacer leurs investissements vers l'agriculture. À titre d'exemple, une récente étude de la Banque mondiale avançait que la banque avait négligé par erreur ce secteur et devait rediriger ses fonds vers les zones rurales, ce qui est de loin plus rentable si l'on veut réduire la pauvreté et la famine dans le monde[6].

Ces deux dernières années, nous nous sommes rendus dans vingt-cinq pays d'Afrique subsaharienne, là où la famine est le plus répandue et où les communautés rurales se battent le plus durement. Sur place, les gens nous ont fait part de leur histoire, de leurs espoirs et de leurs réussites dans le domaine de l'agriculture. Les problèmes de malnutrition en Afrique comptent parmi les plus persistants. C'est là que, dans la plupart des pays, plus d'un tiers de la population a faim. Malgré tout, le continent est un terrain riche et diversifié et voit prospérer des innovations agricoles qui aident à améliorer les revenus des cultivateurs tout en nourrissant les hommes[7].

La famine dans le monde et les tendances agricoles

En septembre 2010, la FAO a publié son dernier rapport sur la faim. Il révèle que 925 millions de personnes sont sous-alimentées, soit 98 millions de moins qu'en 2009. Si la baisse est encourageante, le chiffre reste élevé et inacceptable, et est loin de se rapprocher de l'Objectif de développement du millénaire qui est de diviser ce chiffre par deux avant 2015. Le Ghana est le seul pays d'Afrique noire à être en mesure de réduire la prédominance de la faim dans les temps.

Globalement, 2010 connaît un recul de la faim de 7,5 % par rapport aux chiffres de 2009. La baisse se concentre essentiellement en Asie. La FAO estime à 80 millions le nombre de gens qui ne souffrent plus de la famine dans cette zone. En Afrique subsaharienne, la baisse est plus timide, un tiers de la population continuant à souffrir de la faim. De plus, le nombre de personnes sous-alimentées en Afrique subsaharienne a augmenté ces dix dernières années. Au Burundi, aux Comores, en République démocratique du Congo et en Érythrée, la faim chronique touche plus de la moitié de la population.

Dans l'ensemble, ce sont les femmes et les enfants qui souffrent le plus de la faim. Dans les foyers démunis, le prix élevé des denrées alimentaires et la médiocrité des revenus participent au risque de ne pas pouvoir nourrir correctement les femmes enceintes, les bébés et les enfants. Dans le monde, la mort de plus de un enfant sur trois est due à une mauvaise alimentation.

La plupart des hommes et des femmes, généralement des cultivateurs, qui vivent avec moins de 1,25 dollar par jour, habitent en zone rurale et manquent de terres à cultiver, d'infrastructures et d'un accès aux soins médicaux et à l'électricité. Cependant, les villes sont de plus en plus exposées à la faim. Dans les années 1980 et 1990, l'urbanisation a progressé de 4 % par an, tandis que le niveau de pauvreté a continué à grimper. À l'échelle de la planète, le nombre d'habitants des bidonvilles augmente de près de 1 % par an. La hausse des prix de l'alimentation pendant la crise mondiale des prix de 2007-2008 fut particulièrement dure pour les citadins pauvres. Au Kenya, par exemple, la FAO a estimé que 4,1 millions de citadins pauvres en 2009 étaient en situation d'insécurité alimentaire et que pas moins de 7,6 millions ne parvenaient pas à manger correctement tous les jours.

Si les prix des denrées alimentaires ont baissé depuis 2008, ils restent au-dessus des niveaux antérieurs à 2007. De plus, la tendance a poursuivi sa hausse régulière en 2009 et 2010. La plupart des programmes d'aide alimentaire n'ont pas pu acheter suffisamment de nourriture, et la récession a eu pour conséquence de restreindre les budgets de l'aide alimentaire. L'Agence américaine pour le développement international a révélé qu'elle n'était en mesure de donner que 2,2 milliards de dollars en 2009, soit une baisse de 15 % des dons accordés en 2008.

La famine dans le monde et les tendances agricoles

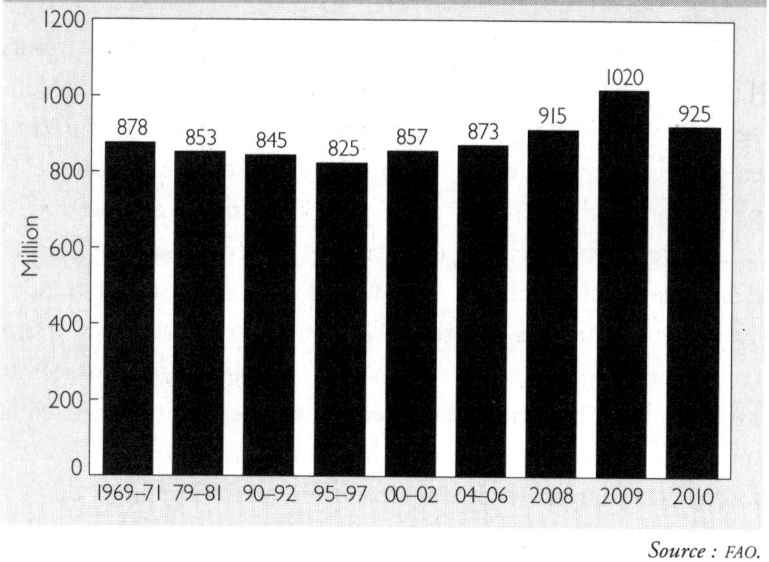

Source : FAO.

Le financement pour le développement agricole est également en diminution. Feed the Future, la nouvelle initiative états-unienne pour la sécurité alimentaire et agricole, propose d'investir 20 milliards de dollars dans l'agriculture en Afrique dans la prochaine décennie. C'est une reconnaissance propice du besoin urgent d'investir davantage dans ce secteur. Malheureusement, une grosse partie de cette somme reste à trouver. Depuis 1980, la part de l'agriculture dans l'aide globale accordée au développement a chuté de plus de 16 % à un petit 4 %. De plus, seulement neuf nations africaines attribuent plus de 10 % de leur budget national à l'agriculture. La plupart des pauvres et de ceux qui ont faim tirent l'essentiel de leurs revenus de l'agriculture. Cependant, les dépenses publiques dans ce domaine sont souvent plus faibles dans les pays où l'économie repose sur l'agriculture. En d'autres termes, les agriculteurs sont, non sans ironie, ceux qui souffrent le plus de la faim.

De façon croissante ces vingt dernières années, les pays les moins développés dépendent de l'importation pour se nourrir. En 2005-2006, dans onze pays de l'Afrique subsaharienne, la moitié des céréales consommées a été importée. Dans sept autres pays, les importations ont représenté de 30 à 50 % de la consommation de céréales.

Source : voir note 3.

Ce voyage a été payant puisque nous avons trouvé des trésors d'innovations. Dans des fermes du Malawi, nous avons découvert des techniques visant à accroître le rendement, qui sont employées par plus de cent vingt mille cultivateurs, comme la plantation d'arbres fixant l'azote pour enrichir la terre destinée à la culture du maïs et qui quadruplent la récolte sans nécessiter d'engrais supplémentaires. À travers l'Afrique de l'Ouest, nous avons rencontré des cultivateurs et des commerçants ayant recours à des systèmes d'entreposage simples pour protéger le niébé, culture essentielle dans cette zone, de la moisissure. Si la moitié de la récolte de niébé de la région était conservée de cette façon, cela représenterait une économie de 255 millions de dollars par an qui pourraient aller aux plus démunis dans le monde[8].

Notre but était de mettre la lumière sur les communautés, sur les pays et sur les sociétés qui sont des modèles à suivre sur le chemin ouvrant sur un meilleur avenir. Au-delà du désir de réduire la pauvreté et la famine, nous avons été guidés par des critères plus traditionnels de l'institut Worldwatch. Si les générations à venir veulent continuer à nourrir l'humanité, en quantité comme en qualité, l'agriculture doit renforcer ses objectifs de conservation en ajoutant la diversité à la chaîne alimentaire et en prenant soin des écosystèmes. Par ailleurs, quand on visite ces exploitations en Afrique, il apparaît clairement que la base de la production alimentaire est à de nombreux égards abîmée par l'exploitation minière, par le manque d'eau et par une perte de cette diversité des cultures qui doit nourrir l'agriculture de demain.

Nous nous sommes également penchés sur des modèles pouvant être appliqués à grande échelle, même en dehors de l'Afrique, dans des pays riches qui luttent contre le gaspillage alimentaire, qui mangent à l'excès et connaissent d'autres dysfonctionnements. Une coopérative de jardins sur les toits qui nourrit les gens de Dakar, au Sénégal, conseille ceux qui luttent contre la pénurie alimentaire dans les quartiers déshérités de New York. Individuellement, les centaines de millions de petits cultivateurs et leurs familles, qui représentent la plus grande majorité des pauvres dans le monde, semblent avoir peu de pouvoir face aux problèmes mondiaux comme la faim, le changement climatique et l'accès à l'eau. Mais si chacune de leurs innovations individuelles était développée de façon à mettre de la nourriture sur la table de non plus un paysan, mais de 100 millions ou plus d'entre eux, et de tous les consommateurs qui dépendent d'eux, cela pourrait changer tout le système alimentaire de la planète.

Les connexions mondiales dépassent les limites de l'Afrique. Nous sommes tous ensemble dans ce bateau, et à bien des égards. Tout d'abord, l'agriculture couvre une si vaste partie de la planète que les économies rurales saines sont fondamentales à la durabilité mondiale. Pour empêcher un changement climatique désastreux, il serait utile que tous les fermiers de la Terre soient récompensés lorsqu'ils augmentent la quantité de carbone stockée dans leurs champs. Deuxièmement, même les « locavores » déterminés qui entendent soutenir les fermiers locaux sont contraints d'importer le café, le cacao, les fruits et d'autres produits quotidiens essentiels et d'autres spécialités hors saison. Les mêmes États-Uniens qui affluent sur les marchés fermiers veulent détourner l'économie agricole des parcs d'engraissement intensif de bovins et pourraient devenir les nouveaux alliés des groupes de pression en faveur de mesures internationales contre la faim. Troisièmement, même si les gens n'achètent pas leur maïs, leur riz ou leurs haricots aux producteurs africains, ils subsistent grâce à la diversité des cultures présentes dans ces champs. Les nations les plus pauvres restent le lieu où la biodiversité résiste le mieux, sans parler de la sagesse culturelle qui pourrait être une source de joie ou de meilleure santé. En dernier lieu, pour la plupart des gens, la dimension morale entre en jeu. Comment apprécier pleinement un repas copieux quand près de 1 milliard d'hommes partout dans le monde, peut-être près de nous, ne peuvent pas faire de même[9] ?

Il n'y a pas de solution simple. En fait, c'est même la recherche d'un remède unique et applicable à tous qui est devenue un handicap. Les tentatives passées ont échoué soit parce qu'elles niaient la diversité, soit parce qu'elles reposaient sur des produits chimiques et d'autres apports que les cultivateurs ne pouvaient s'offrir. Si elles n'ont pas réussi, c'est parce qu'elles ont ignoré les femmes agricultrices ou omis d'envisager les habitudes alimentaires comme un moyen de changer la façon d'exploiter la terre. Bien que le nombre de personnes touchées par la famine ait légèrement régressé, ce que le monde a fait pour lutter contre la faim n'a pas vraiment fonctionné. Et parce que l'attention s'est portée sur des sujets réducteurs – comme certains types de cultures, ou quelques technologies –, des régions et des écosystèmes entiers, sans parler d'une myriade de variétés de plantes cultivées et de modes de vie ruraux, ont été ignorés.

Voici trois changements radicaux majeurs que nous invitons les fermiers, les scientifiques, les donateurs, les cadres administratifs de l'industrie agroalimentaire et la communauté globale à envisager.

Les pays subsahariens en quelques chiffres

Indicateur	Monde	Afrique subsaharienne
Population	6,8 milliards	/863 millions
Terre arable totale	1 380 515 270 hectares	/179 197 800 hectares
Pourcentage de la production alimentaire issue des petits propriétaires	70 %	90 %
Population urbaine	3,49 milliards	324 millions
Pourcentage de la population urbaine	51 %	33 %
Population souffrant de la faim	925 millions (14 %)	/239 millions (27 %)
Enfants en insuffisance pondérale	148 millions (24 %) / 39 millions (28 %)	
Âge moyen	29,1 ans	18,6 %
Évolution de la valeur ajoutée de la production agricole, par habitant, entre 1961 et 2006	augmentation de 35 %	/baisse de 12 %

Source : voir note 23.

Au-delà des semences

La première des modifications consiste à aller au-delà de la poignée de cultures qui ont accaparé l'attention des agriculteurs et à dépasser l'élaboration de nouvelles semences comme solution par défaut à la faim et à la pauvreté. L'accent mis depuis longtemps sur les semences n'a rien de surprenant : ce sont de subtils instruments permettant d'introduire une nouvelle technologie dans une ferme. Qu'il s'agisse d'un cultivateur de maïs américain à la recherche d'une meilleure tolérance à la sécheresse ou d'un producteur de haricots des régions montagneuses du Kenya, acheter une nouvelle variété de semence est un acte peu coûteux et qui représente un moyen immédiat de stimuler les récoltes et les revenus d'un agriculteur. Mais cette recherche de la bonne semence a eu pour effet de saper la diversité des cultures dans les pays riches comme dans les pays pauvres. En même temps, améliorer le sol, faire pousser autre chose que des céréales, mieux se servir de l'eau de pluie et investir dans d'autres composantes d'une ferme sont autant d'actions qui ont été profondément négligées. Cependant, on devine que ces actions portent en germe la possibilité d'augmenter les revenus et de réduire la pauvreté.

Le Groupe consultatif pour la recherche agricole internationale (CGIAR) dépense 27 % de ses fonds à l'amélioration génétique des semences. La plupart des centres du CGIAR restent organisés autour d'une culture unique : riz, blé, maïs ou pomme de terre, par exemple. Mais ces dernières années, ce réseau mondial de recherches a évolué en ajoutant des centres consacrés à l'agroforesterie, à la lutte raisonnée contre les nuisibles et à l'irrigation. Ces centres obtiennent désormais près de 25 % du budget du CGIAR[10].

Comme ils ont été relativement négligés, les investissements dans de telles techniques et de telles stratégies peuvent avoir des retombées financières impressionnantes. Pour autant, on investit peu dans ces domaines. Le développement de nouvelles variétés peut être lucratif pour les entreprises semencières. Mais peu d'entreprises ont trouvé le moyen de tirer profit de l'encouragement à la reconstitution de terres ou d'aquifères. Et la nouvelle réalité de l'investissement agricole est qu'il vient moins des institutions publiques comme les gouvernements et les universités que des entités privées. Par exemple, en 1986, sur les 3,3 milliards de dollars investis par les États-Unis dans la recherche agricole, 54 % venaient du secteur public et 46 % du secteur privé. Aujourd'hui, en revanche, les sociétés agro-industrielles, et plus particulièrement les entreprises semencières, agrochimiques, ont émergé comme des investisseurs majeurs fournissant 72 % des sommes totales[11].

Si les semences représentent une option avantageuse à court terme, investir dans les sols et dans l'eau qui nourrit les champs est la seule attitude rentable sur la durée. Au Mali et dans d'autres parties du Sahel, la terre est gravement endommagée par le surpâturage et par la sécheresse, mais le fumier naturel et les cultures de couverture peuvent améliorer grandement la fertilité des terres, ce qui évite les engrais coûteux. Dans le chapitre VI, Roland Bunch cite des entretiens récents menés avec des fermiers de plus de soixante-quinze villages de six pays africains qui, comme dans la plus grande partie de l'Afrique subsaharienne, souffrent de l'épuisement avéré de la terre. « Personne n'avait de solution pour préserver la fertilité des sols. Les récoltes s'effondraient, perdant entre 15 et 25 % par an », précise-t-il. Il ajoute que les subventions pour les engrais chimiques auxquels certains pays africains recourent abondamment (jusqu'à 75 % au Malawi, par exemple) n'ont généralement pas été une bonne stratégie à long terme puisqu'elles ont en réalité empêché les fermiers d'investir dans des approches plus agroécologiques. Quand il n'y aura plus de subventions pour les engrais, la productivité tombera pour atteindre virtuellement zéro. Bunch maintient que le fumier naturel ou les cultures de couverture sont les seules solutions durables à la crise de la fertilité que connaissent les sols africains[12].

Dans la majeure partie de l'Afrique, seulement de 15 à 30 % de la pluie qui arrose les champs servent de façon productive à l'agriculture. Quand le terrain est en très mauvais état, ce chiffre peut baisser à 5 %. Dans ces endroits, les échecs agricoles peuvent être dus à « une mauvaise gestion de l'eau de pluie dans la ferme, plus qu'à la faiblesse des précipitations », fait remarquer Sandra Postel dans le chapitre IV. Seul un faible pourcentage des fermes africaines a actuellement accès à l'irrigation – bien que le chiffre soit en augmentation, grâce à des pompes peu onéreuses et manuelles comme le MoneyMaker, le Mosi-O-Tunya (« la pompe qui gronde ») ou la pompe à pédale plus répandue, employée par plus de 2,3 millions de fermiers pauvres d'Asie et d'Afrique[13].

Mais, même sans irrigation, les fermiers s'aperçoivent qu'ils peuvent se préserver des pires effets de la sécheresse et stimuler les rendements de façon spectaculaire les années pluvieuses grâce au paillage, à la réduction du labourage et aux cultures de couverture. Comme le fait remarquer Sandra Postel, « en travaillant avec des cultivateurs dans six fermes expérimentales du Kenya, de l'Éthiopie, de Zambie et de Tanzanie, les chercheurs ont remarqué que les rendements augmentaient de 20 à 120 % pour le maïs et de 35 à 100 % pour le *teff* (céréale de base du régime éthiopien) dans les fermes appliquant de telles pratiques de conservation des sols et de l'eau, par comparaison avec ceux qui ont recours à des méthodes traditionnelles ». Cette vaste stratégie, employée en parallèle avec l'investissement dans une irrigation sélective, est pertinente dans les dix-huit régions agricoles du continent africain, toutes destinées à connaître une modification des régimes de précipitations dans les années à venir[14].

Au-delà des fermes

Comme le précise Olivier de Schutter dans l'avant-propos, pour éliminer la faim, il ne suffit pas de produire suffisamment de nourriture. Dans de nombreuses communautés, les solutions reposent sur un meilleur usage des denrées alimentaires produites. Une récente étude britannique, menée par la Soil Association, avance que le meilleur moyen de s'assurer que tout le monde mange à sa faim consiste à changer ce qui est produit et à en améliorer la distribution : moins de viande, un usage accru des méthodes agricoles prenant en compte l'environnement et une production locale et régionale. En fait, parmi les fermes et les organisations que nous avons visitées, nombreuses sont celles qui réussissent à réduire la faim et la pauvreté sans pour autant accroître les rendements[15].

Comme l'écrit Tristram Stuart dans le chapitre IX, de 25 à 50 % des récoltes des pays pauvres se gâtent ou sont touchées par les nuisibles ou par la moisissure avant de parvenir sur les tables. Il arrive que la moisson soit réutilisée pour enrichir la terre mais, de plus en plus souvent, elle finit aux ordures. De telles pertes sont d'autant plus choquantes que de nombreux experts estiment que la production alimentaire mondiale devra doubler dans les cinquante prochaines années. En effet, on mangera plus de viande et, globalement, on se nourrira mieux. Par conséquent, il serait logique d'investir autant dans un meilleur usage de ce qui est déjà produit que dans l'augmentation de la production mondiale. Des solutions simples et peu coûteuses peuvent faire leurs preuves dans ce sens, comme les sacs de plastique qui préservent le niébé du dessèchement et des ravageurs, ou des silos mieux conçus pour emmagasiner les céréales ou mieux conserver les fruits (et les vitamines) pendant le séchage au soleil[16].

Prix des denrées alimentaires, 1990-2010

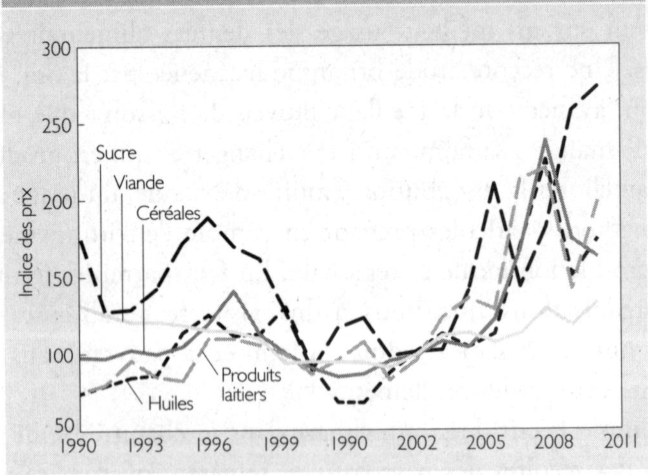

Source : FAO.

Souvent, la nourriture est jetée parce que le passage de la ferme au marché est trop lent, inefficace, voire impossible. En Zambie, Samuel Fromartz a constaté que la production de maïs était excédentaire en 2010 grâce aux pluies et aux subventions accordées pour les engrais. En théorie, cela aurait pu être profitable si l'excédent avait été envoyé à des pays dans le besoin. Mais comme la Zambie manque d'infrastructures et de réseaux commerciaux, les fermiers se contentaient de brader le maïs sur le marché. Cette attitude entretient la pauvreté et semble dire aux fermiers qu'ils doivent produire moins. Mais Samuel Fromartz a trouvé quelques exceptions, comme le cas de Justine Chieysu décrit au chapitre XIII. Avec le soutien du programme Production, Finance et Technologie (PROFIT) lancé par l'agence états-unienne pour le développement international, Chiyesu a pu mécaniser sa ferme et accroître le rendement. PROFIT l'a aidé à trouver les solutions permettant de contourner les réseaux commerciaux inefficaces pour vendre directement aux meuniers et obtenir ainsi un meilleur prix pour lui et pour le village de producteurs qu'il représentait[17].

« Valeur ajoutée » est depuis longtemps le mantra des communautés rurales démunies, du Midwest des États-Unis à la plaine du nord de la Chine. C'est-à-dire traiter, préserver ou transformer d'une autre façon les denrées brutes en un produit plus rentable : les arachides en beurre de cacahuètes, par exemple. Mais l'Afrique a pris du retard dans ce domaine, en partie parce qu'elle a négligé des activités extérieures à l'agriculture mais qui aident les fermiers à ajouter de la valeur à la marchandise. Depuis cinquante ans, le montant de la valeur ajoutée agricole par personne a presque doublé dans le monde en voie de développement. Sur la même période, il a légèrement baissé en Afrique où l'investissement dans l'infrastructure comme dans les équipements de transformation alimentaire a pris du retard. C'est en partie pour cela que les pays africains les plus pauvres dépendent deux fois plus de l'importation pour l'alimentation aujourd'hui qu'il y a vingt ans. Cette solution est dangereuse puisque les prix mondiaux sont de plus en plus fluctuants[18].

Tandis que la plus grande partie de ceux qui souffrent de la pauvreté et de la famine reste concentrée dans les campagnes, la faim tend à migrer à mesure que le monde s'urbanise. Dans les villes, où les gens ont un emploi et peuvent se payer leur repas du soir, la nourriture vient de loin. Mais dans les bidonvilles du Kenya et du Ghana, la nourriture la plus fiable est souvent celle que l'on peut produire soi-même dans son bout de jardin, dans des terrains vagues ou sur des parcelles voisines. Plus de 800 millions de personnes dans le monde dépendent de l'agriculture urbaine pour satisfaire l'essentiel de leurs besoins alimentaires. De nos jours, la majorité de ces fermiers urbains se trouvent en Asie. Cependant, avec les 14 millions d'Africains qui s'exilent vers la ville tous les ans, les résidents de Lagos, Dakar et Nairobi ont autant de chances de dépendre de la nourriture produite en ville que ceux qui vivent à Hanoi, Shanghai et Phnom Penh. L'agriculture urbaine représente d'ores et déjà une importante source de revenus pour des millions d'Africains.

Dans le chapitre X, Nancy Karanja et Mary Njenga font remarquer que les pauvres des villes non seulement fournissent à manger à leurs communautés mais établissent également des projets de multiplication des semences, faisant de leurs « fermes » une importante source de graines locales pour les fermiers urbains et ruraux[19].

Sur le long terme, l'investissement « hors ferme » le plus important pourrait bien consister à s'assurer que les fermiers de demain aient l'occasion et l'envie de devenir des fermiers. En Ouganda, le projet Développement et Innovations pour l'éducation alimentaire (DISC), qui veut apprendre aux étudiants à faire pousser, à cuisiner et à manger les spiderwiki, l'amarante et d'autres légumes locaux, peut les inciter à rester dans les campagnes pour devenir fermiers[20].

Travailler dans les écoles fait également partie de la lutte contre la faim. Aux États-Unis, où 16,7 millions d'enfants vivent dans l'insécurité alimentaire, l'intervention du gouvernement la plus efficace est celle des repas pris à l'école. Le programme d'alimentation à l'école du Programme alimentaire mondial (PAM) concerne désormais plus de 10 millions de filles dans le monde, et aide à combattre les inégalités hommes/femmes dans l'éducation et l'alimentation.

En instaurant des portions à emporter, on motive les parents à envoyer leurs filles au collège. De plus, une meilleure alimentation participe au bon développement des enfants comme à leur concentration en classe[21].

Il serait bon de se concentrer sur la préférence pour les produits locaux. Serena Milano de Slow Food International explique au chapitre VII que les professeurs et les cuisiniers de toute l'Afrique aident les familles à faire plus avec leur faible budget alimentaire en les informant, en relançant et en enseignant des recettes et des techniques de conservation traditionnelles. Dans des endroits où les plantes indigènes ou sauvages sont les seules à prospérer, Serena Milano propose d'investir dans la préservation de ressources sauvages, comme le café et le miel, tout en encourageant les fermiers à développer la biodiversité dans leurs champs en plantant des semences autochtones[22].

Au-delà de l'Afrique

Peu importe d'où vient la nourriture – d'un marché de producteurs, d'un grand magasin discount, d'un jardin particulier ou même de vendeurs sur Internet –, partout, les gens sont pris dans le système alimentaire mondial. Dans ce sens, la solidarité internationale dans le domaine de l'alimentaire – incarnée aussi bien par des noix de cajou issues du commerce équitable que par des groupes de cultivateurs comme Via Campesina ou des collaborations intercontinentales comme le Global Crop Diversity Trust – est l'une des innovations les plus prometteuses dans la lutte contre la pauvreté et la faim[23].

L'aide alimentaire, en Afrique et ailleurs, venait traditionnellement des États-Unis et des autres nations riches. Mais cette aide pourrait être plus rentable si les États-Unis, le plus grand donateur du monde, achetaient la nourriture aux pays bénéficiaires, ou à proximité. Actuellement, les États-Unis ne donnent que des produits qui ont poussé chez eux. Ces affrètements par bateau apportent les calories dont ont tellement besoin tous ceux qui souffrent de la faim, mais ils perturbent le système d'approvisionnement en faisant baisser les prix des productions locales et en tenant les producteurs régionaux à l'écart des marchés. « Nous sommes en train de changer notre conception du but ultime du développement, a déclaré Barack Obama au sujet des problèmes d'insécurité alimentaire mondiale. En nous concentrant sur l'aide, nous avons sauvé des vies à court terme, mais cela n'a pas toujours amélioré l'organisation de ces sociétés sur le long terme. » L'Europe, l'autre principal donateur de produits alimentaires, a déjà modifié sa politique d'assistance. De nos jours, sur les routes nationales africaines circulent de nombreux camions transportant de l'aide alimentaire à travers le continent. Ces produits proviennent de plus en plus des fermes africaines et sont directement vendus au Programme alimentaire mondial. Au Liberia, en Sierra Leone, en Zambie et dans d'autres pays de l'Afrique subsaharienne (tout comme en Asie et en Amérique latine), le PAM achète des denrées locales mais aide également les petits producteurs à acquérir les compétences nécessaires pour leur permettre de rejoindre le marché mondial. Il apparaît clairement que le besoin en aide alimentaire va monter en flèche dans les années à venir, à cause non seulement de la hausse des prix, mais aussi du chaos lié au climat et à la situation géopolitique[24].

L'impact mondial de l'agriculture s'étend également à l'impact des exploitations sur le changement climatique. Les cultivateurs africains pourraient débarrasser l'atmosphère de 50 milliards de tonnes de dioxyde de carbone dans les cinquante prochaines années, essentiellement en plantant des arbres dans leurs champs et en entretenant les forêts voisines. Cela reviendrait à éliminer une année entière d'émissions mondiales de gaz à effet de serre. Ce serait une généreuse contribution de la part d'une région qui n'émet qu'une infime partie de ces gaz. Environ soixante-quinze projets dans vingt-deux pays d'Afrique sont déjà à l'œuvre. Ils entendent indemniser les fermiers et les communautés rurales qui fournissent ce service en faveur du climat. L'une des propositions consiste à créer une Organisation carbone de l'agriculture africaine qui pourrait voir naître des projets et relier les cultivateurs aux acheteurs de crédits carbone[25].

Les fermiers et les communautés du monde en voie de développement peuvent donc jouer un rôle important dans la résolution de certains problèmes globaux, rôle qui pourrait créer des revenus, des emplois et donner accès à l'autosuffisance. Toutes ces expériences ne marcheront pas. Mais David Lobell affirme dans le chapitre VIII que « nous devons être des agnostiques de l'adaptation, disposés à faire preuve d'honnêteté face à ce que nous ignorons, et être prêts à développer nos efforts dans le but de cerner ce qui fonctionne réellement. Que les investisseurs publics et privés puissent rapidement reconnaître ce qui marche est la clé pour qu'ils fassent plus[26] ».

Certains groupes de fermiers sont déjà en train de réaliser des changements à travers toute l'Afrique, parfois par le biais de projets soutenus par Prolinnova dans lesquels les cultivateurs partagent des informations lors d'ateliers, de réunions, d'échanges de photographies, ou par Internet, comme c'est décrit dans le chapitre V. En même temps, les associations de défense des cultivateurs et les groupes militants, comme le GRAIN et The Land Coalition, se mobilisent pour empêcher les grosses sociétés et les étrangers d'acheter les terres agricoles en Éthiopie, à Madagascar, et ailleurs. Dans le chapitre XII, Andrew Rice affirme que des millions, voire des dizaines de millions d'hectares ont été vendus à des acquéreurs internationaux comme l'Arabie saoudite et la Chine, au cours des dix dernières années. Désormais, ce qui pousse sur ces terrains nourrit essentiellement les gens de ces pays, ou d'ailleurs dans le monde.

Bien que les pays et les communautés commencent à investir dans l'agriculture locale, les hommes restent attachés au système alimentaire mondial. Et même si moins de gens ont faim, les gouvernements et les communautés luttent contre des problèmes qui sont finalement liés à ce que les gens mangent. À titre d'exemple, le régime nord-américain, fondé sur des produits à base de maïs et de soja, est impliqué dans la mort d'une vaste zone du golfe du Mexique, qui est partiellement causée par les engrais et les lisiers venus des fermes du Midwest. Ce régime engendre également des problèmes de santé publique, les repas étant trop chargés en sirop de maïs, huile de soja et viande élevée aux céréales. Les trente projets de la fondation new-yorkaise FEED rapprochent les militants internationaux impliqués dans les problèmes de famine des avocats nationaux qui traitent de la question de l'obésité, en cherchant des solutions à long terme qui amélioreraient le système alimentaire partout dans le monde. « Dans le sud du Bronx, les enfants ont autant besoin d'aliments nutritifs que les enfants du Botswana », explique l'investisseur Ellen Gustafson. Parmi les objectifs de l'organisation pour les trente prochaines années, on compte l'accès, partout dans le monde, aux fruits et aux légumes frais pour tous, des normes écologiques pour la production de viande, et une hausse du prix des produits transformés qui tiendrait compte des effets négatifs de leur production et de leur distribution[27].

Les étapes de la nouvelle voie

Les innovations que nous avons découvertes lors de notre voyage en Afrique représentent le genre de nouvelle pensée radicale qui est de plus en plus recherchée. Plus récemment, *L'Évaluation internationale des connaissances, des sciences et des technologies agricoles pour le développement (The International Assessment of Agriculture Knowledge, Science and Technology for Development,* IAASTD*)* a suggéré que les agriculteurs et les chercheurs devaient renoncer à l'approche réductionniste conventionnelle qui sépare l'agriculture et l'environnement des besoins humains. Ce document fait remarquer qu'aucune approche unique ne saurait résoudre le problème de la faim et de la pauvreté, et qu'en réintégrant l'élevage et la production agricole on pourrait améliorer fortement l'économie rurale dans les environnements les plus endommagés. Il précise que les « cultures orphelines » et les céréales traditionnelles ont plus de potentiel que ce que l'on avait cru. Ce sont des innovations de cet ordre qui permettront de nourrir à la fois la population et la planète[28].

Nos attentes sont élevées pour les producteurs de denrées alimentaires d'Afrique et d'ailleurs. L'agriculture émerge comme une solution permettant d'atténuer le changement climatique, de réduire les problèmes et les coûts de la santé publique, de rendre les villes plus vivables et de créer des emplois dans une économie mondiale stagnante. Dans un avenir des plus prometteurs, tout en restant réalistes, les pays qui manquent actuellement de nourriture pourraient parvenir à se nourrir seuls tout en produisant un excédent pour les autres nations.

Notre espoir est que ce livre serve de carte routière, même incomplète, pour les fondations et les donateurs internationaux désireux de soutenir des interventions efficaces en matière de développement agricole, tout en tenant compte de l'environnement. Avec cet ouvrage, nous souhaitons inspirer et soutenir les communautés rurales qui sont à la source de ces innovations.

Quand on songe aux moyens limités mis à disposition des scientifiques pour trouver des solutions, à la générosité limitée des dons faits pour soutenir la recherche agricole et à la patience poussée à l'extrême des fermiers en difficulté et des familles affamées, on peut affirmer qu'il est grand temps d'orienter les financements et l'attention vers de nouvelles directions.

SUR LE TERRAIN
Évaluation des réussites du développement agricole

Après plus de cinquante ans d'expériences diverses, la communauté du développement mondial peine toujours à mesurer les réussites en matière d'agriculture. Les décideurs, les savants, les militants et les fermiers ont chacun leurs indicateurs et leurs preuves pour mesurer leurs succès. En dépit de ces différences, on peut noter plusieurs innovations importantes dans l'histoire récente qui ont participé à la réduction de la faim et augmenté la productivité. Tirer des leçons de ces succès permet d'informer les décideurs et d'influencer les investissements de façon à surmonter le problème de la faim et à protéger les ressources naturelles.

Les succès les plus évidents de ces cinquante dernières années se sont produits en Asie. Dès le milieu des années 1960, les gouvernements du sud de l'Asie ont introduit des mesures et accéléré les investissements dans la recherche scientifique, les infrastructures, la production et la stabilisation des prix de l'alimentation, dans ce qu'on appelle la révolution verte. Résultat, la production de céréales a doublé entre 1965 et 1990, et la sécurité alimentaire s'est renforcée pour 1 milliard de personnes entre 1970 et 1990[29].

Nées à la fin des années 1970, les mesures et les innovations technologiques en Chine ont, de la même façon, accéléré la croissance et le développement. Entre 1978 et 1984, la Chine a réintroduit l'agriculture individuelle après plus de trente années de travail collectif. Cela a motivé les paysans à mettre leurs excédents sur le marché. En rendant plus de

95 % des terres arables à 160 millions de foyers, les réformes ont aidé à augmenter les revenus des ruraux de 137 %, à réduire la pauvreté dans les campagnes de 22 % et à augmenter la production de céréales de 34 %[30].

Mais le développement agricole ne consiste pas uniquement à stimuler les récoltes et les rendements. Il faut également innover dans nos modes de production, de distribution et de consommation alimentaires. La dépendance moderne aux intrants chimiques, associée à l'usage abusif des réserves de terre et d'eau, a encouragé la création de techniques d'exploitation plus durables. Dans certains des premiers villages à vivre la révolution verte, les fermiers cultivent désormais du blé selon des techniques excluant le labourage qui permettront le retour des nutriments et de l'humidité dans les sols. On estime à six cent vingt mille le nombre de petits cultivateurs de blé qui ont adopté des méthodes sans labours depuis le milieu des années 1980. C'est 1,8 million d'hectares de terrain en Asie du Sud qui génèrent une hausse du revenu moyen de 180 à 340 dollars par foyer, en particulier dans les États indiens d'Haryana et du Pendjab[31].

Le développement agricole repose également sur l'action collective. Au niveau local, cela signifie transférer aux communautés concernées la propriété d'un procédé de développement, transmettre le savoir local et accorder aux associations fermières un rôle consultatif pour délibérer sur des projets, des mesures et sur la recherche scientifique. Au Burkina, les innovations en gestion des ressources ont aidé les foyers démunis à développer la culture de produits de base comme le sorgho et le millet.

À la suite des sécheresses successives, certains cultivateurs ont cherché d'autres solutions. En se fondant sur des pratiques traditionnelles, ils ont décidé de gérer les arbres et les cultures indigènes, de conserver le fumier et l'eau de pluie dans des fosses et de construire des murs de pierre en contrebas des terrains pour freiner le ruissellement et l'érosion. Les grands acteurs de la communauté et des ONG ont participé à la réhabilitation de 200 000 à 300 000 hectares dans le plateau central, ce qui correspond grossièrement à 80 000 tonnes de nourriture supplémentaire par an. Cela permet de nourrir 0,5 million d'hommes. Dans le sud du Niger, on estime que des efforts similaires ont permis de transformer environ 5 millions d'hectares de terre, assurant une meilleure sécurité alimentaire pour plus de 2,5 millions de personnes[32].

Au niveau mondial, l'action collective signifie poursuivre le développement agricole en faisant appel à la coopération et au partenariat. En Asie et en Afrique, les efforts concertés pour enrayer la propagation de la peste bovine – une maladie qui peut tuer 95 % ou plus des animaux contaminés dans un cheptel – grâce à la vaccination, à des mesures de mise en quarantaine et à une surveillance de la maladie ont permis aux petits exploitants et aux éleveurs de préserver leurs revenus, en leur évitant des pertes financières conséquentes en termes de lait, de viande, de traction animale et de nombre de bêtes[33].

Ces développements, comme bien d'autres, sont particuliers. En effet, ce sont des réussites à relativement grande échelle et à long terme soutenues par des preuves rigoureuses et bien connues de leur impact et de leur durabilité. Plus important, ces succès avérés démontrent que l'agriculture peut devenir un facteur de croissance et de développement. Cependant, les réalités changeantes du système mondial alimentaire et agricole, ainsi que la persistance de la faim, indiquent que nous avons besoin de multiplier les réussites. L'agriculture est de plus en plus dictée par la demande du marché, par les préférences des consommateurs et par le contrôle des réglementations. L'information, les modes de communication et les biotechnologies qui émergent ouvrent de nouvelles possibilités aux fermiers et aux consommateurs, alors que, d'un autre côté, le changement climatique impose de nouvelles contraintes. De nouveaux problèmes démographiques se font jour avec la pandémie de HIV/sida qui se poursuit, les structures d'accueil des aînés, et l'urbanisation et la migration grandissantes.

Au vu de ces nouvelles réalités, il faut garder à l'esprit quelques leçons. Premièrement, la réussite ne remplace pas la stratégie. La mise en place de succès soutenus n'est faisable que si les pays maintiennent de bonnes stratégies, prennent des mesures de soutien et encouragent l'investissement et l'expérimentation à un niveau approprié. Les décideurs devraient concevoir une approche permettant d'accroître la productivité agricole, d'augmenter les revenus et de réduire la pauvreté. Cela pourrait encourager de nombreux succès étroitement liés, qui, en s'additionnant, déboucheront sur des réussites plus vastes, à l'échelle régionale ou nationale.

Deuxièmement, la réussite est un mécanisme. Le développement agricole doit faire face à des priorités et à des défis en perpétuel changement : contenir les mouvements transfrontaliers des maladies et des nuisibles, renforcer la résistance de l'écosystème face au changement climatique, améliorer la gestion des échanges commerciaux mondiaux, encourager l'investissement dans l'agriculture des pays en voie de développement et faire parler la voix du peuple plus clairement. Ainsi, les succès sont générés et soutenus à travers des processus expérimentaux. Cela veut dire que la découverte passe par l'action, par les leçons que l'on tire des erreurs et par l'adaptation aux changements.

Troisièmement, la réussite est reconnaissable. Pour que les succès du développement agricole soient identifiables, ils doivent être soutenus par des preuves claires, allant de comptes rendus de première main à l'étude des retentissements à grande échelle. Quels que soient le type et le niveau des preuves, l'élément essentiel est que les succès du développement agricole – et ses échecs également – doivent être systématiquement attestés, examinés et partagés afin que tout le monde puisse tirer des leçons et les adapter à chaque contexte, tout en évitant de tomber dans les mêmes pièges.

Dernier point, le succès peut être ambigu. Les réussites se caractérisent souvent par un mélange de points positifs et de points négatifs. Ainsi, la hausse de la production alimentaire peut reposer sur l'usage de produits chimiques nocifs, et l'accroissement de la productivité peut engendrer un effondrement des prix qui nuira aux agriculteurs mais profitera aux consommateurs. Mais l'ambiguïté ne doit pas être un prétexte pour réduire l'investissement dans le développement agricole. Elle doit évoquer ou, au contraire, nous amener à réfléchir davantage sur l'existence de compromis et sur la nécessité d'être prudent à l'égard des échanges difficiles. Sur la balance, il faut mettre, d'un côté, les avantages que l'on tire des interventions permettant d'augmenter la disponibilité, l'accès et la qualité des denrées, et, de l'autre, les coûts en termes de bénéfices économiques et financiers, d'impacts sur l'environnement et d'importance sociopolitique.

David J. Spielman
et Rajul Pandya-Lorch,
Institut international de recherche
sur les politiques alimentaires
(International Food Policy Research Institute).

Chapitre 2

Vers une éco-agriculture dominante

*Louise E. Buck et Sara J. Scherr**

* **Louise E. Buck** est la directrice du programme Paysages d'Ecoagriculture Partners et membre de la faculté de Cornell. **Sara J. Scherr** est la P-DG d'Ecoagriculture Partners.

David Kuria décrit avec fierté les nouvelles caractéristiques du paysage de Lari, au Kenya. Il y a dix ans, lui et les bénévoles de Kijabe Environmental, un groupe local, ont entrepris de mobiliser les agriculteurs pour assurer la protection et la restauration des forêts menacées et riches en biodiversité, ainsi que des bassins hydrauliques dans cette zone à forte densité de population. À présent, la forêt, la faune et la flore sont prospères et les fermiers ressentent les effets de cette amélioration : les sols sont en bonne santé, les rendements plus élevés, les animaux sont bien nourris et de nouveaux marchés se sont ouverts[1].

L'enthousiasme croissant à l'égard des systèmes agricoles préservant l'écosystème et adaptés au milieu pousse à généraliser l'innovation et, dans certains cas, à l'étendre à grande échelle, à travers l'Afrique et le monde. La motivation repose en partie sur le besoin de restaurer des moyens d'existence dynamiques pour les communautés rurales dans lesquelles l'agriculture serait valorisée au-delà de son rôle de production. La dégradation croissante de la terre et de l'eau par le fait de certaines pratiques agricoles s'étend et inspire l'inquiétude. Et certaines plantes et espèces animales sauvages sont menacées à la fois par l'expansion des champs cultivés aux dépens des forêts, de la savane et des zones humides et par l'incitation à augmenter les récoltes par des moyens qui nuisent à l'écosystème. Dans un monde qui se réchauffe, les systèmes et les communautés agricoles vont devoir s'adapter à des changements abrupts, et parfois extrêmes, des températures et des précipitations, comme à la hausse du prix des engrais issus de carburants fossiles. De plus, les agriculteurs vont être appelés à participer à l'atténuation des effets du changement climatique en piégeant plus de carbone dans les plantes et dans le sol[2].

David Kuria envisage un paysage éco-agricole à Lari, c'est-à-dire un paysage où la production agricole, le développement rural et la gestion de l'écosystème se renforcent mutuellement. Cette vision repose sur deux grandes stratégies : des pratiques de production qui respectent l'environnement et une approche multipartite permettant de gérer les ressources naturelles et agricoles dans un paysage pris dans son ensemble[3].

L'exploitation agroécologique

Bien gérée, l'agriculture « peut aller au-delà de la production. Elle peut aider à accéder à de l'eau propre et à protéger la biodiversité. Elle devrait, quand elle est bien gérée, maintenir la durabilité des sols », selon Robert Watson, directeur d'IAASTD. Pour atteindre ces objectifs, l'exploitation agroécologique s'appuie sur des systèmes de culture biologiques intégrés à l'ensemble plante-animal[4].

Souvent appelée agriculture régénérative, cette approche est ancrée dans nos connaissances de la gestion des dynamiques complexes qui relient les plantes, les animaux, l'eau, la terre, les insectes et d'autres éléments de la micro-faune de façon à produire des récoltes et à élever le bétail sur une base durable. Des pratiques comme le paillage de surface, l'utilisation du compost et du fumier naturel, les cultures de légumineuses et la lutte biologique contre les insectes ravageurs et les maladies servent à améliorer les productions et à maintenir la fertilité et la santé des sols, tout en dépendant au minimum des apports en produits chimiques et en énergie.

L'agriculture agroécologique a pour objet d'augmenter ce qui profite économiquement à la terre, au travail et au capital, mais aussi à d'autres facteurs de production comme l'eau et l'énergie. Elle entend également répondre aux besoins domestiques et communautaires locaux, et fournir les marchés[5].

La diversité des systèmes d'exploitation, à travers le mélange de cultures, de variétés et d'animaux, est un élément essentiel de cette approche. Par exemple, les fermiers de Lari, au Kenya, installent les lapins, les poulets, les chèvres et les bovins dans des espaces confinés et peuvent ainsi rassembler le fumier, le compost et les résidus des récoltes afin d'accroître la fertilité du sol. Ils diversifient leurs systèmes de production pour inclure les légumes, l'apiculture et la pisciculture. Dans les fermes, ils font pousser des arbres qui apportent des substances nutritives essentielles au bon développement des récoltes, autant que des fruits, du fourrage et du bois de chauffage pour la consommation ou la vente. De plus, ils protègent les semences d'origine locale afin de préserver la diversité génétique[6].

Les paysages de l'éco-agriculture

Mais pour installer la sécurité alimentaire, restaurer les bassins hydrographiques, conserver la biodiversité et développer le marché agricole, il faut aller plus loin que l'adoption de certaines pratiques par des fermiers isolés. Les organisations et les communautés agricoles doivent travailler conjointement avec d'autres groupes responsables de la gestion des forêts, de l'eau, des marécages, de la faune et de la flore et de l'infrastructure pour étendre les effets positifs de leurs pratiques écologiques à l'échelle du paysage.

L'éco-agriculture s'appuie sur la science de l'écologie du paysage, qui a établi les schémas et les flux des éléments nutritifs, de l'eau, des hommes et de la faune et la flore pour tous les terrains et paysages. Par exemple, à Lari, l'ensemble des forêts, des arbres des fermes et des modes de culture compatibles fournit l'habitat essentiel aux oiseaux et à tous les animaux sauvages[7].

Exemples d'exploitation agroécologique

L'agriculture bio cherche à maintenir le sol en bonne santé sur le long terme. Les fermiers emploient des techniques telles que la rotation des cultures, le fumier naturel, le compost, et des méthodes biologiques de lutte contre les nuisibles. Le label international de culture organique exclut ou limite rigoureusement l'usage des engrais et des pesticides de synthèse comme les régulateurs de croissance végétale. Pour l'élevage, il en est de même avec les antibiotiques, les additifs alimentaires et les organismes génétiquement modifiés. Il existe environ cinq cent trente mille producteurs bio en Afrique, soit près de la moitié des producteurs mondiaux, avec à peu près 900 000 hectares de terre agricole certifiée bio (3 % du chiffre mondial).

L'agroforesterie mélange les arbres et les arbustes dans les champs et dans les pâturages de façon à reproduire les cycles des éléments nutritifs des forêts ou des bois naturels, mais aussi la pollinisation, le cycle de l'eau, la modération des microclimats et l'habitat de la vie sauvage. Certains fermiers protègent naturellement les arbres en régénération. D'autres plantent des espèces sélectionnées et améliorées pour l'agroforesterie. En 2006, plus de quatre cent dix-sept mille fermiers du Malawi, du Mozambique, de la Tanzanie, de la Zambie et du Zimbabwe ont eu recours aux pratiques de l'agroforesterie faisant appel aux arbres « engrais » fixateurs d'azote pour la régénération des terres, la bonne santé des sols et la sécurité alimentaire. Citons aussi les arbres de fourrage pour les petits éleveurs. Ou les arbres de haute futaie et le bois de chauffage pour le logement et l'énergie. Et encore les arbres qui fournissent divers produits. Et enfin les arbres médicinaux pour combattre des maladies.

L'agriculture de conservation a recours à des pratiques telles que la culture sans labour, la gestion de la couche arable et les rotations des cultures fondées sur des principes de perturbation minimale du sol, la couverture permanente du sol et la lutte biologique contre les maladies pour les cultures privilégiées. L'adaptation de ces technologies à des petites exploitations du Zimbabwe a permis à trois cent cinquante mille familles d'augmenter leur production de denrées alimentaires de 30 à 100 %. Leur alimentation et leurs marges de profit ont été améliorées, et la main-d'œuvre réduite.

L'agriculture verte combine les améliorations des sources de revenus à assez court terme généralement réalisées dans l'agriculture de conservation à une productivité agricole à plus long terme mais soutenue et la résilience environnementale tirée des légumineuses et des arbres fruitiers. Au Malawi, la culture continue du maïs avec les arbres fertiliseurs *Gliricidia sepium* et sans engrais minéral a eu un rendement moyen de 3,7 tonnes par hectare, que l'on peut comparer aux parcelles traditionnelles où l'on obtient entre 0,5 et 1 tonne par hectare.

Mais gérer l'écoulement et la qualité de l'eau dans les paysages agricoles nécessite également une gestion coordonnée de la terre et de l'eau dans différentes parties des bassins hydrauliques. L'eau conservée dans la terre et utilisée par les plantes (l'« eau verte ») est aussi importante que les eaux souterraines, les rivières et les ruisseaux (l'« eau bleue »). Bien gérer l'eau verte dans les fermes et dans les milieux naturels peut faire toute la différence pour la productivité agricole, pour le bien-être de la communauté et pour le développement économique[8].

Pour atteindre un résultat aussi positif, il faut donc que les différentes parties prenantes du paysage négocient et coopèrent.

Une gestion souple, avec des plans adaptables aux changements de situation et aux nouvelles connaissances, est la pierre angulaire des paysages éco-agricoles.

Bien que l'action collaborative ait un prix, dans la plupart des paysages, les parties prenantes trouvent que les bénéfices sont beaucoup plus élevés que les coûts. Par exemple, dans une zone anciennement forestière de la région de Bas Tapajos dans l'État de Pará au Brésil, les cultivateurs indigènes ont adopté l'agroforesterie autour des zones protégées à la périphérie des zones de production intensive. Leurs efforts ont réduit la transformation de l'habitat naturel, amélioré la valeur écologique des zones cultivées et créé une matrice favorable pour les fragments d'habitat. La culture du caoutchouc dans les agroforêts traditionnelles a été relancée et adaptée de façon à intégrer les éléments modernes compatibles avec la politique de réduction d'intrants et de maîtrise des risques des agroforêts. Une stratégie d'amélioration du système conçue conjointement a été mise en œuvre et développée par les habitants, avec peu ou pas d'aide et à faibles coûts. Leurs efforts ont amélioré la productivité et la profitabilité pour les autochtones qui la gèrent, tout en leur permettant de s'assurer des droits de propriété à long terme[9].

Dans la savane du Zimbabwe, la restauration des prairies communautaires offre un autre exemple de planification stratégique prenant en compte l'ensemble du paysage. Au Dimbangombe, une zone de pâturage communautaire de 8 000 hectares constitue un habitat important pour la faune et pour la flore dans l'enceinte des parcs nationaux de Hwange et de Zambèze. La mauvaise gestion des pâturages a détérioré la qualité du fourrage, de l'eau et la biodiversité qui alimentent l'agriculture, la sylviculture, le bétail, la faune et la flore et le tourisme de la région. Les sources de revenus des habitants étaient en danger. Des gérants novateurs ont introduit un système de pâturage fondé sur une rotation soigneusement organisée pour leurs animaux. Ils se sont calqués sur la modification naturelle de la vie sauvage dans les pâturages en augmentant les densités de stockage. Cela a stimulé les mouvements de sabot et produit de la bouse et de l'urine, qui ont régénéré la terre en améliorant l'aération, la pénétration de l'eau, la germination des graines dormantes et la fertilisation. En seulement deux ans, le paysage a présenté plus de fourrage et la couverture végétale a augmenté. La rétention de l'eau s'est améliorée, et la principale rivière de la région s'est remise à couler. Les changements du pâturage ont amélioré la production du bétail, les animaux, qui mouraient de faim, étant désormais bien nourris. Les lions ont tué moins de bêtes grâce aux systèmes de clôture traditionnels, même dans les endroits où l'espace est devenu un meilleur habitat naturel[10].

En parallèle, des initiatives menées à Kericho, au Kenya, ont permis aux membres des coopératives de thé de cultiver 8 000 hectares de plantations en suivant les principes de la plate-forme Initiatives pour une agriculture durable *(Sustainable Agriculture Initiative Platform).* Les cultivateurs ont recours au paillis et aux cultures intercalaires qui aident à augmenter la présence de matière organique dans le sol, tandis que les endiguements, les micro-bassins versants et les systèmes de drainage améliorent la conservation des sols et de l'eau. Dans les plantations de thé, aucun insecticide ou fongicide n'est utilisé. Dans tous les champs, on trouve des bouts de forêts, des petites zones de marécages, des brise-vents et des bandes boisées le long des cours d'eau, qui fournissent aussi du bois de chauffage pour le séchage du thé tout en permettant une meilleure protection de l'habitat et des sols. La compagnie de thé Unilever, qui gère le programme, coopère avec l'Alliance de la forêt tropicale pour développer un projet de labellisation qui entraînerait une hausse des revenus des producteurs de thé de 10 à 15 %. Les fermiers reproduisent le modèle de gestion et de certification dans toute la région de Kericho, avec des plus-values anticipées sur le bassin hydraulique dans l'ensemble[11].

Le potentiel

Comment les systèmes d'exploitation agroécologiques peuvent-ils répondre à la demande rapidement croissante en denrées alimentaires ? Comment le faire de façon compétitive, en particulier face à des monocultures avec des semences à fort rendement, poussées par les intrants agrochimiques ?

Puisque les paysages éco-agricoles et leurs pratiques constituantes ont pour objet de satisfaire de multiples objectifs sociaux, écologiques et économiques, leurs performances devraient être évaluées en fonction de ces critères. Cependant, il n'y a que peu d'études comparatives complètes, et tant qu'elles ne seront pas approfondies, il sera difficile de saisir les avantages réels de ces approches.

Néanmoins, de plus en plus d'études ont prouvé que les pratiques environnementales engendrent une production significative, ainsi que des bienfaits sur le bétail et sur l'environnement. En 1999, le chercheur Jules Pretty s'est penché sur la hausse évidente du rendement dans le cadre de diverses pratiques agroécologiques de deux cent quatre-vingt-six projets dans cinquante-sept pays en voie de développement, sur une surface totale de 37 millions d'hectares. Selon lui, le rendement moyen a augmenté de 79 % par rapport aux méthodes de production antérieures. Une étude scientifique de 2007 mesurant les impacts sur la biodiversité des pratiques agroécologiques a montré que l'agroforesterie, l'agriculture bio, les haies vives et les champs boisés ont tous des impacts positifs sur plus de trois types de faune et de flore. Par ailleurs, les études des pratiques d'agroforesterie dans les tropiques humides ont révélé des bienfaits essentiels sur la biodiversité[12].

L'intensification durable du riz (*Sustainable Rice Intensification,* SRI) est un système agroécologique fondé sur six principes de gestion des plantes, de la terre, de l'eau et des éléments nutritifs : planter les semis de jeunes plantes, espacer les pieds, utiliser des engrais organiques (peut-être en ajoutant un peu de produits synthétiques), transplanter un, voire deux semis par pente, appliquer de petites quantités d'eau et alterner humidification et séchage pendant la période de croissance et utiliser des sarcloirs manuels et une protection intégrée contre les nuisibles. Les études des parcelles de SRI dans huit pays en voie de développement ont montré que, en moyenne, les fermiers voient leurs récoltes augmenter de 47 % quand ils emploient principalement des engrais bio, tout en réalisant une économie d'eau de 40 %, une réduction des frais extérieurs de 23 % et une hausse des revenus de 68 %. Les pratiques ont augmenté la productivité tout en réduisant les besoins en eau, en graines, en engrais synthétiques, en pesticides, en herbicides, et souvent en main-d'œuvre, en particulier pour les travaux réalisés par les femmes. Le fermier indien Siddimallaiah a noté un autre avantage : « Pendant la sécheresse de 2009, ma récolte SRI a eu un bon rendement, tandis que mes champs cultivés selon des pratiques et un système d'irrigation traditionnels ont rencontré des problèmes d'assèchement[13]. »

Éléments d'un système d'exploitation biologique intégré à l'ensemble terre-plante-animal

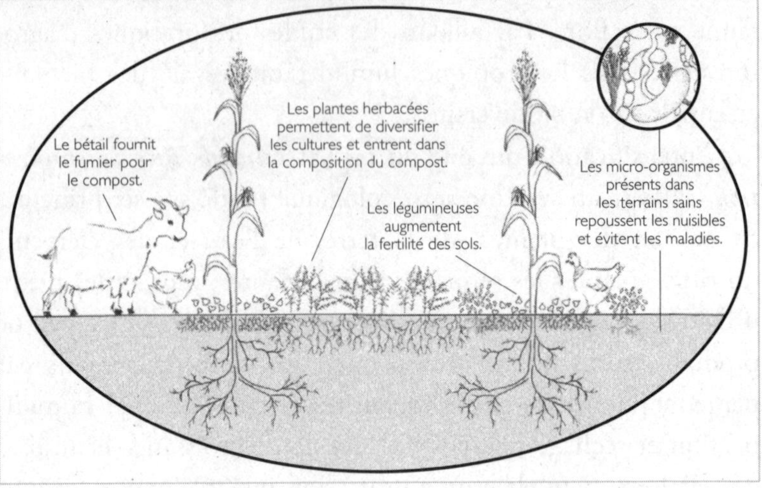

Source : FAO.

Deux études internationales récentes ont conclu que les pratiques agroécologiques réalisent de bonnes performances et sont prometteuses. Si l'on compare ces rendements et ces coûts de production avec ceux des systèmes de production traditionnels et conventionnels où les rendements sont faibles à modérés, le premier choix est préférable. Ils peuvent être compétitifs face à des systèmes industriels à forts intrants la plupart des années et produire de meilleures récoltes pendant les années pauvres en précipitations. D'un autre côté, certaines pratiques peuvent être plus riches en enseignement et plus favorables à l'adaptation des coûts, alors que d'autres méthodes exigent plus de main-d'œuvre, ce qui est un souci pour certaines communautés[14].

Mesurer les impacts des approches de paysage éco-agricoles sur la production, sur l'écosystème et sur les sources de revenus se révèle plus ardu dans un mode intégré. Il existe cependant quelques cas bien documentés. Le *Loess Plateau Watershed Rehabilitation Project* en Chine a aidé les fermiers à reboiser les pentes raides, à contrôler les pâturages, à niveler les champs et à diversifier les cultures. La production de céréales par personne est passée de 365 à 591 kilos par an. Le revenu annuel des foyers participant au projet est passé de 70 à 200 dollars par personne, et la couverture végétale vivace est passée de 17 à 34 %, réduisant l'écoulement des sédiments dans le Huang He de plus de 100 millions de tonnes par an. Au Nicaragua, le programme sylvo-pastoral de Matiguás, qui a introduit le couvert forestier dans les pâturages endommagés, a engendré des bénéfices financiers pour les fermiers. En même temps, ce projet a réduit la zone abîmée de deux tiers, augmentant le couvert forestier efficace de 31 % sur tout le paysage et reliant 67 % des fragments de forêts par un ou plusieurs chemins[15].

Il est nécessaire de faire appel à des approches de mesure simplifiée du paysage. Landscape Measures Initiative et leurs partenaires internationaux de l'éco-agriculture ont réuni des experts de divers domaines pour développer un schéma de mesure avec des indices significatifs dans des paysages spécifiques et mesurables par les parties concernées. Kevin Kamp de CARE INTERNATIONAL précise que « nous devons étudier de quelle façon les pratiques agricoles affectent la faune, la flore, les bassins hydrauliques et le climat afin de pouvoir adapter nos stratégies au fil du temps[16] ».

Réaliser le potentiel

Il n'existe aucun chiffre publié de la proportion de la production agroécologique ou des initiatives d'éco-agriculture paysagère. Nous pouvons malgré tout rencontrer ces pratiques dans divers contextes. Elles sont privilégiées dans les endroits où l'insécurité alimentaire est élevée et où les fermiers sont poussés à l'agriculture intensive mais où les intrants industriels sont hors de prix, indisponibles ou trop risqués pour leur économie. On les trouve également là où la dégradation des sols est une barrière à l'intensification de l'agriculture et quand la dégradation de l'écosystème menace la production agricole et la durabilité en réduisant les passages ou la qualité de l'eau d'irrigation, les inondations ou la perte des pâturages. Ailleurs, la demande commerciale crée des opportunités séduisantes pour des systèmes de culture garantis écologiques.

Stimulés par le besoin autant que par une meilleure connaissance des pratiques testées avec le temps, les regroupements agricoles ont été des novateurs précoces et des leaders dans le développement et dans la diffusion des pratiques agroécologiques. Les agriculteurs ont organisé et prôné le mouvement populaire agroécologique. Ils ont également été des pionniers dans le mouvement bio qui a conduit à des programmes de certification menés par des ONG[17].

D'autres mouvements collectifs soutiennent une action coordonnée pour l'agriculture et pour la gestion des écosystèmes. Landcare est né dans les communautés rurales d'Australie, dans le dessein de faire face à plusieurs formes de dégradation des sols qui menaçaient la production agricole et les écosystèmes locaux. Ce mouvement a mobilisé un réseau de plus de quatre mille cinq cents bénévoles. Ce modèle a été adapté par International Landcare à la Nouvelle-Zélande, aux Philippines, en Afrique du Sud, mais aussi en Afrique de l'Est et ailleurs. Un autre groupe, le Service de connaissance communautaire (Community Knowledge Service, CKS), promeut un apprentissage social et un partage des connaissances au cœur des communautés locales et indigènes agricoles, pastorales, forestières et piscicoles. Il renforce les sources de revenus rurales et la santé tout en protégeant la biodiversité sur les plans culturel et économique. Le CKS soutient les initiatives des communautés locales en Afrique de l'Est, en Asie du Sud, aux Philippines et en Amérique tropicale et fait entendre la voix du peuple dans les politiques et dans les programmes de protection de la biodiversité, de l'agriculture et du développement rural[18].

Les initiatives de paysage intégré qui engagent spécifiquement les producteurs et les éleveurs prolifèrent. Une nouvelle génération de projets paysagers est mise en avant par les organisations de protection et par les agences publiques pour la protection de la biodiversité avec les fermiers présents à l'intérieur et autour des zones protégées, comme le programme African Wildlife Foundation's Heartlands, et dans les régions d'exploitation à forte biodiversité, comme Le Cap en Afrique du Sud. Le Réseau de la forêt modèle (Model Forest Network) d'Amérique latine soutient des groupes multipartites de vingt-quatre paysages avec des patchworks champs-forêts dans leur engagement pour le développement rural en améliorant les revenus des agriculteurs, en augmentant la production alimentaire et en préservant les ressources forestières[19].

Dans certains endroits, de telles initiatives de gestion des terres ont rejoint des stratégies de développement rural plus générales. En Amérique latine, les stratégies de développement du territoire ont cherché à adapter le planning de développement et d'investissement sectoriels aux priorités locales. Les populations autochtones qui ont acquis un contrôle politique local élaborent des stratégies territoriales qui reflètent leurs valeurs, leurs traditions et leurs institutions. Le mouvement de souveraineté alimentaire a réuni les petits exploitants, les ouvriers agricoles, les pêcheurs, les éleveurs nomades et les artisans, particulièrement dans les pays en voie de développement, pour qu'ils contrôlent directement la production et la consommation grâce à des systèmes alimentaires localisés. Le mouvement pour l'« alimentation locale » aux États-Unis, en Europe et partout ailleurs remet au goût du jour le potentiel des « hangars à nourriture » locaux et met en contact les producteurs et les consommateurs à travers des chaînes de valeur locale améliorées[20].

Augmenter la production et protéger les forêts et la vie sauvage dans un paysage agricole fortement peuplé

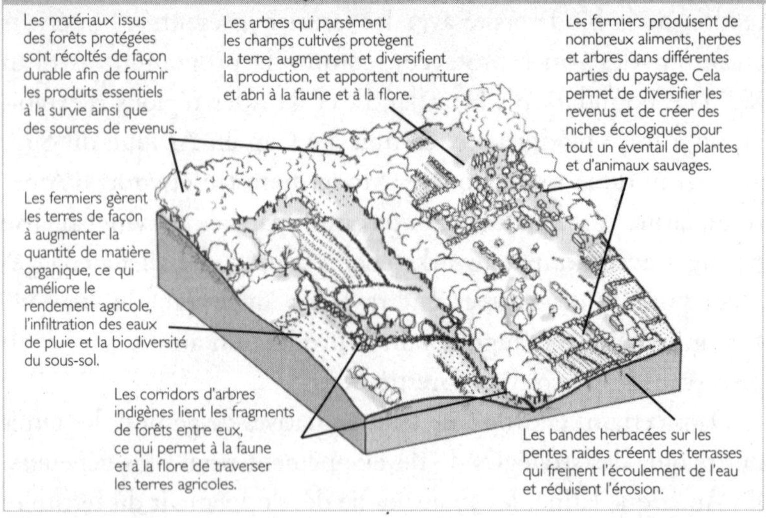

Les agro-industries et l'industrie alimentaire commencent, elles aussi, à se pencher sur les avantages des pratiques agroécologiques. Elles s'inquiètent de la durabilité de leurs sources d'approvisionnement tout en répondant aux demandes des consommateurs et des gouvernements en matière de responsabilité sociale et environnementale des entreprises. La croissance rapide de la demande du marché pour les produits écologiques certifiés a attiré l'attention des investisseurs. Les partenariats public-privé se développent pour relier les initiatives de la chaîne d'approvisionnement alimentaire à la gestion des bassins hydrauliques et de la biodiversité. Par exemple, Mars Corporation favorise les pratiques agroécologiques et d'agroforesterie dans la production durable du cacao, autant que l'amélioration génétique et les couloirs biologiques pour soutenir la biodiversité de la forêt tropicale dans les zones de culture du cacao. Des sociétés comme Nestlé aident les petits producteurs africains, indiens et d'autres pays en voie de développement à gérer les réserves locales en eau et à réduire les émissions de gaz à effet de serre[21].

Les gouvernements mettent au point des programmes pour soutenir l'agriculture intégrée et la gestion de l'écosystème. TerrAfrica est un mouvement multinational qui entend aligner les investissements dans les pratiques de durabilité de la terre et de la gestion de l'eau sur toute l'Afrique, qui gère un portefeuille de 1 milliard de dollars d'investissement, tous secteurs confondus. TerrAfrica met en place des moyens de connaissance et d'informations pour développer les pratiques agroécologiques par le biais d'actions coordonnées d'agences publiques et de groupes civiques. En Amérique centrale, huit présidents ont accepté de favoriser une stratégie régionale pour le développement territorial, qui mettra l'accent sur les territoires transfrontaliers considérés comme critiques pour la production agricole, la protection de la biodiversité et des bassins hydrauliques, et la réduction de la pauvreté. Celle-ci, comme d'autres initiatives dans le monde, accélère l'apprentissage, favorise l'expérience et multiplie les preuves pratiques qu'il est nécessaire de propulser l'éco-agriculture dans le courant dominant[22].

Rejoindre le courant dominant

Il n'y a pas de doute : les pratiques de production intégrées aux paysages éco-agricoles seront capables de satisfaire la demande alimentaire mondiale. Les faits indiquent que ces méthodes peuvent nourrir une grande partie du monde tout en parvenant à résoudre une quantité de problèmes présents et menaçants de dégradation de l'environnement, d'insécurité des sources de revenus et de pauvreté.

Globalement, seule une minorité des terres agricoles sont contiguës à de vastes zones de monocultures intensives, à fort rendement selon le modèle industriel, même si cela représente une grande proportion de la production totale et des échanges internationaux. Une majorité d'exploitations sont situées dans des paysages de patchwork qui ont l'avantage de pouvoir se servir des zones non cultivées pour protéger et pour aider les communautés productrices à maintenir ou à restaurer l'écosystème tout en augmentant les rendements et en réalisant des objectifs plus vastes de développement rural[23].

De plus, seulement 10 % de la production mondiale de denrées alimentaires entrent sur le marché international. Même si ce chiffre augmentait, la production domestique pour la consommation domestique continuerait à progresser dans l'absolu. Elle resterait dominante en termes d'espace occupé et de production totale, en particulier dans les pays à faibles revenus ayant une population rurale élevée. Ainsi, la plupart des pays vont devoir apprendre à produire plus tout en protégeant mieux l'écosystème et en soutenant les communautés rurales[24].

Les méfaits de l'agriculture industrielle sur l'environnement local sont souvent justifiés par l'idée que l'augmentation de la productivité est nécessaire pour éviter que l'on n'abatte ce qui reste de la forêt tropicale au profit de l'agriculture. Il est vrai qu'une hausse des besoins en espace, une hausse des prix, des coûts de production relativement bas et une rentabilité croissante de l'agriculture stimulent un défrichement accéléré dans les forêts tropicales humides, mais cela nécessite des mesures mieux ciblées. Par ailleurs, certaines des plus fortes menaces qui pèsent sur la biodiversité sont inhérentes aux paysages agricoles – dans les prairies et les zones boisées tempérées et tropicales plus attirantes pour qui veut étendre les territoires cultivés – ainsi qu'aux écosystèmes d'eau douce et côtiers qui sont menacés par les impacts de l'exploitation agricole en dehors des sites concernés[25].

L'alternative aux pratiques agroécologiques et à l'éco-agriculture paysager n'est pas le statu quo. Dans certaines régions qui sont actuellement de gros producteurs et qui dégagent d'importants excédents, comme le Pendjab, le delta du Mékong et le nord de Mexico, favoriser les méthodes de monoculture intensive à de forts taux d'intrants a, de toute évidence, peu d'avenir. Les systèmes d'irrigation sont de plus en plus salinisés et les eaux souterraines appauvries. Les animaux nuisibles et les vecteurs de maladies résistent aux traitements chimiques. Polluer encore davantage l'eau affronterait une résistance politique. Et la question sous-jacente de l'économie de la production agricole se modifie à mesure que le prix de l'énergie et des engrais augmente, que le prix de l'eau s'élève et que les réglementations du climat et de l'environnement évoluent[26].

Les inquiétudes concernant le changement climatique vont motiver les investissements en faveur du renforcement de la sécurité alimentaire, et cela ira au-delà de la simple amélioration des graines et des intrants. Un jour ou l'autre, on comprendra qu'en séquestrant le dioxyde de carbone dans la terre, on participe efficacement au ralentissement du changement climatique, et les cultivateurs seront récompensés pour avoir su piéger le carbone dans les sols et dans la végétation. De plus, l'accroissement de la variabilité des conditions d'exploitation induites par le changement climatique va probablement encourager les efforts visant à augmenter les espèces et les variétés cultivées et la diversité sauvage associée. Ainsi, on peut avancer que des changements majeurs vont se produire au sein des systèmes d'exploitation et des paysages agricoles[27].

Au niveau des politiques, les attentes concernant le rôle social, économique et environnemental de l'agriculture sont en train de changer. Dans le *Dialogue Towards a Shared Action Framework for Agriculture, Food Security et Climate Change in Africa (Débat vers une action commune pour l'agriculture, la sécurité alimentaire et le changement climatique en Afrique),* de juillet 2010, un groupe de dirigeants africains a affirmé que si la croissance de la production agricole et de la productivité était primordiale pour le continent, la stratégie agricole devait contribuer à élargir la transformation rurale. Aux niveaux national, infranational et local, les mesures viseront à soutenir les communautés rurales viables, à ralentir ou même à inverser l'exode rural et à maintenir des services des écosystèmes[28].

La gestion de l'eau bleue et de l'eau verte dans le paysage agricole

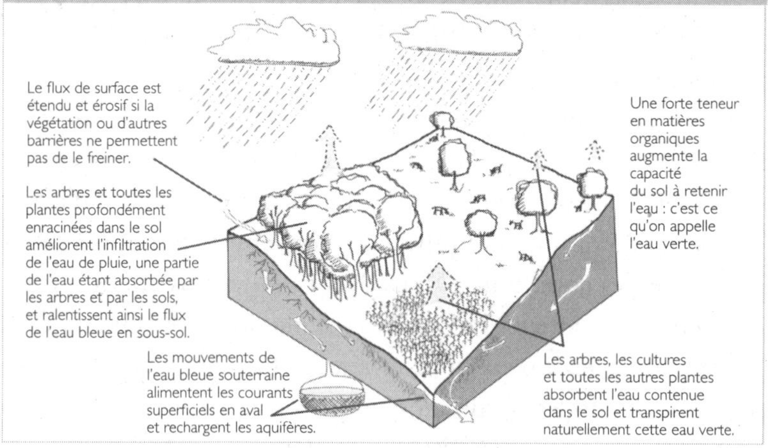

Pour concrétiser les capacités des méthodes agroécologiques et des paysages éco-agricoles, des investissements stratégiques et des mesures à plus grande échelle doivent être mis en place. L'action internationale sur le climat doit faire de la séquestration du carbone dans les sols et de la réduction des émissions une priorité. Les gouvernements et les autres institutions doivent instaurer des mécanismes financiers permettant de soutenir l'innovation agricole, les essais et leur développement. Une infrastructure doit être mise en place systématiquement pour développer, diffuser et adapter les méthodes agroécologiques, avec ou sans systèmes parallèles de distribution des intrants industriels, en particulier auprès des petits producteurs. Les chaînes d'approvisionnement du marché et l'infrastructure doivent s'adapter à des systèmes de production plus diversifiés. La sélection et la production des semences dans le cadre de l'amélioration des récoltes et de leur résistance, à travers des systèmes gérés par les fermiers et des méthodes scientifiques avancées, continueront à jouer un rôle critique dans le développement agricole, mais avec une attention explicite à l'incorporation de meilleures semences dans les divers systèmes de production agroécologiques.

Alors que l'intérêt politique pour les investissements dans l'agriculture prend globalement de l'élan, il est important d'investir dans différentes approches. Nous savons qu'il n'existe pas de méthode unique qui puisse convenir à toutes les zones et à toutes les conditions. Nous devons faire plus attention aux différences de potentiels sociaux et écologiques et investir dans les méthodes les mieux appropriées à chaque situation. En ce sens, les méthodes agroécologiques des paysages éco-agricoles sont, par définition, spécifiques et dépendent de la situation géographique. Elles sont nourries par de multiples sources d'innovations, faisant de la vision unique quelque chose qui n'est ni probable ni souhaitable.

— Les matériaux issus des forêts protégées sont récoltés de façon durable afin de fournir les produits essentiels à la survie ainsi que des sources de revenus.

— Les arbres qui parsèment les champs cultivés protègent la terre, augmentent et diversifient la production, et apportent nourriture et abri à la faune et à la flore.

— Les fermiers produisent de nombreux aliments, herbes et arbres dans différentes parties du paysage. Cela permet de diversifier les revenus et de créer des niches écologiques pour tout un éventail de plantes et d'animaux sauvages.

— Les bandes herbacées sur les pentes raides créent des terrasses qui freinent l'écoulement de l'eau et réduisent l'érosion.

— Les corridors d'arbres indigènes lient les fragments de forêts entre eux, ce qui permet à la faune et à la flore de traverser les terres agricoles.

— Les fermiers gèrent les terres de façon à augmenter la quantité de matière organique, ce qui améliore le rendement agricole, l'infiltration des eaux de pluie et la biodiversité du sous-sol.

Le flux de surface est étendu et érosif si la végétation ou d'autres barrières ne permettent pas de le freiner.

Une forte teneur en matières organiques augmente la capacité du sol à retenir l'eau : c'est ce qu'on appelle l'eau verte.

Les arbres, les cultures et toutes les autres plantes absorbent l'eau contenue dans le sol et transpirent naturellement cette eau verte.

Les mouvements de l'eau bleue souterraine alimentent les courants superficiels en aval et rechargent les aquifères.

Les arbres et toutes les plantes profondément enracinées dans le sol améliorent l'infiltration de l'eau de pluie, une partie de l'eau étant absorbée par les arbres et par les sols, et ralentissent ainsi le flux de l'eau bleue en sous-sol.

Sur le terrain
Innovations dans les rizières de Madagascar

Comme dans de nombreux pays d'Afrique, les habitants de Madagascar dépendent du riz pour vivre. Pour les Malgaches, cet aliment de base symbolise la famille, la tradition et l'économie rurale. On fait pousser le riz dans presque toutes les régions du pays, et cette culture représente 80 % de l'agriculture de l'île[29].

Si l'on en croit les récentes missions de cueillette réalisées dans certains projets collaboratifs, plus de cent variétés de

riz, traditionnelles et améliorées, sont produites à Madagascar. Dans chaque écosystème, les cultivateurs peuvent choisir entre plusieurs variétés. Dans le passé, on trouvait essentiellement des formes locales qui assuraient un rendement stable. On comptait le Tsipala dans la région occidentale, le Makalioka dans la région du lac Alaotra, et le Rojo en altitude[30].

La plupart des espèces traditionnelles peuvent dépasser 1,20 mètre de hauteur. Les tiges hautes servent à la fois à nourrir les animaux et à les coucher, et ont donc plusieurs usages. De plus, les variétés de riz les plus traditionnelles peuvent facilement être assemblées en touffes serrées, ce qui permet d'éviter certaines maladies comme la pourriture des fourreaux qui détériore les graines et peut dévaster les récoltes. Les engrais n'augmentent pas beaucoup la production de ces variétés. À l'inverse, elles sont mieux stimulées par le fumier comme source d'éléments nutritifs. Bien que les cultivateurs des hautes terres préfèrent les espèces de riz rouge, qui sont plus nourrissantes, la plupart des consommateurs préfèrent le riz blanc[31].

Ainsi, il est important de travailler avec les paysans et de les aider à développer plusieurs variétés de riz, en fonction de la région et des conditions particulières. Le Centre national de la recherche appliquée au développement rural cherche non seulement à introduire de nouvelles variétés de riz mais également à écouter les fermiers. Il travaille avec eux pour adapter plusieurs technologies et innovations à leurs besoins, grâce aux services d'expansion et aux essais réalisés dans les fermes[32].

Pour élaborer une stratégie de production du riz, le premier critère était une bonne adaptabilité à l'environnement. La tolérance aux contraintes imposées par l'eau, la résistance aux maladies (essentiellement à l'explosion de maladies dans les régions humides), la fertilisation par l'azote, la rusticité et les préférences en matière de qualité de graines ont également été prises en compte[33].

Mais ce n'est pas suffisant pour développer des innovations. En effet, les fermiers doivent être capables de les appliquer. Par exemple, un système d'intensification du riz augmente les rendements mais nécessite plus de main-d'œuvre et repose sur une gestion stricte de l'eau. De la même façon, les riz hybrides F1 exigent une grande quantité d'engrais onéreux. Ces innovations présentent de nombreux avantages mais également des inconvénients, qui risquent d'empêcher leur mise en pratique par les riziculteurs locaux.

Et tandis que certaines pratiques agricoles demeurent, comme le paillage minimal et l'usage du compost, et qu'elles aident à lutter contre l'érosion et à améliorer les sols, Madagascar – malgré les subventions de l'État français et d'autres donateurs – ne sera jamais le Brésil en matière d'agriculture de conservation. Dans le sud du Brésil, les récoltes de couverture intercalaires et d'autres pratiques agricoles de conservation sont largement appliquées au maïs. Mais le riz de plaine est très différent des autres cultures, et si le riz peut être alterné avec le blé ou des arbres dans des projets intégrés de riz et d'agroforesterie, tous les cultivateurs ne sauront pas adopter de telles pratiques. S'il existe suffisamment d'innovations, elles ne sont pas appliquées à cause des contraintes locales, comme l'accès des fermiers au crédit, au prêt ou aux marchés. Il faut envisager d'éliminer ces contraintes ou de renforcer les droits des fermiers si l'on veut faire régresser le problème de la faim et de la pauvreté.

Si la population de Madagascar a augmenté au cours des dernières décennies, la production de riz ne peut pas suivre la demande croissante. De nouvelles technologies sont nécessaires pour surmonter les contraintes qui limitent la production de riz, et les récoltes doivent augmenter de 0,5 à 1 tonne par hectare pour répondre à la demande. Il est essentiel de mieux comprendre le système de production du riz et son comportement variétal dans divers écosystèmes si l'on veut réussir à en produire plus[34].

Dans de nombreux endroits, on assiste au repiquage tardif dû à une irrigation retardée qui provient souvent d'une source éloignée. Dans les serres, les semis vieillissent et mettent du temps à prendre après avoir été replantés. Pour diverses raisons, une énorme quantité d'eau est nécessaire pendant la croissance du riz dans les rizières, en particulier pendant la période de floraison, avec une profondeur de 10 à 15 centimètres. Cependant, les sécheresses, qui craquèlent la terre et provoquent la submersion des semis de riz à cause d'un mauvais drainage, sont très courantes et détruisent les récoltes. Changer la gestion habituelle de l'eau est nécessaire si l'on veut améliorer la production et réduire la détérioration des récoltes[35].

Parmi toutes les espèces existantes, dont les lignées demi-naines qui ont contribué au succès de la révolution verte, une variété améliorée appelée Mailaka a été adoptée par les fermiers de Madagascar. Cette variété est réputée pour être facile à cuisiner parce qu'elle gonfle plus que la plupart des autres variétés et permet de nourrir beaucoup plus de personnes avec une même quantité de riz. Des parcelles de démonstration installées dans les fermes ainsi que les essais auxquels ont participé les fermiers sur plusieurs années, et en toute saison, ont convaincu les cultivateurs de son potentiel. De nos jours, elle occupe de nombreuses rizières. Certaines organisations de fermiers commencent à produire des graines certifiées de cette variété améliorée, ce qui renforce le système de semis qui est si nécessaire à l'augmentation de la production du riz[36].

Si cette variété a été introduite, d'autres lignées issues de croisements locaux ont également été adoptées et ont contribué à l'augmentation des récoltes. Ces dernières décennies, la diffusion de variétés de riz de plateau a facilité l'expansion de la culture de variétés de plateau par des techniques améliorées comme le semis direct sous couvert bio ou manuel.

Xavier Rakotonjanahary
Centre national pour le développement rural

Chapitre 3

Le potentiel nutritionnel et économique des légumes

*Abdou Tenkouano**

* **Abdou Tenkouano** est directeur du bureau africain de l'AVRCD (*The World Vegetable Center*). Il est basé à Arusha en Tanzanie.

Il y a soixante ans, les réserves alimentaires mondiales ont fortement augmenté grâce aux nouvelles variétés de blé et de riz à fort rendement mises au point par le Dr Norman Borlaug, notamment. Mieux adaptées à la culture, elles réagissaient mieux aux engrais et permettaient de consacrer davantage des ressources du terrain à la partie comestible des récoltes. Les cultivateurs et les généticiens ont modifié les gènes des céréales de façon à les rendre moins vulnérables aux maladies et à d'autres problèmes. Ces perfectionnements se sont déroulés essentiellement en Asie et en Amérique latine, dans deux des régions les plus peuplées du monde, mais les effets se sont fait ressentir sur toute la planète et ont inspiré des centaines de scientifiques agricoles travaillant sur d'autres cultures de base[1].

Répéter cette révolution verte en Afrique subsaharienne, là où vit la population la plus pauvre et qui connaît la croissance la plus forte, s'est révélé difficile. L'une des raisons est que la région manque souvent des infrastructures nécessaires. Une autre explication est l'incompréhension de la nature locale du développement agricole. L'attitude des gens face aux nouvelles opportunités est tout d'abord guidée par leurs préférences alimentaires et ensuite par le coût de l'accès aux technologies permettant de stimuler le rendement, dont les variétés de céréales améliorées[2].

Néanmoins, de nouvelles approches permettent désormais de mieux envisager la question des réserves alimentaires de l'Afrique subsaharienne. Mais tandis que des produits de base comme le riz, le maïs, le blé et le manioc ont été le point de mire des recherches et des investissements, l'abondance de ces produits ne serait rien de plus qu'une « révolution des céréales » si les légumes nécessaires à un régime équilibré n'étaient pas également présents. Dans la région, les produits de base sont en général consommés avec des légumes, et une « révolution des légumes » parallèle est donc tout aussi nécessaire.

Mais même si les aliments de base peuvent être produits en quantité suffisante, l'Afrique ne sera pas correctement nourrie tant que les habitudes alimentaires ne s'amélioreront pas. Sans ce changement, des millions d'hommes, et particulièrement en Afrique subsaharienne, resteront sujets aux maux qui mettent leur santé mentale et physique en péril. Dans le monde entier, des maladies liées à une alimentation déséquilibrée, en particulier à une consommation insuffisante de légumes et de fruits, provoquent 2,7 millions de morts par an et comptent parmi les premières causes de mortalité[3].

Les carences en oligoéléments, en vitamine A, en fer et en iode touchent 1 milliard d'hommes et sont très répandues dans les populations rurales et urbaines de l'Afrique subsaharienne. Elles provoquent un médiocre développement mental et physique, spécialement chez les enfants, et entraînent de mauvais résultats scolaires et professionnels. Tout cela handicape des communautés qui connaissent d'autres problèmes de santé et de pauvreté. Une carence en vitamine A a été détectée chez plus de 17 millions de personnes en Afrique centrale et occidentale, dont près de cinq cent mille enfants de moins de six ans. Cette déficience peut entraîner une cécité permanente chez les enfants et anéantir le système immunitaire, ce qui les prédispose à des infections des voies respiratoires, à la rougeole et aux diarrhées[4].

Une mauvaise absorption du fer et du zinc est un autre problème répandu. Dans le sud-est du Niger, par exemple, 50 % des enfants et 61 % des femmes souffrent d'anémie chronique par manque de fer. Cela entraîne également des problèmes d'apprentissage, des retards mentaux, un mauvais développement physique et une faiblesse face aux maladies infectieuses, conduisant parfois à la mort prématurée[5].

L'Institut international de recherches sur les politiques alimentaires (IFPRI) a prédit de façon alarmante une hausse de 18 % du nombre d'enfants mal nourris en Afrique subsaharienne entre 2001 et 2020, pourtant les recherches sur les légumes manquent cruellement de financement. En 2002, les centres de recherche appartenant au Groupe consultatif de la recherche agricole internationale ont investi 118 millions de dollars dans la recherche sur les céréales, mais seulement 15,7 millions de dollars sont allés aux fruits et aux légumes, soit environ 13 % de ce qui revient à la culture des céréales[6].

Ainsi, la recherche sur les légumes manque de soutien financier au moment où il en faudrait le plus. Les produits de base, avec leurs longs cycles de production, ont tendance à être plus vulnérables aux menaces environnementales et au risque d'échec de production. À l'opposé, les légumes ont un cycle de croissance plus court, poussent plus rapidement, ont besoin de moins de place, et sont donc très fiables. De plus, ils constituent les ingrédients nécessaires sans lesquels les aliments de base seraient immangeables. Les légumes sont la solution durable à la composition d'un régime diversifié et équilibré.

Heureusement, une révolution des légumes est tout à fait possible. « Des millions de petits producteurs sont prêts à apporter des solutions à long terme à la faim chronique et à la pauvreté dans la région, dit Namanga Ngongi, président de l'Alliance pour une révolution verte en Afrique. Ils ont la terre, l'énergie, l'expérience et la volonté de faire pousser la nourriture dont l'Afrique a besoin pour mettre un terme aux problèmes de nutrition qui touchent plus d'un Africain sur trois[7]. »

Écouter les fermiers

Pour être efficace, la recherche sur les légumes doit prendre une forme particulière. En Afrique, comme partout ailleurs dans le monde, il existe des préférences culturelles pour certains ingrédients, plats et modes de préparation culinaire. Les chercheurs peuvent se servir de leur compréhension des caractéristiques biologiques des aliments pour démêler les origines génétiques sous-jacentes. Cette information peut servir à créer de nouvelles variétés végétales capables d'améliorer et de compléter chaque plat. Cette production d'usage final peut être développée pour devenir un produit industriel qui ne viserait pas que les fermiers traditionnels qui produisent pour leur propre consommation ou pour les marchés locaux, mais également les producteurs spécialisés qui alimentent les processus industriels[8].

Si l'on veut que ce procédé fonctionne, les fermiers doivent s'impliquer dans la recherche. Pour permettre des évaluations sur le terrain, il faut développer des mécanismes de surveillance pratique et s'assurer que les chercheurs et les cultivateurs se comprennent. Les programmes de recherche participatifs les plus efficaces veillent à ce que le dialogue soit constant entre les deux parties, dans un sens comme dans l'autre, notamment par le biais d'une évaluation participative, suivie de l'expérimentation des produits les plus prometteurs, de l'identification des meilleurs résultats et de la multiplication et de la diffusion du meilleur de la catégorie[9].

Innovations dans la culture végétale : nécessités et promesses

Bien que l'on croise les espèces végétales depuis plus de douze mille ans, c'est devenu une urgence. Si l'on veut produire suffisamment pour nourrir une population en forte croissance, qui a doublé entre 1960 et 2000 pour atteindre les 6 milliards, et qui va probablement atteindre les 9 milliards avant 2050, la culture végétale va devoir innover. Ces cinquante dernières années, la sécurité alimentaire mondiale est restée dépendante de la hausse annuelle de 2 à 4 % de la productivité des cinq aliments de base essentiels à l'humanité.

L'urgence est peut-être plus forte en Afrique subsaharienne. Alors que la pression liée à l'augmentation de la population est forte, les variétés modernes peinent à intégrer les habitudes. Par exemple, en 2003, la culture annuelle des variétés modernes a représenté 86 % de toutes les augmentations en production alimentaire en Asie et en Amérique latine, mais moins de 10 % en Afrique subsaharienne (à l'exception de l'Afrique du Sud). Aujourd'hui, les nouvelles variétés représentent 50 % de l'agriculture et 40 % de la production de l'Asie et de l'Amérique latine.

Ces chiffres sont critiques pour l'avenir de l'Afrique. Heureusement, l'histoire des croisements et les nouveaux moyens de maximiser l'essor de variétés modernes avantageuses offrent les outils et l'inspiration nécessaires pour envisager de nourrir une population croissante.

L'exemple représentatif d'une hausse de rendement saisissante d'un végétal est l'industrie du maïs hybride américain. La Coalition des cultivateurs de maïs affirme que les hybrides de maïs développés par les producteurs du secteur public dans les années 1930 ont permis de tripler les récoltes par hectare depuis 1931.

Plus parlante pour le monde en voie de développement, l'histoire de l'innovation qu'a été la révolution verte en Asie et en Amérique latine. Elle a débuté au Mexique en 1944, quand la fondation Rockefeller s'est associée au gouvernement pour lancer un programme d'amélioration du blé dirigé par Norman Burlaug.

Les variétés naines à fort rendement, et sensibles aux engrais, développées par le programme ont permis de doubler les récoltes au Mexique. Le mouvement s'est mondialisé alors que les variétés naines ont été brillamment introduites au début des années 1960 en Inde et au Pakistan, et que les récoltes de blé ont été triplées. Le succès des variétés de blé nain fut aussitôt répété avec le riz. La variété demi-naine de riz IR8 développée par l'Institut international de recherche sur le riz de Manille a fait passer les récoltes en Inde de 2 à 6 tonnes par hectare entre 1961 et 1970. L'Inde est alors devenue l'un des premiers producteurs de riz au monde.

Bien sûr, les hybrides et leurs possibilités radicalement nouvelles ne sont pas représentatifs de l'agriculture. Les producteurs doivent accueillir de nouvelles variétés à répandre, ce qu'ils ne feront pas si elles ne correspondent pas précisément à leurs besoins. Cela signifie que les cultivateurs et les chercheurs doivent communiquer pour faire fonctionner un processus appelé culture végétale participative ou recherche participative.

Comme exemple de cette approche, on peut citer la culture du manioc, une racine tropicale, dans la région semi-aride du nord-est du Brésil. Cette zone se caractérise par un sol peu fertile et par des sécheresses qui peuvent durer des mois. Des attaques massives de ravageurs et de maladies peuvent tout détruire. Bien que le manioc soit l'aliment de subsistance principal, les rendements y sont beaucoup plus faibles que dans le reste du pays. Les producteurs préfèrent ne pas adopter les variétés générées par la culture conventionnelle. En effet, comme elles ont poussé sur des terres étrangères, sous un autre climat et dans des conditions socio-économiques différentes, les résultats sont très peu satisfaisants.

Au début des années 1990, l'Association de l'agriculture brésilienne et les agents locaux ont lancé un programme de culture participative dans neuf communautés en se servant de neuf clones de manioc modifiés et d'une variété locale de référence. L'année suivante, le travail fut étendu à dix-sept communautés supplémentaires en reprenant les mêmes neuf clones modifiés. Quatre clones furent sélectionnés grâce à ce travail et distribués dans la région. La deuxième étape comptait trois cent cinq essais dans soixante-dix communautés et mille cinq cents familles de cultivateurs. Huit variétés ont été officiellement lancées et multipliées, et une douzaine d'autres présentant une forte probabilité d'être acceptées par les fermiers ont été identifiées. La culture végétale participative fonctionne tout aussi bien en Afrique. Les petits propriétaires y font pousser plus de 4 millions d'hectares de haricots par an, ce qui permet de nourrir au moins 100 millions d'Africains et d'engendrer un revenu de centaines de millions de dollars. Mais le début des années 1990 a été plus morne pour les cultivateurs et pour les consommateurs de haricots de l'Afrique de l'Est alors que la maladie de la pourriture des racines a dévasté les moissons. En réaction, les scientifiques de l'Alliance panafricaine de recherche sur le haricot (PABRA) ont identifié des variétés qui, quand elles sont associées à une gestion intégrée des nuisibles et des maladies selon le savoir des fermiers locaux, se sont révélées efficaces pour lutter contre la pourriture des pieds de haricots ainsi que d'autres maladies et ravageurs. En 2004, un total de deux cent quarante-cinq nouvelles variétés de haricots ont été disséminées dans les dix-huit pays de la PABRA. De récentes études ont montré qu'environ 35 millions de cultivateurs semaient les nouvelles variétés.

Les pays de l'Afrique subsaharienne sont principalement des sociétés agraires dominées par des petits producteurs aux ressources limitées. L'agriculture est freinée par l'état des terres qui sont peu fertiles. Ces conditions difficiles sont parfaites pour la culture végétale innovante. Mais comme cela a été dit plus haut, amener les fermiers à adopter de nouvelles variétés est un défi. Les consommateurs précoces sont cruciaux. Quand ils connaissent le succès, ils deviennent des leaders d'opinion dans un système social fondé sur la communication verbale.

Une tendance se dessine en Afrique subsaharienne. En effet, on remarque l'arrivée d'une nouvelle catégorie de producteurs : des professionnels d'âge mûr, parfois retraités, qui se lancent dans l'agriculture. Ces individus pourraient être les premiers à introduire dans la culture végétale ces innovations qui engendrent la hausse de la productivité. Mais ils ont besoin d'un meilleur accès aux variétés modernes adaptées à leurs conditions, ainsi que de matériel plus perfectionné. Répandre mille six cents variétés de seize espèces essentielles à l'échelle de tout un continent est une tâche immense. Comme le secteur public dépense peu dans ce domaine, les partenariats public-privé sont devenus attirants. À titre d'exemple, Water Efficient Maize for Africa (maïs résistant à la sécheresse pour l'Afrique) est né de l'association de Monsanto, du Centre international du maïs et du blé de Mexico, des centres nationaux de recherches agricoles de cinq pays africains et de la Fondation africaine de technologie agricole. Les cultivateurs de l'Afrique subsaharienne ont besoin d'avoir accès à la technologie agricole la plus performante. Faciliter ce processus permettra, à long terme, d'augmenter progressivement la productivité.

Martin Fregene
Centre Danforth pour l'étude scientifique végétale

Source : voir note 9.

Le choix de la meilleure variété du groupe doit tenir compte de la géographie puisque chaque type répondra différemment selon l'environnement. Et, répétons-le, les différences culturelles se reflètent dans les préférences alimentaires. Un cuisinier d'une région ou d'un pays, par exemple, peut préférer des oignons rouges, plus doux, tandis qu'un fermier d'une autre région va privilégier les oignons blancs pour leur durée de conservation. En conséquence, le choix de la meilleure variété doit être réalisé par les agriculteurs eux-mêmes afin d'identifier celles qui ont le plus de chances d'être acceptées par les cultivateurs et par les consommateurs de chaque communauté.

Pour cette raison, le Centre mondial des légumes (anciennement Asian Vegetable Research and Development Center, à Taïwan, AVRDC), consulte des fermiers comme Babel Isack. Ce cultivateur de tomates conseille AVRDC sur les variétés qui correspondent le mieux à ses besoins, dont celles qui ne nécessitent pas de produits chimiques ou qui tiennent le mieux en magasin, afin d'éviter le gaspillage. Il est important que les fermiers sachent ce que veulent les consommateurs. Des ateliers, des conférences ou des journées sur le terrain, comme celles qu'organise l'AVRDC ou le Centre international pour le développement et la recherche, rassemblent les fermiers, les consommateurs, les commerçants et la communauté afin de mieux cerner quelles variétés d'oignon, de tomate, d'aubergine ou de gombo les gens préfèrent[10].

Les journées sur le terrain apprennent également aux participants à produire les graines dont ils ont besoin. Mais pour s'assurer que la demande croissante en semences qu'entraîne la meilleure connaissance des nouvelles variétés est satisfaite, il est important que les agences de recherche travaillent avec les entreprises du secteur privé. Ces entreprises peuvent évaluer et commencer à faire pousser les variétés, choisies par les fermiers, dans les exploitations qu'elles dirigent. De cette façon, quand un producteur choisit une variété, sa décision est directement communiquée aux producteurs de semences qui, en retour, peuvent répondre à la demande. Les entreprises peuvent également commencer à faire les recherches nécessaires pour s'assurer que les nouvelles variétés correspondent aux normes d'exploitation et de brevetage[11].

De plus, mettre en contact permanent les fermiers et les chercheurs, tout en s'assurant qu'ils continuent à apprendre les uns des autres, permet de s'assurer que les deux groupes participent à la découverte collective de ce qui marche, où ça marche et pourquoi ça marche.

Amener les semences aux cultivateurs

L'opinion des fermiers doit être entendue et soutenue afin que les graines des variétés qu'ils ont choisies soient disponibles dans toute l'Afrique subsaharienne. Dans la plupart des pays de cette région, le système officiel de livraison des légumes est soit inefficace – et, dans ce cas, les semences ne sont pas distribuées aux cultivateurs qui en ont besoin –, soit copié sur les modes de distribution des produits de base ou des cultures commerciales (industrielles). Recenser les systèmes nationaux de réglementation des semences est un travail fastidieux mais nécessaire si l'on veut faciliter la distribution de nouvelles variétés. En améliorant les normes, on aiderait les producteurs locaux et les entreprises à accéder au marché très lucratif des graines, généralement dominé par des variétés importées rarement adaptées aux conditions régionales.

La qualité de l'élément premier est essentielle à la production de légumes sains et nutritifs. Les bonnes semences donnent des aliments plus riches en vitamines, meilleurs en goût, et réduisent en fin de compte les problèmes de famine et de malnutrition. Pour produire des semences de qualité, il faut à la fois maîtriser les aspects techniques de la biologie de la graine (dont les aptitudes permettant de surmonter toutes les restrictions biologiques) et savoir diriger un commerce. En formant le personnel des sociétés de vente de graines à ces compétences trop souvent négligées, ainsi qu'en élaborant de meilleurs systèmes de séchage et de conditionnement des graines, on peut faire toute la différence sur le marché des semences locales. En Tanzanie, l'AVRDC a appris aux vendeurs de graines à mieux les conserver et à les étiqueter correctement afin que les fermiers sachent comment et quand les planter[12].

En plus de l'aspect technique et managérial, il existe des contraintes d'ordre politique dans l'approvisionnement des graines. Le secteur privé a difficilement accès aux semences de base, c'est-à-dire à la première génération de graines qui servira à produire toutes les autres et provenant du secteur public, et c'est peut-être là qu'est le plus gros problème. Développer des stratégies innovantes qui permettent de rassembler les fermiers, les chercheurs et les vendeurs aiderait grandement à renforcer l'organisation des graines de légumes africaines tout en s'assurant que les cultivateurs ont accès à des semences adaptées et abordables[13].

Bien que n'étant pas rentables aux yeux des grandes multinationales, les variétés à pollinisation libre (OPV) sont toujours largement semées par les fermiers subsahariens, et pour de bonnes raisons. À l'inverse des graines hybrides, elles n'ont pas besoin d'être rachetées à chaque saison et elles sont bien moins coûteuses. Dans la plupart des cas, les légumes hybrides sont trop chers pour les petits producteurs. De plus, comme ils sont conçus pour des zones à forts intrants, ils poussent mal dans des champs pauvres en apports extérieurs. Ainsi, il est essentiel que les modestes entreprises de semences tiennent compte de l'existence des OPV sur le marché. Elles doivent les reconnaître, les stimuler et répondre efficacement à la demande en OPV des fermiers[14].

La nourriture indigène et le changement climatique

Au Kenya, un cycle dévastateur de sécheresse et d'inondation représente ce que le changement climatique a de pire à offrir. Il menace la santé et la survie des habitants les plus exposés. Bien que l'État tente de renforcer la capacité de production du pays en attribuant des fonds aux programmes de développement agricole et rural comme aux projets environnementaux, l'argent et les techniques agricoles fondées sur l'agriculture occidentale pourraient être insuffisants.

D'après Mary O. Abukutsa-Onyango, une scientifique, enseignante et chercheuse de l'université d'agriculture et de technologie de Nairobi'Jomo Kenyatta, le problème qui se pose quand on veut appliquer les méthodes occidentales agricoles au Kenya est la perte de la diversité qui fait des plantes autochtones une source d'alimentation fiable et nutritive. « Sur environ deux cents espèces de plantes indigènes qui servaient autrefois de légumes aux Kényans, la plupart étaient cueillies à l'état sauvage, semi-cultivées ou cultivées. À présent, elles sont inconnues ou éteintes. »

Ce qu'Abukutsa-Onyango réclame, c'est une solution à long terme qui se serve des outils disponibles comme le sol aride et marginal des plaines du Kenya et qui provoquerait une révolution durable dans l'agriculture régionale. C'est ce qu'elle appelle la révolution de la nourriture indigène. Et elle fait tout pour voir l'agriculture kényane survivre, non pas comme une ramification ingérable et protégée des techniques de monoculture occidentales, mais comme un mode de production traditionnel qui fonctionnait avant l'intervention des Européens.

Dans ce dessein, Abukutsa-Onyango a réintroduit des éléments comme la morelle africaine et l'amarante auprès des agriculteurs régionaux et a organisé un système visant à les remettre sur le marché. « À ce jour, nous avons [contacté] une centaine de fermiers ou/et de groupes de cultivateurs [...] qui ont été formés à tous les aspects de la culture de plantes indigènes, de la production des graines à la transformation, en se servant des méthodes bio. Les fermiers qui s'en sortent bien ont également appris les techniques de préservation simples comme le séchage, qui prolonge la durée de vie dans les rayons tout en retenant autant de nutriments que possible, et qui sont en contact avec les supermarchés pour vendre leurs légumes. Grâce à cette formation approfondie, ils sont capables de transmettre leurs connaissances des produits autochtones aux autres membres de leur communauté. »

Ces produits natifs, après avoir été rejetés pendant des années au rang d'aliments tout juste bons en période de famine, ont lancé une industrie artisanale ayant pour objectif de réduire la pauvreté et d'améliorer le régime des 6,5 millions d'enfants que compte le pays.

Tandis qu'Abukutsa-Onyango pressent que les plaines chaudes et arides vont accueillir les produits locaux comme les noix de *bambara,* elle n'a rien contre l'idée de se tourner vers les hautes terres humides et fraîches, pour les cultures de rente. « Par exemple, les noix de *bambara* indigènes et les pois pigeons donnent relativement plus dans des champs peu fertiles, avec de faibles précipitations, par rapport aux haricots. Et cela permet une production diversifiée et durable qui assure la sécurité nutritive et la prospérité. »

Cependant, elle reste inflexible sur un point : « Je ne pense pas que l'on puisse aborder les problèmes de sécurité, de pauvreté et de santé au Kenya sans s'appuyer sur les cultures africaines indigènes. Avec une crise alimentaire en pleine explosion et des récoltes de maïs qui devraient être 16 % inférieures aux années précédentes en résultat du changement climatique, les seules cultures qui puissent remplacer convenablement le maïs seraient le millet et le sorgho, qui résistent mieux à la sécheresse. »

Ainsi, quand Abukutsa-Onyango propose de vivre en harmonie avec la nature, et non pas de la contrôler, elle invoque ce qui pourrait être le seul moyen d'avancer dans un monde en réchauffement, et pas seulement pour l'Afrique mais pour toute la planète.

Jeanne Roberts
Rédactrice spécialisée dans l'environnement, Minnesota

Source : voir note 18.

Il y a quelques années, des scientifiques de l'AVRDC ont développé deux nouvelles variétés de tomate, la Tanya et la Tengeru 97. Non seulement elles donnent un meilleur rendement que les variétés précédentes mais, grâce à leur peau épaisse, elles sont plus résistantes aux nuisibles et au transport. Elles sont remarquablement fortes face au virus de la mosaïque de la tomate, à la fusariose et aux nématodes meloïdogynes. Elles tiennent mieux dans les rayons – jusqu'à trois semaines à température ambiante –, ce qui aide à limiter le gaspillage. Les grosses sociétés ont commercialisé ces deux variétés, qui servent également de lignée parentale dans la production d'hybrides présentant de bonnes caractéristiques horticoles[15].

Six années après l'introduction de ces nouvelles variétés, plus de deux tiers des foyers interrogés en Tanzanie les faisaient pousser. En 2003-2004, on trouvait ces nouvelles variétés de tomates dans plus de 80 % des champs destinés à la tomate. Les récoltes ont fait un bond de plus d'un tiers, en grande partie grâce à la nouvelle variété résistante à la mosaïque et aux ascaris. Le coût de production moyen étant de 17 % inférieur, le revenu net global a augmenté. En fait, il est de 40 % supérieur à celui des variétés de tomates anciennement cultivées[16].

Profiter des avantages des légumes indigènes

Les légumes africains indigènes ont longtemps été ignorés par la majorité des producteurs. Comme ils intéressent rarement la recherche et le développement, on les connaît mal. Leurs noms ne sont pas familiers : amarante, baobab, niébé, *dika, enset, moringa,* chlorophyte chevelu, et bien d'autres, que l'on confond souvent avec des mauvaises herbes[17].

Pourtant, ces légumes indigènes sont des sources importantes de nutriments pour des millions de personnes. Certains sont consommés depuis des milliers d'années et restent profondément ancrés dans la culture. Ils assurent une meilleure sécurité alimentaire et un supplément de revenus. Mais ces « mauvaises herbes », qui sont riches en protéines, en calcium et en oligo-éléments essentiels, en plus d'avoir bon goût, sont généralement absentes de la liste des ressources internationales bien qu'elles puissent aider à lutter contre la famine en Afrique subsaharienne.

Dans certains pays, les prix sont de 50 à 80 % plus élevés qu'en 2007. Tandis que les prix continuent d'augmenter sur le continent, les légumes indigènes sont de plus en plus importants dans les potagers privés. À mesure que les impacts du changement climatique s'affirment, les légumes traditionnels deviennent plus robustes et résistent mieux à la sécheresse. En général, ils exigent moins d'eau que les variétés hybrides. Certaines espèces sont plus fortes contre les nuisibles et les maladies qui risquent de se développer à mesure que le changement climatique s'aggravera[18].

La production reste de petite envergure. Les fermiers sont les principaux gardiens des composantes génétiques et des technologies de culture puisqu'ils produisent essentiellement pour se nourrir. Mais l'intérêt pour les légumes traditionnels est en hausse. On prend enfin conscience de leurs bienfaits nutritionnels, et on les découvre grâce aux améliorations apportées aux recettes traditionnelles. En conséquence, les semences de qualité et les variétés améliorées sont de plus en plus demandées.

À titre d'exemple, trois lignées modifiées d'amarante, aux feuilles plus lisses et plus sucrées, ont créé une nouvelle industrie pour les petits cultivateurs proches des grandes villes de l'Afrique de l'Est. Les nouvelles variétés peuvent être récoltées au bout de trois ou quatre semaines seulement (les autres variétés nécessitant plus de temps) et peuvent être cuisinées beaucoup plus rapidement (ce qui implique moins de travail pour les femmes et moins de carburant). Les sociétés nationales de graines commercialisent certaines de ces lignées améliorées en Tanzanie et en Ouganda. Dans certains endroits, les entreprises ont du mal à faire face à la demande croissante[19].

Par ailleurs, les chercheurs et les fermiers travaillent ensemble au développement des lignées d'aubergines africaines Tengeru Blanche et les DB3, AB2, et RW14, au prix plus bas et au goût plus doux. Ces lignées sont devenues populaires dans plusieurs pays grâce aux évaluations *in situ,* aux parcelles de démonstration, aux journées de pratique en Tanzanie et au Kenya, et aux Salons et foires agricoles. Les graines de ces lignées perfectionnées ont été distribuées aux instituts de recherche, aux ONG et aux entreprises de semis, pour essais sur place, puis dans des endroits variés[20].

À mesure que ces variétés sont plus largement répandues, l'image de l'aubergine, autrefois appelée l'« aliment du pauvre », change. De nos jours, l'aubergine africaine apparaît régulièrement sur les marchés et dans les supermarchés, spécialement en

Tanzanie. Les compagnies locales ont commencé à augmenter la production de graines, et des groupes de recherche (dont l'AVRDC) travaillent en partenariat pour accélérer la mise officielle sur le marché et le processus de brevetage de certaines lignées prometteuses[21].

De nouvelles lignées sont déjà en train de tout changer. Selon une étude menée dans quatre villages de la région d'Arumeru, en Tanzanie, dans les fermes produisant des aubergines africaines, les revenus sont nettement supérieurs, et l'on trouve beaucoup plus de femmes propriétaires que dans les villages n'en produisant pas. L'aubergine DB3 peut être récoltée toutes les semaines pendant sept mois et produite pendant quinze mois si elle est taillée à la fin de chaque saison. Un cultivateur classique peut récolter entre dix et vingt sacs (de 30 kilos chacun) par semaine pendant une période de croissance de sept mois et gagner 2 500 dollars par hectare et par an. C'est presque le double de ce que les tomates peuvent rapporter. Les cultivateurs d'aubergines africaines ont consacré plus de terre (0,76 hectare en moyenne) à la production alimentaire et ont perçu des revenus annuels supérieurs (2,041 dollars) à ceux qui n'en ont pas fait pousser (0,70 hectare et 1,692 dollar)[22].

La morelle africaine est, elle aussi, de plus en plus demandée. Cet autre légume à feuilles vertes est particulièrement prisé dans les supermarchés citadins, les épiceries, les marchés de vente au détail et les hôtels, grâce à la promotion effectuée par les instituts de recherche et les ONG en Afrique de l'Est. La morelle africaine est particulièrement riche en bêta-carotène, un précurseur de la vitamine A. En moyenne, les cultivateurs obtiennent des récoltes de 3 tonnes par hectare, ce qui est peu comparé aux 30 tonnes potentielles. Lors des formations, les producteurs ont appris à faire pousser la morelle et ils ont été mis en contact avec les marchés. Le plus gros problème a été le manque de graines. Pour répondre à la hausse de la consommation et de la demande, la domestication et la commercialisation de ces légumes avec la sélection et l'introduction des espèces *Solanum scubrum* ont aidé à améliorer la production. Les semis de certaines de ces lignées sont déjà mis en vente par des sociétés en Afrique de l'Est, essentiellement les variétés Giant Nightshade et Long Lasting à feuille moyenne[23].

Le niébé est un autre légume indigène très demandé mais peu abondant. Bien que sa diversité génétique soit suffisante pour le développement de variétés et la production de feuilles, les efforts sont restés concentrés sur l'amélioration des rendements. Mais des progrès dans le croisement des variétés plus résistantes et plus tolérantes au stress peuvent être exploités dans le processus de sélection du niébé comme légume à feuilles, et cela permet aux producteurs et aux consommateurs de le préférer pour ses avantages nutritionnels. Les chercheurs ont réussi à créer des sélections utiles comme le Tumaini et la Vuli, qui sont désormais commercialisées par des sociétés de vente de graines. Et pour compléter le cercle, les femmes agricultrices des taudis de Kibera, à Nairobi, ont été formées par AVRDC. Elles savent désormais cultiver et vendre des semis aux fermiers ruraux, ce qui leur permet d'augmenter leurs revenus[24].

Produire des légumes indigènes de façon à accroître les revenus ne suffit pas. Il faut également apprendre à les consommer. Des ONG comme Slow Food International apprennent aux enfants à s'intéresser aux légumes indigènes et à en apprécier le goût. De leur côté, les instituts de recherche, dont l'AVRDC, enseignent aux consommateurs à cuisiner les différentes variétés. Souvent, les légumes sont tellement cuits qu'ils perdent l'essentiel de leurs éléments nutritifs. Pour résoudre ce problème, les femmes sont formées par les instituts de recherche et les agents d'extension pour apprendre à conserver l'essentiel des nutriments lors de la cuisson[25].

« Manger, c'est croire », a dit Mel Oluoch, anciennement d'AVRDC. Il fait remarquer qu'à partir du moment où les gens se sont aperçus que la nourriture avait un meilleur goût – et qu'ils consommaient moins de carburant et perdaient moins de temps –, il n'avait pas fallu grand-chose pour les convaincre de se tourner vers les nouvelles méthodes[26].

Pour qu'une révolution agricole soit efficace pour les cultivateurs, pour le commerce et l'environnement, il faut aller au-delà d'une production suffisante de calories par le riz, le manioc ou le blé. Elle doit également inclure l'amarante, les feuilles de niébé, la morelle africaine, le *spiderwiki* et l'aubergine africaine : tous ces légumes qui donnent du goût aux aliments de base.

SUR LE TERRAIN
Innovations développées dans les écoles agricoles

En Ouganda, l'agriculture est souvent l'option de dernier ressort pour les jeunes gens. Ceux qui ont de mauvais résultats scolaires ou qui ne peuvent pas payer l'université n'ont plus qu'à devenir fermiers. Par conséquent, ils sont nombreux à poser un regard méprisant sur l'agriculture. De plus, dans ce pays, l'intérêt pour les aliments locaux, leur compréhension et la culture alimentaire a fortement chuté[27].

Mais, en Ouganda comme dans d'autres parties de l'Afrique subsaharienne, certains étudiants apprennent non

seulement à saisir l'importance des produits locaux, mais aussi à aimer l'agriculture. Trente et une écoles et plus de onze cents élèves à travers le pays ont rejoint le projet Slow Food Mukono Convivium, une antenne locale de Slow Food International qui « a été établie pour améliorer les relations entre les jeunes et l'agriculture et pour développer des méthodes innovantes ouvrant sur une souveraineté à long terme de la nourriture[28] ».

Le projet Developing Innovations in School Cultivation (DISC) a été lancé en 2006 pour éveiller l'intérêt des jeunes pour la culture de denrées locales. Le but est de lutter contre les pénuries alimentaires et de protéger les traditions culinaires ougandaises[29].

Les enseignants et les volontaires ont appris aux enfants à faire pousser certaines variétés locales selon des méthodes traditionnelles et environnementales solides. Comme ils avaient appris à cultiver les fruits et les légumes, à apprécier leur goût et à les préparer, les enfants ont commencé à aimer l'agriculture. De plus, ils ont saisi l'importance de consommer des aliments de bonne qualité, produits équitablement[30].

En 2009, le projet a collaboré avec Slow Food International pour développer dix-sept jardins-écoles. Ensemble, ils ont intégré au programme un nouveau cours sur le goût et sur l'éveil sensoriel. Durant l'année scolaire, le sujet a attiré l'attention des communautés locales puis celle du pays entier. En réalité, l'intérêt a été tel que certaines écoles qui ont voulu les rejoindre ont dû être refusées. L'équipe se compose essentiellement de bénévoles qui ont par ailleurs un emploi à plein temps. En 2010, ce sont trente et une écoles et communautés qui ont pu participer au projet DISC[31].

Les dirigeants du projet aident chaque école à créer et à entretenir ses jardins. Dans des zones conçues pour accueillir des innovations pouvant résister à un climat peu amical, les enfants apprennent à faire pousser des denrées durablement. Par exemple, ils ont eu recours à des potagers, à des jardins circulaires appelés *Mandala* ou à bêchage-double, des jardins surélevés, à l'irrigation en profondeur et au goutte-à-goutte grâce à des pots et à des bouteilles en plastique, comme à une diversité de variétés locales qui résistent à la sécheresse[32].

Par le biais de diverses leçons interactives, les étudiants ont acquis des connaissances en nutrition et en saveurs, en cours et à l'extérieur. Le produit est pris directement du jardin pour être intégré aux repas de la cantine. Toutes les denrées restantes sont vendues sur le marché local. Et, dans certaines écoles, on a développé les jardins de façon à pouvoir préparer des confitures qui sont vendues pour financer le projet[33].

Les bénévoles et les professeurs couvrent une large variété de sujets afin que les enfants comprennent les aspects pratiques de l'agriculture, comme la préparation des jardins, les techniques de culture durables, le compostage et la cuisine. En plus d'apprendre qu'il est important de manger des produits locaux et nutritifs, ils peuvent apprécier les goûts et les textures de produits natifs de l'Ouganda[34].

Les professeurs de DISC aiment s'assurer que les étudiants apprécient les aliments locaux et l'agriculture. Et leurs efforts sont payants. Les étudiants ramènent leurs nouvelles connaissances à la maison, installent des potagers dans leurs jardins ou dans leurs communautés. Ils choisissent les produits nutritifs et encouragent les membres de leur famille à acheter des denrées produites localement. Ce nouveau comportement alimentaire peut avoir une influence positive sur la communauté, alors que les familles placent désormais leur argent dans l'économie locale et dans l'aide aux fermiers locaux[35].

En plus d'enseigner les plantes indigènes, les légumes traditionnels et les arbres fruitiers aux enfants, DISC met l'accent sur la préparation culinaire et la transformation des produits. Celui qui ne sait pas planter, cuisiner ou préparer les produits ne sait pas manger. Ces leçons vont au-delà de celles qui sont généralement dispensées en classe. Les étudiants aiment découvrir ce qui est bon et le goût des produits frais. Leurs habitudes alimentaires changent radicalement grâce aux cours de nutrition. En conséquence, ils développent un respect croissant pour l'agriculture et pour la production alimentaire[36].

Mieux se nourrir est particulièrement important pour les étudiants en internat qui prennent tous leurs repas à l'école. Ces enfants viennent de toutes les régions de l'Ouganda. Ils trouvent la nourriture dans l'assiette, dit un bénévole, sans savoir d'où elle vient. Et « cela met l'avenir de la cuisine en danger puisque ces étudiants vont s'habituer à un tel mode de vie et ne connaîtront rien de la cuisine locale ». DISC les aide à se sentir chez eux en faisant pousser des variétés familières pour ceux qui viennent des plaines comme pour ceux qui viennent des hauteurs[37].

En externat comme en internat, les étudiants travaillent avec les cuisiniers de l'école pour apprendre à cuisiner. Cela leur donne une chance de comprendre la production agricole, du champ à la table.

Contrairement à la plupart des écoles ougandaises, les établissements du projet DISC permettent à leurs élèves d'avoir des fruits au petit déjeuner et de cueillir leur dessert à l'heure du déjeuner[38].

Lors de la fête annuelle des Fruits et du Jus, les étudiants, les professeurs, les parents et même les représentants des services consultatifs en agriculture viennent célébrer les succès de DISC. Ensemble, ils apprécient les fruits préparés par les enfants, qui les cueillent directement dans le jardin. « Grâce à DISC, les étudiants ne voient plus l'agriculture comme l'option de dernier ressort mais comme un moyen de gagner de l'argent, d'aider leur communauté et de protéger la biodiversité », a déclaré Nassaazi Jane, directeur du lycée de St Balikuddembe, lors de la fête des Fruits et du Jus de 2010[39].

Edward Mukiibi
et Roger Serunjogi
Projet DISC

SUR LE TERRAIN
Le One Acre Fund donne la priorité aux agriculteurs

Après une seule période de pousse, la cultivatrice kényane Lydia Musila a vendu suffisamment de haricots pour se construire une nouvelle maison. Les cultivateurs rwandais Gilbert et Edith ont pu commencer à économiser assez d'argent pour inscrire leur premier enfant à l'école maternelle. Francis Mamati, un fermier kényan, a acheté trois chèvres grâce aux bénéfices issus de l'augmentation de sa fauche. Le One Acre Fund a été fondé en 2006 pour aider les petits producteurs comme Lydia, Gilbert, Edith et Francis et leur permettre d'acquérir les outils nécessaires pour nourrir leurs familles et augmenter leurs revenus. L'organisation travaille actuellement avec environ vingt-trois mille fermiers au Kenya et au Rwanda et prévoit d'atteindre cinquante mille en 2011, et 1 million de cultivateurs en 2020[40].

Depuis ses débuts, le One Acre Fund parle avec les fermiers pour comprendre ce qui leur fait défaut. L'équipe savait que les cultivateurs manquaient de graines et d'engrais. Par contre, ils ont découvert qu'ils avaient également besoin de financement pour acheter ces éléments, et qu'on leur apprenne à les utiliser. De plus, il leur fallait accéder à un marché pour vendre le fruit de leurs récoltes[41].

Le One Acre Fund offre des prestations qui prennent en charge chacun de ces besoins. Quand les fermiers rejoignent le fonds, ils se regroupent par six à douze cultivateurs. On leur attribue un prêt en nature, sous la forme de semis et d'engrais, qui est garanti par les autres membres du groupe. Le One Acre Fund livre les biens sur un marché situé à moins de 2 kilomètres du domicile des cultivateurs, et un agent dispense une formation sur le terrain. Celui-ci apprend aux fermiers à préparer la terre, à planter, à appliquer l'engrais et à semer. Pendant la période de pousse, l'agent de terrain contrôle les champs. Ensuite, il entraîne les nouveaux membres à moissonner et à stocker leur production. Le One Acre Fund propose également un programme de rachat des récoltes auquel peuvent prendre part les fermiers qui le désirent. Le remboursement total de l'emprunt intervient quelques semaines après la récolte : 98 % des cultivateurs s'acquittent de leur dû[42].

Avant de rejoindre le One Acre Fund, la plupart des participants du Kenya récoltaient cinq sacs de maïs par demi-acre de terre. Quand ils entrent dans l'organisation, le rendement atteint généralement de douze à quinze sacs de maïs sur la même surface, soit deux fois plus de revenus pour un même terrain[43].

Ces revenus supplémentaires servent généralement à nourrir les familles, à payer les frais de scolarité, à régler les dépenses médicales et à acheter des bêtes. Cependant, leurs objectifs à long terme sont tout autres. Lors de la première étape de formation de la saison, les agents de terrain demandent aux fermiers de noter ce qu'ils espèrent réaliser si la récolte est bonne. Certains rêvent de construire une maison, d'acheter une voiture ou de monter une petite affaire. Une cultivatrice, Matha Barasa, rêvait d'acheter un moulin *posha* (pour réduire le maïs en farine). Un autre, Simon Munai, rêvait d'ouvrir une école privée pour les enfants de la communauté[44].

Ces rêves sont la force qui pousse l'équipe de le One Acre Fund à innover et à améliorer le modèle de base du programme. Alors que la fondation s'efforce d'atteindre le million de fermiers dans les dix prochaines années, sa première ambition restera le service d'assistance aux consommateurs : établir des liens solides et une vraie compréhension des envies et des besoins des agriculteurs. Elle entend contribuer à la révolution verte en Afrique en donnant la priorité aux fermiers[45].

Stephanie Hanson
One Acre Fund

Chapitre 4

Obtenir plus pour chaque goutte d'eau

*Sandra L. Postel**

* **Sandra L. Postel** est directrice du Global Water Policy Project, Nouveau-Mexique, États-Unis.

Tout agriculteur a besoin d'un savant mélange de soleil, de sols, de semences, de nutriments et d'eau pour mettre en œuvre cette magie qu'est l'agriculture. La révolution verte des dernières décennies a apporté ces trois derniers ingrédients à des millions d'agriculteurs sur les vastes terres cultivables du monde. La combinaison de variétés à haut rendement, d'intrants et la multiplication par deux des surfaces irriguées ont permis à l'échelle de la planète de pratiquement tripler les récoltes depuis 1960. En augmentant la productivité de millions d'hectares de terres cultivables, cette révolution n'a pas seulement rendu possible l'accroissement des récoltes parallèlement à celle de la population, elle a également permis de préserver des zones considérables de forêts et de prairies du défrichage[1].

Malgré tous ces avantages, la révolution verte a également été la source de quelques inconvénients. Son besoin de grandes quantités d'eau en fait partie. Aujourd'hui, 70 % de l'eau tirée des rivières, lacs et nappes phréatiques sont utilisés pour l'irrigation. Dans la plupart des régions de Chine, d'Inde et du Pakistan où l'on produit le plus de nourriture, l'utilisation de l'eau dépasse les niveaux viables. Les cours d'eau s'assèchent, les nappes phréatiques diminuent, les lacs se réduisent et les zones humides disparaissent. De plus, les villes et les industries en expansion se retrouvent à présent dans une compétition acharnée avec l'agriculture pour l'accès à des ressources en eau limitées[2].

De plus, les éléments standards de la révolution verte n'étaient pas adaptés à toutes les régions et ne sont pas parvenus à tous les agriculteurs. Aujourd'hui, il y a assez de céréales cultivées pour nourrir la planète entière, pourtant près de 1 milliard de personnes vivent constamment dans la faim ou sont mal nourries. Près de 60 % des personnes qui souffrent d'insécurité alimentaire vivent en Asie du Sud et en Afrique subsaharienne – la plupart d'entre elles sur de petites exploitations. Ces familles paysannes ne possèdent ni les ressources pour permettre à leurs terres d'être suffisamment productives afin de subvenir à leurs propres besoins alimentaires ni les revenus suffisants pour acheter la nourriture indispensable[3].

Pour la majeure partie de ces petits paysans, l'eau est l'ingrédient qui manque. De nos jours, grâce à une grande variété de techniques innovantes qui permettent d'apporter l'eau aux céréales lorsqu'elles en ont besoin, les récoltes et les revenus des familles augmentent dans quelques zones où la faim est endémique, notamment en Afrique subsaharienne.

Le manque d'eau en Afrique subsaharienne

L'Afrique possède des ressources en eau riches et variées, mais difficilement accessibles pour l'irrigation traditionnelle. À peine 20 % des précipitations nourrissent les cours d'eau et les nappes phréatiques, soit juste un peu plus que la moitié du pourcentage moyen au niveau mondial. Les 80 % restants s'évaporent ou sont transpirés directement par les plantes dans l'atmosphère. Ajoutons qu'au Sahel, cette bande de territoire qui s'étend grossièrement du Sénégal à l'Éthiopie, ce ratio atteint à peine 6 %[4].

Avec si peu de précipitations qui se transforment en ce que les hydrologues appellent l'eau bleue – l'eau qui coule dans les fleuves et les rivières ou qui stagne dans les lacs, les étangs et les nappes phréatiques –, il y a encore moins d'eau disponible pour l'irrigation qu'il n'y en a dans la plupart du reste du monde. Combinées à un manque de routes et d'infrastructures, à une mauvaise gouvernance et à des conflits chroniques dans de nombreux pays, ces conditions ont rendu l'irrigation difficile et onéreuse à développer. Aujourd'hui, seuls 4 % des terres cultivées en Afrique subsaharienne sont équipés pour l'irrigation, en comparaison avec les 37 % en Asie et les 18 % de moyenne dans le monde. De plus, la majeure partie de ces terres irriguées ne se situe que dans quatre pays : Madagascar, le Nigeria, l'Afrique du Sud et le Soudan[5].

Pour rendre la situation plus compliquée encore, le niveau de précipitations dans les savanes semi-arides et autres terres sèches de l'Afrique subsaharienne est hautement variable et imprévisible. Deux années sur trois, les déficits de pluie surviennent au moment critique des périodes de récolte, réduisant ainsi grandement la récolte annuelle. Une fois tous les dix ans, une violente sécheresse amène des pertes de récolte catastrophiques – et donc des famines. En 2009, des millions de personnes ont subi la famine dans la Corne de l'Afrique, alors que le manque de pluie a entraîné la pire crise alimentaire en Éthiopie et au Kenya depuis un quart de siècle[6].

Avec une grande majorité de revenus dépendants de l'agriculture, et celle-ci étant elle-même dépendante des pluies irrégulières, les revenus des familles et des pouvoirs publics des pays africains les plus pauvres fluctuent en fonction du niveau des pluies. Au Niger, par exemple, où la plupart des 14,7 millions d'habitants gagnent moins de 1 dollar par jour et où moins de 1 % de la terre cultivée est irrigué, le taux de croissance montre une relation étroite avec les précipitations annuelles. Près des trois quarts des personnes vivant au Niger dépendent au moins partiellement du bétail pour la viande, le lait ou la vente, mais les sécheresses peuvent décimer des troupeaux entiers. En août 2010, alors que des régions du Niger étaient aux prises de leur pire sécheresse depuis près de quarante ans, les experts ont estimé que plus d'un tiers du bétail dans la région de Diffa a péri. Si l'on ajoute à cela que les climatologues prédisent que les précipitations vont diminuer sur une grande partie de l'Afrique au cours des dix ans à venir, la nourriture, les revenus et la sécurité économique risquent de souffrir d'autant plus[7].

L'aspect positif de ce tableau par ailleurs sinistre est que le potentiel d'accroissement de la productivité liée à l'eau est, dans ces régions, le plus important au monde : obtenir plus pour chaque goutte. Il y a un écart immense entre les 0,5 à 2 tonnes par hectare que la plupart des paysans d'Afrique subsaharienne produisent et les productivités qui peuvent être atteintes ailleurs dans des conditions de culture similaires. David Molden et ses collègues de l'Institut international de gestion de l'eau (IWMI), basé à Colombo au Sri Lanka, estiment que trois quarts des besoins alimentaires additionnels mondiaux en 2050 pourraient être comblés en augmentant les récoltes des fermes peu productives jusqu'à 80 % de ce que les fermes plus productives atteignent sur des terres comparables[8].

Améliorer l'accès à l'énergie, à l'eau et à la nourriture grâce aux jardins maraîchers solaires

L'agglomération de Kalalé, située dans le nord du Bénin, en Afrique de l'Ouest, compte cent mille habitants et n'est rattachée à aucun réseau électrique. Pendant les six mois de saison sèche, de novembre à avril, la région n'enregistre que très peu de précipitations. La terre est desséchée, les populations ont faim et la malnutrition fait rage.

Pour aider Kalalé à remédier à cette crise alimentaire, le Solar Electric Light Fund (SELF), une association à but non lucratif établie à Washington qui fournit des solutions énergétiques durables aux pays en développement, s'est associé à Dov Pasternak, important expert en irrigation au goutte-à-goutte auprès de l'Institut international de recherche sur les cultures des zones tropicales semi-arides, installé au Niger. Pour le SELF, l'énergie solaire est un moyen plus durable et, en définitive, plus économique de pomper de l'eau que les générateurs au diesel utilisés jusqu'ici.

En 2007, le SELF a installé trois systèmes d'irrigation au goutte-à-goutte à énergie solaire dans les coopératives agricoles gérées par les femmes de deux villages proches de Kalalé, Dunkassa et Bessassi. Ces systèmes exploitent le concept *Solar Market Garden* (jardin maraîcher solaire) du SELF, qui associe une technologie de pompage solaire à l'irrigation au goutte-à-goutte pour arroser et fertiliser les cultures. Ce projet représente la première phase d'un programme destiné à électrifier les quarante-quatre villages qui forment Kalalé.

En juin 2009, les personnes venues visiter les deux villages ont pu remarquer une évolution notable de la condition des femmes. Non seulement elles étaient mieux nourries et en meilleure santé, mais leurs familles et le reste des villageois aussi ; tous ont maintenant accès toute l'année à des fruits et à des légumes nutritifs.

Selon une évaluation du *Program on Food Security and the Environment* de l'université Stanford, le programme *Solar Market Garden* de Kalalé « accroît de façon significative à la fois les revenus des ménages et la ration nutritionnelle » dans la région. L'étude a calculé que chaque jardin maraîcher fournit près de 2 tonnes de produits frais par mois, dont environ 20 % sont consacrés à la consommation personnelle. Le reste est vendu sur les marchés, ce qui rapporte aux femmes en moyenne 7,50 dollars par semaine, qu'elles utilisent pour payer les frais de scolarité, les traitements médicaux et contribuer à leur développement économique général. Elles réfléchissent à l'heure actuelle à des moyens de générer d'autres revenus supplémentaires.

La phase II du projet, qui doit démarrer en 2011, prévoit l'électrification complète de Dunkassa et de Bessassi. Des systèmes à énergie solaire alimenteront en électricité les écoles, les cliniques, les habitations, les centres communautaires et les rues des deux villages. Le SELF a également pour projet d'équiper d'autres villages proches de Kalalé en irrigation par pompage solaire.

Le projet mené à Kalalé montre que l'utilisation combinée de l'énergie solaire et de l'irrigation au goutte-à-goutte est une solution rentable qui peut être appliquée dans de nombreuses régions d'Afrique subsaharienne et particulièrement dans celles qui sont pauvres en eau mais riches en rayonnement solaire. Le *Solar Market Garden* du SELF contribue tout à la fois à lutter contre le changement climatique, à améliorer la sécurité alimentaire, à faire reculer la pauvreté et à donner davantage d'autonomie aux femmes.

Robert Freling
Solar Electric Light Fund

Des pompes manuelles pour puiser l'eau

Tant que les autres ingrédients sont en quantité suffisante, la productivité d'une culture augmente proportionnellement à la quantité d'eau qu'elle absorbe à travers ses racines pour la relâcher ensuite dans l'atmosphère sous forme de vapeur (processus connu sous le nom de transpiration végétale ou évapotranspiration). Ainsi, des techniques innovantes pour concentrer l'humidité au niveau des racines des plants peuvent jouer un rôle important pour réduire cet « écart de productivité » et satisfaire à l'avenir les besoins alimentaires. Parmi les méthodes les plus prometteuses en Afrique subsaharienne, citons certaines pratiques locales qui retiennent l'humidité dans le sol, la récupération d'eau de pluie et son stockage afin d'augmenter l'humidité du sol pendant la période de pousse, ainsi qu'un accès à des technologies d'irrigation abordables qui sont spécifiquement conçues pour les petits agriculteurs. Ce n'est qu'avec un approvisionnement d'eau sûr et important dans les zones radiculaires de leurs champs que les fermiers peuvent investir avec assurance dans des graines, des engrais et autres intrants de plus grande valeur, ainsi que dans des cultures plus rémunératrices[9].

Pour plus de 2,3 millions d'agriculteurs pauvres dans les pays en développement – et quelque deux cent cinquante mille en Afrique subsaharienne –, cette hausse de la productivité, de la fiabilité des récoltes et du revenu provient d'un modeste dispositif de pompage d'eau manuel appelé pompe à pédale. Dans sa version originale, conçue par l'ingénieur norvégien Gunnar Barnes pour les fermiers du Bangladesh, l'utilisateur appuie alternativement sur deux pédales activant un cylindre qui aspire l'eau à travers un puits tubé qui peut atteindre 7 mètres de profondeur. Pour un investissement total de 35 dollars, les fermiers bangladeshi peuvent irriguer 0,2 hectare durant la saison sèche – assez pour nourrir leurs familles et même avoir quelques légumes supplémentaires à vendre au marché[10].

Travaillant aux côtés de Barnes et du Rangpur Dinajpur Rural Service (une organisation pour le développement du nord du Bangladesh originellement financée par la Fédération luthérienne mondiale), l'organisation à but non lucratif Denver International Development Enterprises (IDE) a développé une campagne de publicité très efficace pour vendre des pompes à pédale à travers le secteur privé du Bangladesh. Les ventes ont vite explosé, et on compte aujourd'hui plus de 1,5 million de ces pompes dans les campagnes. Le fondateur d'IDE, Paul Polak, estime que les investissements dans les pompes à pédale à destination des petits fermiers (37,5 millions de dollars) associés aux investissements des donateurs (12 millions de dollars) génèrent des retours nets à hauteur de 150 millions de dollars par an pour les paysans bangladeshi[11].

Du fait de ce succès, plusieurs organisations ont développé des versions différentes de la pompe à pédale. En 1998, l'organisation à but non lucratif KickStart a lancé sur le marché la pompe MoneyMaker *via* ses bureaux au Kenya, en Tanzanie et au Mali. Son produit ayant le plus de succès, le SuperMoneyMaker, est une pompe que l'on active au pied et qui permet aux paysans d'irriguer les sols situés quelques mètres au-dessus de leurs points d'eau. Elle ne nécessite pas plus d'effort qu'une marche rapide, peut pomper jusqu'à 1 litre d'eau par seconde, irriguer jusqu'à 0,8 hectare, et son installation coûte généralement 140 dollars. Une version adaptée à l'irrigation de parcelles plus petites, la MoneyMaker Hip Pump, est disponible pour moins de la moitié du prix. Collaborant étroitement avec les organisations locales, KickStart a étendu son marché au Burkina et au Malawi. À ce jour, on estime que cent cinquante mille MoneyMaker ont été vendues. Ces pompes génèrent 37 millions de dollars de profits supplémentaires et de salaires par an. En 2008, invoquant des raisons liées à la qualité et au coût, KickStart a délocalisé la production de ses pompes de l'Afrique vers la Chine[12].

Les agriculteurs vivant dans d'autres régions de l'Afrique subsaharienne bénéficient eux aussi de pompes manuelles. Au début des années 1990, Enterprise-Works/VITA (qui fusionnera plus tard avec Relief International) a introduit la pompe à pédale au Sénégal et par la suite au Burkina, au Niger et au Mali. IDE a récemment conçu une nouvelle pompe à pédale pour les fermiers de Zambie. En juillet 2009, après des mois de discussions sur le terrain afin de déterminer plus précisément les besoins et les attentes des fermiers, IDE a présenté Mosi-

O-Tunya, « la pompe qui tonne », dont le nom est inspiré par celui des chutes Victoria en langue tonga, « les chutes qui tonnent ». Fabriquée localement et vendue 118 dollars, la nouvelle pompe peut puiser 1,25 litre d'eau par seconde, soit une augmentation de 25 % par rapport aux versions antérieures. Avec encore de nombreux marchés à exploiter, la pompe à pédale dans toutes ses variantes a encore beaucoup de chemin à parcourir pour atteindre son potentiel maximal afin de réduire la faim et la pauvreté[13].

Une irrigation abordable pour augmenter l'approvisionnement en eau

Pour de nombreux petits paysans d'Afrique, accroître leur approvisionnement en eau peut être tout aussi crucial que d'avoir accès à l'eau. En réponse à ce besoin, les concepteurs ont développé une série de technologies de micro-irrigation à bas prix qui aident les fermiers à rendre plus efficace l'utilisation de leurs réserves limitées d'eau. Parmi celles-ci, on trouve une gamme de systèmes d'irrigation au goutte-à-goutte peu onéreux – 5 dollars pour des kits de seaux pour jardins particuliers, 25 dollars pour des kits de bidons pour des parcelles de 100 mètres carrés (environ quatre cents plants), 100 dollars pour des systèmes goutte-à-goutte modulables qui peuvent irriguer 0,2 hectare et qui s'adaptent à la culture en terrasses.

Comme les systèmes de micro-irrigation utilisés dans les régions agricoles plus riches, ces systèmes à bas prix délivrent de l'eau à travers des tuyaux perforés directement jusqu'aux racines des plantes. En augmentant le rendement et en réduisant les pertes dues à l'évaporation, les systèmes de micro-irrigation ont généralement pour effet de doubler la productivité. Plus de six cent mille de ces systèmes conçus par IDE ont été vendus en Inde, au Népal, en Zambie et au Zimbabwe[14].

Parce que des systèmes comme l'irrigation par seau sont différents de l'irrigation conventionnelle, ils ne sont généralement pas pris en compte dans les statistiques traitant de l'irrigation dans les rapports des Nations unies ou des organismes gouvernementaux. Une étude sur l'irrigation par seau autour de la ville de Kumasi, au Ghana, par exemple, a découvert qu'au moins 11 900 hectares étaient irrigués de cette façon. Si cette zone était comprise dans les statistiques officielles, la surface irriguée du Ghana augmenterait de 38 %. Bien qu'aucun recensement n'ait été effectué, on peut supposer que 8 millions de fermiers en Afrique cultivent leurs champs en utilisant ce type d'irrigation non conventionnelle[15].

Les systèmes de micro-irrigation fonctionnant à l'énergie solaire ont fait leur entrée en Afrique occidentale. Dans la commune de Kalalé, au nord du Bénin, le Solar Electric Light Fund (SELF) et ses partenaires ont introduit un système d'irrigation au goutte-à-goutte à énergie solaire qui améliore la nutrition et augmente les revenus des fermiers dans cette petite poche de pauvreté. Avec très peu de précipitations pendant les six mois de saison sèche, les villageois subissent une longue période de disette, et de nombreux enfants présentent des ventres gonflés, signe de sous-alimentation[16].

Quelques innovations à bas prix permettant d'améliorer l'accès à l'eau et l'efficacité en agriculture

Technique ou pratique	Exemples	Conditions appropriées	Avantages généraux
Pompes manuelles (avec le pied, la hanche ou la main) extrayant l'eau de surface et de sources souterraines.	Bangladesh ; Inde ; Burkina ; Éthiopie ; Ghana ; Mali ; Malawi ; Niger ; Tanzanie ; Zambie.	Nappe phréatique peu profonde ou eau disponible en surface ; petites fermes ; zones ou régions semi-arides avec des saisons sèches distinctes.	Proposer une première solution pour irriguer les cultures en offrant l'accès à l'eau (pompes manuelles) et la possibilité d'étendre les réserves rares (arroseurs et micro-irrigation) ; alléger la tâche d'apport d'eau et le risque d'échec des cultures ; augmenter le rendement et permettre de diversifier vers des cultures plus rémunératrices ; augmenter les revenus et la sécurité alimentaire.
Micro-irrigation utilisant un système de seaux, des systèmes de goutte-à-goutte et de micro-arroseurs ; des systèmes pilotés d'irrigation au goutte-à-goutte à énergie solaire.	Régions du nord-ouest, du centre et du sud-est de l'Inde, Népal, Asie centrale, Chine, Proche-Orient, régions semi-arides d'Amérique du Sud et d'Afrique subsaharienne, Bénin et Burkina.		
Récupération de l'eau du brouillard grâce à des filets à mailles.	Pérou, Chili, Népal, Afrique du Sud.	Régions en hauteur avec de fréquentes périodes de brouillard.	Techniques simples pour obtenir de l'eau douce pour l'irrigation permanente, réduire l'extraction et le besoin d'achat d'eau.
Collecter les eaux de ruissellement des zones « bâties » ou des toits dans de petits canaux, bassins ou petits réservoirs.	Pékin, Chine ; Lima, Pérou ; Hyderabad, Inde ; Ubuntu, Afrique du Sud.	Agriculture urbaine/périurbaine ; ruissellement des précipitations depuis les serres ou autres bâtiments.	

Récupération des précipitations grâce à des cultures en terrasses, à des murets de pierre, des barrières végétales, des barrages de régulation, des fosses de récupération ou d'autres méthodes.	Dans les zones de basse altitude : *fadama* au Nigeria ; *dambos* au Malawi, en Zambie et au Zimbabwe ; *tassa* au Niger.	
Sur des terrains en pente : *fanya-juu* au Kenya ; *teras* au Soudan ; vétiver au Mozambique, en Zambie et au Zimbabwe.	Là où l'humidité du sol est un facteur limitant pour les cultures, les pluies saisonnières peuvent être récupérées pour pourvoir à un manque d'humidité des sols ; là où les précipitations peuvent conduire à l'érosion des sols et au ruissellement.	Améliorer la sécurité alimentaire grâce à la gestion efficace des sols et des précipitations ; mettre en culture des terres arides, réduire la déforestation en augmentant le rendement des cultures par hectare, prévenir l'érosion des sols, conserver la fertilité et l'humidité des sols ; de nombreuses méthodes adaptées de pratiques indigènes.

Source : voir note 9. Exemples rassemblés par Alexandra Tung, Worlwatch Institute.

Un an après l'installation des systèmes de micro-irrigation à énergie solaire, une étude de chercheurs de l'université Stanford a montré que les villageois mangeaient entre trois et cinq portions de légumes par jour. Et avec les ventes du marché (tomates, gombos, piments et autres cultures de haute valeur), les femmes achètent des produits à forte teneur en protéines pour leurs familles. Plutôt que de porter de l'eau, les enfants allaient plus souvent à l'école. Pour un coût de 18 000 dollars pour l'installation du système de micro-irrigation solaire pour une parcelle de 0,5 hectare, plus 5 750 dollars pour la maintenance, l'équipe de Stanford estime que l'investissement est remboursé au bout de deux ans et trois mois, en supposant 10 000 dollars de ventes la première année et 16 000 dollars les années suivantes. Alors qu'il s'agit d'un effort financier impossible pour la plupart des fermiers pauvres d'Afrique, l'industrialisation et la distribution à plus grande échelle peuvent faire baisser les coûts avec le temps et si un accès raisonnable au crédit est disponible. Les avantages de ces systèmes pourraient alors s'étendre bien plus[17].

Une utilisation plus efficace de l'eau de pluie

L'irrigation est une façon évidente d'amener l'eau aux cultures dans les régions sèches, mais ce n'est pas la seule. Une utilisation et une gestion plus efficaces de l'eau de pluie pourraient offrir un plus grand potentiel pour améliorer la production de cultures – particulièrement en Afrique subsaharienne, où les rendements de céréales sont en moyenne de 1 tonne par hectare, alors que plus de 95 % des terres cultivées ne sont alimentées en eau que par la pluie. Sur ces parcelles, de 15 à 30 % seulement de la pluie peuvent être utilisés de manière efficace par les cultures, et si les sols sont sévèrement dégradés, ce taux peut perdre jusqu'à cinq points. Le reste s'évapore, s'infiltre en dessous des racines ou ruisselle hors du champ. Comme le soulignent Johan Rockström et ses collègues de l'Institut de l'environnement de Stockholm, les pertes agricoles traditionnellement attribuées à la sécheresse pourraient être davantage causées par une mauvaise gestion de l'eau de pluie que par un manque de précipitations[18].

Les pratiques de l'agriculture dite de conservation peuvent permettre de récupérer, de conserver et d'utiliser une proportion plus importante de la pluie qui tombe sur le champ – en transformant une plus grande part d'eau de pluie en « eau verte » pour les cultures. Un grand nombre de ces méthodes, à la fois locales et importées, ont été mises en œuvre en Afrique subsaharienne. Une grande partie de leurs avantages vient d'une meilleure gestion des sols, qui sont le réceptacle de l'humidité et des nutriments nécessaires aux plantes. La plupart des petits fermiers d'Afrique subsaharienne labourent leurs champs à l'aide de houes ou de charrues tirées par des animaux et enlèvent puis brûlent les résidus de la récolte précédente. Ces pratiques retournent la terre et l'exposent à l'assèchement dû au soleil et à la dispersion par le vent. En utilisant des méthodes de l'agriculture de conservation qui laissent la structure de la terre intacte, l'humidité est conservée dans la zone radiculaire. En ajoutant à cela un désherbage effectué au bon moment pour éliminer la compétition pour cette humidité, le paillage pour aider à conserver l'humidité et des engrais pour ajouter des nutriments à des sols épuisés, on obtient une recette pour de meilleurs rendements[19].

Après avoir travaillé avec des fermiers dans six fermes expérimentales au Kenya, en Éthiopie, en Zambie et en Tanzanie, des chercheurs ont assisté à des gains de rendement de 20 à 120 % pour le maïs et de 35 à 100 % pour le *teff* (une céréale éthiopienne) dans des fermes mettant en œuvre de telles pratiques de conservation du sol et de l'eau, en comparaison avec celles utilisant des méthodes traditionnelles. Les meilleurs résultats ont été obtenus lorsque la conservation de l'humidité et l'application d'engrais ont été associées puisque, dans ces régions, l'eau et les nutriments sont souvent présents en dessous du niveau optimal. Dans les fermes éthiopiennes recevant les deux traitements, les champs de *teff* étaient deux fois plus importants que ceux des fermes conventionnelles (1,1 tonne par hectare contre de 0,5 à 0,7 tonne). Cinq ans après les tests, les fermiers impliqués dans ces expérimentations ont continué de pratiquer ces méthodes et ont fait passer le mot. En parallèle à ce travail aux côtés des fermiers, les chercheurs ont également développé un partenariat avec des organisations locales et des services de vulgarisation agricole pour augmenter les chances d'une adhésion plus vaste[20].

Une meilleure résilience peut être apportée aux systèmes utilisés dans les zones semi-arides et sujettes à la sécheresse en complétant les mesures de conservation avec une irrigation. Cela nécessite généralement une méthode pour récupérer et stocker l'eau de pluie – la canaliser dans de petits bassins ou encourager la ré-alimentation de la nappe phréatique – et ensuite appliquer cette eau sur les champs de la bonne façon. Par exemple, des fermiers au Malawi, en Zambie et au Zimbabwe font pousser des plantes sur des terres saturées d'eau appelées *dambos*. Leurs cultures tirent la majeure partie de l'eau dont elles ont besoin des nappes phréatiques peu profondes à travers une action capillaire, mais les fermiers complètent cet approvisionnement naturel avec de l'eau puisée grâce à des seaux ou des pompes manuelles. S'ils sont utilisés avec précaution dans ces régions humides, les pompes à pédale et autres dispositifs d'irrigation à petite échelle pourraient tout aussi bien procurer une irrigation complémentaire[21].

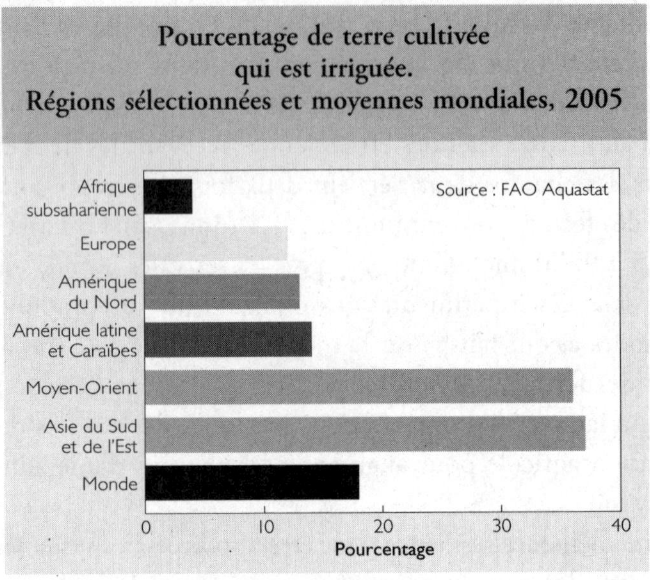

Des générations de fermiers exerçant dans des conditions difficiles ont engendré une multitude de techniques ingénieuses et adaptées aux réalités locales qui ont permis une utilisation productive des rares ressources disponibles. Construire à partir de ce savoir autochtone peut générer un éventail de méthodes augmentant la productivité – comprenant le paillage, les cultures en terrasses, l'aménagement de barrières végétales pour retenir la terre et l'eau, et la construction de barrages afin de recueillir l'eau de pluie pour une irrigation complémentaire. Un projet en Afrique de l'Est nommé *Promoting Farmer Innovation,* mené de 1997 à 2000 dans des régions de production de céréales limitées en eau et non irriguées, a découvert un vaste éventail de ce genre de techniques locales. Par exemple, le vétiver est devenu la barrière végétale de prédilection pour retenir la terre et l'eau, mais les fermiers africains choisissent parfois des herbes plus appétentes pour le bétail afin de doubler leurs avantages. Si le fumier est utilisé pour accroître la fertilité du sol, cette technique locale multifonction offre un potentiel de grande productivité sur lequel on peut construire[22].

Des utilisations créatives des technologies de l'information peuvent également aider les paysans pauvres à obtenir une meilleure production pour chaque goutte de pluie. Des images satellites sont utilisées pour mesurer l'humidité des sols, ce qui aide les fermiers à connaître le bon moment pour irriguer. Dans les villages ougandais, les fermiers ne possédant pas d'ordinateur peuvent avoir accès à la richesse d'informations que l'on trouve sur Internet en appelant un numéro de téléphone gratuit appelé Boîte à questions. Ils joignent un opérateur parlant leur langue qui cherche les réponses tandis que la personne qui appelle attend. Projet de l'organisation à but non lucratif Open Mind, basée en Californie, la Boîte à questions permet aux fermiers pauvres dont l'unique moyen de communication est un téléphone public d'obtenir des réponses en direct à des questions concernant la météo, leurs cultures[23]...

De nombreux experts en développement rural déplorent que si peu des pratiques disponibles de conservation des sols et de l'eau soient adoptées à grande échelle par les agriculteurs. Tandis que les scientifiques ont tendance à accuser les écarts entre la recherche et son application sur le terrain, le plus gros problème semble être le manque d'analyse sur la façon dont les conditions socio-économiques des paysans et leur perception des risques influencent leur décision d'adopter ou non une technique[24].

La plupart des fermiers pauvres d'Afrique subsaharienne font face à une pénurie d'eau mais également de terre, de travail et de capital. Les terrasses et bien d'autres techniques de conservation peuvent nécessiter une importante quantité de travail : quatre-vingt-dix-sept personnes par jour pour 1 hectare de remblaiement, par exemple, et deux cent soixante dix-neuf personnes par jour et par hectare pour la construction de barrages de pierre. Dépenser autant de temps pour ces constructions n'a de sens que si le retour net dépasse les autres investissements qui pourraient être poursuivis à la place. Nombre de fermiers ont besoin d'un taux de rendement minimal de 50 % pour adopter une méthode ou une technologie qu'ils connaissent déjà et de 100 % pour une méthode nouvelle. Ainsi, des garanties de retour rapide peuvent aider à répandre l'adoption de méthodes de conservation qui assurent des bénéfices sur le long terme, mais des risques et un certain coût d'investissement à court terme[25].

Faute d'une approche similaire à la révolution verte – un ensemble de semences, d'engrais et d'irrigation, mais adapté à l'Afrique subsaharienne –, il est difficile d'étendre rapidement ces stratégies et de parvenir à des profits généralisés. Il n'y a jusqu'à présent que peu d'exemples d'efforts concertés qui sont parvenus à mettre en place des marchés locaux ainsi que des chaînes d'approvisionnement qui permettent aux produits modernes de gestion de l'eau de décoller, comme la pompe à pédale au Bangladesh, par exemple. Mais, avec plus d'investissements dans la recherche et le développement, des partenariats avec les paysans et les villages, un développement audacieux du marché, des services de vulgarisation, des fonds pour amorcer des projets pilotes et des incitations financières pour lancer les projets, une transformation plus importante semble possible.

Le district vallonné de Machakos, au sud du Kenya, considéré quasi comme une terre désertique il y a un demi-siècle, nous offre une petite idée de ce qui est possible. Avec des fonds provenant de l'Agence suédoise pour le développement international, le gouvernement kényan a travaillé avec des groupes locaux essentiellement féminins qui pratiquaient une technique de terrassement connue sous le nom de *fanya-juu* (« faire audessus » en swahili). Les femmes creusent simplement un fossé, jettent la terre en haut de l'inclinaison pour former un mur perpendiculaire à la pente, et plantent sur les terrasses qui se forment naturellement. Ces dernières concentrent l'eau de pluie dans le sol et contrôlent l'érosion. Des études sur le terrain estiment que les rendements de maïs ont augmenté de 50 %[26].

Bien que cela nécessite de cent cinquante à trois cent cinquante personnes par jour et par hectare, ce travail revenant le plus souvent aux femmes, l'étagement offre des bénéfices suffisants pour prospérer rapidement. Entre le milieu des années 1980 et le début des années 1990, les femmes de Machakos ont construit une moyenne de 1 000 kilomètres de terrasses par an. Aujourd'hui, 70 % des terres cultivées dans le district seraient aménagées ainsi. En plus de produire d'importantes récoltes d'aliments de base, les terrasses peuvent également produire des cultures de plus grande valeur. Les haricots verts cultivés à Machakos se vendent aujourd'hui dans les supermarchés britanniques[27].

Croissance économique annuelle et différences par rapport à la moyenne des précipitations mensuelles au Niger, 1961-2000

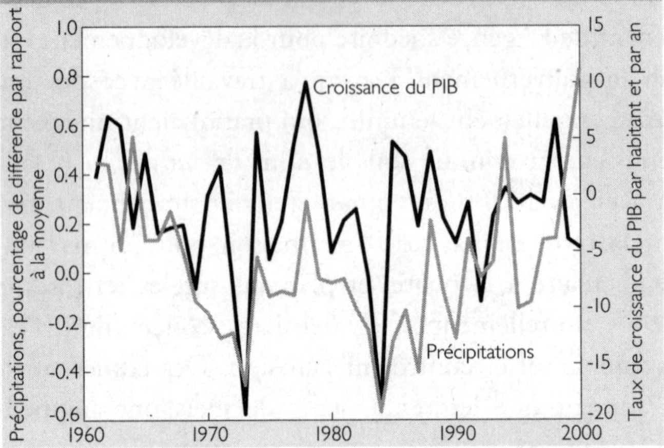

Source : Banque mondiale.

Regarder vers l'avenir

Une stratégie mise en avant pour les pays en manque d'eau est d'importer indirectement de l'eau en important des céréales afin d'équilibrer leur budget en eau et de combler leurs besoins alimentaires. Il faut en effet en moyenne 1 500 tonnes d'eau pour produire 1 tonne de céréales ; il pourrait donc sembler logique pour les pays en manque d'eau d'importer plus de nourriture de première nécessité et de conserver leur eau pour la production de produits économiquement plus intéressants. Mais pour les pays pauvres qui importent de la nourriture, il s'agit là d'un risque. La plupart n'ont pas les moyens d'importer, et même si c'était le cas, les céréales importées arriveraient difficilement aux tables des plus affamés. L'une des plus grandes leçons des cinquante dernières années d'agriculture mondiale est que la sécurité alimentaire n'atteint que rarement les plus pauvres. De plus, les émeutes de la faim qui sont apparues au Sénégal, en Mauritanie, en Haïti, ainsi que dans une demi-douzaine d'autres pays, alors que le prix des céréales a explosé en 2007 et 2008, ne sont qu'un signe avant-coureur de ce qui va arriver. Avec des marchés mondiaux des céréales et du pétrole de plus en plus instables, un certain degré d'autosuffisance alimentaire pourrait se révéler crucial dans la quête de la sécurité alimentaire[28].

Finalement, il semblerait que les pays industriels les plus responsables des changements climatiques en cours ont une obligation morale de venir en aide aux populations pauvres qui vont subir les conséquences du réchauffement climatique pour s'y préparer, s'y adapter et devenir plus résistants à ses effets. Selon le Groupe intergouvernemental d'experts sur l'évolution du climat, le Sahel connaît déjà des conditions plus chaudes et plus sèches qui ont eu pour effet de raccourcir la saison de culture et les récoltes. En 2020, le rendement des champs non irrigués pourrait être divisé par deux dans certaines régions de l'Afrique subsaharienne. Dans l'ensemble, d'ici à dix ans, entre 75 et 250 millions d'Africains devraient vivre dans des conditions de manque d'eau dues au changement climatique[29, 30].

Les défis sont très importants. Il faut environ 3 000 litres d'eau pour satisfaire les besoins alimentaires quotidiens d'une personne – environ 1 litre par calorie. Satisfaire ce besoin en eau pour tous, face à une population et à une consommation qui augmentent, à une pauvreté tenace et au changement climatique, va nécessiter un engagement bien au-delà de ce qui a été effectué jusqu'à présent.

SUR LE TERRAIN
Récupérer l'eau de pluie

L'Afrique subsaharienne dépend grandement de l'agriculture non irriguée et il n'existe pas suffisamment de façons de gérer les effets des périodes de sécheresse. En conséquence, les champs de céréales produisent moins de 1 tonne par hectare dans la majeure partie de la région. La rareté physique de l'eau a souvent été accusée à tort – la raison est plutôt économique. Il y a tout simplement un manque d'investissements pour recueillir et optimiser le stockage de l'eau[31].

La plupart des pays d'Afrique subsaharienne n'utilisent aujourd'hui pas plus de 5 % de leur potentiel d'eau de pluie. En reconnaissant et en incorporant l'eau verte – eau ignorée par l'aménagement hydrologique –, il pourrait être possible d'améliorer la situation d'insécurité alimentaire en protégeant en même temps l'environnement[32].

Pour aider à réduire la faim et la pauvreté, l'Agence de coopération internationale suédoise, à travers ses unités régionales de conservation du sol, a aidé à fonder le Réseau d'Afrique australe et orientale pour les eaux de pluie (SearNet) en 1998. SearNet se compose de douze associations nationales pour l'eau de pluie qui travaillent ensemble pour promouvoir l'information et les innovations afin de recueillir l'eau de pluie à travers la région. Le réseau est hébergé par l'Institut mondial agroforestier à Nairobi[33].

En collaboration avec le ministère de l'Agriculture et des Ressources animales du Rwanda, l'Institut mondial agroforestier a mis au point une technique pour optimiser les bassins de forme trapézoïdale qui facilitent l'approvisionnement en eau pour l'irrigation et pour le bétail. Les bassins peuvent contenir jusqu'à 120 mètres cubes d'eau et sont doublés d'une couche en plastique de 0,8 millimètre. Du matériel à bas prix, parmi lequel de la corde, une pompe à eau et un siphon ou une pompe à pédale faciles à utiliser, est utilisé pour acheminer l'eau depuis le bassin. Le bassin coûtant aux alentours de 800 dollars, les fermiers auraient besoin d'une subvention, d'un système de partage des coûts ou d'un micro-financement pour s'en procurer un. Cependant, les bénéfices peuvent se révéler conséquents. Des études de rentabilité indiquent qu'avec une bonne gestion les fermiers remboursent leur investissement en seulement deux ou trois ans[34].

Avec un accès à plus d'eau, les fermiers sont incités à planter des légumes tels que des choux, des tomates et des oignons, mais aussi des arbres fruitiers comme des manguiers et des papayers, afin d'accroître la production et d'améliorer la nutrition. Cette innovation s'est répandue à travers dix districts du Rwanda : plus de quatre cents bassins ont été construits et huit cents de plus sont en construction[35].

Les femmes du monde rural passent de trois à quatre heures à aller chercher de l'eau depuis des sources éloignées et bien souvent contaminées pour cuisiner. C'est particulièrement handicapant pour les filles qui vont à l'école. Elles doivent se lever tôt, puiser de l'eau, puis se dépêcher d'aller en classe. Dans le district de Kajiado, au Kenya, le Programme des Nations unies pour l'environnement (PNUE) et l'Institut mondial agroforestier ont collaboré avec les femmes masaï pour construire des bacs de récupération d'eau sur les toits des maisons afin de garantir une source d'eau pour les foyers. Des membres des groupes de femmes ont été encouragés à donner un peu de leur argent afin qu'elles puissent obtenir une aide financière équivalente de la part du PNUE et de l'Institut. Les femmes ont également fourni des matériaux – de l'eau, du sable, des pierres – ainsi que leur force de travail pour la construction des bacs[36].

Après une formation initiale, quatre-vingt-six bacs ont été construits. De plus, les femmes ont été encouragées à planter cent arbres pour chaque bac installé. Le projet est actuellement axé sur un principe de rotation, avec pour objectif que chaque femme possède son propre bac. Le Rotary International of Canada a ensuite pris en charge cette communauté, et plus de deux cents bacs ont été construits sur le même modèle. Cela a eu pour effet d'améliorer la santé, et les femmes ont désormais plus de temps à consacrer à d'autres activités[37].

Les fermiers n'ont pas besoin de gadgets onéreux pour trouver des sources d'eau souterraines afin d'irriguer leurs champs. Des brindilles, des fils de cuivre et des poids de plomb peuvent être utilisés pour localiser et déterminer la largeur et la position d'une source. Les brindilles encore vertes des *Croton megalocarpus* ou des *Croton micro-stachys* que l'on trouve dans les régions semi-arides sont réputées plus efficaces que celles provenant d'autres espèces. Le fil de cuivre sert à déterminer la largeur d'une source, tandis que le plomb permet d'estimer sa profondeur. Une comparaison avec les terramètres, appareils utilisés par les ingénieurs civils pour la recherche de nappes phréatiques, a confirmé que ces outils sont non seulement abordables (voire gratuits pour les brindilles), mais également précis[38].

Dans les régions de l'ouest et de la Rift Valley, au Kenya, l'eau peut devenir le point de départ d'un développement rural. Collecter la pluie grâce à des méthodes d'agriculture de conservation et de récupération d'eau telles que la technique culturale simplifiée et les cultures de couverture fournit les fondations des essais productifs nécessaires pour aider à accroître l'autosuffisance alimentaire et améliorer les économies rurales. Pour les cultures annuelles, les changements sont immédiats. Pour les cultures pérennes, il faut quelques années avant que les impacts ne soient effectifs. Mais, avec une bonne agriculture, il est possible d'obtenir des retours positifs dès que la présence d'eau ou d'humidité est intégrée à la gestion de la fertilité du sol.

Recueillir de l'eau est évidemment bien plus que construire des bassins, des barrages, des puits ou des bacs. C'est un processus lent : il faut créer, organiser des communautés pour développer, maintenir et gérer des activités de récupération d'eau, impliquer les communautés dans chaque aspect du projet et mettre en place des systèmes pour utiliser et partager l'eau de façon durable et équitable. C'est précisément la raison pour laquelle les communautés doivent faire preuve d'engagement et de participation[39].

Par conséquent, il est crucial que les fermiers et les communautés prennent conscience de l'efficacité de la récupération de l'eau. Les gouvernements devraient être une aide plutôt qu'un obstacle. Ils ont un rôle important à jouer pour catalyser la pratique très répandue de récupération de l'eau. Et ils devraient pouvoir obtenir des organisations scientifiques qu'elles développent de meilleurs systèmes. Mais le rôle le plus important pour les gouvernements est de fournir des primes et des subventions pour la récupération de l'eau dans les zones rurales et urbaines[40].

Maimbo Malesu
Institut mondial agroforestier

Chapitre 5

Les fermiers à l'avant-garde de la recherche et du développement

*Brigid Letty, Qureish Noordin, Saidou Magagi et Ann Waters-Bayer**

* **Brigid Letty** est spécialiste du développement agricole et zoologue à l'Institut des ressources naturelles d'Afrique du Sud. **Qureish Noordin** est coordinateur du projet Transfrontière de l'eau pour la biodiversité et la santé du bassin de la rivière Mara pour la commission du bassin du lac Victoria. **Saidou Magagi** est agronome à l'Institut national de recherche agricole au Niger. **Ann Waters-Bayer**, sociologue agricole, collabore avec EcoCulture à la fondation ETC aux Pays-Bas.

Les agriculteurs d'Afrique, comme leurs homologues du reste du monde, sont des expérimentateurs acharnés. Sans aucune aide extérieure, ils ont toujours imaginé et testé des solutions adaptées aux défis auxquels ils ont à faire face. « J'ai expérimenté toute ma vie, raconte Eddy Ouko, un fermier kényan. Tout comme mon père. » Construire sur cette capacité d'innovation et encourager les paysans à mener le développement de technologies localement appropriées sont les clés pour aborder ces défis[1].

À Potshini, au Kwazulu-Natal, en Afrique du Sud, un agriculteur a par chance entendu parler d'une technique pour cultiver des pommes de terre sous une couche de paillis plutôt que sous la terre. Il a testé différents matériaux pour le paillis et différentes profondeurs avant d'obtenir un champ satisfaisant nécessitant moins de travail. Dans le même genre, dans l'est du Tigré, en Éthiopie, les paysans ont repéré une plante qui a été involontairement introduite dans les sacs de céréales d'aide alimentaire et se sont demandé comment ils pouvaient l'utiliser. Après quelques tâtonnements, ils ont découvert qu'une décoction faite à partir de ses feuilles pouvait éliminer les tiques sur le bétail[2].

Les agriculteurs du Kenya ont effectué leurs propres recherches sur l'utilisation du tournesol mexicain mélangé à du purin de chèvre pour produire du compost afin de cultiver du maïs ou des plantes de haute valeur. Eddy Ouko faisait partie de ces agriculteurs : « Lorsque le Centre international pour la recherche en agroforesterie [ICRAF] travaillait dans cette région, ils nous ont appris à nous servir du tournesol mexicain pour améliorer la fertilité de la terre. Une fois que j'ai eu mes chèvres laitières, j'ai décidé d'expérimenter par moi-même. J'ai décidé de mélanger le tournesol mexicain avec du purin de chèvre, d'en faire du compost, pour ensuite l'appliquer sur mes cultures. Lorsque j'ai vu la magnifique récolte de mon *shamba* [champ], je n'en croyais pas mes yeux[3]. »

Ce ne sont que trois exemples d'expérimentations informelles de paysans. Malgré l'habileté évidente des agriculteurs pour l'expérimentation et l'innovation, la plupart des scientifiques agricoles poursuivent leurs recherches pour les paysans plutôt qu'avec eux. Leurs résultats parviennent aux agriculteurs par l'intermédiaire de moniteurs agricoles et autres agents de développement – c'est-à-dire des personnes travaillant pour des organisations qui ont pour but d'améliorer la production agricole et les conditions de vie rurale. La plupart des technologies développées par les scientifiques et diffusées par les agents de développement ne sont cependant pas adoptées par les petits paysans. C'est souvent parce qu'ils ne sont pas suffisamment impliqués dans les projets et dans la recherche eux-mêmes. Les résultats ne satisfont ainsi pas leurs besoins.

Les paysans et les autres membres des communautés, parmi lesquels des innovateurs locaux, possèdent une richesse de savoir et d'expérience qui, si on leur en offrait l'occasion, pourrait encourager le développement de leurs communautés. Les fermiers, hommes et femmes, ont besoin d'être à la pointe du développement – identifiant leurs besoins, leurs atouts, les solutions possibles et cherchant des réponses à leurs propres questions. Des partenariats entre les agents de développement, les scientifiques et les paysans peuvent renforcer et enrichir l'expérimentation de ces derniers. Ce processus d'innovation participative voit les agriculteurs comme les acteurs clés pour le diriger, décider quand et comment faire appel aux autres, qu'ils soient agents de développement, scientifiques, hommes d'affaires, etc. Heureusement, avec des scientifiques et des agents de développement qui commencent à apprécier les contributions des agriculteurs dans le processus de développement, quelques institutions se mettent à changer les façons dont elles ont traditionnellement fonctionné.

Soutenir l'innovation menée par les fermiers

À travers un très grand nombre de programmes, les agents de développement ont activement soutenu et encouragé les expérimentations informelles. Parfois, des personnes extérieures aident les paysans à tester et à évaluer les technologies introduites plus systématiquement. Par exemple, le Programme de développement de Muyafwa au Kenya (un partenariat entre le Comité de développement du village de Muyafwa et World Neighbours, une organisation à but non lucratif américaine) a été impliqué dans la comparaison de la patate douce à chair orange nouvellement introduite avec la variété autochtone. Les villageois choisissent dix fermiers pour diriger les essais et présenter les rapports. Une fermière, Janet Wabwire, du village de Muyafwa dans le district de Busia, raconte : « Nous nous asseyons en groupe et discutons de ce que nous souhaitons trouver et nous nous mettons d'accord sur la performance de production, la taille des tubercules, les attaques des ravageurs, l'aptitude à la conservation dans le sol, la facilité de cuisson, le goût, etc. Si nous savons comment expérimenter, alors personne ne peut plus nous tromper, particulièrement les entreprises semencières. Si elles apportent de nouvelles variétés, nous sommes capables de faire des tests et d'obtenir nos propres réponses. En tant que femme (expérimentatrice), on me respecte davantage au sein de la communauté[4]. »

Le partage des innovations en Éthiopie

Les petits fermiers pratiquant l'agriculture dans les montagnes d'Éthiopie font face à de nombreux défis, parmi lesquels des décennies de négligence gouvernementale et de dégradations écologiques. La destruction des sols de la région semble irréversible. Mais il y a des signes qui nous permettent de croire que les problèmes environnementaux pourront être surmontés – et les niveaux de vie améliorés – lorsque les fermiers et les professionnels de l'agriculture et des ressources naturelles travailleront ensemble sur des activités qui associent le savoir traditionnel et les approches scientifiques.

Depuis 1996, l'Institut de développement durable éthiopien a travaillé directement avec des communautés paysannes et des agronomes locaux dans les régions semi-arides et dégradées du Tigré, la région septentrionale du pays. À la suite de ces efforts, les fermiers ont appris comment réduire leur dépendance aux engrais et pesticides chimiques, comment améliorer leurs pratiques d'irrigation et s'engager dans des formations de fermier à fermier – aidant à augmenter la production dans des partenariats avec des experts agricoles locaux.

Pour réduire leur dépendance aux engrais chimiques, les fermiers et les experts de quatre communautés ont été formés à fabriquer du compost dans des fosses, puis à le répandre sur leurs champs, dont la plupart font moins d'un quart d'hectare. En seulement deux ans, les fermiers ont trouvé que le compost était aussi efficace que les engrais chimiques pour accroître les récoltes. Au fil des années, ils ont constaté que le compost continuait à améliorer la fertilité du sol et la production, leur permettant ainsi d'arrêter l'achat collectif de produits chimiques. Ils ont qualifié l'utilisation des engrais chimiques de « corruption du sol », signifiant ainsi qu'ils reconnaissaient cette pratique comme n'étant pas durable.

La mobilité des experts agricoles locaux est un des défis auxquels font face l'Institut de développement durable et de nombreux groupes agricoles non gouvernementaux. En 2003, l'IDD a modifié sa stratégie de formation pour impliquer à la fois fermiers et experts agricoles locaux. Les fermiers étaient chargés de former au moins dix de leurs voisins, et les experts locaux de prendre la responsabilité du suivi avec les fermiers et de rapporter les effets de l'utilisation du compost. Parmi les avantages de cette approche, on a pu noter une augmentation de l'utilisation du compost à travers la région ainsi qu'une augmentation constante de la production générale de nourriture.

L'irrigation est une réussite de l'innovation locale. Malede Abreha, un prêtre-fermier du Tigré, espérait assurer une meilleure sécurité à sa famille en trouvant de l'eau pour irriguer sa parcelle de 0,5 hectare durant la longue saison sèche. Lorsqu'il commença à creuser dans la zone sèche et rocailleuse près de son domaine, ses voisins l'ont pris pour un fou et lui ont conseillé de chercher un travail de journalier en ville à la place. Mais il était convaincu qu'il finirait par trouver de l'eau.

Abreha a finalement trouvé de l'eau, à 12 mètres de profondeur, et a commencé à planter des arbres fruitiers et des légumes. Pour puiser l'eau, il a mis au point une pompe facile et rapide à utiliser. Aujourd'hui, sa famille cultive une grande variété de cultures – des légumes, des fruits, et même du café – dans son jardin luxuriant. Ils ont augmenté leur revenu, et Abreha est devenu un ingénieur local reconnu. En partageant ses innovations, il a participé à la transformation de la vie de nombreuses familles dans le district, en creusant plus de dix puits pour les paysans et les institutions locales à un petit prix. Lorsqu'un voisin a demandé à Abreha de l'aider à construire un appareil similaire pour le puits qu'il avait creusé à la main, cela n'a pris qu'une semaine, comparée aux huit mois qu'il a fallu à Abreha pour développer son prototype.

Sue Edwards et Hailu Araya
Institut de développement durable, Éthiopie

Source : voir note 14.

En plus de chercher à garantir aux paysans une place centrale dans les partenariats pour développer de nouvelles technologies, des facilitateurs de recherche et développement participatifs tentent également de reconnaître et d'encourager les innovations institutionnelles locales, comme la façon dont les personnes s'organisent dans le dessein de se procurer des ressources. Au Niger, des partenaires impliqués dans le réseau Promotion de l'innovation locale en agriculture écologique (PROLINNOVA), alors qu'ils cherchaient des innovations à soutenir, ont décidé de regarder de plus près les formes d'organisation locales auxquelles les femmes participaient. Ils ont rencontré un groupe de femmes de la région d'Aguié qui ont transformé leurs économies « cycliques » (appelées *adaché* en haoussa) en une nouvelle façon d'épargner et de partager l'argent. Normalement, chaque membre verse une contribution mensuelle, et chaque mois, un membre différent récupère le montant pour son propre usage[5].

Un groupe *adaché* de vingt femmes, ayant entendu qu'une OGN encourageait dans une autre partie du Niger un système de « crédit social », a décidé de tester quelque chose de semblable. Leur nouveau système consiste en une collecte d'un montant un peu plus élevé et plus régulier de la part de chaque membre, puis dans l'octroi de prêts à ceux qui en font la demande, le taux d'intérêt étant fixé à 10 %. Le groupe donne priorité aux femmes les plus pauvres lorsqu'il faut accorder le prêt. Les femmes appellent ce nouveau système *asasu,* ce qui signifie « trésor » en haoussa. PROLINNOVA, en tant que partenaire, travaille avec ces groupes pour renforcer leurs capacités à gérer les fonds de leurs systèmes d'épargne et de crédit, concrétiser des plans pour générer des revenus et mieux s'organiser dans le dessein d'utiliser les fonds tournants d'une façon plus transparente et durable[6].

Certains programmes ont amené des changements dans les rôles traditionnels attribués à chaque sexe, comme le souligne Esther Omusi, trésorière d'une organisation à échelle communautaire kényane : « Les choses commencent à changer dans notre communauté. Avant, en tant que femme, je n'aurais jamais rêvé d'assumer plusieurs positions importantes dans la société, et que les gens reconnaissent mon travail, notamment ma capacité d'innovation. Il était difficile de me faire entendre par les hommes et par les femmes[7]. »

Dans plusieurs pays d'Afrique et d'Asie, et particulièrement grâce au réseau PROLINNOVA, les fonds de soutien à l'innovation locale sont pilotés de façon à donner aux petits agriculteurs un accès aux ressources pour la recherche qu'ils estiment importante et à stimuler les processus d'innovation menés par les agriculteurs. Les fonds sont gérés ou cogérés par des organisations locales et utilisés pour acheter des matériaux destinés aux expérimentations des paysans, pour payer les services d'experts comme des techniciens ou des scientifiques, ou pour obtenir des informations d'autres fermiers ou experts. Les comités locaux de direction, dirigés par des paysans, émettent une demande de propositions et, en se fondant sur des critères établis par la communauté, sélectionnent les applications qui bénéficieront des fonds de soutien. Comme nous l'explique Joe Ouko du Groupe d'éleveurs de chèvres laitières de Nyando, village de l'est du Kenya : « Nous faisons un appel à propositions, nous les passons en revue selon nos propres critères, et nous nous occupons du suivi. Bien sûr, nous collaborons avec d'autres organisations [...], mais nous jouons le premier rôle en tant que fermiers et ainsi nous déterminons notre programme de développement. Avant, nous n'étions pas plus impliqués que de simples spectateurs[8]. »

De nombreux projets ont montré que les comités de recherche créés et gérés par les communautés peuvent se révéler efficaces lorsque les décisions sont prises par les paysans pour l'innovation locale. Par exemple, l'ONG nationale AgriService Éthiopie a consacré plusieurs années à aider des communautés rurales dans diverses parties du pays à mettre en place leurs propres institutions et fédérations communautaires. Dans le district d'Amaro au sud de l'Éthiopie, la communauté a mis sur pied sa propre évaluation des problèmes locaux et des solutions locales prometteuses, et a choisi quel type de recherche devrait être financé par le fonds. Les paysans expérimentateurs effectuent cette recherche au nom de leur communauté[9].

De la même façon, à l'ouest du Kenya, World Neighbours et l'organisation locale Les Amis de Katuk Odeyo ont pris des mesures pour rassembler les fermiers dans un comité de recherche local. Dorcas Wena, un agriculteur et membre du comité, explique : « Nous avons décidé de nous organiser dans un comité de recherche pour être plus efficaces et gérer notre travail de recherche comme nous le voulons. » Le président du comité, Vincent Dudi, ajoute : « Notre travail s'articule autour de rencontres avec les membres de la communauté et de réflexions sur les problèmes auxquels nous faisons face. Nous déterminons ensuite quelles sont les solutions prioritaires, parmi lesquelles les options de recherche. Nous nous mettons ensuite en relation avec les partenaires appropriés et dirigeons les essais nous-mêmes. Le comité de recherche établit un programme de travail sur la redistribution des fonds, en finançant les essais dans les champs, la formation des paysans et le suivi. Nous appelons ensuite les agriculteurs pour une journée de réflexion au cours de laquelle nous examinons les différents essais et préparons le travail de dissémination[10]. »

La diffusion de l'innovation menée par les agriculteurs

Les agriculteurs prennent la tête non seulement de la recherche locale, mais aussi du partage des résultats de leurs expérimentations. De nombreuses initiatives vont dans ce sens. Par exemple, Calistus Buluma, l'un des moniteurs volontaires associés à un programme soutenu par World Neighbours dans le district de Busia au Kenya, explique que « chaque volontaire collabore avec ses voisins afin de réduire les distances à couvrir, car si je comprends mieux mes voisins, alors je peux plus facilement leur passer des informations ». En Afrique du Sud, le Sivusimpilo Farmers Forum stimule le partage entre les paysans dans un grand nombre de villages voisins. Au Niger, les innovateurs fermiers du village de Takalafiya ont organisé une journée portes ouvertes des paysans pour présenter les résultats de leurs expérimentations, officielles ou non, sur l'utilisation des glumes de millet (l'enveloppe de la céréale) comme engrais dans la production de manioc. De tels forums sont également importants pour la reconnaissance des innovateurs remarquables, hommes ou femmes[11].

Au Kenya, deux expositions d'innovations d'agriculteurs ont été organisées par PROLINNOVA-Kenya et PELUM-Kenya (Gestion écologique et participative de l'usage des terres), l'une dans la province de l'est, l'autre dans celle de l'ouest. Il s'agissait d'événements sur une journée où les fermiers exposaient et partageaient les informations sur leurs innovations. « C'est important que les membres des autres communautés et les responsables [des gouvernements locaux] puissent évaluer notre travail. Nous avançons dans de nombreux domaines, dont la médecine à base de plantes, la fertilité du sol, l'équipement agricole, et bien d'autres encore qui aident grandement la communauté. Mais nous ne sommes pas facilement reconnus. Avoir de tels échanges nous aide vraiment », nous confie Philip Kilaki lors d'un de ces événements[12].

Un grand nombre d'organisations travaillant avec des petits agriculteurs les encouragent également à communiquer d'eux-mêmes sur ce qu'ils font. Au Niger, par exemple, des paysans rapportent et partagent l'information à propos de leurs expérimentations à travers des vidéos, des affiches et des interviews à la radio. Lorsque les fermiers communiquent entre eux sur les expériences et sur les résultats, ils le font d'une façon digne des scientifiques, des agents de développement ou des journalistes. Depuis des temps immémoriaux, les agriculteurs ont utilisé des formes traditionnelles de mémoire et de partage telles que les chants, les dessins et les histoires. À présent, ils communiquent des informations sur leurs innovations et sur les résultats de leurs recherches non seulement par voie orale au cours de forums entre agriculteurs ou d'ateliers avec des scientifiques, mais aussi sous la forme de photos, de vidéos ou de présentations PowerPoint[13].

Pourquoi soutenir l'innovation dirigée par les paysans ?

Des approches de développement qui soutiennent l'innovation collective dirigée par des paysans sont importantes pour au moins trois raisons. Premièrement, elles mènent au développement d'innovations qui satisfont les besoins et sont adaptées aux conditions de la population locale. Elles apportent ainsi des avantages tels qu'une production plus importante, une plus grande sécurité alimentaire, plus de revenus, moins de besoins de travail et moins de risques. Au Tigré, en Éthiopie, des paysans ont développé des systèmes de micro-irrigation ainsi que des ruches améliorées, en utilisant des matériaux locaux. Au sud de l'Éthiopie, des agriculteurs ont développé des façons efficaces de gérer le flétrissement bactérien des plantes *ensete,* un problème grave pour cette culture essentielle pour des millions de personnes dans la région mais qui a été grandement délaissée par la recherche officielle[14].

Parfois, le produit d'un processus d'innovation devient le tremplin pour des initiatives futures. Par exemple, au sein du Programme de développement de Muyafwa, cité plus haut, des paysans sont allés au-delà de l'expérimentation et se sont rassemblés pour former des groupes d'intérêt commun qui multiplient les graines ou les plants de manioc, de patate douce à chair orange, de soja, de haricot et de sorgho[15].

Les innovations locales peuvent également fournir des idées stimulantes pour des personnes travaillant ailleurs de façon similaire. Cela ne signifie pas simplement un transfert de technologie, mais plutôt un partage de principes qui peuvent être testés et adaptés par d'autres agriculteurs. Les paysans d'une région peuvent avoir développé un système de paillage en utilisant un type de matériau, par exemple, et ceux d'une autre région peuvent tester ces principes de paillage en utilisant un tout autre type de matériau.

Un deuxième impact clé, même s'il est indirect, est le renforcement de la voix des agriculteurs et de leur leadership, grâce à l'appui d'institutions locales concentrées sur l'expérimentation et sur l'innovation dirigées par les agriculteurs. Par exemple, à la Semaine de la science lors de l'assemblée générale annuelle du Forum sur la recherche agricole en Afrique se déroulant en Afrique du Sud en 2006, des paysans ont présenté des innovations sous forme d'affiches, de documents imprimés et de vidéos qu'ils ont produits avec le soutien d'agents de développement. Des rencontres scientifiques et des Salons technologiques, comme ceux qui se sont tenus dans la région du Tigré au nord de l'Éthiopie, où les agriculteurs ont été invités à présenter leurs innovations dans des stands de marché, offrent des opportunités comparables[16].

Des paysans innovateurs qui ont été reconnus par des personnes impliquées dans la recherche et le développement et qui se sont engagés dans l'expérimentation collective à leurs côtés ont gagné en confiance dans leur discours à propos de ce qu'ils attendent de la recherche et des services de vulgarisation. Par exemple, Mawcha Gebremedhin, une innovatrice originaire du Tigré qui a défié les normes habituelles et a commencé à faire son propre labourage en utilisant la traction animale, parle de ses expériences aux participants d'un atelier international, dans lequel se trouvent des officiels du ministère de l'Agriculture éthiopien et le directeur du Fonds international pour le développement agricole[17].

Troisièmement, l'engagement d'autres participants impliqués dans la recherche et le développement et reconnaissant ou soutenant l'innovation des agriculteurs – ainsi que la réflexion partagée entre décideurs sur ces expériences – incite à repenser la façon dont les institutions de recherche, de développement et d'éducation fonctionnent. Par exemple, de nombreux scientifiques de l'Institut national de recherche agricole au Niger utilisent l'approche de développement participatif d'innovation dans certains de leurs travaux. Le gouvernement kényan a créé un fonds pour l'innovation agricole piloté par l'Unité de coordination du secteur agricole pour soutenir l'innovation des agriculteurs. Dans le même ordre d'idées, le ministère de l'Agriculture éthiopien et la Banque mondiale – soutenue par le

Projet de renforcement des capacités en milieu rural – ont remodelé le Fonds d'innovation agricole originellement proposé pour se rapprocher d'un fonds de soutien à l'innovation locale[18].

Leçons pour les professionnels du développement

Ces processus, qui groupent les différentes compétences et sources de savoir acquises par tous types de personnes et d'organisations et qui mettent à profit et améliorent la créativité des paysans, ne mènent pas seulement à de nouvelles technologies ou institutions plus réceptives aux besoins des paysans. Ils créent en fait un système d'innovation plus vivant et plus réceptif, composé de divers types de partenaires qui peuvent travailler ensemble pour s'adapter aux conditions changeantes des paysans. Des innovations spécifiques servent seulement dans certaines situations et pour des périodes limitées ; ce qui nécessite d'être renforcé et soutenu, c'est la capacité innovatrice des agriculteurs et des partenaires dans le développement.

Pour s'engager dans des partenariats sérieux avec les paysans dans la recherche et le développement agricoles, les autres parties prenantes ont besoin de reconnaître et d'encourager leur capacité d'innovation. Les paysans ont besoin d'être capables d'occuper l'espace public, pour avoir leur mot à dire lorsque les décisions sont prises dans un système d'innovation démocratique. Il est, par conséquent, nécessaire de bâtir la confiance des agriculteurs et leur capacité à jouer un rôle fort dans le processus d'innovation collective. Comme le déclare Joe Ouko, président du Groupe d'éleveurs de chèvres laitières de Nyando, au Kenya : « Lorsque les fermiers sont à la place du conducteur, nous prenons l'entière responsabilité de nos actions et il est plus aisé de mobiliser les membres de la communauté pour aborder les problèmes de développement. Nous sommes impliqués et discutons avec des chercheurs et autres agents de développement en tant que partenaires et ils nous écoutent[19, 20, 21]. »

SUR LE TERRAIN
Le commerce des céréales en Zambie

Mike est un négociant de céréales en Zambie. Comme la plupart des négociants locaux, il achète du maïs dans les zones rurales et le revend aux meuniers dans les zones urbaines de la ceinture du cuivre de Zambie, région minière densément peuplée. Il vend parfois aussi du maïs aux commerçants de Lubumbashi, une ville située dans une autre région minière, de l'autre côté de la frontière, en République démocratique du Congo (RDC). Certaines années, il importe du maïs d'Afrique du Sud lorsque le marché en exprime le besoin. En bref, Mike fait partie des entrepreneurs clés de la chaîne alimentaire qui font le lien entre l'offre et la demande.

Il observe la façon dont les camions de maïs traversent la frontière à Kasumbalesa, la principale voie d'accès entre la province de la ceinture de cuivre en Zambie et la RDC. À sa grande surprise, tout le maïs provient d'Afrique du Sud, transite par la Zambie, pour être ensuite vendu à Lubumbashi. Alors pourquoi est-ce que ce sont les agriculteurs sud-africains qui fournissent une denrée qui devrait constituer le marché naturel des fermiers zambiens ?

Mike est sur le point de faire l'expérience d'une chose qu'il ne connaît qu'en termes abstraits : les barrières du commerce agricole. Pour faire affaire avec les commerçants de RDC qui viennent acheter du maïs en Zambie, il a loué un entrepôt près du poste frontière. Avant de commencer à vendre à cet endroit, la police locale lui a dit qu'il ne pouvait pas faire du commerce à cet endroit. Même si Mike ne fait que vendre du maïs depuis son entrepôt et ne peut pas l'exporter lui-même, la police lui a ordonné de fermer la boutique. Comme de nombreux autres pays de la région, la Zambie n'autorise pas la libre circulation des marchandises alimentaires à travers ses frontières. La fermeture de l'entrepôt de Mike montre la façon dont les autorités locales essaient d'empêcher le commerce illégal.

Mais quelles sont les conséquences d'une telle politique ? Dans un premier temps, les fermiers vivant dans les zones frontalières ne peuvent pas être sûrs de pouvoir vendre si le marché de RDC leur est refusé du fait de l'interdiction faite à Mike et à d'autres. Pis, les grandes compagnies meunières de Lubumbashi ont des contrats avec les fournisseurs sud-africains, car les fournisseurs zambiens sont peu fiables du fait des restrictions d'export. Mais ces mêmes restrictions sont-elles vraiment nécessaires ? Lorsque la Zambie connaissait une pénurie de maïs, celui-ci a toujours été importé d'Afrique du Sud ou d'autres pays. Il est plus important de fournir des primes à long terme aux fermiers pour cultiver du maïs. De telles politiques auront pour conséquence d'accroître la production de maïs, d'éliminer le besoin d'interdire les exportations et pourraient faire de la Zambie un grenier capable de fournir ses voisins.

Échouer à augmenter la production alimentaire et à améliorer le commerce alimentaire en Afrique va avoir des conséquences sérieuses, voire catastrophiques. La demande croissante dans les centres urbains en pleine expansion réclame plus de nourriture, plus qu'il ne peut en être produit par les producteurs locaux – présentant une occasion de développement agricole considérable pour la communauté agricole africaine.

Pour aborder la question des barrières commerciales, le Marché commun de l'Afrique orientale et australe (COMESA), une communauté économique régionale de dix-neuf États membres, a fondé l'Alliance pour le commerce des marchandises en Afrique orientale et australe (ACTESA). Son objectif est de développer et d'implanter des programmes qui améliorent l'accès au marché pour les fermiers et pour les commerçants. À la suite des discussions portant sur la politique à mener par l'ACTESA, les questions de commerce de biens alimentaires sont désormais à l'ordre du jour de toutes les réunions du Comité technique du commerce et des douanes, un important forum de décision de la région. Soutenue par des preuves empiriques fournies par l'université d'État du Michigan, cette politique d'effort pour le développement va aider l'ACTESA-COMESA à libérer le potentiel du commerce régional de biens alimentaires au bénéfice des agriculteurs et des commerçants.

Jan Joost Nijhoff
Bureau du Ghana de la Banque mondiale

Chapitre 6

La crise de fertilité de la terre africaine et la famine à venir

*Roland Bunch**

* **Roland Bunch** est un agroécologiste et l'auteur de *Deux épis de maïs : un guide pour le développement agricole autocentré,* traduit dans dix langues.

Dans le village de Koboko, au Malawi, en septembre 2009, quelque trente mères de famille et leurs enfants se sont rassemblés à l'ombre d'un grand arbre – le site traditionnellement utilisé pour les réunions du village. Ils se sont progressivement installés sur un assortiment de nattes et de grandes chaises en bois. Le chef du village et quelques-uns de ses conseillers faisaient face aux femmes, assises à côté d'un étranger qui était là pour poser une série de questions. « Quel est, commença l'étranger, le problème le plus important qui vous empêche d'avoir assez de nourriture pour bien nourrir vos enfants[1] ? »

Sans même attendre une réponse de la part d'une autorité masculine du village, l'une des femmes a pris la parole : « Notre terre est épuisée. Et ça empire d'année en année. » Avant même qu'elle ait fini, quatre ou cinq autres femmes ajoutaient d'une même voix : « Oui, c'est vrai. » « L'année dernière, j'ai récolté trente-cinq sacs de maïs. Mais cette année, je n'en ai récolté que vingt-sept, même s'il a beaucoup plu. » « Nous n'avons plus de quoi garder nos champs fertiles. » « Notre terre est devenue si dure que, même quand il pleut, l'eau ne fait que ruisseler. » Lorsque les choses se sont calmées de nouveau, le chef du village a approuvé avec sérénité et autorité le consensus évident en faisant entendre son accord[2].

Le visiteur était surpris. Le Malawi, à peine cinq ans plus tôt, avait souffert d'une des pires sécheresses de son histoire. La population était si affamée qu'elle avait commencé à faire cuire et à manger des écorces d'arbre. Des millions de personnes seraient décédées si des tonnes de nourriture n'avaient été distribuées par des organisations d'aide humanitaire à travers le pays. Pourtant, dans ce village, tout le monde s'accordait à dire que la fertilité du sol était un problème plus grave que la sécheresse. L'étranger a demandé pourquoi. Les femmes lui ont alors expliqué que la sécheresse, bien entendu, était terrible. Mais des sécheresses ne sont apparues que deux fois en plus de dix ans, alors que la qualité du sol menace de détruire leur approvisionnement de nourriture de façon permanente et définitive[3].

Les femmes étaient unanimes, ainsi que les hommes. Ils étaient catégoriques et visiblement inquiets. Même s'ils faisaient partie des personnes les plus pauvres de la planète, ils n'avaient jamais été confrontés à une menace aussi longue et apparemment insoluble[4].

Au cours de l'année suivante, dans le cadre de deux importantes études, des enquêtes ont été effectuées avec des agriculteurs provenant de plus de soixante-quinze villages de six nations africaines (le Malawi et la Zambie pour le sud, le Kenya et l'Ouganda pour l'est, le Mali et le Niger pour l'ouest). À quelques exceptions près, la même histoire a été racontée partout. Les gens n'ont plus les moyens de soutenir la fertilité de leurs terres. Les récoltes s'amenuisent, accusant des pertes de 15 à 30 % par an. La plupart des personnes s'attendent que leur récolte soit divisée par deux d'ici à cinq ans. Pourtant, elles sont déjà dans des situations difficiles. Quelques villages dépendent de façon permanente de l'aide humanitaire. Des villages entiers envisagent de se déplacer et de parcourir leur pays en quête d'une terre fertile. Une telle stratégie de survie était raisonnable à l'époque où l'Afrique n'était pas si peuplée, mais aujourd'hui, dans une grande partie du continent, elle n'a que très peu de chances de succès[5].

Que l'Afrique fait face à une crise de la fertilité du sol n'est pas nouveau pour les personnes bien informées. Mais le fait que le phénomène soit si rapide, que des dizaines de millions de personnes puissent souffrir de la faim d'ici les quatre ou cinq prochaines années, est une nouvelle importante. Le continent fait face à une tragédie imminente : une grande famine africaine.

Une conjonction néfaste

La crise est amenée par une conjonction néfaste de facteurs qui affectent simultanément le continent tout entier et plus particulièrement les plaines subhumides et semi-arides. Celles-ci constituent près d'un tiers du continent et accueillent près d'un cinquième de sa population rurale – quelque 200 millions de personnes[6].

Quatre facteurs majeurs se conjuguent. Premièrement, l'engrais animal a été largement utilisé pour fertiliser les terres pendant des décennies. Mais on en manque partout. L'accroissement de la population a dramatiquement réduit non seulement la quantité de terre par famille qui peut être cultivée mais également les pâturages, au point que nombre de familles n'ont plus que deux ou trois animaux. Maintenir la fertilité d'assez de terre pour nourrir une famille nécessite quinze têtes de bétail en bonne santé et bien nourries (à condition que le lisier soit bien géré). Aussi, en réalité, il est impossible que l'engrais animal aide beaucoup à préserver la fertilité de la terre africaine[7].

La deuxième méthode pour maintenir la fertilité de la terre a été utilisée pendant des millénaires : la jachère. Cela implique qu'il faille laisser la terre se reposer pour que la végétation naturelle puisse repousser, reconstituant la matière organique de la terre pendant de dix à quinze ans. Mais, encore une fois, la croissance de la population a dramatiquement réduit les surfaces disponibles pour chaque paysan, les obligeant à cultiver l'intégralité de leurs terres uniquement pour survivre. Les périodes de jachère pour la plupart des paysans africains étaient de quinze ans dans les années 1970, de dix ans dans les années 1980, et jusqu'à cinq ans dans les années 1990. Aujourd'hui, une grande partie des paysans mettent leurs terres en jachère pendant deux ans au plus, et bien d'autres ne peuvent même pas se le permettre[8].

Des siècles d'expérience de jachère nous montrent que les terres africaines, sans mise en jachère, connaîtront des pertes de productivité jusqu'à ce qu'elles ne produisent presque plus rien d'ici à quatre à six ans. C'est ce qui est arrivé sous presque chaque régime fondé sur le système du brûlis, entre les périodes de jachère[9].

Le troisième facteur a été encore plus violent, amenant les paysans africains au bord du précipice. Le monde a aujourd'hui utilisé toute son énergie bon marché – surtout à cause des nations riches. Le baril de pétrole coûtait il y a encore neuf ans aux alentours de 20 dollars et en coûte aujourd'hui près de 80. On s'attend que le prix du pétrole continue de grimper[10].

Le problème est que la plus grande partie du prix de l'azote dans un sac d'engrais – et l'azote est l'élément dont les Africains ont le plus besoin – correspond à l'énergie nécessaire pour transformer le pétrole en engrais. Ainsi, avec l'augmentation des prix de l'énergie, le prix de l'engrais le plus réclamé en Afrique augmente également. Aux tarifs actuels, l'engrais azoté n'est plus accessible aux petits producteurs de céréales. Un producteur qui dépense 40 dollars d'engrais chimique ne pourra probablement pas accroître sa récolte de céréale de 35 dollars. En tant qu'investissement, l'engrais ne rapporte plus. Ainsi, dans une année ou deux, la grande majorité de ce qu'il restera de paysans africains utilisant de l'engrais chimique devra l'abandonner, ce qui causera une perte de la productivité de l'ordre de 30 à 50 %[11].

Le quatrième facteur est le changement climatique. Celui-ci a déjà apporté au monde en développement une irrégularité des pluies sans précédent depuis 1970. Pendant des siècles, dans certaines régions, les paysans ont planté leurs cultures chaque 24 juin, par exemple, car ils savaient que la saison des pluies arriverait au plus tard une semaine ou deux après. Aujourd'hui, ils n'ont plus aucune idée de la date à laquelle les pluies vont commencer : mai, juin, juillet, ou même août. Cette imprévisibilité fait bien plus de dégâts à la productivité des paysans qu'une réduction de 10 à 20 % des précipitations ne le ferait. Le changement climatique affecte aussi la fertilité des sols, car il affecte non seulement les cultures, mais aussi la végétation naturelle. La mise en jachère devient alors compliquée si la végétation naturelle ne pousse pas correctement[12].

L'impact combiné de ces quatre facteurs fait que la productivité par hectare a dangereusement chuté ces deux ou trois dernières années. Et il est impensable que les paysans africains puissent résoudre ce problème en pratiquant une agriculture conventionnelle fondée sur les engrais chimiques[13].

Bien entendu, une grande partie du monde en développement fait face à la même conjonction de problèmes. Mais, dans les autres régions, les secteurs industriels sont assez puissants, ou la croissance micro-économique est suffisamment dynamique pour que des dizaines de millions de paysans trouvent du travail dans les villes. Et dans les régions montagneuses ou humides d'Afrique, les sols se détériorent moins rapidement. C'est l'Afrique subhumide et semi-aride qui souffre le plus de la détérioration des sols, et de loin. Ces régions vont par conséquent subir de grandes pertes de vies humaines.

Les signes avant-coureurs d'une crise

En général, la plupart des personnes qui passent du temps dans les villages africains, qu'elles soient du pays ou étrangères, ne savent ce qu'il se passe que dans un ou deux pays, ou dans certaines régions d'un seul pays. Nombre d'entre elles ont remarqué le problème de fertilité de la terre, mais n'en ont pas parlé car elles ne se rendaient pas compte que le même phénomène se déroulait ailleurs. Dans le même temps, les personnes qui travaillent à l'échelle continentale ou régionale ne vont que rarement à la rencontre des villageois et des paysans. Elles s'en tiennent le plus souvent aux études et aux statistiques.

Des dizaines d'études et de rapports sur l'Afrique ont averti qu'il pourrait y avoir de sérieux problèmes de pénurie alimentaire sur le long terme. Près de 250 millions de personnes sont déjà en manque de nourriture en Afrique subsaharienne, et l'on sait bien que la situation s'aggrave. La Fondation mondiale pour la recherche agricole, représentée par le Groupe consultatif pour la recherche agricole internationale (CGIAR), a été prévenue depuis dix ou quinze ans que l'Afrique souffrait d'un problème de détérioration des sols, mais elle ne l'envisageait que comme un développement plus lent, à l'échelle d'une décennie ou deux. Si le problème était uniquement un manque de phosphore ou de potassium, des facteurs que les membres du CGIAR observent attentivement, la crise aurait en effet été plus lente. Mais il s'agit principalement d'un manque de matière organique qui détruit la fertilité des sols africains – et la matière organique disparaît bien plus vite que le phosphore ou le potassium[14].

Néanmoins, quelques observateurs ont récemment commencé à souligner ce que pourraient être les signes avant-coureurs d'une famine approchant à grands pas. CARITAS Internationalis, une organisation caritative internationale, a rapporté en juin 2010 que 8 millions de personnes au Niger faisaient face à la faim, ainsi que 2 millions de personnes au Tchad, au Mali et au Burkina. Une autre famine majeure se déroule en ce moment au Kenya et en Éthiopie. Des « sécheresses », qui sont bien souvent difficiles à distinguer des problèmes de fertilité des sols car des sols épuisés ne laissent pas l'eau s'infiltrer, ont récemment affecté tous les pays se trouvant le long de la côte orientale de l'Afrique – de la Somalie et de l'Éthiopie, en passant par le Kenya, l'Ouganda, la Tanzanie, le Malawi, la Zambie, le Zimbabwe, le Mozambique et l'Afrique du Sud. Ainsi chacune de ces sécheresses, plutôt que d'être résolue avec la prochaine pluie, pourrait être l'avant-garde de la grande famine africaine[15].

Pourtant, probablement l'une des meilleures autorités dans le domaine de la sécurité alimentaire à court terme d'Afrique, le Réseau des systèmes d'alerte précoce contre la famine, n'est apparemment pas sur la même longueur d'onde. Ses rapports les plus récents font mention de poches d'insécurité alimentaire, mais, en général, il trouve qu'il y a peu de signes en 2009 d'une baisse importante de production de nourriture en Afrique[16].

Pourquoi une telle contradiction apparente ? Un facteur pourrait bien expliquer la raison pour laquelle la production totale se maintient tandis que la fertilité du sol chute rapidement : puisque la fertilité chute, les paysans sont obligés de cultiver de plus en plus de terres afin de nourrir leurs familles. Les femmes maliennes rapportent qu'elles travaillent aujourd'hui deux ou trois fois plus de terre qu'il y a dix ans, dans une tentative désespérée de récolter la même quantité de nourriture. Ainsi, la production totale reste la même, tandis que la productivité par parcelle se réduit dangereusement. Les régions où la sous-alimentation et la famine ont été observées pourraient bien être les premières où la population ne peut plus cultiver deux fois plus de terres.

Ainsi, les études et les statistiques globales semblent bien indiquer une famine majeure et étendue – et pour bientôt.

Un large éventail d'autres facteurs pointent dans la même direction. Dans presque tous les villages étudiés, les enquêteurs ont visité les champs des paysans et observé les champs situés près des routes et des autoroutes. La productivité était également bien plus basse qu'elle ne l'était auparavant. Un autre indicateur des ennuis à venir est que les jeunes Africains ont réalisé qu'il n'y avait aucun futur pour eux dans les villages. Très peu d'entre eux demeurent dans les zones rurales[17].

Dans la majeure partie de l'Afrique, la jouissance d'une terre est fondée depuis des millénaires sur l'idée, étrange pour les Occidentaux, que quiconque a besoin d'une terre devrait en posséder une. Pourtant, au cours des dernières années, il y a tant de familles qui ont quitté le Sahel pour le sud, vers des régions plus humides, que les pays d'accueil – Côte d'Ivoire, Ghana, Guinée et Nigeria – ne leur donnent plus de terres à cultiver. La police nigériane repousse aujourd'hui les immigrants aux frontières[18].

Dans le Sahel, même les familles peuls, dont la culture est axée sur le bétail et sur son soin, n'ont plus aucune bête, car elles ont été forcées de les vendre ou de les abattre pour survivre. Au Mali, il y a vingt ans, les paysans avaient l'habitude de mettre leurs terres en jachère pour des périodes allant de dix à quinze ans. Aujourd'hui, comme nous avons pu le voir, ils ne peuvent pas se permettre deux ans de jachère. S'ils le faisaient, les paysans ne possédant pas de terres productives demanderaient la permission d'utiliser ces terres en jachère, en prétextant que les propriétaires n'en ont pas besoin. Dans certains pays, des luttes pour la terre ont éclaté, avec parfois des morts à la clé[19].

Même si peu de ces phénomènes se sont aggravés ces cinq dernières années, nombre d'entre eux sont sans précédent dans l'histoire de l'Afrique. Quelque chose qui n'est jamais arrivé sur ce continent se prépare.

Les options pour les personnes concernées

Les villageois africains possèdent un éventail de mécanismes d'adaptation traditionnels. Une réponse à l'infertilité du sol a toujours été de partir. Des villages entiers se déplacent sur un autre site où la terre est plus fertile. Mais l'augmentation de la population a poussé les personnes vers les régions qui n'étaient pas peuplées avant. Mis à part quelques petites zones forestières, il ne reste plus beaucoup d'espace inoccupé dans les régions subhumides et semi-arides. Et même les forêts sont rapidement transformées en terres agricoles. Le fait que les paysans maliens se jettent aujourd'hui sur la moindre terre en jachère depuis plus de deux ans signifie bien qu'il n'y a presque plus de terres sur lesquelles s'installer.

Un autre mécanisme d'adaptation consiste à s'installer dans les quartiers pauvres des capitales ou des grandes villes. Mais tant de villageois l'ont fait que les salaires pour des travailleurs non qualifiés dans les villes sont très bas, et les gens ont ainsi à peine de quoi vivre. En outre, du fait que le prix de la nourriture va inévitablement augmenter avec la baisse de la production, même les habitants de ces bidonvilles ne pourront plus survivre. D'autres personnes vont devenir des réfugiés environnementaux – tentant désespérément de trouver des bateaux vétustes pour l'Espagne ou pour Malte. Et des millions de plus vont commencer à dépendre de l'aide humanitaire.

Si aucun effort n'est fait pour prévenir cette famine, les morts dues à la sous-alimentation et à la famine pourraient bien atteindre des dizaines de millions.

Quatre solutions

Le système CGIAR recommande à la communauté internationale de subventionner les engrais chimiques sur toute l'Afrique. Cela pourrait certainement masquer l'impact de l'infertilité des sols pour un moment si les engrais sont lourdement subventionnés (ils sont actuellement subventionnés à hauteur de 75 % au Malawi). Mais des engrais chimiques à bas prix ne pourront pas régler le problème. Ils ne peuvent soigner des sols dépourvus de matière organique[20].

Un autre problème lié à cette approche est qu'une fois que les paysans pauvres ont accès à des engrais à bas prix, ils abandonnent l'utilisation d'une grande partie de leur matière organique. Pourquoi utiliser des dizaines de sacs de fumier malodorant si un seul sac d'engrais peut faire le même travail ? Plus les paysans pauvres utiliseront des engrais chimiques, plus les sols s'appauvriront. Et plus il sera difficile de produire de la matière organique dans des quantités nécessaires pour les enrichir. En d'autres mots, les engrais chimiques à bas prix auront à peu près les mêmes effets que tout effort pour maintenir une croissance économique. Plus longtemps durera la croissance, plus grands seront les dégâts lorsque les subventions seront coupées.

Les engrais chimiques à bas prix démotivent les paysans à chercher les seules solutions qui peuvent régler le problème de façon durable. Ainsi, lorsque le monde se rendra compte que subventionner les engrais chimiques n'est pas une solution à long terme, les sols sujets à la sécheresse des basses terres d'Afrique ne seront déjà plus assez fertiles pour cultiver de la nourriture, trop durs pour absorber l'eau, et trop pleins de mauvaises herbes comme *Imperata* et *Striga* pour produire quoi que ce soit. En outre, les paysans auront perdu de nombreuses années alors qu'ils auraient pu tester des solutions durables. Lorsque les subventions pour les engrais vont s'arrêter, la productivité sera réduite à presque rien. Et les solutions durables seront devenues bien plus chères. Certains endroits, comme une grande partie du Niger et le nord-ouest de l'Ouganda, ont déjà atteint ce stade[21].

Lorsque la plupart des gens pensent à des alternatives aux engrais chimiques, ils visent directement le fumier et le compost, les deuxième et troisième solutions. Ces deux matériaux sont excellents pour fertiliser le sol, et tous deux devraient être utilisés le plus possible. Mais ils ont chacun leurs défauts lorsqu'il s'agit de combattre un problème important à l'échelle continentale. Le fumier, comme nous l'avons évoqué plus tôt, n'est pas suffisant pour régler le problème. Le compost est, lui aussi, une excellente ressource pour faire pousser des légumes de qualité, des fruits et même du riz. Mais pour les paysans africains pauvres, qui cultivent pour la plupart du maïs, du sorgho, du millet et des tubercules comme le manioc, les techniques traditionnelles pour fabriquer du compost nécessitent un travail trop important. Comme avec les engrais de synthèse, cela coûte plus que ce que cela rapporte en termes de récolte[22].

Mais il existe une solution réaliste à la crise de fertilité de la terre en Afrique – et qui pourrait régler le problème de façon durable et rapidement. De plus, cette solution est très abordable et apporte toute une série d'autres avancées sociales et environnementales. C'est l'« engrais vert en culture de couverture[23] ».

Un engrais vert en culture de couverture est une plante – un arbre, un buisson ou une vigne – qui est utilisée par les paysans pour, entre autres choses, améliorer la fertilité de la terre ou éliminer les mauvaises herbes. Ils sont très différents des « engrais verts » traditionnels qui doivent leur nom au fait que ce sont des plantes qui sont coupées alors qu'elles sont encore vertes puis appliquées comme du fumier. Lorsque des agronomes ont commencé à travailler fréquemment avec des engrais verts en culture de couverture au Brésil et au Honduras dans les années 1970, ils se sont rendu compte que de nombreuses plantes tropicales qui pourraient fertiliser la terre produisent également des légumineuses à grains à haute valeur en protéines. Cela signifie que les paysans devraient empêcher la destruction des plantes avant la récolte. En outre, avec l'humidité et la chaleur des zones tropicales, les plantes pourrissent vite, et les vers de terre ou les termites enfouissent rapidement la matière organique. Enterrer ces plantes était, dans de nombreux cas, à la fois inutile et très onéreux. Ainsi, la plupart des paysans, après avoir récolté les graines de ces plantes, coupaient le reste et le laissaient sur le sol[24].

Les engrais verts en culture de couverture comprennent également des cultures telles que les cornilles et les haricots d'Espagne. Ces cultures sont aussi utilisées pour fertiliser la terre, même si les agronomes classent souvent ces plantes séparément en tant que « légumineuses à grain ». Et au sein de l'agriculture technique, les arbres sont séparés, faisant partie des systèmes agroforestiers. Mais ici, la définition d'engrais verts en culture de couverture comprend intentionnellement les arbres. En fait, les « arbres dispersés » vont former une importante part de la solution à la grande famine africaine[25].

Le potentiel des engrais verts en culture de couverture

Pendant quelque cinq mille ans, la mise en jachère a permis de restaurer la fertilité des sols dans les zones tropicales. Comme nous l'avons décrit plus haut, les paysans ne planteront pas de cultures sur une terre qui a perdu sa productivité. D'ici à dix ou quinze ans, les forêts ou prairies naissantes auront restauré la fertilité d'origine de la parcelle de terre. La végétation naturelle aura laissé sur le sol des tonnes de feuilles et de branches et ainsi reconstitué la matière organique qui a été perdue durant la période de production. Les paysans n'auront alors plus qu'à brûler tout cela pour commencer à planter de nouveau des cultures. Pendant des milliers d'années, ces techniques de brûlis n'ont pas engendré de détérioration détectable de la fertilité du sol[26].

Les paysans de la zone tempérée ont utilisé un processus comparable appelé enrichissement par engrais verts. Ce système, décrit par les écrivains dès l'Empire romain, était très utilisé jusqu'au lendemain de la Seconde Guerre mondiale, lorsque les engrais chimiques se sont répandus.

En d'autres termes, à travers le monde et pendant la majeure partie de l'histoire de l'humanité, la principale méthode pour conserver la fertilité du sol a toujours été de faire pousser des plantes dont les feuilles restaurent cette fertilité. Ce n'est pas parce que de nombreux paysans ont utilisé des engrais chimiques pour maintenir la productivité de leurs terres lors des cinquante dernières années que cette méthode, qui a maintenu l'humanité en vie pendant des millénaires, n'est plus efficace. Bien au contraire. Il y a bien plus de preuves dans l'histoire de l'humanité que les engrais verts en culture de couverture sont capables de maintenir la fertilité des sols de façon durable qu'il n'y en a pour les engrais chimiques.

Afin d'enrayer une autre famine, la meilleure chose à faire est de convaincre les paysans d'imiter la méthode qu'ils ont mise en pratique pendant des millénaires pour réussir à conserver la fertilité de leurs terres. Ils peuvent faire pousser des plantes et des arbres qui permettent de produire d'importantes quantités de feuilles et ainsi rajeunir la terre. Mais aujourd'hui ils n'ont pas de terres qu'ils peuvent laisser se reposer, alors ils devront produire la biomasse nécessaire sur leurs fermes et au milieu de leurs cultures. C'est-à-dire qu'ils doivent faire pousser des arbres, des buissons et des plantes rampantes qui peuvent fertiliser la terre ou éliminer les mauvaises herbes juste à côté de leurs cultures. De tels systèmes sont appelés jachères simultanées.

Pour faire cela dans les plaines africaines, un système à trois niveaux est le plus souvent approprié. De nombreuses plantes et cultures peuvent pousser au niveau inférieur – sous les cultures de subsistance du fermier. Celles-ci peuvent inclure des cornilles, un groupe de haricots nourrissants parmi lesquels le dolique à œil noir, le haricot mungo, le pois antaque, et le *canavalia*. Choisir quels haricots sont les meilleurs implique de chercher à savoir s'ils sont déjà connus et consommés dans la région, la facilité avec laquelle ils poussent en compagnie des cultures locales, leur valeur marchande et leur capacité à fertiliser la terre.

Plus de 1 million de paysans, dont la plupart en Amérique centrale et en Amérique du Sud, utilisent aujourd'hui des engrais verts en culture de couverture. De plus en plus, les organisations en Afrique et en Asie ont également commencé à travailler avec ces plantes. Plus de cent vingt espèces sont aujourd'hui connues, déjà utilisées, ou peuvent être utilisées en Afrique. Avec toute cette expérience, il est possible de choisir quelles espèces sont les plus efficaces dans la plupart des situations[27].

Le deuxième niveau serait constitué des cultures traditionnelles elles-mêmes. Et, au-dessus des cultures, les paysans cultiveraient un troisième niveau : la canopée. Tant que cette canopée n'est pas trop épaisse ou trop basse, elle peut fournir une légère ombre, qui peut avantager les champs, car les cultures dans les plaines tropicales souffrent de trop de chaleur en mi-journée. Par conséquent, si les cultures jouissent de 15 % d'ombre, elles produiront jusqu'à 50 % de nourriture de plus que sous un soleil brûlant. Ainsi les arbres, qui peuvent être faciles à élaguer, qui possèdent un couvert peu fourni ou un feuillage suffisamment haut pour que son ombre se déplace au fil de la journée au-dessus du champ peuvent pousser dans les champs de paysans et avantager les cultures. Les systèmes qui impliquent un tel déploiement d'arbres sur un champ sont appelés arbres dispersés ou ombre dispersée[28].

En plus de fournir de la fertilité aux sols et de l'ombre, les systèmes d'arbres dispersés ont bien d'autres avantages. L'ombre conserve l'humidité du sol plus longtemps, ainsi dans les régions subhumides et semi-arides où la famine va faire le plus de dégâts, ils peuvent aider à protéger les cultures des sécheresses et allonger la saison de pousse.

Les engrais verts en culture de couverture peuvent ajouter jusqu'à 60 tonnes de matière organique à la terre par hectare et par an (poids vert). Parmi les avantages, on trouve le transfert de nutriments vers la surface du sol et l'amélioration de la capacité de la terre à conserver l'eau, l'aération, l'équilibre nutritif, la biodiversité et l'acidité[29].

La biomasse va ajouter des quantités considérables d'azote dans les exploitations – l'élément nutritif qui manque le plus aux sols africains. Presque toutes les plantes qui pourraient être utilisées peuvent produire plus de 60 kilos d'azote par hectare et par an, voire de 150 à 220 kilos pour certaines[30].

Il n'y a aucun coût de transport : les paysans utilisent les engrais verts en culture de couverture à l'endroit même où ils les produisent. Les engrais verts en culture de couverture ne nécessitent aucune sorte de dépense, une fois que le fermier a acheté la première poignée de semences.

Ces cultures peuvent aussi réduire le temps de travail de désherbage de 65 %. Puisque le désherbage est généralement considéré comme un travail de femmes en Afrique, cela pourrait faire plus pour baisser la charge de travail des femmes africaines que tout autre intervention[31].

De nombreux engrais verts en culture de couverture peuvent aussi réduire ou éliminer l'utilisation d'herbicides. D'autres peuvent agir comme nématicides ou insecticides.

L'ombre et la couverture au sol, ajoutées à l'augmentation de la capacité d'infiltration et de conservation de l'eau due à l'augmentation de matière organique dans le sol, réduisent la vulnérabilité des cultures aux sécheresses. L'ombre et l'engrais vert provenant des arbres dispersés peuvent à eux seuls tripler la quantité d'humidité dans le sol au cours de la saison sèche et accorder aux cultures vingt jours de saison de croissance additionnels[32].

Après de deux à quatre ans d'application intensive de matière organique d'engrais verts en culture de couverture, les paysans peuvent passer à des systèmes sans labourage qui conservent de très hauts niveaux de productivité et réduisent l'érosion du sol.

Les engrais verts en culture de couverture vont également avoir un impact positif sur le changement climatique : ils vont éviter l'usage répandu d'engrais chimiques à base d'azote, qui nécessitent d'importantes quantités d'énergies fossiles pour leur fabrication et qui vont rejeter des milliers de tonnes de carbone dans l'atmosphère[33].

Les arbres dispersés agissent comme des pompes à nutriments et à humidité, réduisent l'érosion due au vent, augmentent les précipitations, agissent comme des pare-vent qui réduisent eux aussi les pertes d'eau dans les cultures et ralentissent ou inversent la désertification. De nombreux engrais verts en culture de couverture produisent également de la nourriture, du fourrage ou des produits commercialisables qui améliorent le bien-être nutritionnel et les revenus des paysans, bien que n'importe laquelle de ces utilisations aille, à un certain point, réduire la quantité de biomasse recyclée dans la terre.

En adoptant l'utilisation d'engrais verts en culture de couverture, les paysans pauvres d'Afrique ne vont pas seulement éviter une grande famine, ils vont aussi établir de tout nouveaux systèmes d'exploitation qui réduisent les coûts, la charge de travail (surtout pour les femmes), augmentent les revenus, améliorent la nutrition de leurs familles et fortifient les ressources naturelles mondiales plutôt que de les détruire[34].

Les désavantages des engrais verts en culture de couverture

Les partisans de l'utilisation d'une agriculture conventionnelle chimique ont tendance à souligner un certain nombre de défauts des engrais verts en culture de couverture. Tout d'abord, ils affirment que les systèmes qui n'ont pas une base chimique vont inévitablement nécessiter plus de travail et sont incapables de produire de grandes récoltes. Ensuite, ils affirment que ces systèmes ne peuvent être efficaces dans les régions semi-arides. Ces deux affirmations sont tout simplement fausses, comme l'ont démontré des dizaines de milliers de paysans pauvres à travers la planète.

Les critiques affirment également que les systèmes avec peu d'apport chimique ne peuvent fournir les nutriments dont les cultures ont besoin. Mais les engrais verts en culture de couverture peuvent fournir tout l'azote nécessaire. Ils peuvent aussi fournir une quantité non négligeable de phosphore en piégeant, par exemple, la terre qui est dispersée par l'harmattan, un vent qui souffle tous les ans lors de la saison sèche au Sahel. Les sols africains peuvent aussi obtenir du phosphore par le biais du fumier et de l'urine animale, qui seront toujours appliqués sur les champs. De très petites quantités de phosphorite ou de phosphore chimique devront encore être épandues pour assurer une durabilité absolue, mais leur coût ne représenterait qu'entre un cinquième et un dixième de ce que coûte une dépendance totale aux engrais chimiques[35].

Une quatrième critique est que les engrais verts en culture de couverture nécessitent de grandes connaissances et qu'il faudrait beaucoup de temps pour former des dizaines de millions de paysans. C'est un argument qui se tient. Mais le facteur temps peut être extrêmement réduit en se concentrant sur juste quatre ou cinq espèces de culture dans chaque zone écologique, en maintenant la formation aussi simple que possible, en ne changeant presque rien aux systèmes d'agriculture actuels et en utilisant des plantes locales que les villageois connaissent déjà.

De plus, ces systèmes vont très vraisemblablement se répandre spontanément d'un village à l'autre. Près de Bamenda, au Cameroun, un villageois a tenté de faire pousser du *tephrosia* comme culture de jachère améliorée. Huit ans plus tard, près d'un millier de paysans utilisaient le *tephrosia* de la même façon. Les paysans ont échangé les informations sur cette nouvelle technique. La même chose pourrait très bien se passer ici puisque les paysans réclament une solution à leur problème de fertilité des sols. Ils savent ce qui va arriver et sont réellement inquiets[36].

Une note positive

Le peuple dogon habite une partie de l'Afrique qui connaît souvent la sécheresse. Pourtant, plusieurs villages dogons près de Koro, au Mali, ont développé, seuls, un système d'engrais verts en culture de couverture très simple. Dans un premier temps, ils ont planté des arbres légumineux à travers leurs champs (parmi lesquels *Acacia albida* et d'autres acacias) et taillé les branches basses de tous les arbres chaque année juste avant que la pluie n'arrive, afin de fertiliser les champs et de réguler l'ombre[37].

Ils ont également couplé leur culture du millet avec des cornilles, utilisant une variété ayant un cycle court pour que la cornille produise ses grains et soit enfouie par les termites avant que le millet ne soit récolté et que les animaux de pâturage ne soient libérés. Ils ont aussi cultivé plusieurs autres engrais verts en culture de couverture produisant de la nourriture, tels que les pois *bambara*, le *fonio* blanc et des arachides, en rotation avec leurs cultures de subsistance. Ils invitent occasionnellement des bergers peuls pour que leur bétail passe la nuit dans leurs champs, afin que leur fumier soit ajouté à la terre[38].

En conséquence de ces innovations, un grand nombre de ces paysans dogons récoltent aujourd'hui près de 2 tonnes de millet par hectare chaque année – presque trois fois la moyenne du Sahel dans des régions aux précipitations comparables. En outre, les champs se maintiennent d'eux-mêmes, ou même, dans certains cas, vont de mieux en mieux avec le temps[39].

Ces paysans dogons vivent dans l'une des régions d'Afrique les plus touchées par la sécheresse, où les engrais verts en culture de couverture sont plus difficiles à cultiver. Ils ne sont pourtant pas inquiets vis-à-vis de la grande famine à venir. Ils ont déjà résolu le problème.

SUR LE TERRAIN

De nouvelles variétés de manioc à Zanzibar

Des millions de producteurs de manioc au sud et au centre de l'Afrique déplorent les maladies virales qui ravagent

leurs champs. Mais les paysans de l'île touristique de Zanzibar vivent une révolution calme en utilisant de nouvelles variétés résistantes aux maladies et très productives, introduites il y a trois ans.

Les quatre variétés – Kizimbani, Mahonda, Kama et Machui – ont redonné vie au manioc après que la plante a été dévastée par les deux principales maladies de la région : la maladie de la marbrure et le virus de la mosaïque. Ces maladies ont coûté au secteur africain du manioc plus de 1 milliard de dollars de dégâts par an. Ce sont les petits paysans qui en subissent la plupart des conséquences économiques[40].

Le virus de la mosaïque du manioc est apparu en Ouganda au milieu des années 1980 et s'est rapidement répandu vers l'est et le centre de l'Afrique *via* le partage de plants infectés et les *Aleyrodidae.* Les scientifiques, les gouvernements, les ONG et les paysans sont presque parvenus à contrôler le virus grâce au développement et au déploiement de variétés résistantes et tolérantes et à une prise de conscience des façons de juguler la propagation du virus. Puis la maladie de la marbrure est arrivée. Elle existait depuis bien longtemps mais seulement dans les zones côtières de basse altitude de l'Afrique orientale et autour du lac Malawi. En 2004, elle a commencé à se répandre rapidement dans les régions d'altitude moyenne qui étaient touchées par la mosaïque[41].

Haji Saleh, à la tête du *Zanzibar's Roots and Tuber Program,* sous la direction du ministère de l'Agriculture, du Bétail et de l'Environnement, déclare que la première enquête concernant la présence de la maladie de la marbrure sur l'île avait indiqué que 20 % des cultures présentaient des symptômes. Dans une enquête suivante, en 2002, la maladie fut observée partout. « Toutes les variétés locales cultivées par les paysans étaient infectées, nous dit Saleh. Les paysans et les autorités réclamaient de l'aide[42]. »

Tenant compte de cet appel, les scientifiques de Zanzibar, en collaboration avec l'Institut international d'agriculture tropicale (IITA), ont entamé un programme de développement des variétés résistantes aux deux maladies. Leurs efforts ont payé : après seulement quatre ans, quatre nouvelles variétés furent lancées en 2007[43].

« Le manioc est une ressource alimentaire de première nécessité à Zanzibar, nous dit Saleh. Il arrive en premier en termes de superficie et de production, avec près de 90 % de paysans qui le cultivent. Le manioc représente notre nourriture de sécurité alimentaire puisqu'il pousse dans la majeure partie de nos zones agricoles, y compris dans les parties sèches de l'île où d'autres cultures ne poussent pas aussi bien. Alors, lorsque les maladies sont arrivées, elles ont été dévastatrices pour la sécurité alimentaire de l'île[44]. »

L'équipe de recherche a entamé un programme de multiplication, collaborant avec les paysans pour diffuser les variétés améliorées sur l'île et au-delà. « Nous avons sélectionné des paysans pilotes dans chaque district pour nous aider, raconte Saleh. Nous les avons formés sur la façon de cultiver le manioc afin d'obtenir de bons champs et de maintenir la fertilité du sol. Nous les avons également formés au niveau économique puisqu'ils devraient vendre leurs récoltes[45]. »

Ramadhani Abdala Ame, un fermier du village de Kianga, a participé aux essais sur les variétés améliorées.

Au cours de ces essais, les paysans ont aidé les chercheurs à sélectionner non seulement les variétés les plus performantes, mais aussi celles qu'ils préféraient et qui satisfaisaient le mieux leurs besoins. Ame affirme qu'il a abandonné le manioc, qui souffrait du *kensa ya mhogo,* ou cancer du manioc. Infectée par la maladie de la marbrure, la culture avait développé une nécrose dans ses racines – la partie de la plante la plus importante économiquement –, ce qui la rendait impropre à la consommation[46].

« Le manioc semblait en pleine santé vu du champ, mais, en récoltant, on s'est aperçu que les racines étaient pourries et inutilisables. Tout notre travail et nos efforts sont tombés à l'eau », raconte Ame. Il reçut quarante boutures de chacune des quatre nouvelles variétés pour les tester dans son champ. « À ce moment-là, elles n'avaient pas de nom, seulement des numéros. J'étais impressionné par leurs performances : les tubercules étaient énormes et sains. J'ai sélectionné les deux que je préférais[47]. »

Ame raconte que la vente des racines du manioc a changé sa vie. Il a acheté deux vaches, construit une étable et il bâtit actuellement une maison en brique pour sa famille[48].

Suleiman John Ndebe, un autre fermier pilote du village de Machui, a lui aussi abandonné le manioc après dix ans de mauvaises récoltes dues au cancer et autres insectes et maladies, tels que la cochenille et la mite verte du manioc. Mais les variétés que lui a fournies la station de recherche Kizimbani afin qu'il les teste l'ont motivé à reprendre la culture de la plante[49].

Pour Ndeba, son engagement dans le projet a changé sa vie. L'agriculture est désormais pour lui un commerce sérieux. Il estime faire des profits allant de 50 à 100 % avec le manioc, selon la saison, et a multiplié son revenu par quatre. « Avant la formation, je ne savais pas que l'agriculture pouvait être un commerce. Je ne savais pas si je faisais des bénéfices ou des pertes. Aujourd'hui, je sais combien j'ai planté de plants de manioc, le coût du travail et du lisier, ce que je dois attendre de la récolte, et combien de bénéfice je peux faire. Je peux désormais mettre de l'argent à la banque et ma vie est moins stressante[50]. »

Il existe pourtant toujours un fossé important à combler avant que tous les paysans de Zanzibar puissent jouir des nouvelles variétés de manioc. Selon Salma Omar Mohamed, une responsable de la recherche à la station de recherche Kizimbani, seuls quelque huit mille paysans sur huit cent mille cultivent aujourd'hui ces nouvelles variétés. Elle affirme que le modèle de distribution commercial des plants exclut les paysans pauvres qui ne peuvent les acheter. Cependant, elle se réjouit des avancées réalisées par les financements de donateurs tels que l'Alliance pour une révolution verte en Afrique, qui a soutenu la distribution gratuite de plants aux paysans pauvres grâce à un système de bons d'achat[51].

Mohamed espère qu'ils pourront obtenir plus de soutien de ce type pour distribuer les variétés améliorées à tous les paysans de Zanzibar et à l'île voisine de Pemba, où la maladie est aussi répandue et où l'introduction des nouvelles variétés est encore plus faible.

Edward Kanju, un producteur de manioc qui travaille avec l'IITA, dit que l'espoir est en route pour les paysans du Kenya, de Tanzanie et d'Ouganda, alors que quinze variétés de manioc prometteuses et appropriées aux conditions climatiques de ces régions sont dans les dernières étapes de test. « Avec des paysans et des scientifiques travaillant ensemble, remarque Kanju, on peut éliminer les maladies dans la région, sécurisant ainsi la nourriture et les revenus de plus de 200 millions de paysans d'Afrique subsaharienne qui dépendent de cette culture[52]. »

Catherine Njuguna
Institut international d'agriculture tropicale

Chapitre 7
Conserver la biodiversité locale

*Serena Milano**

* **Serena Milano** est secrétaire générale de la Fondation pour la biodiversité de Slow Food International.

La Guinée-Bissau a besoin de riz. En moyenne, les Bissau-Guinéens en mangent 0,5 kilo par jour et par personne, et s'ils n'ont pas mangé de riz, ils vous diront qu'ils n'ont pas mangé du tout. Jusqu'aux années 1960, ce petit pays d'Afrique occidentale situé entre le Sénégal et la république de Guinée a produit assez de riz pour en exporter vers les pays voisins. De nombreuses variétés traditionnelles ont été cultivées. Certaines, sélectionnées par les Balanta, le principal groupe ethnique du pays, ont été cultivées (et le sont toujours) dans l'eau saumâtre selon une technique très sophistiquée, l'*arroz de bolagna*. Les Balanta ont régulé les voies d'eau intérieures, qui ressemblent à des rivières mais qui sont en fait de profonds estuaires, en bâtissant des digues de terre et de mangrove, tout en laissant l'eau de mer s'avancer progressivement dans les bassins *via* des canaux de drainage (faits en positionnant des pirogues sur la digue) et les remplir ensuite d'eau de pluie[1].

Aujourd'hui, le nombre de variétés traditionnelles de riz a décliné et, plus important, la production nationale également. Trop peu de riz pousse en Guinée pour satisfaire la demande. Le déficit est couvert par l'importation de riz à bas prix d'Asie, notamment de Thaïlande, qui a remplacé le riz local en tant que nourriture préférée de la population. Le riz est amené par les bateaux qui repartent vers l'Asie avec plus de 100 000 tonnes de noix de cajou de Guinée par an. Depuis le milieu des années 1980, la Guinée s'est en effet concentrée sur cette culture en négligeant de fait la plupart des autres, menaçant ainsi son autonomie alimentaire. La noix de cajou est actuellement la véritable devise du pays. Le long des routes de Guinée-Bissau, on peut apercevoir des rangées infinies d'anacardiers, les arbres qui portent ces noix. À partir de mai, tout le monde dans la communauté cueille les noix, les femmes abandonnant même les jardins de légumes du village pour aider à la récolte. Le vin de cajou est fabriqué dans chaque village et a entraîné une vague d'alcoolisme qui touche même les enfants[2].

Le cas de la Guinée est emblématique de ce qui arrive dans plusieurs pays africains. Au cours des dernières décennies, l'agriculture traditionnelle, fondée sur la diversité locale, a fait place à des monocultures destinées à l'exportation, parmi lesquelles la noix de cajou, l'huile de palme, l'arachide, et à une utilisation plus répandue des engrais et pesticides chimiques. Cela réduit la biodiversité, menace l'économie et ébranle l'autonomie et l'identité culturelle des communautés. De nombreux paysans, ONG et scientifiques remettent cette tendance en question et lui résistent. Ils trouvent des façons de rétablir la biodiversité agricole et culturelle dans les champs, sur les marchés et dans les assiettes de Guinée-Bissau et d'Afrique.

Préserver les ressources sauvages

L'agriculture est liée à l'environnement. Elle ne peut pas être traitée comme une marchandise ni rigoureusement soumise à la loi de l'offre et de la demande. La production alimentaire doit aussi protéger les écosystèmes et la fertilité de la terre, elle doit préserver les ressources sauvages, dont les forêts, et protéger les océans, les rivières, les lacs et les réserves d'eau souterraines. Lorsque les forêts disparaissent, par exemple, ainsi font les écosystèmes qui sont fondamentaux à l'équilibre hydrogéologique d'un pays et à la survie des communautés. Lorsque les arbres sont perdus, de nombreuses plantes alimentaires et médicinales essentielles au régime et à la santé des communautés le sont également. C'est aussi le cas lorsque des cours d'eau sont contaminés, ce qui détruit la vie aquatique et des sources de nourriture pour les communautés locales.

Les zones montagneuses du sud de l'Éthiopie possèdent une biodiversité très riche. La route en mauvais état menant à la région serpente de façon tortueuse jusqu'à 4 200 mètres au-dessus du niveau de la mer et on ne peut y rouler qu'à un rythme d'escargot. Les visiteurs qui atteignent le plateau de Sanetti sont accueillis par une vaste étendue de bruyères couvrant le plateau tel un duvet, sa couleur passant du blanc au bleu lavande. Cette terre est encore l'habitat du loup éthiopien, l'unique loup natif de l'Afrique subsaharienne. Un fin observateur pourrait en apercevoir un, sa fourrure rouge contrastant avec le blanc-vert de la végétation du plateau, se déplaçant silencieusement pour chasser des lièvres sauvages. La route poursuit jusqu'à Harenna et ce qu'il reste de la forêt tropicale. La forêt abrite plus de sept cents espèces de plantes, mais ce nombre chute dangereusement à cause de la déforestation[3].

Le café est l'une de ces espèces qui poussent à l'état sauvage à l'ombre permanente des arbres immenses. La variété locale ressemble à l'Arabica, mais, du fait de ses traits physiques changeants, il est impossible de définir précisément ses caractéristiques. En fait, la variabilité de cet arbre le protège des maladies. Les habitants de la forêt, qui sont parmi les plus pauvres d'Éthiopie, récoltent et sèchent les grains, puis les vendent aux marchands qui les transportent à Djibouti pour les exporter en tant que café de basse qualité. Les cueilleurs de café reçoivent très peu pour les grains, ce qui les force à se concentrer sur la quantité, plutôt que sur la qualité, même si cela pourrait les aider à en tirer un meilleur prix[4].

Aujourd'hui, cependant, les paysans collaborent avec des ONG et des Bourses de marchandises – dont Slow Food International, ACDI/VOCA (une ONG travaillant avec des paysans et négociants à travers l'Afrique), et Ethiopian Coffee Exchange – pour apprendre comment protéger les plants sauvages de café, comment les fertiliser avec du compost organique et comment les traiter pour conserver les qualités tant appréciées des amateurs. Le projet de Slow Food prévoit de former les communautés à ne cueillir les baies que lorsqu'elles sont mûres et à les sécher avec soin, en utilisant des outils fabriqués localement avec les matériaux disponibles. Ces innovations non seulement améliorent le goût, mais elles aident également les paysans à gagner plus d'argent. Car, comme le souligne Joe Welsh, représentant national d'ACDI/VOCA, une chose qui n'est pas économiquement viable ne peut pas être durable[5].

Diversité dans le système alimentaire

Au cours des années 1970, les rizières d'Inde et d'Indonésie étaient menacées par le virus du rabougrissement herbacé du riz. Après cinq années de recherche au cours desquelles dix-sept mille prélèvements de riz cultivé et sauvage ont été étudiés, une espèce sauvage, *Oryza nivara,* poussant près de Gonda dans l'État d'Uttar Pradesh en Inde, et qui contient un gène de résistance au virus, a été découverte. Aujourd'hui, des hybrides de riz résistant contenant le gène indien poussent sur quelque 110 000 kilomètres carrés de rizières asiatiques. Plus récemment, le virus de la mosaïque du manioc s'est répandu en Ouganda au cours des années 1990, diminuant les récoltes de 70 à 100 %. La maladie de la marbrure a ensuite infecté 10 % des cultures de manioc de la région. Des stations de recherche locales en collaboration avec les cultivateurs ont développé des boutures de manioc résistantes et ont étendu des méthodes de culture améliorées, ainsi que des traitements post-récolte à de nombreux paysans.

Ces exemples mettent en évidence le rôle vital de la diversité génétique : conserver une « boîte à outils » génétique qui peut être exploitée pour contrer de nombreuses menaces à la production. Pourtant, au cours du XXe siècle, quelque 75 % de la diversité génétique des cultures agricoles ont été perdus. Seules cent cinquante espèces de plantes sont actuellement largement cultivées, parmi lesquelles trois seulement fournissent près de 60 % des calories provenant des végétaux. La tendance a rapidement été à la baisse dans de nombreux pays, et l'une des conséquences est un appauvrissement alimentaire. Dans quatre des dix pays ayant récemment fait l'objet d'une enquête, plus d'un tiers des enfants était en danger du fait de l'insuffisance et de la faible qualité de la nourriture, avec des déficiences en vitamines et en minéraux les plus communs. À travers le monde, 2 milliards de personnes souffrent d'anémie due à un manque de fer, parmi lesquelles trois quarts des femmes enceintes de l'Asie du Sud-Est, un tiers aux Amériques et un quart en Europe. L'anémie cause soixante-cinq mille morts maternelles par an en Asie, et de sévères déficiences en vitamine A affectent de 100 millions à 250 millions d'enfants à travers le monde.

Une piste pour renverser la tendance est de restaurer la diversité biologique dans les fermes. Les rizières, par exemple, étaient traditionnellement d'importantes sources de protéines de poisson, et le poisson vivant dans les rizières participait au cycle des nutriments et aidait à éliminer les parasites. Mais beaucoup d'insecticides sont toxiques pour les poissons, et leur utilisation en augmentation depuis les années 1960 a éliminé les espèces qui vivaient dans les rizières et leur étaient bénéfiques. Les parasites et les maladies se développent dans les monocultures parce qu'il y a une abondance de nourriture et peu ou pas d'ennemis naturels pour contrôler leur croissance. À la fin, la résistance aux pesticides se développe inévitablement au sein des populations et s'étend rapidement à moins que les paysans ne soient capables d'utiliser de nouveaux produits. Si l'on supprime les insecticides, le poisson peut être réintroduit. C'est ce qui a été fait dans la province de

Jiangsu, en Chine. Le résultat fut une croissance rapide de l'aquaculture dans ces rizières, passant d'environ 5 000 hectares en 1994 à 117 000 hectares en 2001, avec des systèmes couplant le riz et les poissons, les crabes ou les crevettes. Les productions de riz ont augmenté de 10 à 15 %, mais le bénéfice le plus important concerne les protéines : chaque *mu* (un quinzième d'hectare) produisait 50 kilos de poisson. Dans les avantages supplémentaires figurent une utilisation réduite des insecticides et des effets mesurables sur le paludisme, dus au fait que les poissons se nourrissent de larves de moustique.

La biodiversité dans les fermes confère souvent de nombreux avantages, parmi lesquels de plus grandes récoltes, moins de pertes, de mauvaises herbes, de travail et d'érosion. Des synergies remarquables peuvent être obtenues, comme l'utilisation de légumineuses et d'herbes pour attirer ou repousser les parasites. Ce système de « pousser-tirer » a récemment été appliqué au maïs au Kenya avec des résultats remarquables. Des chercheurs ont découvert que le fourrage et les cultures de couverture (telles que l'herbe à éléphant et *Melinis minutiflora*) incitent les bostryches (un coléoptère ravageur) à déposer leurs œufs sur l'herbe plutôt que sur le maïs, tandis que des légumineuses comme le desmodium agissent comme des répulsifs pour les bostryches. Le desmodium est également un puissant agent fixant d'azote et rejette des molécules chimiques qui aident à contrôler l'herbe parasite *Striga*. L'herbe à éléphant rejette aussi des substances attractives en grande quantité lors de la première heure de la tombée de la nuit, au moment même où les mites de bostryches cherchent des plantes où déposer leurs œufs. Une fois les œufs déposés, 80 % meurent, alors que l'herbe produit également une sève collante qui piège les larves.

L'introduction de l'agriculture durable dans de très petites exploitations a également amené des résultats prometteurs. Augmenter la diversité se traduit par une augmentation de la diversité de la nourriture consommée par les ménages, ce qui inclut le lait et les produits des vaches laitières, des protéines de poissons de rizières ou de bassins, ou des volailles et des porcs dans les jardins des maisons. Parallèlement à l'augmentation de la production, la consommation des foyers augmente également, avec un bénéfice direct sur la santé des enfants et des femmes. Une approche s'est concentrée sur l'utilisation de jardins surélevés qui ont pour effet (après une construction demandant beaucoup de travail) de mieux retenir l'eau et la matière organique. Ces jardins peuvent être très productifs et variés, tout comme ils peuvent assurer la croissance des plantes au cours des saisons sèches lorsque les marchés ont peu d'approvisionnement.

Un projet de FarmAfrica au Kenya et en Tanzanie porte sur le renouveau et sur l'extension des cultures indigènes sur de petites parcelles. Avec cinq cents petits paysans organisés en vingt groupes, et avec une moyenne de vingt parcelles d'amarantes, de cornilles, de solanacées, d'épinards ou de choux par fermier (sur la moitié d'un hectare), les paysans ont été capables de mieux gagner leur vie. Ils ont également pu utiliser 50 % d'engrais et 30 % de pesticides en moins par rapport aux méthodes conventionnelles. Les producteurs individuels peuvent faire de cinq à huit récoltes d'amarante ou de solanacées par an, générant un revenu annuel de 3 000 à 4 500 dollars.

Les populations rurales qui adoptent la diversité sur leurs exploitations et des pratiques écologiques mangent plus et profitent d'une nourriture plus diversifiée, ce qui a un impact essentiel sur la santé : les adultes sont plus productifs et les enfants peuvent aller à l'école et y concentrer toute leur attention. Les systèmes agricoles durables tendent ainsi à avoir un effet positif sur le capital naturel, social et humain, tandis que ceux qui ne sont pas durables ont tendance à réduire ce capital pour les générations futures.

Jules Pretty, université de l'Essex
Adapté par Vanessa Arcara, Slow Food USA

Source : voir note 10.

Les communautés de pêcheurs d'Afrique occidentale affrontent des défis comparables. Pour des petits pêcheurs, vivre de l'océan devient de plus en plus difficile. Après avoir épuisé la plupart de leurs mers nationales, les navires de pêche d'Europe, de Chine, du Japon et de Russie s'attaquent aujourd'hui aux côtes africaines. De nombreux gouvernements sont heureux d'accorder des autorisations de pêche, même si cela entraîne la diminution de leurs stocks de poissons et même si le manque de régulation et de contrôle signifie que les navires étrangers peuvent pêcher sans discernement. Actuellement, 9 millions de personnes vivent de la pêche artisanale en Afrique, mais la surpêche industrielle provoque la désintégration des communautés côtières. Dans de nombreux cas, les pêcheurs deviennent des travailleurs dans des usines de traitement du poisson dirigées par des entreprises étrangères et sont obligés de brader leurs bateaux[6].

Mais, au Sénégal, à deux pas de la Guinée-Bissau, des groupes de femmes trouvent des solutions à la surpêche. Parlons du *yeet*, par exemple, un mollusque endémique vivant dans les eaux peu profondes et sableuses du delta du Saloum. Le *yeet* a été une importante source de nourriture pour les communautés du delta. Le mollusque est extrait de sa coquille brillante, séché au soleil et cuit dans divers plats. Mais alors qu'il était abondant autrefois, il est sur le point de s'éteindre. S'il peut atteindre 35 centimètres de longueur, les tailles et quantités des mollusques ont dramatiquement diminué à mesure que la demande japonaise augmentait. De nos jours, presque toute la récolte est destinée à l'exportation, cela amenant à la réduction d'une importante source locale de protéines[7].

Intervenir dans cette situation n'est pas chose aisée. Idéalement, la vente du *yeet* devrait être bloquée ou, mieux, la récolte devrait être suspendue pour permettre au mollusque de se régénérer – ce qui priverait la population locale de sa principale source de revenus. D'un autre côté, diversifier l'économie locale et trouver d'autres sources de revenus, telles que récolter et ajouter de la valeur aux fruits locaux, pourrait aider la communauté. Ainsi des femmes de trois communautés des îles du delta – Dionewar, Falia et Niodior – travaillent à référencer les différentes variétés de fruits présents sur l'île, parmi lesquelles le *karkadè,* le pain de singe, le gingembre, le tamarin, le *ditakh* et le *new*. Les femmes ne cueillent pas seulement les fruits, elles les transforment également en produits à valeur ajoutée, comme des jus ou de la confiture, puis les vendent aux marchands ou aux locaux[8].

« En diversifiant notre activité, le premier problème à résoudre est la mobilité des femmes, qui dépend de leur capacité à se servir des pirogues des pêcheurs, nous dit Seynabou Ndoye, vice-présidente de Fénagi Pêche, un groupe de pêcheurs, et présidente du département local de Slow Food à Sèelal Dundin. Dans le delta du Saloum, on doit se déplacer entre les îles et être capable d'atteindre la terre ferme régulièrement pour cueillir le fruit, le transformer et le vendre. La première partie de ce projet a consisté à obtenir deux pirogues qui sont directement gérées par les trois coopératives de femmes. En utilisant les pirogues, nous avons également réussi à faire un modeste profit, mais avant tout nous sommes maintenant capables d'accomplir l'objectif le plus important de notre projet : créer un laboratoire, où nous pourrons collecter les fruits, les transformer et les emballer, et ce dans le respect de la réglementation[9]. »

Cultiver la biodiversité dans les champs

La diversification permet aux communautés de gérer la production, de garder quelques produits pour une consommation personnelle et de vendre le reste. Les communautés ont ainsi une plus grande variété de choses à vendre au cours de l'année, qui assurent à tour de rôle un revenu tout au long de l'année plutôt qu'un revenu ponctuel lié aux périodes traditionnelles de récolte. Cela permet aussi de s'assurer de la disponibilité de nourriture à chaque saison et de protéger les cultures face aux risques du changement climatique, des prédateurs et des épidémies. Diversifier la production signifie en outre être moins vulnérable aux fluctuations des prix fixés par les marchés internationaux[10].

Les Dogons, un peuple d'Afrique vivant sur la falaise de Bandiagara au Mali, entre Mopti et Tombouctou, ont construit une relation étroite avec leur terre rude, mais magnifique. Ils ont bâti leurs maisons dans les parois de pierre rouge, creusant dans le grès et construisant de basses huttes de boue. Et comme de nombreuses autres communautés du Mali, ils cultivent une importante variété de légumes et de céréales, conservant les semences d'année en année et développant des variétés adaptées aux conditions chaudes et sèches. Les Dogons présentent des sacs et des gourdes remplis de précieuses graines et les femmes décrivent leurs plats traditionnels : beignets de millet et haricot, *tó* (bouillie de millet), beignets d'échalote et d'oseille, poudre d'oignon, poudre de baobab, boulettes *acasà* faites à partir d'une pâte d'arachide et de sucre, couscous de millet et bière de millet[11].

Le long de barrages (de petites digues construites dans les années 1980 qui permettent une meilleure disponibilité de l'eau), les Dogons cultivent des échalotes – un excès d'échalotes à vrai dire. Beaucoup pourrissent dans les champs ou restent invendues dans les entrepôts. Les paysans changent donc de production sur de petites parcelles et cultivent des plantes plus traditionnelles, réservant une zone pour les arbres fruitiers (manguier, oranger, bananier, karité), une pour les céréales (riz, maïs, millet, fonio) et les arachides, et une pour les légumes. Ces produits – certains cultivés, d'autres à l'état sauvage – et les animaux des fermes ne sont utilisés que pour la consommation. Plus la production est diversifiée, plus le régime de la famille est riche et complet, indépendamment de l'argent disponible ou des facteurs extérieurs qu'ils ne peuvent pas contrôler, tels que le climat, l'approvisionnement en eau et les marchés internationaux[12].

Cette biodiversité, rassemblée dans une petite zone (toutes ces cultures se trouvent souvent sur des parcelles d'un seul hectare), est une ressource très précieuse. Tout comme le savoir des femmes qui transforment les fleurs, les fruits et les feuilles de chaque plante en des épices et produits à valeur ajoutée. Leur ingéniosité a dirigé la commercialisation des condiments dogons, connus sous le nom de *somè*. Parmi ces épices, on trouve le *kamà,* une poudre faite à partir de feuilles d'oseille ; le *pourkamà,* en faisant des boulettes avec les feuilles d'un arbre local appelé *nerè* ; le *djabà pounan,* fait en moulant des échalotes séchées légèrement sautées dans de l'huile d'arachide ; le *gangadjou,* de la poudre de gombo séché ; l'*oroupounnà,* de la poudre de feuille de baobab ; et du *wangue-somè,* un mélange de piments locaux, d'ail et de sel. Ces poudres constituent les bases de la cuisine du peuple dogon et sont utilisées pour faire des sauces pour le riz, la semoule de millet ou de fonio et pour assaisonner les soupes, les légumes et la viande[13].

Dans tous les pays d'Afrique, les populations ont affiné leurs propres techniques pour transformer les ressources cultivées et sauvages en une variété d'épices pour assaisonner les plats, mais ces préparations complexes sont de plus en plus rares. Même dans la plupart des zones rurales éloignées, des familles achètent des bouillons Maggi chargés de sodium pour assaisonner les soupes et les autres plats. Ces cubes joliment emballés, aux côtés des boîtes de lait en poudre et des bouteilles de Fanta et de Coca-Cola, sont un autre signe de la façon dont les aliments traditionnels sont remplacés par des alternatives moins bonnes pour la santé. Mais, aujourd'hui, les Dogons aident à renverser cette tendance en réveillant un intérêt et un goût pour les assaisonnements locaux, qui sont moins chers et meilleurs pour la santé. Et ce penchant s'étend désormais au-delà de leur communauté[14].

Mamadou Guindo, le chef d'une communauté dogon, travaille à rassembler les producteurs pour emballer et vendre les assaisonnements lors d'importants Salons gastronomiques en Europe, attirant l'attention de chefs célèbres, parmi lesquels l'Italien Galdino Zara et le Français Matthieu Toucas. « Naturellement, les *somè* sont étroitement liés à la cuisine malienne, nous dit Galdino Zara. Cependant, il est important que les chefs internationaux soient initiés à ces saveurs intéressantes et agréables et à ces couleurs magnifiques. De nombreux cuisiniers pourraient être intéressés pour les utiliser dans leurs recettes créatives, introduisant la culture dogon dans le monde[15]. »

Tandis que leur marché demeure principalement local, l'intérêt international renforce la conscience des femmes de l'importance de conserver leur précieux savoir[16].

La biodiversité et le marché

Un lien avec la terre locale donne aux produits traditionnels des caractéristiques uniques qui les distinguent sur le marché et leur permettent de concurrencer les produits industriels importés malgré un approvisionnement moins important et moins constant. Ce que les Français appellent terroir et ce qu'ils ont fait brillamment avec le vin, les Éthiopiens tentent de le faire avec le miel.

Une légende égyptienne raconte que l'Abyssinie (aujourd'hui l'Éthiopie) est la terre du miel et de la cire. Alors que les faits historiques semblent ambigus, il est certain que l'Éthiopie est le plus gros producteur de miel de toute l'Afrique – près de

24 600 tonnes par an. Une part de ce miel provient des villages de Wukro et de Wenchi. Wukro se situe au cœur de la région du Tigré, près de la frontière avec l'Érythrée tout au nord du pays, sur un plateau à plus de 2 000 mètres d'altitude. Sur cette terre aride, d'imposantes montagnes de pierre rouge alternent avec de profondes gorges. Le village de Wenchi est à quelques heures de voiture d'Addis-Abeba, la capitale. La route menant vers l'ouest grimpe à travers les pâturages et les palmiers avant d'arriver au grand cratère volcanique de Wenchi. À l'intérieur de ce cratère, on trouve un lac entouré d'une végétation dense d'*ensete,* d'eucalyptus, de bruyères, de sapins et de roses sauvages[17].

Comme leurs lieux d'origine, les deux miels ont des caractéristiques très différentes. Le miel de Wenchi est de couleur ambrée et crémeux avec un grain très fin, marqué par des notes florales et des touches de caramel légèrement grillé. Le miel de Wukro est blanc vif avec un parfum délicat, une douceur subtile et un arrière-goût prolongé[18].

En 2006, lorsque Slow Food International a pour la première fois rencontré les producteurs, le miel était fait dans de larges cylindres de bambou tressé, suspendus à des arbres ou accrochés à des rochers escarpés. Les apiculteurs ne faisaient que récolter le miel et ne savaient pas grand-chose de l'organisation des ruches. Pour extraire le miel, ils utilisaient une grande quantité de fumée, tuant la plupart des abeilles et donnant au produit final un goût désagréable. Le miel obtenu de ces ruches contenait des impuretés et était vendu le long des routes[19].

Sélection d'aliments menacés en Afrique et les efforts mis en œuvre pour les sauver

Aliments	Caractéristiques particulières	Pourquoi sont-ils menacés ?	Efforts mis en place
Le miel du volcan Wenchi, Éthiopie.	Les abeilles collectent le nectar des plantes locales, y compris de la bruyère et de l'eucalyptus, ce qui donne au miel un intense parfum floral.	Il est difficile pour les paysans de gérer les abeilles. Manque de soutien et de développement dans la région.	Slow Food aide à développer l'écotourisme dans la région. GTZ promeut la gestion durable des ressources naturelles locales. L'Association italienne des apiculteurs offre un soutien technique et une formation pour les apiculteurs locaux afin d'améliorer la qualité du produit et le conditionnement pour l'amener sur le marché.
Le mouton zoulou ou *izimvu*, Afrique du Sud.	Élevé et utilisé par le peuple zoulou depuis des centaines d'années. Grande tolérance à la chaleur et à la sécheresse. Résiste aux parasites internes et externes.	Croisement avec des souches exotiques.	La ferme Enaleni, près de Durban, en Afrique du Sud, préserve cette race et la lignée.

Aliments	Caractéristiques particulières	Pourquoi sont-ils menacés ?	Efforts mis en place
Le mulet (un poisson), Mauritanie.	Le poisson est l'aliment de base pour les Imraguen, un groupe ethnique de pêcheurs. Importante source de revenus.	La pêche intensive a augmenté, contrairement aux méthodes traditionnelles durables. En 2006, la Mauritanie a vendu les droits de pêche à l'UE pour la réduction de la dette publique.	Slow Food offre des formations aux femmes pour améliorer les techniques de traitement et la qualité du poisson. Les produits améliorés ont reçu l'approbation sanitaire de l'UE, les autorisant à les vendre sur le marché européen.
La vanille *Mananara*, Madagascar.	Les fleurs sont pollinisées à la main et les gousses sont traitées localement.	L'agriculture par brûlis est fréquente, ce qui détruit l'habitat de la vanille.	La réserve de biosphère de Mananara-Nord, créée par l'UNESCO et l'ANGAP, aide les agriculteurs locaux à améliorer la culture et la préparation ; améliore l'accès aux marchés et l'autonomie des vendeurs indépendants sur les marchés locaux ; forme des coopératives ; améliore la culture pour préserver l'environnement.

Aliments	Caractéristiques particulières	Pourquoi sont-ils menacés ?	Efforts mis en place
Le café sauvage de la forêt Harenna, Éthiopie	Seul endroit au monde où sont cultivés les plants de café sauvage pour la vente. Les grains sont récoltés à la main.	Le manque d'accès aux marchés pour les agriculteurs et aux techniques de traitement efficaces et de bonne qualité.	La Coopération italienne pour le développement travaille avec les petits agriculteurs pour améliorer la sélection des baies, la production post-récolte, l'accès aux marchés et a créé une association de producteurs.
Le riz rouge d'Andasibe, Madagascar.	Originaire de Madagascar. Plus nourrissant que les variétés introduites.	Produit moins que les variétés exotiques. Les faibles moyens techniques de traitement font que le riz est vendu à très bas prix.	Slow Food Andasibe Red Rice Presidium, avec la fédération des agriculteurs locaux, aide les agriculteurs à améliorer le rendement, les techniques de traitement et de conditionnement ainsi que le transport des récoltes vers les marchés locaux.

Aliments	Caractéristiques particulières	Pourquoi sont-ils menacés ?	Efforts mis en place
Les *somè* des Dogons (échalotes des Dogons).	Douceur et saveur uniques. Peut être mangée fraîche ou séchée. Les fleurs, les fruits et les feuilles de chaque plante peuvent être transformés en condiments que l'on appelle *somè*.	Cultivés sur des sols secs et difficiles. Manque de ressources pour que les agriculteurs améliorent le traitement et leur accès aux marchés.	Slow Food International's Dogon Somè Presidium aide les agriculteurs pour améliorer la sélection de la terre, le traitement, l'accès aux marchés (locaux, régionaux et internationaux), adapter le conditionnement aux différents marchés locaux, régionaux et internationaux et améliorer le circuit de distribution.

Source : voir note 16.

Mais après la formation avec d'autres apiculteurs éthiopiens et italiens, les apiculteurs de Wenchi ont non seulement appris de meilleures méthodes pour s'occuper de leurs ruches, mais aussi comment préparer et vendre le miel plus efficacement. Ces quatre dernières années, le nombre de producteurs, les prix de vente et la quantité de miel produit ont tous augmenté. Le miel n'est plus vendu anonymement, il bénéficie à présent d'un label avec le nom du lieu de son origine et de l'association des producteurs[20].

En 2009, un réseau national de communautés d'apiculteurs a été créé sur les bases de l'exemple des deux organisations de Wukro et de Wenchi. Le réseau se donne aujourd'hui l'objectif de référencer les caractéristiques de chaque miel et d'en améliorer la qualité avec différentes techniques de préparation. Il travaille également à promouvoir la vente du miel dans les villes, particulièrement à Addis-Abeba, où il est courant de trouver du miel dénaturé avec du sucre et sans identité ou lien avec la terre. Cet effort est cohérent avec l'idée selon laquelle il est important d'aider les petits producteurs à s'organiser eux-mêmes pour vendre directement, et ainsi supprimer le plus d'intermédiaires possible et garantir un meilleur revenu. Les consommateurs et les producteurs africains pourraient être moins vulnérables s'ils dépendaient du marché local – flexible et proche des besoins de la communauté – plutôt que du marché international, conditionné par la spéculation et par des intérêts extérieurs[21].

La biodiversité et la communauté

Les supermarchés africains proposent généralement très peu de produits locaux. À la place, ils vendent des produits importés d'Europe, des États-Unis, d'Asie et même d'Amérique du Sud : lait et lait en poudre, baguette et mayonnaise, salade qui a voyagé des milliers de kilomètres. Même des aliments de première nécessité comme le riz ou le maïs sont parfois importés et, ce qui est incroyable, ceux-ci coûtent généralement moins cher que les produits locaux. Pourtant, les produits traditionnels sont presque toujours meilleurs d'un point de vue nutritif, comme c'est le cas avec les céréales locales tel le *fonio* au Sénégal comparé au riz blanc de Thaïlande. Pendant ce temps, les aliments transformés importés et de moindre qualité, riches en sel, en graisse et en sucre, favorisent des régimes déséquilibrés, en particulier dans les villes, et mènent à des problèmes de santé.

Encourager la consommation de produits locaux grâce à l'éducation, la promotion et la valeur ajoutée est une étape décisive vers un renforcement de l'économie des communautés et vers une amélioration de la santé et des conditions de vie de la population. La production et la préparation d'aliments locaux donnent de la force et de la cohésion à la communauté, consolident et améliorent les relations sociales grâce à la collaboration, l'échange quotidien de biens, de travail et de savoir, le renforcement de la solidarité entre différents groupes et générations, et la camaraderie qui se retrouvent lors de fêtes, de rituels, et lorsque l'on donne de la nourriture aux anciens ou aux femmes enceintes. Les liens ainsi créés aident à prévenir les conflits sociaux, à renforcer positivement l'identité locale (comme un fond culturel partagé, et non comme une barrière idéologique envers les étrangers), et à réduire l'attraction économique et culturelle vers les habitudes de consommation occidentales. Dans une certaine mesure, ils peuvent même réduire une migration de masse vers les villes ou vers les autres pays.

Il y a des communautés qui démontrent certains, voire tous les avantages d'une production alimentaire locale à travers l'Afrique tout entière. Les jardins de légumes promus par Slow Food en Ouganda et en Côte d'Ivoire, par exemple, sont cultivés de façon durable, en utilisant du compost, des traitements naturels contre les ravageurs et une utilisation raisonnée de l'eau. Les plantes sont des variétés locales (dont les semences sont produites par les communautés elles-mêmes), qui poussent au milieu des arbres fruitiers, des légumes et des herbes médicinales. En Côte d'Ivoire, dans le village de N'Ganon, une communauté de femmes cultive une parcelle de 7 hectares. Une partie de la récolte est utilisée pour nourrir leurs familles, une autre est donnée à l'école pour nourrir les enfants et le reste est vendu sur les marchés locaux[22].

Au Kenya, douze jardins d'école sont gérés en collaboration avec les branches locales de Slow Food et le Network of Eco-Farming in Africa (NECOFA). L'une d'elles, à Elburgon dans le district de Molo, a été désignée meilleur jardin d'école du pays par le ministère de l'Agriculture kényan. La production est utilisée pour les repas scolaires, tandis que le surplus est mis à la disposition des familles. Le programme scolaire rassemble l'horticulture et d'autres matières, en se servant des plantes pour enseigner les mathématiques (mesurer la croissance des plantes), la biologie (observer les cycles de vie), la langue (documenter le développement du jardin), l'histoire (choisir des aliments traditionnels), l'art (explorer les couleurs, les formes et les motifs des plantes) et la nutrition (préparer des plats en fonction des produits frais). Les écoles organisent des voyages et des échanges culturels : les élèves de différentes communautés ethniques se rencontrent pour partager leurs expériences et, ensemble, ils mangent la nourriture produite dans les jardins d'école[23].

L'un des objectifs clés de Slow Food en 2011 est d'atteindre mille jardins d'école dans vingt pays africains. De nombreuses autres ONG et institutions encouragent également la création de potagers communautaires (on retrouve parmi celles-ci Lay Volunteers International en Italie, Cooperazione Internazionale également en Italie, le NECOFA, et la municipalité d'eThekwini à Durban). Ainsi, des partenariats intéressants se forment pour développer des aspects particuliers de ces projets, comme la création de banques de semences, de production de compost et le développement de méthodes naturelles pour surmonter les infestations d'insectes et de mauvaises herbes[24].

Simplement cultiver un potager peut faire énormément : produire de la nourriture saine et fraîche pour la communauté, transmettre le savoir aux jeunes générations et encourager une conscience de l'intérêt des produits locaux, de la conservation des recettes traditionnelles, de l'utilisation durable de la terre et de l'eau, et du respect de l'environnement.

SUR LE TERRAIN
Les ressources génétiques animales menacées au Kenya

Au fil des années, des pastoralistes comme les célèbres Masai du Kenya ont été expulsés de leurs terres de pâturage traditionnelles pour atterrir dans des régions plus sèches, des lieux où il est facile de les oublier. Mais alors que les effets du changement climatique, de la faim, de la sécheresse et de la perte de la biodiversité deviennent plus évidents, il est de plus en plus difficile de mettre de côté les

droits des éleveurs de bétail. Les gouvernements doivent reconnaître que les pastoralistes sont les meilleurs gardiens de la diversité génétique[25].

Les troupeaux de watusis, par exemple, un bovin d'Afrique orientale, ne sont pas seulement agréables à regarder. Les watusis font partie des animaux d'élevage de qualité supérieure, car ils peuvent survivre dans des conditions très difficiles et sèches – une chose assez importante alors que le changement climatique frappe plus durement l'Afrique.

Les personnes qui élèvent des bovins ont une bonne idée des défis auxquels font face les gardiens de bétail au Kenya. Ils sont conscients du fait que le changement climatique est probablement responsable de la sécheresse persistante en Afrique orientale, tuant des milliers de têtes de bétail ces derniers mois. Ils savent que le conflit avec les communautés pastorales voisines pour l'eau et pour l'accès à la terre fait la une des journaux kényans. Et ils savent que de nombreux responsables politiques qui considèrent leur mode de vie nomade comme barbare aimeraient oublier qu'ils existent[26].

Malheureusement, les gouvernements et l'industrie agroalimentaire encouragent de plus en plus les élevages croisés de bovins locaux avec des bovins exotiques – qui ont été choisis pour être plus gros et produire plus de lait. Cependant, ces nouveaux bovins ont du mal à s'adapter aux conditions sèches de l'Afrique subsaharienne, de même qu'aux parasites et aux maladies qui y sévissent. Par conséquent, les éleveurs qui ont adopté ces bovins ont dû dépenser plus pour maintenir leur bétail en bonne santé et assurer leur alimentation et leurs besoins, comme des pesticides et des antibiotiques[27].

Un des problèmes les plus sérieux de l'introduction de bovins exotiques concerne la sécheresse. Les éleveurs ont commencé à remplacer leurs zébus par des bovins exotiques il y a de cela quinze ans, après que des missionnaires les ont introduits dans la communauté. Alors que les nouveaux bovins sont plus gros et peuvent potentiellement produire plus de lait et de viande, ils ne sont pas aussi résistants que les bovins locaux qui peuvent parcourir de longues distances sans boire.

Selon un ancien d'une communauté du district de Samburu au Kenya, les « bêtes d'autrefois pouvaient marcher 40 kilomètres [pour manger et boire] et revenir », mais les nouveaux bovins ne tolèrent ni la distance ni la chaleur. C'est l'une des raisons pour lesquelles différentes communautés pastorales se querellent : lorsque les bêtes ne peuvent pas se déplacer loin pour chercher de l'eau, les éleveurs doivent trouver un autre endroit, bien souvent sur des sites traditionnellement utilisés par d'autres communautés. Un éleveur reconnaît que, bien qu'il se batte contre les autres communautés pour l'eau, « ils sont dans la même situation que nous », essayant de survivre avec trop peu de soutien de la part du gouvernement ou de quiconque. Le conflit n'a pas seulement affecté le bétail, il a également forcé les écoles à fermer et a déplacé des populations hors de leurs terres[28].

Ces éleveurs comprennent que le monde est en train de changer. Ils savent que nombre de leurs enfants ne vivront pas le même genre de vie qu'ont vécu leurs ancêtres pendant des siècles. La plupart choisiront de partir pour les villes. Mais, pour certains, l'élevage est ce qu'ils savent faire de mieux et c'est leur passion – et ils sont persuadés qu'ils devraient avoir le droit de continuer.

Jacob Wanyama, Africa LIFE Network
Danielle Nierenberg, World Watch Institute

SUR LE TERRAIN
Les avantages des cuiseurs solaires au Sénégal

Plus de la moitié de la population mondiale brûle du bois et autres sources de biomasse – parmi lesquelles le charbon, les déchets agricoles et le compost – pour cuisiner, faire bouillir de l'eau, s'éclairer et se chauffer. L'Afrique subsaharienne a l'un des taux d'utilisation de l'énergie de biomasse les plus élevés du monde, avec plus de 75 % de la population qui affirme qu'il s'agit de sa première source d'énergie[29].

La cuisine et le chauffage aux combustibles solides, à l'air libre ou dans des fourneaux traditionnels dans des intérieurs souvent peu aérés, peuvent mener à des niveaux élevés de pollution de l'air intérieur. Selon l'Organisation mondiale de la santé (OMS), 1,6 million de personnes meurent chaque année – soit une personne toutes les vingt secondes – des effets de l'inhalation de fumée de bois ou d'autres combustibles. Il s'agit de la principale cause de décès des enfants de moins de cinq ans dans les pays en développement et cela représente un risque important d'infections respiratoires, de glaucome et de cancer du poumon[30].

La dépendance à la biomasse mène également à la déforestation et à une charge de travail énorme pour la récolte du bois. Les femmes et les enfants passent parfois jusqu'à quatre heures par jour à chercher du combustible – du temps qui serait mieux dépensé pour d'autres activités, comme aller à l'école, dans le cas des jeunes filles. Et l'utilisation du fumier réduit les rares ressources destinées à renouveler les sols[31].

Au Sénégal, où la biomasse représente 57 % de l'énergie et où la superficie des forêts a décliné de 7 % entre 1990 et 2005, la Solar Household Energy Inc. (SHE) a implanté en partenariat avec Abdoulaye Touré – un ancien professeur et formateur de cuisson solaire avec plus de vingt ans d'expérience – un projet de cuisson solaire sur six sites. L'objectif de ce projet pilote était de démontrer les avantages de la cuisson solaire dans une région très dépendante de la biomasse afin de tester l'adoption de cette technologie[32].

À Ndekou, un petit village au nord-est de Dakar, vingt femmes ont pris part au projet pilote. Ndekou est un village de moins de cinquante familles qui dépendent de l'agriculture et du travail saisonnier à Thiès et à Dakar. Les femmes ont utilisé le cuiseur solaire pour différents plats, allant de plats pour leurs familles à des gâteaux pour la vente, jusqu'à des plats spéciaux pour les membres des familles qui souffrent du diabète. Toutes les familles ont noté les avantages d'utiliser la cuisine solaire en termes d'économie de besoin pour cuisiner et se chauffer[33].

Fatou Gueye a utilisé le cuiseur solaire pour tripler les revenus de sa famille. La coutume au cours de la saison de plantation est que les hommes passent la majeure partie de la journée sur la parcelle familiale et labourent la terre, tandis que les femmes récoltent du bois, préparent le déjeuner et le leur apportent. Gueye a pris avec elle le cuiseur solaire sur la parcelle et a prêté main-forte à son mari, Cisse Ndiaye a nettoyé et labouré leur terre tandis que l'appareil cuisait leur repas. Cela ne l'a pas seulement libérée de la corvée de bois et lui a permis de suivre son mari sur la parcelle, tous deux ont également pu préparer le terrain pour la plantation bien plus rapidement que leurs voisins. Cela a accordé à Ndiaye plus de temps dans sa journée et lui a permis de louer ses services à ses voisins qui possèdent des terrains plus grands, ce qui leur a finalement permis de tripler leur revenu annuel durant la saison de plantation[34].

Marie-Ange Binagwaho
Zawadi Enterprises Inc.

Chapitre 8

Faire face au changement climatique et y résister

*David Lobell, Marshall Burke, Chris Reij et Anna Lappé**

* **David Lobell** est professeur au Département de science du système terrestre et au Programme de recherche sur la sécurité alimentaire et l'environnement de l'université Stanford. **Marshall Burke** est un étudiant diplômé du Département d'économie de l'agriculture et des ressources naturelles de Berkeley. **Chris Reij** est conseiller en gestion des ressources naturelles au Centre de coopération international de l'Université libre d'Amsterdam et à African Re-greening Initiatives. **Anna Lappé** est cofondatrice de Small Planet Fund et auteur de *Diet for a Hot Planet : the Climate Crisis at the End of Your Fork and What You Cann Do About It.*

L'agriculture est peut-être l'activité humaine la plus affectée par le changement climatique – des sécheresses ou des inondations plus fréquentes et une chaleur extrême font des ravages sur les cultures et sur le bétail. L'agriculture détient aussi le plus grand potentiel – y compris en termes économiques – pour lutter contre le changement climatique à court terme à travers des pratiques qui piègent le carbone dans les sols et minimisent la dépendance aux carburants fossiles.

Dans ce chapitre, David Lobell et Marshall Burke évoquent le besoin d'une approche empirique du changement climatique, une approche qui analyse quels types d'innovations agricoles aident les paysans à s'adapter au changement climatique – et lesquels ne le font pas. Ils appellent à une reconnaissance rapide de ce qui a besoin d'être amélioré et développé pour que les États se dépêchent de protéger les agriculteurs et les cultures.

Les paysans ont également besoin de davantage d'outils à leur disposition dans les champs, en particulier au Sahel. Chris Reij avance que planter des arbres n'est pas suffisant pour enrayer la désertification au Mali, au Niger et dans d'autres pays. À la place, les programmes de restauration gérés par des agriculteurs pourraient être déterminants afin de juguler la dégradation du sol en piégeant en même temps plus de carbone, tout en améliorant les revenus des paysans et en réduisant la faim.

Dans le dernier article, Anna Lappé explique pourquoi le système alimentaire industriel actuel favorise le changement climatique et comment des techniques plus écologiques pour cultiver – et manger – peuvent aider à réduire les émissions de gaz à effet de serre.

Danielle Nierenberg
et Brian Halweil

Une approche empirique pour s'adapter au climat

Un paysan du Malawi qui achète une semence promettant de doubler ses récoltes de maïs lors des années sèches. Un fermier au Bénin qui installe un système de micro-irrigation dans son jardin. Et un autre au Kenya qui s'inscrit dans un nouveau programme d'assurance indexé sur les conditions météorologiques et prévoit d'acheter un sac d'engrais dans les semaines à venir. Chacun de ces événements, parmi tant d'autres en Afrique, représente un instant d'espoir dans la vie des paysans pauvres, une innovation qui pourrait aider à améliorer leurs revenus et leur santé. Et chacun représente une stratégie possible dans la course pour s'adapter au changement climatique. Mais tous représentent aussi un risque important : dépenser un argent précieux pour quelque chose dont on ignore l'efficacité.

Les enjeux sont clairement très élevés. Une grande majorité des Africains dépend de l'agriculture pour survivre, et une multitude de nouvelles recherches suggère que la productivité agricole à travers le continent pourrait grandement souffrir du changement climatique. Même avec des efforts déterminés pour atténuer celui-ci, il y aura un besoin pressant d'adapter l'agriculture[1].

Ce fait n'est pas passé inaperçu des dirigeants, et les négociations internationales sur le climat ont amené la promesse de dons de centaines de milliards de dollars pour financer l'adaptation des pays en développement. Ce sont des chiffres importants. Si ces promesses sont honorées, elles doubleront l'aide au développement en provenance des pays riches vers les pays pauvres. Et l'investissement potentiel du secteur privé est encore plus important[2].

Comment cet argent devrait-il être dépensé ? Devrait-il aller en direction de l'optimisation des variétés de maïs tolérantes à la sécheresse achetées par les paysans du Malawi ? Devrait-il aider les paysans du Bénin à investir dans la micro-irrigation, ou les paysans kényans à souscrire des assurances sur les cultures ? Devrait-il financer les trois ? Ou bien être dépensé pour une tout autre chose ? Malheureusement, personne ne le sait vraiment, et toute déclaration affirmant le contraire devrait être traitée avec la plus grande prudence. Notre ignorance est en partie due au changement climatique lui-même : le climat que vont connaître l'Afrique et le reste du monde dans quelques décennies sera le point de départ de quelque chose que l'humanité n'a jamais connu, et ces changements hors normes compliquent toute tentative d'extrapolation des expériences passées[3].

Comment le monde doit-il faire face à ces incertitudes ? La sélection des projets va inévitablement associer analyse des expériences du passé et simulation du futur avec un travail de tâtonnements – et la reconnaissance du rôle de ces tâtonnements se révélera cruciale. C'est-à-dire que nous nous devons d'être empiriques en ce qui concerne l'adaptation, rester honnêtes vis-à-vis de ce que nous ignorons et être prêts à consacrer nos efforts pour déterminer ce qui est vraiment efficace.

Cela signifie au niveau pratique qu'une petite portion du financement de l'adaptation devrait être explicitement consacrée à l'évaluation de l'efficacité des différentes approches. Les critères d'évaluation de ces projets devraient être exigeants. Par exemple, comparer simplement les récoltes de paysans qui ont acheté des graines résistantes à la sécheresse avec les récoltes de ceux qui ne l'ont pas fait ne nous dira pas grand-chose sur la performance de ces graines. Peut-être que les paysans qui ont acheté les semences étaient déjà des paysans plus compétents, par exemple, ou disposaient de meilleurs sols. Ou peut-être différaient-ils sur d'innombrables points que les chercheurs ne peuvent même pas identifier.

Une meilleure méthodologie pourrait ressembler à ceci : tout d'abord, reconnaître que nous ne savons pas si les nouvelles semences sont meilleures que celles que les paysans sèment déjà, même si nous en sommes convaincus. Si une étude avait assez de nouvelles semences pour approvisionner cinq cents paysans, il faudrait établir une liste de mille paysans et déterminer aléatoirement lesquels (la moitié d'entre eux) auront la possibilité d'acheter les semences. Puis comparer leur récolte (le groupe test) avec celle des cinq cents autres (le groupe contrôle). En supposant qu'une proportion raisonnable de paysans à qui on a proposé la nouvelle variété l'ont vraiment achetée, cette comparaison va apporter une image plus instructive sur les performances des variétés résistantes à la sécheresse. Distribuer aléatoirement les semences éliminera les biais associés aux facteurs qui ne peuvent être observés (comme les compétences d'un paysan). Ces « essais aléatoires contrôlés » forment la base de la recherche médicale et sont de plus en plus utilisés dans les recherches économiques. Ils restent pourtant encore absents des discussions sur la façon dont doivent être dépensés les milliards consacrés à l'adaptation au changement climatique[4].

Au moins deux arguments sont souvent avancés contre l'évaluation de ce type de projet. Le premier, c'est qu'il n'y a ni le temps ni l'argent pour contrôler les essais. Certains suggèrent même qu'il n'est pas éthique d'avoir des groupes de contrôle, si votre intervention peut sauver des vies. En principe, si une intervention est connue pour être absolument efficace et a prouvé qu'elle était rentable, alors oui, elle devrait être étendue le plus vite possible. Mais c'est de loin l'exception plutôt que la règle. Pour la plupart des idées, il y a des optimistes qui « savent » qu'elles vont marcher, des cyniques qui « savent » le contraire, et de nombreux autres qui ne sont convaincus ni par les uns ni par les autres. C'est seulement avec des données que ces débats peuvent être réglés. Continuer à financer des projets qui n'ont pas fait leurs preuves pourrait se faire aux dépens d'autres projets plus efficaces.

Une seconde réserve, plus importante, est que tout ne peut pas être évalué de façon claire et immédiate. Par exemple, les investissements dans la recherche sur les cultures et les sols pourraient prendre une décennie ou plus pour porter leurs fruits, et les changements politiques ne peuvent être simulés. Pour cette raison, il est important de ne pas fixer des critères trop rigoureux pour évaluer chaque type de projet. Mais le risque d'investir trop de moyens dans l'évaluation est moindre que celui d'en investir trop peu.

Au final, une adaptation réussie au changement climatique ne nécessitera pas tout le travail d'innovation. Il est probable que seule une petite proportion de ce travail suffira. L'enjeu est de savoir si les investisseurs publics et privés pourront rapidement reconnaître ce qui est efficace et le financer à plus grande échelle. Tout projet établi et planifié devrait ainsi être capable de répondre à cette question simple : Comment saurons-nous si ça marche ?

Investir dans les arbres pour atténuer le changement climatique

La réponse traditionnelle à la dégradation environnementale au Sahel a toujours été : « Plantons des arbres. » Les gouvernements, les ONG et les donateurs proposent tous et mettent en œuvre des campagnes pour planter des arbres, puis rapportent les nombres impressionnants de semis ou d'arbres plantés. Un exemple récent est la proposition de chefs d'État africains de planter une Grande Muraille verte, de 7 100 kilomètres de long et de 15 kilomètres de large, à travers le Sahara, du Sénégal à Djibouti. Le projet est à l'heure actuelle inclus dans l'accord de coopération stratégique entre l'Union africaine et l'Union européenne. Un autre exemple est la Campagne pour 1 milliard d'arbres du Programme des Nations unies pour l'environnement, qui a planté plus de 12 milliards d'arbres[5].

Une hypothèse importante derrière ces projets est que le Sahara avancerait inexorablement vers le sud, menaçant d'engloutir les terres qui sont cultivées. Les spécialistes supposent qu'une Muraille Verte enrayerait la marche du désert vers le sud. Cette hypothèse est erronée. Prenons le cas de la frontière entre le Niger et le Nigeria : la grande densité d'arbres situés sur les exploitations au sud du Niger, qui crée effectivement une version agricole d'une Grande Muraille verte de

80 kilomètres, n'a pas empêché la dégradation de la terre au nord du Nigeria, où la densité d'arbres est faible.

Planter des arbres est important, mais la dure réalité est que seuls de 10 à 20 % des arbres plantés survivent plus de deux ou trois ans, en particulier là où la terre est sèche. Si tous les arbres plantés au Sahel depuis les sécheresses des années 1970 et 1980 avaient survécu, de nombreux endroits de la région seraient bien plus verts aujourd'hui qu'ils ne le sont en réalité. Les faibles chances de survie s'expliquent par diverses raisons, parmi lesquelles une plantation tardive ou un manque de clarté à propos de la propriété des arbres[6].

La nécessité de plus d'arbres n'est pas en doute. Mais la question est : Comment planter plus d'arbres de façon plus efficace, que ce soit au sein des exploitations ou en dehors ? La réponse peut se trouver dans la « régénération naturelle assistée », qui consiste en la protection et en la gestion par les paysans des espèces d'arbres qui se régénèrent spontanément. Les nombreux succès de cette stratégie offrent d'importantes leçons pour les gouvernements et pour les donateurs qui prennent au sérieux la dégradation des sols au Sahel.

Le reverdissement est déjà en marche

En 2005 et 2006, une équipe de recherche pluridisciplinaire du Niger a entrepris une étude sur les tendances à long terme dans l'agriculture et l'environnement. L'équipe a identifié les changements qui se sont produits entre 1975 et 2005 et a étudié les impacts des investissements publics et privés dans la gestion des ressources naturelles[7].

Leur plus grande surprise a été la découverte d'un reverdissement à grande échelle au niveau des exploitations. Des rapports antérieurs avaient mentionné que les paysans de la région de Maradi avaient protégé et géré la régénération spontanée des espèces d'arbres sur leurs champs cultivés. Mais aucun n'avait mentionné la taille de ce phénomène : les paysans des zones les plus peuplées des régions de Maradi et de Zinder ont protégé et géré la régénération spontanée des espèces d'arbres sur 5 millions d'hectares. Il s'agit là de la plus grande transformation environnementale de tout le Sahel, si ce n'est de l'Afrique[8].

Cette action a exercé sur la société et sur l'environnement des impacts positifs importants, qui se révèlent essentiels pour garantir la durabilité des projets. Par exemple, les arbres réduisent la température et la vitesse du vent, ainsi que l'évaporation, et favorisent le stockage du carbone et la conservation de la biodiversité. Ils peuvent produire du fourrage pour le bétail ainsi que des fruits et des feuilles comestibles riches en vitamines pour les hommes. Certaines espèces fixent l'azote et, de ce fait, améliorent la fertilité du sol. Les avantages sociaux incluent une meilleure sécurité alimentaire des foyers (grâce à des techniques agricoles plus complexes, plus productives et plus résistantes à la sécheresse) et aident ainsi à réduire la faim, la pauvreté et la mortalité infantile, ainsi que la charge de travail des femmes, qui récoltent le bois. Les arbres ont même radicalement réduit les conflits entre les bergers et les fermiers dans les régions reverdies du Niger.

Des études préliminaires ont également montré qu'il est économiquement rationnel pour les agriculteurs d'investir dans la régénération naturelle. Une étude de 2006 – qui n'a même pas pris en compte tous les bénéfices cités – a montré un taux de retour sur investissement dans le domaine du reverdissement de 31 % en vingt ans. En bref, il y a clairement de nombreuses raisons de promouvoir le développement des systèmes d'agroforesterie à travers la régénération naturelle, et pas seulement au Niger. Un rapport récent du Centre international pour la recherche en agroforesterie mentionne des impacts similaires au Malawi, en Zambie et au Niger[9].

Les nombreux exemples, à grande ou à petite échelle, d'agriculteurs protégeant et gérant la régénération spontanée des arbres sur leurs fermes au Sahel ont mené à la création du *Sahel Re-greening Initiative* en 2007. Ce programme, qui cherche à développer à plus grande échelle les succès existants, est devenu opérationnel au Burkina et au Mali en juin 2009 et s'est depuis étendu au Niger et en Éthiopie. Le succès grandissant dans le Sahel et dans d'autres régions d'Afrique a mené à la décision d'étendre encore le programme, que l'on appelle aujourd'hui *African Re-greening Initiatives*[10].

African Re-greening Initiatives n'a pas pour objectif de créer de gros projets conventionnels avec d'importantes sommes d'argent et des objectifs quantitatifs bien définis mais irréalistes, comme planter *x* arbres sur *y* hectares en *z* années. À la place, l'initiative cherche à créer un mouvement d'organisations désireuses de promouvoir différents processus de reverdissement. Il s'agit de placer la responsabilité là où elle devrait être : dans les mains des utilisateurs des ressources.

Bien qu'il existe de nombreux succès sur lesquels s'appuyer, il reste un long chemin à parcourir. Plusieurs régions du Sahel, tout comme d'autres terres sèches en Afrique, sont sérieusement dégradées. En prenant en compte les niveaux actuels de pauvreté rurale et les taux de croissance de la population, il est urgent d'étendre au plus vite l'échelle de projets qui ont prouvé leur efficacité. Un reverdissement sur quelques milliers d'hectares ne sera pas suffisant. La question essentielle est alors : Comment réussir le plus vite possible ?

Des outils pour s'agrandir

African Re-greening Initiatives a identifié seize outils pour inverser la désertification et la dégradation des sols, fondés sur une expérience récente ou passée. Le premier outil est de sélectionner dans chaque pays une organisation partenaire qui possède une expérience pertinente dans la gestion participative des ressources naturelles et de développer des propositions.

La qualité des organisations partenaires et de leur direction est extrêmement importante. Dans le développement, il n'est pas question de projets, mais d'êtres humains. Au Burkina, par exemple, le partenaire à la pointe du reverdissement est le réseau MARP, un projet d'agroforesterie fondé par OXFAM dans la région de Yatenga, et qui est considéré comme l'un des projets de conservation de l'eau et des sols les plus efficaces d'Afrique. Le réseau MARP implique d'autres groupes non gouvernementaux dans les activités de reverdissement et s'efforce de mettre sur pied un groupement d'organisations[11].

Le rôle des coordinateurs nationaux est également extrêmement important : ils doivent être dotés d'un fort pouvoir de conviction et de la capacité de communiquer à tous niveaux, ce qui inclut les ministres et les responsables politiques, mais aussi les fermiers et les agents de vulgarisation.

Le deuxième outil clé est l'identification et l'analyse des succès existants dans le domaine du reverdissement. L'étude du Niger en 2005-2006 a révélé l'ampleur du reverdissement dans les zones très peuplées du pays et a inspiré une enquête similaire au Burkina et au Mali. L'enquête a consisté à documenter soigneusement l'âge des arbres des exploitations au cours de visites sur le terrain (une fois que les personnes comprennent le concept de régénération naturelle, elles commencent à en découvrir des exemples au cours des visites. Mais si ces personnes ne savent pas où chercher, elles ne les trouvent pas)[12].

Un des succès intéressants identifiés de cette façon est Ousséni Kindo, un paysan de la région de Yatenga au Burkina, qui a parcouru de longues distances pour protéger et réussir un reverdissement sur ce qui était une terre complètement stérile en 1985. Kindo expérimente en plantant des arbres fruitiers, comme des manguiers et des avocatiers. En 1985, il n'y avait qu'un arbre sur ses champs. En 2001, il possédait quinze espèces d'arbres, dont cent baobabs *(Adansonia digitata).* Depuis, ses arbres ont encore augmenté en nombre et en diversité[13].

Un autre outil important est la visite sur le terrain par les responsables, par les élus et par les experts régionaux et locaux dans des zones reverdies par les agriculteurs. Ils peuvent également être informés de ces activités en s'impliquant dans des initiatives de reverdissement. Des décisions concernant les activités de développement ont été décentralisées ces dernières années, ce qui rend essentiel d'impliquer les décideurs locaux et régionaux dans les projets de reverdissement. Par exemple, au cours de sa première année (2009-2010), l'Initiative pour le reverdissement au Burkina a organisé la visite de vingt maires et d'experts régionaux dans le nouveau parc agroforestier des plaines de Seno au Mali et des rencontres avec plus de deux cent trente employés des services techniques et deux cents élus locaux[14].

Il est également important d'identifier les partisans du reverdissement parmi les responsables et législateurs nationaux, peut-être en faisant des présentations PowerPoint, des documentaires, ou en les amenant sur les exploitations pour rencontrer les paysans qui ont déjà transformé leurs systèmes de production. SAHELECO a présenté un documentaire sur la visite d'un agriculteur au Premier ministre malien durant une foire dans la capitale, Bamako, et par la suite, le ministre de l'Environnement a décidé de lancer officiellement cette initiative dans le pays[15].

Le quatrième outil consiste à aider les paysans à apprendre des autres paysans. SAHELECO au Mali a organisé des rencontres entre cinq cent vingt-six paysans en 2009-2010 (dont 27 % de femmes) et a ensuite produit un documentaire traitant d'une de ces visites. Ces visitent se déroulent au sein des pays, mais aussi au-delà des frontières nationales. Par exemple, World Vision Sénégal a amené une délégation de fermiers dans la région de Maradi, au Niger, pour étudier la régénération naturelle gérée par les fermiers. Le groupe a également invité un paysan du Niger au Sénégal pour former d'autres fermiers dans la gestion de la régénération naturelle des arbres. Un an et demi après le début de son programme de reverdissement, World Vision Sénégal a rapporté que les paysans avaient protégé et dirigé la régénération naturelle, mais aussi planté des arbres, sur 21 000 hectares[16].

Mettre en place des institutions responsables de la gestion des arbres au sein même des villages est le cinquième outil. De nombreux exemples peuvent être trouvés chez les fermiers qui protègent et gèrent individuellement des arbres, mais le projet est plus aisé lorsque les communautés décident de collaborer. Les aspects techniques de reverdissement sont très simples ; construire le capital social est bien plus complexe. Dans certains cas, des institutions au sein des villages ou entre plusieurs villages existent et sont responsables de la gestion des arbres sur leur terre. Le Barahogon, près de Bankass, au Mali, est un excellent exemple d'institution traditionnelle pour la gestion des arbres. Il protège et gère des arbres dans vingt et un villages. Pendant la période coloniale, il a perdu son rôle au profit du service forestier, mais il renaît grâce au SHAELECO (puis SOS SAHEL UK) après la remise en vigueur de la loi forestière de 1994. La loi accorde aux fermiers des droits sur les arbres se situant sur leur propriété. Le Barahogon protège les arbres contre la coupe illégale[17].

De nouvelles institutions locales de gestion des arbres peuvent également être créées. Le Projet de promotion de l'initiative locale pour le développement à Aguié du Fonds international pour le développement agricole (FIDA) est un bon exemple. Ce projet a permis de créer des institutions à l'échelle des villages ou des groupements de villages pour protéger et gérer les arbres. À l'échelle d'un village, les décisions portent sur les mesures à prendre contre la coupe illégale, les amendes à payer lorsque le bétail endommage les arbres, la façon dont les arbres seront exploités, quel pourcentage de la vente de bois de chauffage ira au fonds d'une communauté, et comment ce fonds va être utilisé. Au même moment, le projet a soutenu la création de plates-formes de discussion entre villages à propos de tous les problèmes liés à la protection et à la gestion des arbres[18].

L'outil suivant implique la formation technique des exploitants (les cultivateurs et les éleveurs) concernant l'élagage, la gestion des arbres et leur exploitation. Les utilisateurs des ressources obtiennent un maximum de bénéfices économiques et environnementaux lorsqu'ils plantent des espèces d'arbres qui se régénèrent spontanément après l'élagage. La formation est simple et les paysans comprennent rapidement. Ils déterminent ensuite la densité des arbres et des arbustes qu'ils souhaitent avoir sur leurs terres. Dès qu'ils sentent que la densité est trop élevée, ils la réduisent. Tony Rinaudo de World Vision Australia, qui a catalysé le processus de reverdissement au Niger en 1984 et 1985, a récemment organisé des formations sur la régénération naturelle gérée par les paysans au Niger, au Ghana, au Tigré (Éthiopie) et au Myanmar[19].

La radio rurale et régionale est un outil important pour diffuser des messages à propos du reverdissement. Après la nouvelle loi forestière au Mali approuvée en 1994, SAHELECO s'est rendu compte que les paysans dans la région autour de Bankass n'y connaissaient pas grand-chose. En utilisant la radio, le groupe a informé les paysans du contenu de la loi et de leurs droits concernant les arbres situés sur leurs terres. Les paysans ont immédiatement compris qu'ils pouvaient refuser l'accès aux bûcherons arrivant sur leurs champs avec des autorisations du service forestier. Depuis, le nombre de paysans qui protègent et gèrent la régénération naturelle sur leurs champs augmente.

De nombreuses petites villes rurales du Sahel ont leur propre station de radio. Certaines sont écoutées par des millions d'auditeurs. Par exemple, La Voix du paysan à Ouahigouya, au Burkina, atteint les paysans du nord et du centre du plateau central densément peuplé. Au Mali, vingt-trois stations de radio rurales ont créé une association. Ensemble, elles touchent la majorité des producteurs ruraux[20].

Des compétitions peuvent être organisées au sein d'un village, entre villages d'un même district, ou entre districts, à propos des résultats ou des innovations dans le domaine du reverdissement. Elles peuvent récompenser le meilleur cultivateur, celui (ou celle) qui a été le plus innovant, ou l'initiative qui a mobilisé le plus de paysans. En 2009-2010, SAHELECO (Mali) a lancé une compétition récompensant les meilleurs efforts de reverdissement sur dix communes à laquelle deux cent vingt-huit paysans ont participé. Dans chaque commune, les cinq meilleurs paysans ont été sélectionnés et, en juin 2010, les cinquante paysans sélectionnés ont reçu un T-shirt avec le logo « Reverdir le Sahel » lors d'une cérémonie publique. Des petits cadeaux comme celui-ci sont hautement appréciés et augmentent la confiance des paysans[21].

Le neuvième outil consiste à développer un programme d'information et de communication à propos du reverdissement. La fondation World Wide Web a adopté *African Regreening Initiatives* comme son premier projet. La fondation a tenu un atelier à Ouagadougou en février 2010 pour élaborer un projet d'information et de communication en soutien au reverdissement. Le projet va lier Internet, la téléphonie mobile et la radio rurale, et devrait commencer avant la fin 2010. Presque chaque famille dans chaque village du plateau central du Burkina a accès à un téléphone mobile. Le système sera capable d'envoyer de courts messages dans le dialecte local au 1,5 million d'utilisateurs de ces moyens de télécommunication[22].

Un autre outil consiste en un dialogue national, ainsi qu'une politique et une législation nationales. Les initiatives de reverdissement concernent le développement local, mais les politiques et la législation nationales sont essentielles pour inciter des millions de paysans à investir dans les arbres. L'expérience montre que les paysans vont protéger et gérer les arbres lorsqu'ils seront *de facto* propriétaires de ceux-ci. Pourtant, peu de pays accordent aux fermiers un tel droit. En 1985, les arbres au Niger appartenaient *a priori* à l'État ; aujourd'hui, les fermiers ont pris possession de leurs arbres – c'est un énorme pas en avant.

Il est difficile pour une seule organisation d'avoir une influence sur les politiques et sur la législation d'un pays. Les partenaires d'initiatives nationales de reverdissement doivent construire des réseaux d'organisations pour développer un dialogue avec les responsables politiques et les législateurs.

L'outil suivant est de canaliser le reverdissement au sein de projets nationaux de développement agricole. Cela ne peut être accompli qu'à travers un investissement total des ministères de l'Agriculture, puisque les arbres situés sur des exploitations font partie des systèmes de production rurale. Une autre approche est d'ouvrir un dialogue avec les donateurs. Par exemple, le FADI a de l'expérience dans la réhabilitation de la terre au Sahel et soutient actuellement les activités de reverdissement au Niger[23].

Les systèmes d'agroforesterie ont de nombreux avantages pour les fermiers, comme une amélioration de la fertilité des sols ou une augmentation du fourrage. L'intérêt des fermiers pour le reverdissement peut être amplifié par l'exploration des possibilités d'augmenter leurs revenus en développant des chaînes de valeur agroforestières. La noix de karité en Afrique occidentale est un exemple bien connu de produits de l'agroforesterie. Elle est souvent récoltée par des groupes de femmes et achetée par des compagnies nationales et par l'industrie pharmaceutique[24].

Aujourd'hui, les données concernant le revenu que génèrent les noix de karité pour les femmes sont rares. Du fait d'une commercialisation et d'une promotion améliorées, fondées sur l'information et sur la communication, les trois cent soixante-cinq membres de la coopérative des productrices de beurre de karité de Zantiébougou au Mali ont réussi à doubler leurs ventes entre 2007 et 2009 pour atteindre 62 500 dollars. Même si les données fiables concernant la valeur des produits tirés des arbres et utilisés pour la consommation des foyers et pour la commercialisation sont rares, il n'y a aucun doute que ceux-ci constituent une source importante de revenus pour les petits paysans[25].

Il est également important d'explorer les possibilités de développer les chaînes de valeur pour les espèces actuellement sous-évaluées. Le moringa est un exemple intéressant d'espèce qui possède un potentiel considérable pour augmenter les revenus des paysans mais aussi pour améliorer la nutrition. Davantage de recherches pour prouver les multiples avantages de cet arbre seraient utiles.

Le reverdissement agricole à grande échelle au Niger, au Burkina et au Mali a attiré une attention considérable de la part des médias internationaux, mettant en avant un autre outil important à exploiter. Ils continuent à s'intéresser à ce type d'histoire positive, car elle défie la manière dont on perçoit habituellement le Sahel. Plusieurs documentaires ont été réalisés en 2010, qui montrent clairement une transformation des systèmes de production. Le documentaire *More People, More Trees,* produit par le Centre de coopération international de l'Université libre d'Amsterdam, revisite ces endroits, au Kenya et au Burkina, filmés il y a dix-sept ans et rencontre les mêmes paysans et la même équipe de projet. On y voit des régions qui sont nettement plus vertes et des paysans qui ont récolté les bénéfices du reverdissement[26].

L'homme qui arrêta le désert, un documentaire d'une heure, raconte l'histoire du fermier innovateur Yacouba Sawadogo, au Burkina, qui a développé une technique appelée *zaï* qui consiste à semer dans des trous creusés mètre après mètre, lors de la saison des pluies. Cette technique a été utilisée pour réhabiliter des dizaines de milliers d'hectares de terres complètement dégradées. Il existe des sujets pour bien plus de documentaires : par exemple, le reverdissement à grande échelle au Tigré, qui reste assez méconnu. L'intérêt des médias donne une image plus équilibrée de ce qui a déjà été réalisé dans la lutte contre la dégradation des terres arides d'Afrique[27].

Un outil important est la recherche d'un engagement sur le long terme (au moins dix ans) de tous les acteurs du reverdissement. Il est crucial de développer un mouvement d'acteurs souhaitant s'engager dans un processus de promotion du reverdissement et mobiliser leur propre financement. Un projet de conservation de l'eau et du sol lancé par le FADI au Burkina en est un parfait exemple. Opérationnel depuis 1989, le projet a réhabilité des dizaines de milliers d'hectares de terres épuisées, ce qui a également mené à plus d'arbres dans les exploitations. De nombreux organismes donateurs interrompent leurs interventions après quelques années. Développer le reverdissement nécessite avant tout un mélange de flexibilité, de transparence et un minimum de bureaucratie, tout comme une volonté d'accepter qu'il est impossible de prédire ce que sera le projet d'ici à cinq ou dix ans[28].

Des systèmes pour une auto-évaluation des paysans doivent également être développés. L'expérience d'un projet d'action-recherche sur l'innovation des paysans au Burkina a montré que ceux-ci sont parfaitement capables de surveiller et d'évaluer sur leurs terres les coûts et les résulats d'un projet. Même des paysans illettrés parviennent à le faire, en utilisant des symboles pour chaque activité. Le réseau MARP va développer un système similaire simple pour la surveillance des changements dans la végétation induits par la protection de la régénération naturelle.

Celui-ci sera complété par l'analyse d'images par satellite haute résolution et par des visites sur le terrain[29].

L'outil final identifié par *African Re-greening Initiatives* est le développement d'activités de recherche autour du reverdissement. De meilleures et de plus nombreuses données quantitatives concernant les impacts socio-économiques et biophysiques sont nécessaires – sur la baisse de la pauvreté rurale, sur la réduction de la vitesse du vent et de l'évaporation, sur la fertilité du sol, sur la sécurité alimentaire, etc. Le projet *African Re-greening Initiatives* se concentre avant tout sur l'action sur le terrain, mais cherche aussi à promouvoir des études d'impact qui pourraient renforcer la cause du reverdissement et, si nécessaire, mener à une adaptation des activités.

Maximiser les avantages

Les avantages du reverdissement agricole sont-ils susceptibles de durer ? La réponse est oui, très probablement, si les paysans obtiennent des droits exclusifs sur leurs arbres. Les paysans jouissant de droits et de primes vont protéger et gérer leurs arbres, ce qui non seulement va leur apporter de nombreux bénéfices, mais produira un bienfait environnemental pour des communautés plus importantes – à un coût minimal pour les gouvernements et pour les donateurs.

La valeur des initiatives pour développer le reverdissement est alors claire. Peter Uvin a distingué différentes formes de développement : quantitatif, fonctionnel, politique et organisationnel. Les outils identifiés par *African Re-greening Initiatives* se classent plutôt bien dans les formes décrites par Uvin[30].

La croissance quantitative correspond à la diffusion horizontale d'une activité. Le défi clé pour toute initiative de reverdissement est de créer des conditions dans lesquelles des millions d'utilisateurs vont investir dans les arbres. La vitesse de reverdissement est essentielle. Comment pouvons-nous passer de quelques centaines ou de quelques milliers d'hectares chaque année à des dizaines de milliers d'hectares, voire plus ?

Le processus de reverdissement au Niger a commencé vers 1985 et a atteint près de 5 millions d'hectares entre 2005 et 2010. Cela signifie qu'en moyenne environ 200 000 hectares sont ajoutés chaque année. Différents projets ont contribué à cette réussite en organisant des visites pour les paysans, et ceux qui ont observé les avantages les ont adoptés spontanément – mais pas tous. Des conflits au niveau d'un village peuvent, par exemple, retarder ou empêcher leur adoption[31].

La croissance fonctionnelle, c'est d'abord étendre la portée de l'action. Il est possible de promouvoir des techniques de reverdissement, mais il est préférable de soutenir en même temps la construction d'institutions locales pour protéger et gérer le stock grandissant d'arbres – l'un des outils identifiés plus haut. En explorant les possibilités de développer des chaînes de valeur de l'agroforesterie, il est également possible d'augmenter les revenus ruraux.

La croissance en termes politiques signifie des efforts pour influencer le processus politique et travailler avec d'autres groupes d'acteurs. Comme nous l'avons remarqué plus tôt, les initiatives de reverdissement nécessitent la mise en place d'un dialogue sur les politiques nationales pour orienter des projets nationaux de développement agricole et pour adapter les lois forestières de façon à impliquer les paysans. Il est également nécessaire de créer un soutien au niveau régional et local de la part des techniciens et des élus et d'informer les médias nationaux et internationaux pour que les responsables politiques nationaux et internationaux reconnaissent les efforts des paysans.

Enfin, la croissance organisationnelle correspond à une expansion de l'organisation mettant en application l'intervention ou à l'implication d'autres institutions. Comme nous l'avons vu, *African Re-greening Initiatives* est sur le point de créer un mouvement de différents acteurs qui feront conjointement la promotion de diverses formes de reverdissement. Le processus de construction d'un tel mouvement a déjà commencé.

Une dernière mise en garde : il pourrait être intéressant pour les gouvernements et pour les donateurs de promouvoir le reverdissement auprès des paysans, car il permet d'obtenir de nombreux impacts pour un coût minimal, en particulier pour les gouvernements. Mais certains gouvernements et donateurs peuvent considérer cela comme un handicap : des emprunts ou des subventions importants pour financer l'équipement et l'infrastructure du projet peuvent en effet accélérer les carrières des équipes d'organismes donateurs. Adapter les politiques et la législation pour inciter des millions d'utilisateurs de ressources naturelles à investir dans les arbres est moins prestigieux et rapporte moins à court terme que d'essayer de planter une Grande Muraille verte à travers le Sahara ou d'investir des sommes importantes dans la plantation d'arbres pour étendre la forêt du Brésil.

Mais en mobilisant les partisans nationaux et internationaux du reverdissement, en construisant des alliances avec ceux qui veulent promouvoir différentes formes de reverdissement par le biais des paysans, en influençant l'opinion publique et en impliquant les organisations de paysans autant que possible, nous pouvons créer un monde plus vert, moins chaud, plus sain et plus riche.

La crise climatique dans nos assiettes

La ferme de New Forest est installée dans la vallée de Kickapoo, à 130 kilomètres à l'ouest de Madison, dans le Wisconsin, aux États-Unis. Durant l'été 2008, cet État – ainsi qu'une grande partie du Midwest – a été submergé de pluies inhabituelles, et de larges étendues de terres agricoles ont été inondées. Les pluies abondantes et les inondations ont causé 15 milliards de dollars de dégâts et vingt-quatre morts dans tout le Midwest. Le Wisconsin a déclaré l'état d'urgence. Pourtant, lors d'une visite quelques semaines après que la tempête avait balayé la région, Mark Shepard, le propriétaire de New Forest Farm, ne semblait pas du tout abattu[32].

Shepard est assis sur le porche de son pressoir à cidre récemment construit, alimenté par des panneaux solaires et par une éolienne qui reste à construire. Sa ferme respire la vie : des vergers ondulants de ragouminiers, de caraganiers, d'abricotiers, de cerisiers, de lianes à kiwis, d'oliviers, de mûriers, de myrtilles, d'églantiers et d'asperges, de noix de pécan et de chênes, de pommes et de châtaignes… Il a échappé à la dévastation non par chance, dit-il, mais grâce à une agriculture intelligente.

C'est cette agriculture intelligente qui a créé ces champs résistants et qui a placé Shepard au cœur d'un mouvement éparpillé des vallées verdoyantes du Midwest à la Corée du Sud, des montagnes de l'Himalaya aux plaines du sud du Brésil. Ce type d'agriculture porte plusieurs noms, mais il s'agit fondamentalement de suivre des principes agroécologiques. Shepard et ses semblables à travers le monde prouvent qu'un système alimentaire durable et produisant en abondance ne doit pas forcément reposer sur les carburants fossiles. Ils montrent aussi que les agriculteurs écologistes peuvent aider le monde à s'adapter à la crise climatique. Des événements climatiques extrêmes comme les inondations qui ont balayé le Wisconsin vont devenir plus fréquents à mesure que le climat va se détériorer du fait des émissions de gaz à effet de serre, dont celles du secteur agricole.

Manger le ciel

Quand on parle de crise climatique et de ses facteurs principaux, on évoque généralement des images d'usines de charbon ou de 4 × 4 gros consommateurs de carburant. Pourtant, l'industrie alimentaire et le commerce agricole sont parmi les plus gros facteurs de changement climatique. Dans de nombreux pays en développement ne possédant pas de véritable industrie lourde, c'est l'agriculture qui est la plus importante source d'émission de gaz à effet de serre, en grande partie à cause de son rôle dans la déforestation[33].

Lorsque les forêts sont abattues, les arbres relâchent d'énormes quantités de carbone dans l'atmosphère aux côtés d'autres gaz à effet de serre, dont le méthane et le protoxyde d'azote. La perte des forêts contribue ainsi à plus de 17 % des émissions de dioxyde de carbone. À l'échelle planétaire, l'élevage représente 18 % des émissions, selon les Nations unies. Les ruminants de Nouvelle-Zélande produisent 85 % des émissions de méthane du pays – un gaz à effet de serre bien plus puissant que le dioxyde de carbone[34].

Les émissions de gaz à effet de serre se produisent à chaque étape de la production alimentaire : culture, traitement, emballage, transport, vente en gros ou au détail, restauration, consommation du foyer et déchets. Si l'on cumule toutes les émissions directes et indirectes – parmi lesquelles les changements dans l'utilisation des terres, la production d'engrais chimiques et synthétiques, et l'énergie fossile utilisée tout au long de la chaîne d'approvisionnement –, le système alimentaire est responsable d'un tiers des émissions globales de gaz à effet de serre. Ces émissions sont dues à un changement radical de l'agriculture au XXe siècle, d'abord dans le monde industriel, puis dans les pays en développement.

Mais ce n'est pas une fatalité. Des agriculteurs innovants comme Mark Shepard montrent le potentiel des exploitations durables pour nourrir le monde tout en n'épuisant pas ses ressources limitées comme les carburants fossiles et en n'aggravant pas la crise climatique. Les agriculteurs durables utilisent un éventail de techniques et d'innovations pour se protéger contre les mauvaises herbes et contre les parasites, et pour augmenter la fertilité du sol sans dépendre des carburants fossiles ou des pesticides synthétiques. Certaines de ces techniques incluent l'usage d'engrais verts et de cultures de couverture, de rotation des cultures et d'insectes utiles. Les agriculteurs comme Shepard commencent aussi à générer leur propre énergie – grâce aux éoliennes et aux panneaux photovoltaïques. Des méthaniseurs de petite taille peuvent aussi transformer les déjections des animaux en énergie[35].

Les techniques d'agriculture durable produisent des sols plus sains, ce qui améliore la santé des plantes et la stabilité du climat. Lors d'essais sur le terrain durant les trente dernières années, le Rodale Institute, basé aux États-Unis, a découvert que le maïs et le soja cultivés avec des techniques biologiques emmagasinent plus de carbone dans le sol année après année.

Dans un rapport sur ces essais, le Pr David Pimentel de l'université Cornell a montré que les méthodes d'agriculture biologique produisent des récoltes comparables à celles de l'agriculture industrielle, tout en utilisant 30 % d'énergie et d'eau en moins, et aucun pesticide synthétique. Sur la base de ces trois leçons, l'ancien directeur exécutif du Rodale Institute, Timothy LaSalle, estime que si 175 millions d'hectares de terres cultivées aux États-Unis adoptaient l'agriculture biologique, près de 1,6 milliard de tonnes de dioxyde de carbone seraient piégées tous les ans, « réduisant de près d'un quart les émissions totales de carburant fossile du pays[36] ».

Ces découvertes, ainsi que des résultats similaires à travers le monde, sont remarquables car elles montrent le potentiel de l'agriculture à atténuer le changement climatique. En outre, la recherche prouve que les fermes durables sont également plus à même de résister à l'instabilité du climat provoquée par les gaz à effet de serre. À Rodale, les chercheurs ont découvert que les champs biologiques tests se portent mieux au cours des années sèches, « grâce à une meilleure capacité à retenir l'eau et à des sols plus riches en matière organique », précise LaSalle[37].

À l'échelle mondiale, abandonner les produits de la pétrochimie dans l'approvisionnement de nourriture ne menace pas forcément la productivité alimentaire. Dans une grande étude sur les récoltes de fermes biologiques et industrielles à travers le monde, des chercheurs de l'université du Michigan ont montré qu'introduire des approches agroécologiques dans les pays en développement mène à des récoltes de deux à quatre fois plus importantes. En estimant l'impact sur l'approvisionnement mondial de nourriture, les auteurs ont découvert que si toute la production adoptait l'agriculture biologique, il y aurait une augmentation moyenne des récoltes pour chaque catégorie de cultures sur lesquelles ils se sont penchés[38].

Dans l'une des plus grandes études sur la façon dont les pratiques agroécologiques affectent la productivité du monde en développement, des chercheurs de l'université d'Essex au Royaume-Uni ont passé en revue deux cent quatre-vingt-six projets dans cinquante-sept pays, la plupart africains. Parmi les 12,6 millions de paysans qui ont choisi une agriculture durable, les chercheurs ont découvert une augmentation moyenne des récoltes de 79 %. Une conférence sur le commerce et le développement des Nations unies en 2008 et un rapport du Programme des Nations unies pour l'environnement concluent que « l'agriculture biologique peut être davantage apte à assurer la sécurité alimentaire en Afrique que des systèmes de production plus conventionnels, et [...] sera plus durable sur le long terme[39] ».

Dans l'analyse de l'agriculture mondiale la plus complète à ce jour, l'IAASTD a découvert que « la dépendance à l'agriculture industrielle est risquée et non durable, en particulier face à la dégradation du climat, de l'énergie et de l'eau », selon Marcia Ishi-Eiteman, l'un des auteurs de ce rapport[40].

Comment y parvenir

L'étude de l'IAASTD, les découvertes de l'université d'Essex, les conclusions du Rodale Institute et les champs productifs de Mark Shepard pointent tous dans la même direction : si nous devons continuer à nourrir la planète – et à bien la nourrir – face au chaos du climat, nous devrons radicalement repenser le système alimentaire industriel. Nous pouvons commencer par ce qu'il y a dans nos assiettes.

Nous pouvons faire des choix d'alimentation en accord avec un régime écologiste. Nous pouvons choisir de consommer des aliments provenant de fermes biologiques, de réduire notre consommation de produits hautement traités ainsi que de viande et de produits laitiers provenant d'exploitations industrielles. Nous pouvons aussi acheter des produits régionaux et locaux (même si les émissions liées au transport ne sont qu'une partie relativement faible de l'impact global de la plupart des produits alimentaires, soutenir les paysans régionaux est une étape importante pour construire un système alimentaire résistant et favorisant la biodiversité).

Mais il est important d'aller plus loin. Les choix écologistes ne sont pas accessibles à la plupart des communautés, du moins actuellement, en grande partie parce que les politiques agricoles aux États-Unis et ailleurs ont accordé des subventions à la production industrielle pendant des dizaines d'années, au détriment des producteurs durables. Les éleveurs industriels américains reçoivent des milliards de dollars en paiements directs grâce au *Farm Bill*, la politique multimilliardaire qui gouverne l'agriculture. Entre 1995 et 2006, l'application du *Farm Bill* a subventionné de façon directe des grands éleveurs à hauteur de 3 milliards de dollars[41].

Mais les éleveurs bénéficient également de cette loi de façon indirecte. Entre 2003 et 2005, les producteurs de maïs ont reçu 17,6 milliards de dollars de subventions, les producteurs de soja recevant quant à eux 2 milliards. Parce que les coûts d'alimentation comptent pour au moins 60 % du coût total de production pour la plupart des fermes industrielles, les politiques qui permettent aux prix des céréales et du soja de descendre sous le coût de production sont une aubaine pour les entreprises de traitement et pour les distributeurs. Et depuis que 67 % du maïs américain et que presque tout le soja sont utilisés pour nourrir le bétail et les poissons nationaux ou étrangers, ces avantages pourraient également être vus comme des subventions à destination des éleveurs[42].

Au total, ces subventions fédérales ont permis au secteur de l'élevage d'économiser 35 milliards de dollars entre 1997 et 2005, selon des chercheurs de l'université Tufts. Les lobbyistes de l'industrie de l'élevage ont également réussi à obtenir des versements de la part du Programme de primes à la qualité environnementale du *Farm Bill* pour se concentrer sur des opérations d'alimentation des animaux, même si le programme était à la base voué à aider les petits agriculteurs à réduire la pollution. Jusqu'en 2007, les exploitations agricoles industrielles recevaient près de 125 millions de dollars par an de ce seul programme[43].

Ce ne sont que quelques-unes des politiques agricoles perverses qui accordent des subventions pour faire avancer un système qui contribue à la crise climatique. Mais le *Farm Bill* pourrait encourager à la place un abandon de l'agriculture dépendante des carburants fossiles et une transition vers un système agricole qui ferait partie de la lutte contre la crise climatique. Il pourrait, par exemple, apporter :

— une formation aux agriculteurs pour faciliter la transition de l'agriculture chimique vers l'agriculture biologique ;

— des subventions plus généreuses aux agriculteurs qui entament une conversion vers le bio et un soutien financier pour subventionner les coûts de certification biologique (en 2009, l'initiative biologique du Programme de primes à la qualité environnementale a mis de côté plus de 35 millions de dollars pour aider les agriculteurs à obtenir un label) ;

— des primes et un soutien à tous les agriculteurs pour la constitution de sols plus sains, riches en carbone, et pour réduire l'utilisation d'engrais de synthèse ;

— une meilleure application des réglementations environnementales pour les exploitations et les cultures émettant beaucoup de gaz à effet de serre ;

— financer la recherche afin de trouver comment réduire les émissions de gaz à effet de serre des exploitations (actuellement 2,6 % seulement du budget de recherche du Département de l'agriculture américain est destiné aux approches biologiques)[44].

Le *Farm Bill* pourrait aussi diffuser des programmes qui encourageraient la consommation de fruits, de légumes et d'aliments locaux plutôt que des produits hautement traités. Le WIC Farmers Market Nutrition Program, par exemple, est en vigueur dans quarante-cinq États et accorde jusqu'à 30 dollars par an en bons d'achat aux enfants défavorisés et aux femmes enceintes ou en post-partum à dépenser sur les marchés paysans. Ce programme concerne déjà 2,2 millions de personnes mais pourrait être considérablement étendu, encourageant une plus grande consommation d'aliments biologiques et des systèmes alimentaires régionaux[45].

Ce ne sont là que quelques-uns des changements de politique qui pourraient transformer le système alimentaire. Chacun peut défendre de telles réformes et peut également aider à créer une demande sur le marché pour des aliments biologiques en suivant les principes d'un régime durable.

Certes, nous ne pouvons pas changer le monde simplement en achetant des pommes biologiques au marché en bas de chez nous, mais c'est un début.

Sur le terrain
Une révolution toujours plus verte pour l'Afrique

Le défi auquel fait face l'agriculture africaine est immense. Il faudra au moins doubler les récoltes dans les prochaines décennies pour produire plus de nourriture pour une population croissante, tout en combattant la pauvreté et en rétablissant la fertilité des sols épuisés. Les risques qui accompagnent le changement climatique rendent cette tâche encore plus décourageante[46].

Pour des centaines de petits paysans en Zambie, au Malawi, au Niger et au Burkina, le futur semble plus clair. Ils ont adopté des techniques d'exploitation qui restaurent les sols épuisés et augmentent de façon impressionnante la production, la sécurité alimentaire des foyers et les revenus[47].

« Dans le passé, j'obtenais environ dix sacs de maïs de mes champs, aujourd'hui j'en obtiens au moins vingt-cinq, nous dit Mary Sabuloni, dont la ferme est à près d'une heure de route au sud-ouest de Blantyre, au Malawi. Avant, nous avions souvent faim, mais à présent, je peux nourrir ma famille tout au long de l'année[48]. »

Mary Sabuloni n'est qu'un exemple parmi de nombreux autres paysans du Malawi qui ont vu leurs récoltes de maïs s'accroître et leurs sols s'améliorer depuis qu'ils ont commencé à planter des arbres fertilisants. La production de maïs peut doubler grâce à de tels arbres. Une augmentation de 1 à 2 tonnes sur 1 hectare de terre assure 1 kilo supplémentaire de céréales pendant deux cents jours pour une famille de cinq personnes[49].

Pendant des dizaines d'années, des scientifiques ont évalué différents arbres et arbustes fixateurs d'azote, tels que *Sesbania, Gliricidia, Tephrosia* et *Faidherbia,* que les paysans peuvent planter pour améliorer la fertilité du sol. Ces plantes aspirent l'azote qu'il y a dans l'air et le transfèrent dans le sol à travers leurs racines et lorsque leurs feuilles sont incorporées à la terre[50].

Mariko Majoni du village de Jiya, au sud du Malawi, avait l'habitude d'obtenir de trente à quarante sacs de maïs de sa terre lorsqu'il pouvait s'offrir des engrais minéraux. Sans argent, il n'a pu produire que de six à neuf sacs. Mais, en 2006, après avoir planté et s'être occupé de ses arbres fertilisants, sa terre lui a permis de produire soixante-dix sacs de maïs. « Aujourd'hui ma terre est très riche et retient beaucoup mieux l'eau », nous dit Majoni, ajoutant qu'il possède assez de maïs pour sa famille et lui, et beaucoup plus pour la vente[51].

En associant l'intégration d'arbres avec les principes de l'agriculture de conservation, le concept d'agriculture de conservation émerge comme une façon fondée sur la science, abordable et accessible, de mieux s'occuper de la terre et d'augmenter la production de nourriture des petits paysans. L'agriculture de conservation consiste en trois principes de base : déranger la terre le moins possible (c'est-à-dire un minimum de labourage, voire pas du tout), garder la terre couverte de matière organique comme les résidus de récoltes, alterner et diversifier les cultures, particulièrement en utilisant des espèces légumineuses qui reconstituent les nutriments du sol. De nos jours, près de 100 millions d'hectares de terrain à travers le monde sont gérés par ces principes[52].

Avec l'agriculture de conservation – comme avec la plupart des formes d'agroforesterie –, les arbres offrent de multiples avantages aux paysans, parmi lesquels des sources d'engrais vert pour assainir les sols et améliorer la production des cultures, grâce aux arbres pour des fruits, des remèdes, de la nourriture pour le bétail, du bois de construction et du bois de chauffage[53].

Il existe des avantages environnementaux supplémentaires sous la forme d'ombre et d'abri, du contrôle de l'érosion, de la protection des bassins versants, de la séquestration du carbone et d'un accroissement de la biodiversité. Si les petits paysans améliorent la productivité de leurs terres de façon durable, cela réduit le besoin d'une expansion agricole future. L'adoption croissante de l'agroforesterie signifie aussi que de nombreux biens et services forestiers peuvent être produits dans les champs. Si les marchés du carbone deviennent accessibles aux petits paysans, le résultat sera un nombre d'arbres plus important encore dans les paysages agricoles de la planète[54].

Faidherbia albida est un arbre fertilisant unique qui pourrait être la pierre angulaire de l'agriculture de conservation dans le futur. Venu d'Afrique, l'arbre est un composant naturel de l'agriculture à travers de nombreuses régions du continent. *Faidherbia* manifeste une phénologie inversée, ce qui signifie qu'il se débarrasse de ses feuilles riches en azote au début de la saison des pluies et reste dormant pendant la période de pousse. Les feuilles repoussent lorsque la saison sèche commence. Cela rend ces arbres hautement compatibles avec les cultures alimentaires, parce qu'ils ne sont pas en compétition avec elles pour la lumière, les nutriments ou l'eau pendant la saison de pousse. Seules les branches nues de l'arbre s'étendent au-dessus tandis que les cultures poussent jusqu'à maturité.

En Zambie, plus de cent soixante mille paysans ont étendu leurs pratiques d'agriculture de conservation pour inclure les cultures alimentaires au milieu de forêts d'arbres fertilisants comme *Faidherbia* sur une superficie de 300 000 hectares. Et pour une bonne raison : le maïs cultivé dans le voisinage de ces arbres est plus productif et la santé des sols est meilleure[55].

La production de maïs est la base de l'agriculture et des réserves alimentaires de Zambie, pourtant la production moyenne n'est que de 1,1 tonne par hectare. Lors de la saison de pousse 2008, l'organisation Conservation Farming Unit de Zambie a observé que les productions de maïs sans engrais se trouvant près d'arbres *Faidherbia* avoisinaient 4,1 tonnes par hectare, contre 1,3 tonne juste à côté, mais sous la canopée[56].

Des résultats prometteurs similaires ont été notés au Malawi, où la production de maïs a augmenté jusqu'à 280 % dans la zone située sous la canopée d'arbres *Faidherbia* par rapport à la zone qui n'y est pas. Et au Niger, plus de 4,8 millions d'hectares de forêts en grande partie composées de *Faidherbia* enrichissent à l'heure actuelle la production de millet et de sorgho[57].

Tembo Chanyenga du Forestry Research Institute du Malawi affirme qu'il peut entrevoir un temps où les familles de paysans pourront manger des fruits tous les matins au petit déjeuner. « Le paysage sera bien plus riche en arbres qu'il ne l'est aujourd'hui, et la terre plus fertile[58]. »

Une alliance générale est en train d'émerger entre gouvernements, donateurs internationaux, institutions de recherche et partenaires locaux et internationaux pour élargir l'utilisation de cette approche innovatrice de l'agriculture en Afrique. Des solutions scientifiques qui mettent à profit le meilleur du savoir et des pratiques locaux, et qui sont réellement accessibles et abordables, représentent la seule voie pour assurer une croissance agricole et lutter ainsi contre l'extrême pauvreté[59].

Dennis Garrity
Institut mondial agroforestier, Nairobi

Chapitre 9

Pertes après récolte : un problème méconnu

*Tristam Stuart**

* **Tristam Stuart** est historien et milite pour une meilleure répartition de la nourriture. Ce chapitre est basé sur son livre : *Waste : Uncovering the Global Food Scandal.*

Presque tous les insectes, champignons, oiseaux et rongeurs veulent mettre la main, métaphoriquement, sur les produits des cultures. Depuis l'origine de la conservation à long terme de la nourriture, il y a dix mille ans, les hommes ont tenté de s'y opposer. Aujourd'hui, les pays riches baignent dans une débauche de compétences et de technologies de conservation de la nourriture qui ont réduit au strict minimum les pertes accidentelles après la récolte. Un arsenal de mesures préventives est à la disposition des entreprises agroalimentaires pour préserver la nourriture de tout dommage avant son arrivée sur le marché – depuis la réfrigération, la pasteurisation et les autres moyens de conservation, les appareils de dessiccation, les installations climatisées, les infrastructures de transport, les produits chimiques anti-germination, et la sélection des espèces végétales visant à augmenter leur durée de vie, jusqu'aux savoir-faire développés sur des dizaines d'années grâce au soutien des gouvernements, des universités et de quelques-unes des plus grandes entreprises mondiales.

Ironie du sort, tous ces moyens ont contribué à une abondance de biens colossale et encouragé une civilisation dans laquelle des niveaux ahurissants de gaspillage « délibéré » de nourriture sont désormais acceptés, voire institutionnalisés. Le gaspillage est désormais un corollaire malencontreux – et inutile – de l'approvisionnement alimentaire en constante progression des pays riches. Se débarrasser des produits esthétiquement « imparfaits » à la ferme, rejeter en mer du poisson comestible, éliminer les croûtes de pain dans les sandwicheries industrielles, constituer des stocks excessifs dans les supermarchés, acheter et cuisiner de trop grandes quantités à la maison – voilà des exemples d'un gaspillage extravagant de nourriture.

Mais aucun d'eux ne doit occulter le fait que les moyens modernes d'approvisionnement de nourriture ont réalisé des progrès monumentaux pour éviter les pertes accidentelles « après récolte » entre la ferme et le marché. Avec des conditions climatiques optimales dans les pays riches, aujourd'hui, les récoltes céréalières de base, comme le blé, peuvent se faire avec des pertes de moins de 0,07 %[1].

La conservation des récoltes dans les pays les plus pauvres, au contraire, reste déplorablement inadaptée, conduisant à des niveaux de gaspillage phénoménaux dans les pays qui manquent justement le plus de nourriture. Le monde en développement est encore paralysé par bien des problèmes d'ordre logistique que les pays riches ont résolus il y a des dizaines d'années ou même des siècles. Les agriculteurs et les commerçants perdent des proportions significatives de leurs récoltes, et s'attaquer à ce problème de front devrait être une priorité au moment où la menace pesant sur la sécurité alimentaire mondiale devient une affaire internationale cruciale.

La révolution verte des années 1960 et 1970 a imposé au monde agricole de nouveaux efforts de production, des machines, des pesticides, des fertilisants et autres produits chimiques, lesquels ont donné un coup de fouet spectaculaire aux rendements. Les grandes entreprises occidentales ont fait fortune en exportant leur haute technologie pour l'agriculture. Ce qui a été négligé dans une très large mesure, ce sont les entrepôts à céréales, les appareils de dessiccation, les caisses à fruits, la réfrigération et autres savoirs de base des technologies après récolte. Ces derniers sont moins alléchants pour les grandes entreprises, mais peuvent rapporter de plus gros bénéfices pour la sécurité alimentaire dans son ensemble. Le prix à payer pour obtenir de hauts rendements a parfois contribué au problème : les variétés traditionnelles étaient adaptées aux environnements où elles étaient cultivées et stockées, contenaient un taux plus bas d'humidité dans les grains mûrs, et des enveloppes plus épaisses qui sont résistantes aux rongeurs, aux insectes et aux moisissures, ce qui veut dire qu'elles pouvaient survivre au stockage jusqu'à la saison de plantation suivante. Aujourd'hui, les ingénieurs agronomes, les coopérants et les agriculteurs sont bien conscients qu'il ne suffit pas de faire croître les plantes nourricières. Il est indispensable d'entreposer les récoltes, de les conserver et de les transporter de manière plus performante[2].

D'innombrables monceaux de détritus

Négliger les pertes après récolte est l'une des anomalies de l'agriculture mondiale. En 1981, la FAO indiquait que la réduction des pertes après récolte « tire son importance non seulement de l'obligation morale d'éviter tout gaspillage, mais aussi du fait que [...] cela exige moins de ressources et est moins dommageable à l'environnement par le maintien de la quantité et de la qualité de la nourriture qu'une production accrue ».

Mais, malgré la Conférence mondiale de l'alimentation, qui l'a présentée comme une priorité au développement en 1974, et une résolution des Nations unies l'année suivante, qui appelait à une réduction de 50 % des pertes après récolte sur la décennie suivante, cela reste une dimension largement sous-financée du processus de développement[3].

L'aide internationale consacrée à l'agriculture dans les pays en voie de développement est tombée globalement des 20 % de l'aide publique au développement du début des années 1980 à 3 ou 4 % vers 2007. Et seulement 5 % des investissements pour la recherche et la promotion de la revalorisation agricole concernent la réduction des pertes post-récoltes. Ainsi que l'a déclaré la FAO : « Il est décourageant de voir que tant de temps est consacré à la culture, tant d'argent dépensé en irrigation, fertilisation et mesures de protection des récoltes, pour être réduits à néant une semaine après la récolte[4]. »

Gaspillage de nourriture en Asie

Le Sri Lanka perdrait ses fruits et ses légumes à un taux annuel de 40 à 60 %, soit 270 000 tonnes, pour une valeur approximative de 9 milliards de roupies sri lankaises (100 millions de dollars). Rien qu'au principal marché de la capitale, Colombo, où des centaines de personnes ne peuvent se permettre d'acheter suffisamment de nourriture fraîche pour se nourrir convenablement, la municipalité rejette quelque 11 tonnes de fruits et légumes tous les jours. Les trois quarts des pertes après récolte en fruits et légumes du pays, au dire de l'Institut sri lankais des technologies après récolte, pourraient être éliminées grâce à des mesures relativement simples. Actuellement, une grande quantité des fruits sont jetés dans des sacs en polystyrène et trimballés au marché dans la chaleur tropicale sur des kilomètres de routes défoncées, et, pendant le trajet, presque tout le dur travail de l'agriculteur est réduit à une bouillie épaisse et sirupeuse. Des clayettes réutilisables en bois ou en plastique, dans lesquelles fruits et légumes peuvent être soigneusement empilés à maturité – ainsi qu'on le fait dans les pays nantis – pourraient aider à résoudre ce problème.

De même, l'éducation pourrait être d'un grand secours – par exemple, en enseignant aux agriculteurs à quel moment cueillir les fruits de manière à maximiser leur durée de vie. L'endroit exact où placer la main sur la queue des fruits pour les détacher peut aussi avoir une influence significative sur leur dégradation éventuelle. Sur les marchés, les procédés de refroidissement peuvent se contenter d'ombre et d'eau. Adopter de telles méthodes peut faire une énorme différence. Ces dernières années, divers projets au Sri Lanka ont réduit les niveaux de gaspillage de 30 à 6 %, et augmenté les revenus des agriculteurs jusqu'à 23 000 roupies (256 dollars) par hectare. En dépit de ce bon travail, les efforts au Sri Lanka restent terriblement sous-financés ; le gouvernement lui-même, qui subventionne les clayettes en plastique réutilisables pour les producteurs de fruits, peut à peine se permettre de prendre à sa charge une fraction des clayettes nécessaires.

Le Pakistan et l'Inde sont confrontés à nombre de difficultés du même ordre, mais sur une plus vaste échelle. L'Inde est le troisième plus grand producteur agricole mondial, cultivant 41 % des mangues du monde, 30 % de ses choux-fleurs, 23 % de ses bananes et 36 % de ses petits pois. Et c'est le troisième plus grand producteur de céréales, avec 204 millions de tonnes de céréales alimentaires par an. Avec un rendement annuel de 90 milliards de litres, il trait plus de lait de plus de vaches que n'importe quel autre pays. Et pourtant il n'a qu'une part de 1 à 1,5 % dans le commerce alimentaire mondial et ne traite que 2 % de sa production, contrairement à certains pays industriels qui en traitent de 60 à 70 %. Les estimations considèrent que de 35 à 40 % de ses fruits et légumes vont à la poubelle. En 2008, P. K. Mishra du Département d'agriculture brandit un chiffre bien plus élevé : 72 % de pertes.

La méthode très répandue de la cueillette des mangues en Asie du Sud en est une illustration : elle repose sur l'emploi d'un bâton et d'un sac fabriqué localement pour faire tomber beaucoup de fruits sur le sol ; cela peut être pire si l'on emploie une lame ou un crochet pour couper les fruits. Une meurtrissure à ce stade peut rester invisible pendant un jour ou deux après la cueillette, mais elle détruit bientôt les mécanismes de défense qui laissent entrer une armée d'insectes, de champignons et de bactéries. Rien qu'au Pakistan on estime que les mangues sont saccagées chaque année pour une valeur de plus de 1 million de roupies ; on pourrait en sauver la moitié par de meilleures techniques de cueillette.

Source : voir note 5.

Les statistiques publiées sur les taux exacts de gaspillage sont fondées sur des estimations dépassées, et très peu d'études précises ont été faites en réalité – ce qui montre bien la négligence relative à cette question. La fiabilité des données est souvent également discutable parce que les statistiques sont quelquefois manipulées – soit pour exagérer les pertes de façon à encourager les donateurs à faire des dons, soit, au contraire, pour les minimiser de façon à éviter des tracas politiques. Malgré tout, conformément aux estimations officielles, la Chine a perdu, en 1993, 15 % de ses récoltes de céréales ; 11 % du riz du pays a été anéanti parce que les paysans l'ont entreposé dans des bâtiments mal entretenus. Au Vietnam, de même, de 10 à 25 % du riz sont régulièrement perdus, et, dans les cas extrêmes, cette perte peut atteindre de 40 à 80 %. Dans toute l'Asie, les pertes de riz après récolte tournent autour de 13 %, alors qu'au Brésil et au Bangladesh les pertes annoncées sont respectivement de 22 et 20 %[5].

L'agronome Vaclav Smil estime que si tous les pays à faible revenu perdent leurs céréales à raison de 15 %, leurs pertes annuelles après récolte se montent à 150 millions de tonnes. C'est six fois plus que ce que la FAO déclare satisfaire pour suffire aux besoins de tous les peuples affamés du monde en développement. Les experts pensent que, dans le monde en développement, il doit être possible de diminuer les pertes après récolte de céréales et de tubercules à seulement 4 %[6].

Lorsque les céréales sont conservées dans de mauvaises conditions, même les grains récupérés, lorsqu'ils sont encore comestibles, sont dégradés nutritionnellement : les taux d'amino-acides tels que la lysine peuvent chuter d'environ 40 %, de même que la thiamine et le carotène. Les statistiques trop brutes sur les pertes alimentaires sous-estiment ainsi les carences qui affectent la nourriture disponible[7].

En 2008, *Homo sapiens* est devenu une espèce en majorité urbaine. La nourriture de ce fait doit désormais voyager davantage des exploitations jusqu'aux assiettes. Un agriculteur qui produisait autrefois seulement pour son village doit aujourd'hui transporter par camion ses produits jusqu'à la ville, des centaines et même des milliers de kilomètres plus loin, ce qui exige une technologie et des compétences auxquelles les agriculteurs et les commerçants ne sont pas toujours familiarisés. Beaucoup d'économies ont récemment libéralisé leur commerce, en partie à cause des pressions de la Banque mondiale, et, par conséquent, la conservation des céréales – qui relevait auparavant de l'État dans beaucoup de pays – est désormais prise en charge par des commerçants privés, qui manquent souvent de compétences et d'incitations fiscales pour préserver la qualité des céréales. La plupart de ces difficultés ne peuvent être résolues que par la diffusion des connaissances.

Fournir aux villes nouvellement peuplées et en croissance rapide des monceaux de nourriture de qualité est une démarche essentielle pour éviter des crises sociales généralisées. Dans le passé, les pénuries de nourriture dans les zones urbaines ont suscité le déclenchement de nombreuses révolutions : Paris en 1789, par exemple, plusieurs villes européennes en 1848 et la Russie en 1917. Les émeutes de la faim en 2008 au Burkina, au Cameroun, en Côte d'Ivoire, en Égypte, à Haïti, en Indonésie, à Madagascar et au Sénégal ne font pas exception.

Gaspillage de nourriture en Afrique

Dans l'Afrique subsaharienne – où la malnutrition des enfants a augmenté ces trente dernières années jusqu'à dépasser les 75 %, ce qui représente 12,9 millions d'enfants mal nourris –, même des mesures rudimentaires pour prévenir les pertes après récolte font encore défaut. Une étude de 2009 a dévoilé les dommages causés aux récoltes de céréales en Zambie. Le maïs est le produit de base le plus important du pays, fournissant plus de 68 % des calories alimentaires de la population et 76 % du revenu des petits exploitants. Dans ce pays, les pénuries de maïs ont contribué à une malnutrition chronique et à la famine, mais peu de ressources ont été consacrées jusqu'à présent aux infrastructures après récolte pour protéger cette très précieuse culture de la grande chaleur et de l'humidité de la région[8].

Cette étude révèle qu'on a trouvé dans 96 % des échantillons de maïs entreposés des fuminosines toxiques, qui proviennent du développement des moisissures. Un cinquième des échantillons contenait aussi dix fois plus d'aflatoxines que le niveau limite de sécurité recommandé par le gouvernement et produites par le champignon *Aspergillus*. L'aflatoxine inhibe la croissance des enfants et du bétail et provoque le cancer. Dans divers pays africains, on est choqué de voir que 98 % des gens ont dans le sang des concentrations d'aflatoxines parfois plusieurs fois supérieures à celles autorisées par les règles de l'Union européenne et des États-Unis. Cela est causé presque exclusivement par la consommation de nourriture moisie[9].

Dans tous les échantillons de maïs zambiens, on trouve aussi des charançons qui, de concert avec les vers des grains, mangent les grains et deviennent les vecteurs des champignons destructeurs. On a constaté que même les entrepôts de céréales régis par l'État avaient des taux de mycotoxines dépassant les limites de sécurité. Le problème est dû tout simplement au défaut d'infrastructures pour entreposer les céréales de façon qu'elles restent sèches et exemptes de toute contamination par la vermine[10].

L'étude a montré que « presque toutes les infrastructures de stockage des cultivateurs étaient en piètre état, favorisant l'infestation par les insectes et la contamination par les champignons ». Les structures de stockage généralement utilisées sont faites de bâtons et de brindilles tressées, ou simplement de sacs en polypropylène récupérés par les cultivateurs. Ambayeba Muimba Kankolongo, coauteur de cette étude, assure que « le fait de donner aux cultivateurs de bonnes infrastructures pour le stockage d'un blé de bonne qualité et de leur apprendre à porter plus d'attention à la production augmentera considérablement la qualité des céréales[11] ».

Même sans l'introduction d'entrepôts à céréales à l'occidentale, nécessitant de fortes densités de capitaux, beaucoup peut être fait pour aider les petits exploitants à prévenir les dommages à leurs récoltes. L'enfumage, des moyens mécaniques de nettoyage de magasins et des insecticides chimiques peuvent être utilisés pour réduire le risque d'infestation et sont des pratiques souvent omises dans les petites exploitations de Zambie. Il y a même de notables disparités de performance en ce qui concerne les différents types de structures locales, les meilleurs résultats provenant des structures en bambou ou de la combinaison de sacs et d'un conteneur secondaire comme un bidon en métal entouré de boue ou de briques[12].

Dans sa politique nationale agricole 2004-2015, le ministre zambien de l'Agriculture a attiré l'attention sur le fait que les pertes après récolte du pays « compromettent la capacité du secteur agricole à tirer parti de tout son potentiel et, par suite, abaissent de manière significative les seuils de pauvreté ». Il a annoncé qu'il espérait que « les pertes après récolte passent du niveau actuel de 30 % à moins de 10 % d'ici 2015 ». Cela sera chose faite, a-t-il promis, par la conception et par la promotion d'un « transport approprié à l'intérieur de l'exploitation et de structures de stockage spéciales pour les exploitants à petite échelle afin de minimiser ou de prévenir les pertes après récolte[13] ».

Les progrès sont lents, mais les organismes donateurs ont participé à mettre en œuvre les plans gouvernementaux. Des agences allemandes ont aidé les cultivateurs zambiens à construire des entrepôts à céréales améliorés à partir de matériaux disponibles localement, et les résultats ont montré qu'ils ont diminué ou éliminé le développement des moisissures.

Les pertes de céréales sont particulièrement graves parce que les céréales fournissent les calories de base à la plupart des peuples du monde. Mais le niveau de gaspillage des denrées périssables est souvent bien supérieur[14].

La production laitière tend facilement au gaspillage à cause de l'absence de technologies comme la réfrigération et la pasteurisation, à la ferme ou sur les marchés. En Zambie, le gouvernement japonais, CARE International, l'Agence pour le développement international, en collaboration avec des entreprises et des acteurs locaux, ont permis d'établir des centres ruraux de collecte de lait. Des petits exploitants ou des éleveurs de bétail qui ne s'étaient jamais engagés dans le commerce du lait peuvent désormais délivrer leur surplus à des centres de collecte, qui sont équipés d'appareils de refroidissement permettant de vendre le lait au marché à des transformateurs et, en dernier ressort, de créer un commerce et d'augmenter le revenu des cultivateurs et la disponibilité du lait produit localement[15].

Estimations des pertes, transformations et gaspillage des chaînes alimentaires mondiales

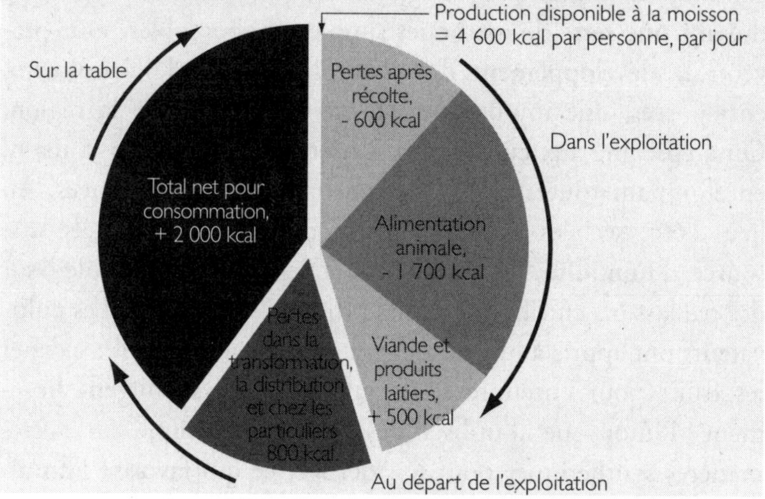

Source : Smil.

Pour ne considérer que l'Afrique de l'Est et le Proche-Orient, les pertes de lait se montent à 90 millions de dollars en 2004 ; en Ouganda, elles comptent pour 27 % de tout le lait produit. Un niveau modeste d'éducation et un peu d'équipement pourraient élever le revenu des cultivateurs et améliorer le régime alimentaire local, et cela devrait supprimer toute nécessité d'importer des produits laitiers. Dans leur ensemble, les importations de produits laitiers dans le monde en développement ont augmenté de 43 % entre 1998 et 2001, mais la FAO prétend que cette augmentation est « inutile et pourrait être réduite par le simple expédient de la réduction des pertes après récolte[16] ».

Partout en Afrique, des projets ont montré la rentabilité de mesures préventives contre le gaspillage et la dégradation des récoltes. Un projet communautaire en Guinée a réalisé des réductions spectaculaires de l'exposition aux aflatoxines dans les communautés pratiquant l'agriculture de subsistance en introduisant une série de méthodes simples et abordables pour prévenir le développement des champignons sur les cacahuètes entreposées, une importante culture alimentaire de la région. On a enseigné aux cultivateurs à trier les cacahuètes à la main, en éliminant toutes celles qui étaient moisies ou abîmées. Au lieu d'être séchées à même le sol, ce qui pouvait créer une source d'humidité, les cacahuètes étaient séchées au soleil sur des paillassons en fibre naturelle produits localement. Les cultivateurs ont appris à juger du degré de séchage au soleil : secouer les fruits pour entendre si les graines séchées bougent librement. Plutôt que d'utiliser des sacs en plastique ou autres matières synthétiques pour le stockage, ce qui favorise l'humidité, ils prenaient des sacs de jute, en fibre naturelle, entreposaient les denrées sur des palettes en bois plutôt qu'à même le sol et répandaient de l'insecticide sous les palettes pour tuer les parasites[17].

Les conclusions de ce programme, rapportées dans *The Lancet,* indiquent que, dans les villages qui appliquent ces simples mesures après récolte, l'exposition aux aflatoxines est divisée par plus de deux, et la proportion des individus dont le sang était complètement exempt d'aflatoxines était dix fois plus importante que dans les villages témoins où l'on avait laissé les cultivateurs suivre leurs pratiques habituelles. Le coût de toutes ces procédures après récolte s'est élevé à 15 dollars par agriculteur, une grosse somme pour un pays où le revenu annuel moyen est de 1 100 dollars, mais les coûts pourraient certainement être abaissés et devraient être comparés aux bénéfices véritablement substantiels en termes de santé, de nutrition et de revenus[18].

Économiser la nourriture

Pour protéger les récoltes stockées, les pays occidentaux utilisent des conservateurs – dont les acides propionique, sorbique et benzoïque, et, plus récemment, des antioxydants comme le parabène de propyle et le resvératrol – et cela pourrait constituer des mesures de plus en plus efficaces pour le monde en développement. Mais, même sans avoir recours à ces produits modernes de synthèse – qui sont souvent chers, de mauvaise qualité et inaccessibles dans les campagnes des pays en développement –, on pourrait promouvoir des solutions alternatives « naturelles », peu onéreuses et facilement accessibles. Une étude récente a montré, par exemple, qu'un remède traditionnel africain extrait des racines séchées de *Securidaca longepedunculata* était efficace pour chasser les parasites des stocks de céréales, et à doses suffisantes, dans les conditions de laboratoire, pouvait amener 100 % de mortalité des parasites. De telles découvertes devraient donner espoir aux agences de développement et aux gouvernements intéressés à utiliser les ressources locales pour promouvoir les entreprises rurales tout en renforçant la sécurité alimentaire[19].

L'objectif le plus accessible en termes d'épargne rapidement rentable se situe dans le secteur des fruits et légumes. Le gaspillage de ces précieux aliments survient même là où les gens n'ont pas suffisamment à manger. Les fruits et les légumes non seulement fournissent les micronutriments indispensables, mais ils rendent aussi plus savoureux et plus agréable le régime en majorité végétarien de beaucoup de pauvres de par le monde. Les produits de base africains, manioc et igname, ont une durée de vie brève, et c'est à peine s'il existe une tradition qui les transforme en produits plus stables comme la farine, de sorte qu'ils pourrissent dans les granges de ceux qui meurent de faim[20].

La patate douce – septième culture vivrière la plus importante du monde, riche en carotène, précurseur de la vitamine A – a une forte teneur en eau, ce qui signifie qu'elle est plus sujette à se dégrader que les céréales séchées. Dans les conditions idéales des pays riches, les patates douces peuvent être stockées pendant un an, alors qu'en Afrique subsaharienne pratiquement 79 % des stocks de ces tubercules peuvent être perdus. Néanmoins, une conception avisée des entreposages, comprenant par exemple l'enlèvement des tiges sur le haut des patates, a permis de récupérer jusqu'à 48 % de la récolte. Des travaux récents ont pu repérer leur point exact de maturité (vers cent cinq jours) – moment optimal pour la récolte des tubercules en vue d'une productivité maximale –, leurs qualités nutritionnelles, leurs propriétés de stockage et leur acceptabilité par le consommateur. Ainsi, développer l'accès à la nourriture et limiter le gaspillage peuvent souvent se résumer à orienter les ressources pour enseigner aux agriculteurs de meilleures pratiques, sans même avoir recours à des dépenses d'investissement[21].

Changer la façon dont les agriculteurs africains récoltent les tubercules peut les aider à nourrir leurs familles tout en leur ouvrant de nouvelles possibilités pour profiter de la demande croissante en produits frais des centres urbains. Les rigoureux standards esthétiques imposés par les distributeurs qui desservent les consommateurs urbains représentent un obstacle nouveau pour bon nombre de ceux qui pratiquent une agriculture de subsistance ; ici encore, la formation peut jouer un rôle primordial dans l'augmentation des revenus agricoles. Les agriculteurs africains n'ont pas de moyens de stockage spécialisés et conservent leurs patates traditionnellement à même le sol dans leurs cases de boue et de paille. Les patates y sont exposées au soleil, ce qui entraîne des pertes significatives dues au verdissement et à la germination, spécialement quand les portes sont régulièrement ouvertes et fermées pendant la journée.

Des récoltes en partie gâtées comme celles-ci seront réutilisées par les petits cultivateurs africains pour la consommation familiale ou pour la vente locale à prix réduit, mais elles ne seront pas vendables dans le commerce et représentent donc un manque à gagner. La conservation des tubercules par le froid comme le font les cultivateurs à grande échelle de par le monde n'est pas une technologie appropriée ni abordable pour ces agriculteurs, c'est pourquoi une alternative acceptable consiste à laisser les cultures sur pied longtemps après la maturité et à les récolter par lots successifs plutôt qu'en une seule fois. Cela facilite la répartition des dépenses de travail et le revenu de l'exploitation ainsi que la conformation aux standards de qualité voulus par le commerce.

Une étude en Afrique du Sud a comparé les pertes des récoltes traditionnelles stockées dans les entrepôts des cultivateurs récoltant par lots et laissant les patates sur pied jusqu'à six semaines après la maturité. Dans le meilleur des cas, la récolte par lots a ramené le taux de gaspillage de la récolte de 37 à 11 % – soit une diminution des pertes de 71 %. En moyenne pendant l'année, 8 % de toute la production a été sauvée grâce à la récolte par lots[22].

Les économies émergentes investissent aujourd'hui lourdement dans les chaînes de conservation du froid utilisées en Occident, en dépit d'exigences énergétiques élevées. Le budget du gouvernement indien pour 2009-2010 alloue des incitations et des aides financières à l'installation d'entrepôts et de stockage par le froid, et les lobbys de l'industrie font pression pour obtenir encore davantage d'incitations fiscales, et ce, non sans un soupçon d'alarmisme intéressé. L'Association des chambres de commerce et de l'industrie, qui assure en Inde un forum pour le dialogue entre les entreprises et le gouvernement, affirme que le pays doit augmenter d'un tiers sa capacité d'entreposage au froid, soit 10 millions de tonnes supplémentaires, afin de préserver 40 % des fruits et des légumes qui, déclare-t-elle, sont jetés tous les ans après la récolte[23].

Une méthode de conservation moins gourmande en énergie et par suite indiscutablement plus adaptée aux régions tropicales et subtropicales est l'emploi de l'abondante chaleur solaire pour sécher une plus grande partie des fruits produits localement. Un projet innovant en Afrique de l'Ouest sèche les mangues dans un séchoir solaire pour en abaisser le taux d'humidité à 10 %. Les mangues déshydratées conservent leurs provitamines A pendant six mois et les organisateurs se vantaient de récupérer les 100 000 tonnes de mangues qui se perdent chaque année dans la région après récolte ; ce système pourrait multiplier l'apport en vitamine A de la région par 27 000[24].

Grâce au séchage des restes de bananes, une nouvelle organisation s'occupant de déchets alimentaires, A Taste of Freedom, a mis au point un produit que l'on peut manger comme une confiserie ou rouler en feuilles pour former un emballage naturel et sucré pour d'autres aliments, convenant aussi bien pour l'exportation que pour la consommation domestique. Des techniques aussi innovantes pour la préparation de denrées alimentaires déjà répandues ont toutes les chances de plaire aux consommateurs et peuvent donner un coup de fouet aux économies locales[25].

La fermentation est une autre méthode de conservation alimentaire à faibles intrants, localement bien adaptée. En Afrique, le kéfir est une boisson laitière acidulée, légèrement alcoolisée, produite par la fermentation du lait avec un peu de grain. C'est indiscutablement une méthode de conservation plus accessible pour certains producteurs que la pasteurisation et la chaîne du froid. De récents travaux en Afrique du Sud ont cherché des méthodes pour commercialiser ce breuvage particulier[26].

Les récentes dépenses agricoles ont concerné dans une proportion excessive les biotechnologies, parfois au détriment d'investissements à l'efficacité reconnue dans des infrastructures de base après récolte et de stockage. Mais la biotechnologie est promise à un rôle important dans la conservation alimentaire. Un partenariat de transfert de technologie impliquant le Centre international de la pomme de terre et les experts belges de Bayer CropScience tente de corriger le fait que presque toutes les cultures génétiquement modifiées que l'on trouve dans le commerce ont été jusqu'à présent destinées à une agriculture à grande échelle plutôt qu'à l'agriculture de subsistance des cultivateurs les plus pauvres du monde. En Afrique orientale et centrale, les rendements moyens de patates douces s'arrêtent à 4,17 petites tonnes à l'hectare, bien inférieures à leur taux potentiel de 50 tonnes. Les efforts des partenaires pour mettre au point une souche de patate douce génétiquement modifiée, capable de résister aux charançons et aux maladies virales, qui sont responsables pour 50 à 100 % des pertes agricoles chez les cultivateurs pauvres de la région, pourraient constituer une véritable aubaine pour les cultivateurs et profiter à la sécurité alimentaire de millions de personnes[27].

Aider les agriculteurs à nourrir la planète

Certaines tentatives pour résoudre les problèmes rencontrés par les agriculteurs du monde en développement ont échoué, mais celles qui ont été bien conçues et bien réalisées ont transformé les régions rurales. Les facilités de microcrédit apportées par la banque Grameen, par exemple, ont aidé les villageois à investir dans des entreprises rurales, et de semblables prêts ont été consentis pour la construction d'infrastructures réductrices de pertes après récolte. Le soutien apporté aux Greniers communautaires villageois à Madagascar a aidé vingt-sept mille petits cultivateurs à engranger 80 000 tonnes de riz paddy, accroissant la disponibilité de 50 %. Au Bénin, les haricots ont été disposés dans des conteneurs hermétiquement scellés, ce qui a asphyxié les larves des parasites ; pour les protéger de l'humidité, on a stocké les ignames dans les maisons, sur des pilotis[28].

Dans les campagnes du Nigeria, les pertes les plus importantes en manioc se produisent à cause des techniques traditionnelles de ramassage (14 %), de manutention (9 %) et de transformation (23 %). Mais dans les années 1990, l'Institut international d'agriculture tropicale (International Institute of Tropical Agriculture) a investi dans les centres villageois de transformation, qui ont divisé par deux les pertes lors de la transformation et réduit le temps de travail de 70 %. À la suite de la crise alimentaire de 2008, le gouvernement des Philippines – l'un des pays les plus touchés par la hausse des prix du riz – a prévu de lourds investissements en séchoirs à riz pour faire face aux pertes de 25 à 50 % (en valeur, en tenant compte des pertes en quantité et qualité) subies par les cultivateurs du Sud-Est asiatique.

Au Timor-Oriental, les Nations unies ont financé des forgerons locaux pour qu'ils construisent des centaines de petits silos à grains et ont formé cultivateurs et propriétaires – dans l'espoir de sauver les récoltes déjà produites[29].

Autour des années 1985, les Nations unies ont aidé 9 % des cultivateurs pakistanais des zones non irriguées à investir dans des conteneurs à céréales en métal de façon à remplacer les sacs de jute et les constructions en torchis, ce qui a réduit les pertes de stockage jusqu'à 70 %. Simultanément, des projets visant à éliminer la prolifération des rats ont donné un coup de fouet aux rendements, qui ont augmenté de 10 à 20 %. Cependant, une grande proportion de cultivateurs continue d'employer des méthodes déplorables de stockage des céréales et sont toujours à la merci des mites, des rongeurs et des moisissures[30].

Si choquant que cela paraisse, d'une certaine manière, le gaspillage de millions de tonnes de nourriture sans raison, par l'indifférence des nantis et les pertes accidentelles après récolte des pays en développement, est une bonne nouvelle. Cela signifie qu'il pourrait y avoir facilement beaucoup plus de nourriture disponible. Lorsque les aliments passent de la ferme à l'assiette, ils perdent 1 800 calories après récolte, et sous forme d'aliments pour animaux, avant même de quitter le champ. En additionnant les pertes et les gaspillages dus à la transformation, à la distribution et à la manutention chez l'exploitant, les pertes totales s'élèvent à 2 600 kilocalories, laissant seulement

2 000 kilocalories par personne pour la consommation. Si l'on a besoin de plus de céréales sur le marché mondial, on pourrait commencer à faire d'excellentes provisions dans le gouffre des céréales abîmées des pays en développement. Le monde en développement tirerait profit d'investissements dans les technologies agricoles parant les pertes accidentelles, et le monde industriel devrait freiner ses excès. Ces mesures claires pour pallier ces deux sortes de gaspillage très différentes pourraient aider les pauvres à vivre[31].

Il est plus durable d'augmenter la disponibilité de la nourriture par la réduction du gaspillage que par l'abattage des forêts vierges censées libérer des surfaces cultivables – cette méthode étant la principale employée pour augmenter globalement la production de nourriture. Les agences d'aide internationales, les gouvernements et les donateurs individuels aussi bien que les associations et les consommateurs, à la fois dans les pays nantis et dans le monde en développement, peuvent aider à produire plus de nourriture sans avoir à abattre un seul arbre supplémentaire.

Sur le terrain
La prise du jour comme moyen de subsistance

Aux abords de Banjul, capitale de la Gambie, debout sur le bord de la route, un groupe de femmes vend des huîtres à 15 dalasis la bassine – 55 dollars pour environ soixante-quinze huîtres. Les femmes recueillent des huîtres depuis des dizaines d'années dans les vastes zones humides de la mangrove proche. La majorité de la récolte se fait dans le parc national de Tanbi, une zone humide d'importance internationale[32].

Bien que les mangroves soient saines, les cueilleuses ont été témoins des effets de la pression accrue sur la population d'huîtres. Les huîtres actuelles sont plus petites et plus difficiles à trouver qu'il y a seulement dix ans. Même avec les efforts supplémentaires que cela implique, les femmes sont plus nombreuses à ramasser que par le passé. Elles comptent sur les huîtres pour assurer leur subsistance et contribuent ainsi à la sécurité alimentaire d'un pays lourdement dépendant des protéines provenant des produits de la mer.

En 2007, quelques cueilleuses se sont organisées en une association de production appelée TRY, Association des femmes productrices d'huîtres (TRY'S Women Oyster Harvesting Association). Le nombre de membres augmente rapidement – de quatorze femmes du même village à cinq cents ramasseuses des quinze communautés du grand Banjul aujourd'hui. Cette croissance n'a pas été une mince affaire. Bien que les femmes soient toutes des Jola, groupe ethnique minoritaire, elles viennent de différents groupes aux langues et aux cultures distinctes. Au sein de TRY, elles ont réussi à mettre de côté ces différences, prenant leurs décisionsensemble et décidant des priorités collectivement[33].

Fin 2009, TRY a rejoint Ba Nafaa, projet de pêche durable fondé par l'Agence états-unienne pour le développement international. Ba Nafaa a aidé TRY à étendre l'envergure de sa mission et œuvré pour créer un plan de cogestion durable pour le ramassage des huîtres respectant les besoins des ramasseuses, des consommateurs et de l'environnement[34].

Travaillant avec Ba Nafaa, les femmes ont collectivement accepté des pratiques peut-être rigoureuses à court terme mais rentables avec le temps. Traditionnellement, les huîtres sont ramassées pendant la saison sèche, laissant libres les mois humides de juillet à fin décembre. En 2010, les membres ont décidé de prolonger la fermeture de la pêche jusqu'en mars. Quand la cueillette a repris, les femmes ont constaté un bénéfice immédiat – la taille des huîtres cueillies était nettement supérieure. De plus, chaque communauté a décidé de fermer un secteur sur son territoire pendant un an entier pour y régénérer la population d'huîtres[35].

Les femmes adoptent également des pratiques visant à préserver l'écosystème de Tanbi. Elles ont appris, par exemple, que couper à la machette les racines où s'accrochent les huîtres empêche l'écosystème de faire vivre les huîtres et les nurseries pour poissons. Elles font passer ces enseignements à d'autres Gambiens grâce à des petites pièces de théâtre sur les techniques de cueillette. Elles aident aussi le ministère de Gestion des parcs et de la nature à veiller sur les zones humides en signalant tout ramassage illégal de bois de chauffe[36].

L'une des premières réussites de TRY a été d'augmenter le prix des huîtres de 10 à 15 dalasis par bassine. L'un des grands objectifs est l'ouverture de nouveaux débouchés dans les points de vente haut de gamme qui servent les touristes et qui feront monter les prix exponentiellement. Un marché permanent serait d'un grand secours pour les cueilleuses qui comptent maintenant sur les clients qui s'arrêtent au bord de la route ou à des marchés périodiques dans le grand Banjul. Éventuellement, les cueilleuses pourraient organiser un marché d'exportation vers les États-Unis ou l'Europe, pouvant garantir des prix suffisamment élevés pour leur assurer un salaire minimum. Pendant ce temps-là, les cueilleuses d'huîtres continuent à vendre leurs huîtres le long de la route qui sort de Banjul – et œuvrent ensemble à améliorer leur situation.

Christi Zaleski
Projet pour la pêche durable Gambie-Sénégal

Chapitre 10

L'approvisionnement des villes

*Nancy Karanja et Mary Njenga**

* **Nancy Karanja** et **Mary Njenga** sont chercheuses à Urban Harvest à Nairobi, au Kenya.

Lorsque Alice Wairimu est arrivée à Nairobi, au Kenya, en 1987, elle a rejoint le flot des autres migrants qui allaient vers les villes – un flot qui, dans les cinquante dernières années, a rendu l'Afrique subsaharienne presque complètement méconnaissable. Son histoire est très ordinaire. Elle s'est établie à Kawangware, un des quartiers de la ville à faibles et moyens revenus, et a commencé par vendre des poulets. Elle a ensuite épousé Michael Macharia, qui habitait le bidonville de Kibera. Il a acheté à sa femme cinq vaches dont elle s'est occupée, jusqu'à ce qu'on lui en vole une lors des troubles politiques de 2007 et qu'ils soient forcés de vendre les quatre autres pour payer l'hôpital. Le couple s'est aussi lancé dans la culture, en arrosant avec des eaux résiduelles une pièce de terrain qui appartenait à l'administration publique, qui l'a récupérée ensuite en 2010. Ils ont mis leurs maigres économies dans la location d'une terre voisine et y pratiquent une agriculture urbaine[1].

Pour Alice Mairimu, Michael Macharia et des millions d'autres, l'agriculture est devenue une bouée de sauvetage à une époque de bouleversements et de changements profonds. L'apparence et la croissance époustouflante de Nairobi et d'autres villes en pleine expansion – le rythme annuel de croissance urbaine de la région atteint presque 5 % – offrent de nouveaux défis à leurs habitants autant qu'aux gouvernements, aux ONG et au monde en général. Et ce alors que le problème permanent de la sécurité alimentaire est en grande partie aggravé par la croissance de ces villes[2].

Dans les villes des pays en développement, le contraste entre riches et pauvres est spectaculaire et choquant. De grandes maisons entourées de jardins paysagés, avec accès à des infrastructures et à des services assurant confort et sécurité, côtoient littéralement les bidonvilles. Les habitants de ces quartiers misérables, tels Kibera à Nairobi et Jamestown au Ghana, luttent pour obtenir des abris convenables et l'accès à des services de base comme l'eau et les installations sanitaires. Ils souffrent de la criminalité et de l'insécurité alimentaire ; pauvreté et malnutrition vont de pair. Les dépenses alimentaires absorbent 80 % du budget des ménages urbains pauvres, et les pauvres des villes souffrent souvent davantage de la faim et sont plus désavantagés que les habitants des campagnes parce qu'ils doivent acheter la majeure partie de leur nourriture. De plus, les millions d'habitants des bidonvilles vivent sous la menace permanente d'être expulsés d'un terrain qu'ils ne possèdent pas ; théoriquement, la plupart sont des squatters, construisant maisons, entreprises et fermes sur des terrains publics laissés à l'abandon. Beaucoup de ces terres sont considérées inhabitables ou non constructibles car elles sont situées dans les zones humides ou sur des versants abrupts[3].

Ce sont de terribles défis. Mais ils ont généré des solutions innovantes et prometteuses, dont le retour à des cultures alimentaires destinées à la consommation et à la vente à l'intérieur des zones urbaines. Partout en Afrique subsaharienne et dans le monde en développement, les gens se groupent pour créer des systèmes d'agriculture urbaine adaptés au contexte local et permettant d'améliorer l'alimentation, l'égalité des sexes, les revenus et la sécurité alimentaire[4].

Dans beaucoup de ces villes, l'agriculture urbaine a une histoire longue bien que discontinue d'amélioration de la sécurité alimentaire et de réduction de la faim chez des populations vulnérables. Des enquêtes menées au cours de la fin des années 1990 dans vingt-quatre villes, principalement en Afrique et en Asie, ont montré que les gens qui assuraient une partie de leur subsistance par la culture représentaient au moins une importante minorité, voire une large majorité des ménages. Les enquêtes ont montré aussi que les ménages pauvres qui pratiquaient l'agriculture urbaine prenaient des repas plus nombreux et jouissaient d'un régime plus équilibré. Des données sur Kampala, en Ouganda, dans les années 1990, ont confirmé que les enfants vivant dans les foyers qui pratiquent l'agriculture étaient mieux nourris que ceux des autres ménages[5].

Faire pousser par soi-même de quoi manger permet aux gens d'économiser l'argent qu'ils auraient utilisé pour acheter de la nourriture. Les citadins retirent aussi de cette culture des revenus qu'ils peuvent dépenser en frais scolaires, vêtements et nécessités du ménage. Une enquête à Lomé, au Togo, par exemple, a révélé que les maraîchers gagnent dix fois le salaire mensuel minimum des autres catégories[6].

La nourriture fournie par l'agriculture urbaine dans les villes représente des dizaines de millions de dollars par an. En termes de bétail, par exemple, on a élevé deux cent cinquante mille poulets et quarante-cinq mille moutons et chèvres à Nairobi en 2004, et produit 42 millions de litres de lait de vache. On estime qu'à la fin des années 1990 le lait de vache produit chaque année à Dar es-Salaam, en Tanzanie, valait plus de 10 millions de dollars. Dans la capitale du Zimbabwe, Harare, l'agriculture urbaine a atteint une valeur de 25 millions de dollars en 2003 et concernait plus de 9 000 hectares de terres. On a estimé qu'il y avait un peu partout à Kampala de cinquante mille à cent soixante-huit mille têtes de bétail urbain en 2004, dont 73 % de bétail à haut rendement[7].

Les villes sont en train de devenir les centres d'interventions et de stratégies qui visent à soulager la faim, la pauvreté et l'inégalité pour promouvoir la durabilité. En œuvrant pour soulager quelques-uns des besoins les plus pressants de la région – insécurité alimentaire, création de revenus, construction de logements, traitement des déchets et statut des femmes –, l'agriculture urbaine en Afrique subsaharienne constitue une part potentiellement importante de cette action.

Augmenter la sécurité en cultivant

Dans de nombreuses villes, l'agriculture urbaine contribue substantiellement à la sécurité alimentaire, constituant une part importante de l'alimentation urbaine en général ainsi qu'une solution à l'insécurité alimentaire des classes vulnérables par leurs propres moyens. On estime à 800 millions le nombre de personnes engagées dans l'agriculture urbaine de par le monde – elles produisent de 15 à 20 % de la nourriture mondiale. De ces maraîchers urbains, 200 millions produisent pour les marchés et emploient 150 millions de personnes. On estime que, vers 2020, quelque 35 à 40 millions d'Africains vivant dans les villes dépendront de l'agriculture urbaine pour satisfaire leurs exigences alimentaires. Cela pourra fournir à certains 40 % de la ration quotidienne recommandée et combler 30 % de leurs besoins en protéines[8].

L'agriculture urbaine présente des avantages sur l'agriculture rurale : proximité des marchés, faibles coûts de transport et réduction des pertes après récolte à cause de la brièveté des intervalles entre les récoltes. En période de conflits ou de troubles, l'agriculture urbaine supplée souvent à l'alimentation du pays lorsqu'elle vient à manquer. À Nairobi, en 2008, par exemple, les troubles qui ont suivi les élections nationales ont bloqué, à l'intérieur de la ville, le transport et le déplacement des biens et des services, dont la nourriture. Mais les gens n'ont pas souffert de la faim, car on trouvait les légumes et autres denrées aux abords de la ville et dans le voisinage. « Les potagers de la vallée du Ngo'ng et aux alentours du barrage de Nairobi ont sauvé nos familles de la faim durant la crise politique de 2008 », affirme Mary Mutola, une cultivatrice du bidonville de Kibera qui réutilise les eaux usées. Cette situation a attiré l'attention de la Croix-Rouge internationale, qui depuis a distribué aux cultivateurs de Kibera des graines à semer dans les jardins[9].

Faire pousser des légumes dans des bidons ouverts servant de mini-jardins – bien que ce soit une vieille coutume à Kibera, l'un des plus vastes bidonvilles du monde – est devenu très populaire pendant la crise. Les potagers verticaux sont constitués de sacs recyclés ou de sacs de ciment biodégradables, que l'on remplit de terre mélangée à du fumier. On sème les végétaux à feuilles et les herbes aromatiques comme la coriandre et les oignons de printemps sur le dessus et sur les côtés de façon à optimiser les rendements dans un espace limité. Des ONG comme le groupe français Solidarités ont apporté leur assistance technique et leur matériel aux maraîchers urbains aussi bien qu'aux groupes d'entraide. Les femmes sont en mesure d'enseigner ce qu'elles ont appris, de partager les informations sur les opportunités – les marchés ou le matériel – ainsi que de renforcer les liens sociaux et la communauté. Là où les gens sont démunis, les légumes produits par les femmes des bidonvilles ont redonné espoir. Actuellement, elles cultivent dix mille potagers verticaux[10].

Bâtir une communauté

L'agriculture urbaine rapproche les citadins et favorise l'interaction sociale. Des groupes d'entraide composés de jeunes gens, de femmes et de personnes vulnérables, dont les personnes âgées, se retrouvent grâce à l'agriculture urbaine qu'ils pratiquent et qui leur donne la possibilité d'organiser et de partager informations et savoir-faire. Cela permet d'améliorer le bien-être individuel et donne la parole à ceux qu'on n'entendrait pas. Ces groupes jouent également un rôle important en faisant acquérir à leurs membres des compétences techniques et des débouchés commerciaux. Grâce à eux, les maraîchers sont plus autonomes et conservent leur dignité face aux épreuves.

Une autre façon de bâtir des communautés en ville passe par les jardins pédagogiques et les établissements de formation continue. Les étudiants acquièrent des connaissances pratiques sur la façon de cultiver et de récolter, ainsi que des connaissances importantes comme l'art de diriger, l'organisation sociale et la responsabilité. Parce que les écoles ont généralement accès à des terrains, à l'eau et aux bâtiments, elles aident à diffuser l'agriculture urbaine et à augmenter la production de semences. Le conseil municipal de Kampala, par exemple, a ouvert un certain nombre d'établissements de formation continue pour enseigner aussi bien que pour fournir une aide technique et matérielle aux maraîchers urbains ; de plus, beaucoup d'écoles primaires possèdent des jardins qui peuvent servir à enseigner l'agriculture urbaine et la nutrition. D'autres exemples existent en Afrique subsaharienne, s'attaquant à des tâches comme le développement communautaire, les effets du sida et la sécurité alimentaire[11].

Améliorer le statut des femmes

La majorité des maraîchers urbains dans le monde sont des femmes. C'est à elles qu'incombe la charge de trouver de quoi nourrir leurs familles, et elles ont un rôle prédominant dans la culture de subsistance. (Les hommes jouent un rôle majeur dans la production de l'alimentation urbaine à des fins commerciales.) Elles accomplissent cette tâche parfois grâce aux jardins potagers et aux parcelles d'agriculture urbaine, parfois grâce aux fruits et légumes qu'elles font pousser dans les fermes des zones rurales et près des villes. Les femmes font de leur mieux pour subvenir aux besoins de leurs familles dans des circonstances souvent difficiles, c'est pourquoi, en définitive, elles finissent par nourrir les villes et ont besoin d'une aide institutionnelle[12].

« Je m'estime très heureuse d'avoir pu installer une ferme avec le revenu que j'ai gagné ici, à Nairobi, grâce à l'agriculture urbaine », dit Mary Mutola, cultivatrice à Kibera. Elle a ajouté que le bénéfice qu'elle avait retiré de la vente des légumes lui avait permis d'aménager sa cuisine et son salon, et qu'elle a maintenant une pièce confortable pour recevoir les visiteurs. Mary seconde des travaux de recherche sur les maraîchers urbains de Kibera, ce qui lui attire le respect des autres cultivateurs et, en retour, lui permet de les impliquer dans les enquêtes sur les ménages, dans les discussions de groupe et les ateliers[13].

Une autre cultivatrice urbaine, Eunice Ambani, qui appartient au même groupe de maraîchers que Mary, se sent valorisée d'être capable de subvenir aux dépenses familiales de nourriture, d'habillement et de logement. Elle aide les enfants démunis de Kibera, activité qui la remplit de joie et de satisfaction. Sa famille mange ce qu'elle juge être bon pour sa santé, et non pas en fonction de la somme d'argent qu'elle possède, comme cela arrive pour beaucoup d'autres femmes du voisinage. Jane Okaka est célibataire, mère séropositive, au Kenya. Elle a été initiée à l'agriculture urbaine par le programme *Urban Harvest* et a déclaré deux ans après : « En plus des médicaments antirétroviraux, les légumes traditionnels m'ont donné des forces jour après jour. J'ai vendu le surplus de mes légumes et j'ai dépensé l'argent que j'ai gagné en aliments recommandés comme les œufs, la viande blanche, et autres choses nécessaires à mes enfants[14]. »

Assainir l'environnement

En plus d'accroître la sécurité alimentaire et de relever le statut des femmes, l'agriculture urbaine peut améliorer la qualité de l'environnement au moins de deux manières[15].

Tout d'abord, de nombreuses villes des pays en développement sont confrontées à la pollution et à l'élimination des déchets agricoles et industriels. Dans de nombreuses villes, les pauvres sont souvent spécialisés dans le recyclage des ordures et dans la production de compost à petite échelle. Une étude sur la production alimentaire urbaine au Kenya, par exemple, a révélé un large usage des matières organiques par les agriculteurs urbains. En fait, la réutilisation des eaux usées dans l'agriculture urbaine est une pratique répandue de longue date dans nombre de pays. En Chine, en Égypte, en Inde, au Liban, à Mexico, au Maroc, au Pérou et au Vietnam, les eaux usées sont utilisées pour les cultures depuis des décennies. Dans les pays en développement, au moins 2 millions d'hectares sont irrigués avec des eaux usées brutes ou partiellement traitées et au moins 10 % du monde consomme des produits provenant de l'irrigation avec des eaux usées[16].

En Afrique subsaharienne, des millions de tonnes de déchets de toutes sortes sont produits tous les ans, dont 730 000 tonnes à Nairobi, 646 780 à Dar es-Salaam, 313 900 à Kumasi et 765 040 à Accra. Plus de 60 % des déchets de ces villes sont des matières biodégradables qui, une fois récupérées, peuvent nourrir le bétail ou servir à faire du compost, générant par là même des revenus et des emplois pour les citadins pauvres, épargnant aux agriculteurs l'achat d'engrais chimiques[17].

Ensuite, l'agriculture urbaine sous la forme agroforestière peut aussi être profitable aux environnements locaux. Les arbres donnent souvent de l'ombre au bétail et produisent des fruits. Les produits de l'agroforesterie incluent le charbon de bois, le bois et les plantules, qui tous peuvent se vendre au marché. Les arbres jouent le rôle de brise-vent (diminuant l'érosion et stabilisant les sols), améliorent l'air et la qualité de l'eau, offrent des espaces de loisir, préservent la biodiversité et abritent de leur ombre les échoppes installées par les artisans.

Les forêts urbaines rendent service à l'environnement en réduisant la pollution de l'air et en atténuant les pluies torrentielles, ce qui contribue grandement à la durabilité des centres urbains. Qui plus est, les arbres et autres végétaux fixent le dioxyde de carbone de l'atmosphère, ce qui contribue à la réduction des concentrations atmosphériques de gaz à effet de serre. Chercheurs, décideurs politiques et planificateurs urbains considèrent maintenant la gestion des forêts urbaines comme une stratégie essentielle pour l'amélioration des lieux de vie et de travail. En Chine, par exemple, des projets de recherche et des programmes d'enseignement viennent de se mettre en place pour mieux planifier les forêts urbaines[18].

Repousser les limites de l'agriculture urbaine

Comme de plus en plus d'habitants des villes dans le monde s'adonnent au jardinage urbain pour en retirer leur nourriture et parfois une source de revenus, il reste d'importants défis à régler, telles la pollution de l'air, de l'eau et des sols, qui peut menacer la santé, ainsi qu'une gestion inadaptée des eaux usées urbaines, des déchets solides et des excréments d'animaux. À cet égard, le Centre de recherches pour le développement international (CRDI) (International Development Research Centre, IDRC) et ses partenaires ont soutenu une politique d'aide au développement fondée scientifiquement ainsi que diverses innovations techniques, dans plusieurs pays, dont la Jordanie et l'Ouganda.

La Jordanie est l'un des dix pays les plus pauvres en eau du monde. Les trois quarts de sa population vivent dans les villes où sévit une pénurie d'eau potable. Un recensement à Amman a montré que 40 % de la population se servaient d'eaux grises (eaux d'origine domestique, comme les eaux du bain, de la lessive ou des préparations culinaires) dans une certaine mesure pour arroser leurs jardins. Quelque cinquante mille ménages s'adonnaient à diverses formes de production alimentaire, mais avec de l'eau potable. Plusieurs projets financés par le CRDI et l'Inter-Islamic Network on Water Resources Development ont exploré de nouvelles technologies destinées à étendre l'usage d'eaux grises saines et acceptables pour l'agriculture, de façon à restreindre l'utilisation de l'eau potable et à augmenter la production de nourriture pour les pauvres.

Les chercheurs ont testé différentes technologies à bas prix, s'arrêtant finalement à un système de quatre tonneaux en plastique contenant de 50 à 220 litres. Ce système a été testé auprès de quelques ménages de la petite ville de Tafila. Au début, l'économie d'eau a été au moins de 15 % ; d'autres économies ont été faites : les fosses septiques, par exemple, nécessitaient moins de vidanges. Les rendements des cultures (d'olives et d'aubergines notamment) se sont aussi améliorés, autrement dit, le coût des unités de production a pu être récupéré rapidement. Au final, les bénéfices ont dépassé cinq fois les coûts, sur les dix ans de vie des unités. L'une des unités a été installée près d'une mosquée pour irriguer l'aménagement paysager et les arbres alentour ; l'autre, près de l'école des filles, collectait les eaux usées provenant des fontaines d'eau potable et les renvoyait aux oliviers du jardin de l'école. Les eaux grises des unités de traitement sont conformes aux standards de l'Organisation mondiale de la santé pour une irrigation restreinte, c'est-à-dire qu'elles conviennent à l'irrigation des arbres et des cultures dont il faut cuire les produits avant ingestion.

Le ministère jordanien de la Planification a été si impressionné qu'il a financé en 2002 la construction de six cent quatre-vingt-neuf systèmes similaires dans quatre-vingt-onze communautés du pays. Le ministère du Développement social s'est engagé à proposer aux pauvres des formations à l'utilisation de ces techniques. Les nombreux voisins de la Jordanie, qui souffrent aussi de la soif, ont manifesté leur intérêt, et des projets de réutilisation d'eaux grises sont en cours au Liban, en Syrie, en Cisjordanie et à Gaza.

Une seconde subvention du CRDI a suivi en 2004 et a financé l'accroissement d'échelle et des améliorations de cette technologie dans le gouvernorat de Karak en Jordanie. Plus de cent dix ménages ont constaté une diminution significative de leurs besoins supplémentaires en eau domestique pendant l'été. Une enquête à la fin de 2006 a révélé qu'en majorité les gens considéraient leurs systèmes d'eaux grises comme un bien personnel et encourageaient leurs proches et leurs amis à les utiliser.

À Kampala, en Ouganda, l'élevage du bétail à l'intérieur de la ville était légal jusqu'en 2004, année où le conseil municipal a adopté une série d'ordonnances légalisant les activités agricoles dans la ville. C'était le résultat du long et patient travail opéré par le Comité de coordination de la sécurité alimentaire, de l'agriculture et de l'élevage en milieu urbain de Kampala (Kampala Urban Food Security, Agriculture, and Livestock Coordinating Committee, KUFSALCC), qui a été créé par des ONG, le conseil municipal, le ministère de l'Agriculture, des Industries animales et de la Pêche, l'université de Makerere, l'Organisation nationale de recherche agricole (National Agricultural Research Organization) et le Groupe consultatif pour la recherche agricole internationale (Consultative Group on International Agricultural Research). Ses membres ont œuvré à informer les autorités municipales et à les pousser à prendre conscience de la nécessité de modifier la réglementation agricole existant dans la ville. La plupart des critiques portaient sur les effets négatifs pour la santé et ignoraient les effets positifs sur celle-ci.

Le KUFSALCC a montré qu'il était possible de contrôler le vagabondage du bétail sans bannir les bêtes. Il a également étudié les risques sanitaires, dont les zoonoses, les risques causés par les polluants, la sécurité alimentaire et les problèmes de nutrition liés à l'irrigation des légumes avec les eaux usées. Poursuivant l'aide cruciale apportée par les fonctionnaires élus, la conseillère Winnie Makumbi a lancé un audit public des réformes agricoles proposées dans un premier temps en 1998 par les autorités municipales. Le KUFSALCC a alors convaincu le conseil d'autoriser les parties intéressées à contribuer à l'élaboration de nouvelles ordonnances. On a préparé des versions plus conviviales de ces textes dans les langues locales. On a demandé au KUFSALCC de les tester pour évaluer les enjeux de la mise en application des nouvelles directives.

Luc J.A. Mougeot
Centre de recherches pour le développement international, Canada (International Development Research Centre)

Source : voir note 15.

Politiques pour une agriculture urbaine

Beaucoup de villes ont ignoré l'agriculture urbaine jusqu'à une époque récente, ne lui accordant qu'une attention réglementaire restreinte ou parfois n'autorisant qu'un usage temporaire du terrain. Mais aujourd'hui l'agriculture en ville est de plus en plus reconnue, car elle réduit la pauvreté et la faim, constitue une source de production alimentaire locale et participe au développement durable urbain. En 2007, l'American Planning Association (Association de la planification américaine) a adopté une politique encourageant ses membres à œuvrer pour la mise en place de systèmes d'alimentation locaux « plus solides, durables et plus fiables[19] ».

En Argentine, la politique de soutien de l'agriculture urbaine apparaît comme une réponse à la crise économique de 2001. Avec une économie nationale défaillante, le plus de 1 million d'habitants de Rosario a dû s'adapter pour survivre, et beaucoup se sont mis à cultiver des parcelles de terrain disponibles à travers la ville pour s'assurer un solide apport de nourriture, à eux-mêmes et à leurs familles. Les autorités locales ont reconnu la valeur d'une telle pratique et ont libéré des terrains du domaine public pour la culture. La ville a aussi distribué à beaucoup d'agriculteurs urbains des outils, des semences et d'autres approvisionnements indispensables[20].

Admettant « la dure réalité [...], à savoir que la faim, l'insécurité alimentaire et la malnutrition compromettent la santé, même dans une ville aussi riche et vivante que San Francisco », le maire, Gavin Newsom, a demandé en juillet 2009 à tous les services municipaux de soumettre à un audit les territoires sous leur juridiction de façon à dresser un inventaire des terres aptes au jardinage. Cette disposition faisait partie de la première politique alimentaire jamais élaborée en ville, qui se fondait en partie sur les recommandations de la table ronde sur le développement urbain et rural de San Francisco (San Francisco Urban-Rural Roundtable), groupe d'acteurs urbains et ruraux qui ont collaboré pendant neuf mois. Le groupe a aussi recommandé d'établir une mission commerciale qui rassemblerait les cultivateurs régionaux, les restaurateurs locaux et les acheteurs de denrées alimentaires. Et il a émis l'idée que des financements philanthropiques soutiennent les habitants utilisant des bons d'alimentation pour acheter sur les marchés de proximité[21].

On peut observer une semblable avancée vers une politique alimentaire urbaine dans d'autres régions. Une conférence ministérielle sur l'agriculture urbaine et périurbaine en Afrique orientale et australe s'est tenue en 2003. C'est de cette rencontre qu'est sortie la déclaration de Harare sur l'agriculture urbaine et périurbaine, signée par toutes les nations participantes, qui ont appelé à la promotion d'une vision commune de l'agriculture urbaine et périurbaine qui prenne en compte les besoins et les conditions spécifiques des régions[22].

Kampala peut déjà s'enorgueillir de directives et d'un bureau d'agriculture urbaine à l'intérieur du conseil municipal destiné à institutionnaliser les usages. Au Kenya, la Politique agraire nationale de 2009 offre une section consacrée à l'agriculture et à la foresterie, et une politique nationale d'agriculture urbaine est à l'étude[23].

L'avenir de la culture en ville

En bref, la culture urbaine est appelée à durer, et non seulement, semble-t-il, pour nourrir les villes, mais aussi pour tenir lieu d'important vecteur de croissance du secteur agricole. Cependant, une plus grande prise en compte politique est nécessaire pour que l'agriculture urbaine devienne plus durable, plus productive et ouverte à tous.

Il faut intégrer l'agriculture urbaine dans l'espace urbain, mettre au point un programme, des procédures et des mesures politiques pour l'organiser et pallier tout risque potentiel. Les règlements concernés doivent viser à la réduction de la pauvreté, au développement économique, à la gestion de l'environnement, à l'intégration des catégories défavorisées et à la promotion de villes pourvues d'une gouvernance participative et démocratique. Pour protéger les intérêts des agriculteurs urbains à faible revenu, qui comptent sur une jouissance informelle de la terre pour leur agriculture de subsistance, il faut que les gouvernements déterminent un programme et garantissent des compensations proportionnelles à la perte de jouissance du sol[24].

Innovations alimentaires profitant aux villes	
Innovation, Localisation	**Description**
Ferme verticale, *Urban Harvest*, Nairobi, Kenya	Potagers cultivés dans des sacs d'ordures percés de trous. À Kibera, à Nairobi, plus de mille maraîchers – surtout des femmes – cultivent ces potagers pour nourrir leurs familles et augmenter leurs revenus.
Parc à pneus, ECHO fermes et partout en Afrique subsaharienne	Vieux pneus coupés en deux et transformés en bacs légers et facilement transportables fournissant aux maraîchers urbains de petits potagers sans terre. Les maraîchers se servent de l'armature du pneu comme d'un support, puis le bourrent de déchets pour permettre aux plantes de s'enraciner. Organique ou commercial.
Potager sur le toit, ferme sur le toit d'Eagle Street, New York City	A Brooklyn, à New York, la ferme sur le toit d'Eagle Street cultive, sur le faîte d'un vieil entrepôt, des produits frais pour les vendre sur les marchés et aux restaurants locaux. Des volontaires du quartier viennent le week-end pour prendre soin du potager et apprendre les techniques utiles à la création de petits potagers urbains personnels à placer sur les rebords de fenêtres, les escaliers de secours et les toits.
Jardin plate-forme, ECHO fermes et partout en Afrique subsaharienne	Les jardins plates-formes aident les maraîchers urbains qui ont de la place mais manquent de terreau. Grâce au compost, aux ordures et autres engrais organiques ou chimiques, les maraîchers cultivent des jardins plates-formes pour mieux préserver la qualité des sols, protéger les cultures des inondations et chasser les parasites.

Communauté pour une agriculture durable, Harvest of Hope, Afrique du Sud	Harvest of Hope travaille avec plus de cinquante communautés et jardins institutionnels aux abords du Cap, en Afrique du Sud, pour les rendre viables. Comme les jardins se développent suffisamment pour créer des excédents, le surplus est vendu à Harvest of Hope, qui répartit la production par caisses livrées aux écoles citadines locales. Le programme fournit un revenu aux maraîchers périurbains et des produits frais aux étudiants de la ville.

De même, les activités qui sont en interaction avec les systèmes d'agriculture urbaine, dont le recyclage des nutriments par l'élaboration de compost et la dispersion du fumier, doivent être intégrées dans les politiques urbaines. Mettre au point une stratégie bien orchestrée et intégrée exigera des capitaux financiers, humains et sociaux. Ainsi l'agriculture urbaine devrait-elle faire partie du développement urbain, des plans d'utilisation des sols et des réglementations municipales[25].

Aujourd'hui, l'enjeu majeur pour les villes consiste à intégrer les idées des concepteurs et des urbanistes aux besoins et aux désirs des agriculteurs et des consommateurs pour établir des plans exploitant de manière durable des ressources peu utilisées et suscitant des modèles participatifs et orientés vers l'habitant de façon à créer des écoquartiers.

Les femmes et les jeunes aussi doivent faire entendre davantage leur voix lors des décisions concernant l'agriculture urbaine. Des efforts délibérés devraient être accomplis pour reconnaître les femmes en tant qu'acteurs indépendants et en tant que bénéficiaires, que l'agriculture soit tournée vers la subsistance ou vers les marchés. Les responsables politiques décidés à soutenir l'agriculture urbaine doivent reconnaître la valeur réelle de la contribution des femmes et admettre le fait que les besoins des hommes et des femmes sont différents, que les politiques et les projets publics ont des effets divers sur les hommes et sur les femmes, et que l'accès aux ressources et leur contrôle sont limités par des configurations socioculturelles, économiques et institutionnelles. Les politiques doivent prendre en compte ces inégalités. C'est de cette façon que les villes pourront contribuer à réduire la faim et à soulager la pauvreté tout en préservant l'écosystème pour les générations à venir.

Participation des ménages urbains aux activités agricoles, pour quelques pays

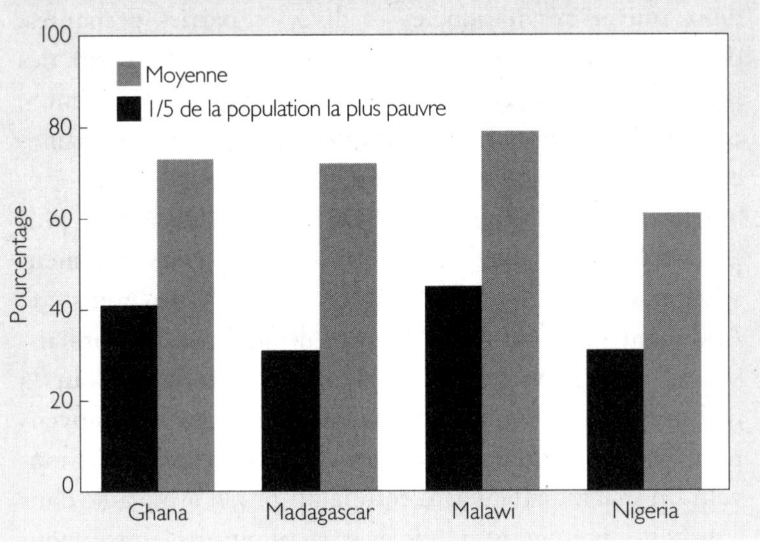

Source : Zetta and Tasciotti

Sur le terrain

Une irrigation par les eaux usées plus saine en Afrique de l'Ouest

Au Ghana et dans les régions voisines, on se sert souvent de l'eau polluée des cours d'eau pour irriguer les cultures de légumes. Le problème, c'est que ces eaux contiennent souvent des substances biologiques et chimiques préjudiciables à la santé humaine. Heureusement, il existe des moyens pour résoudre ce problème, même dans des endroits de l'Afrique subsaharienne où le traitement conventionnel des eaux usées n'a qu'une disponibilité limitée[26].

L'Institut international de gestion de l'eau (International Water Management Institute) a lancé divers projets pour améliorer la santé publique au Ghana, en collaboration avec le ministère de l'Alimentation et de l'Agriculture, deux universités nationales et diverses parties prenantes, dont des producteurs. Ces projets se concentrent sur des interventions « sans traitement » ou « après traitement », comme la promotion de pratiques d'irrigation plus saines et le lavage efficace de légumes[27].

Des voies innovantes rendant les technologies plus accessibles aux agriculteurs sont l'un des points fortement soulignés par la nouvelle politique agricole du ministère. Abondant dans ce sens, le projet de partage des connaissances dans la recherche du Groupe consultatif pour la recherche agricole internationale était en quête de moyens pour relier chercheurs et personnel de terrain, qui ont souvent du mal à dialoguer. L'équipe du projet a travaillé dans trois villes présentant de vastes espaces ouverts utilisés pour la culture des légumes : Accra, Kurnasi et Tamale. Là, la seule eau disponible pour l'irrigation vient des cours d'eau contaminés par les eaux usées des ménages environnants[28].

En collaboration avec les cultivateurs de légumes, les commerçants et les personnels des cuisines de rue, les chercheurs ont mis au point et testé quinze « bonnes pratiques » destinées à améliorer la sécurité alimentaire – étudiant leur efficacité à contrôler les germes, leur coût et leur potentiel d'adoption. Si les pratiques améliorant la sécurité alimentaire coûtent plus cher ou exigent plus de travail que les procédés courants, il peut être difficile de persuader les agriculteurs de les adopter. Beaucoup de consommateurs refusent de payer davantage pour des cultures plus saines qui sont plus chères à produire, car peu sont conscients des risques sanitaires encourus[29].

Les chercheurs ont procédé à des études de perception et à des méthodes de ventes subventionnées pour analyser comment présenter au mieux leurs recommandations et « vendre » la nécessité du changement. Des étudiants-chercheurs ont travaillé plusieurs semaines dans des cuisines de rue pour apprendre par eux-mêmes la pratique quotidienne et les obligations relatives à l'hygiène et à la sécurité alimentaires. Ils ont identifié les facteurs de sensibilisation aux risques et les coutumes culturelles et essayé d'identifier les meilleurs points d'entrée pour les interventions. En même temps, chercheurs et agriculteurs ont exploré ensemble les possibilités d'aller chercher une eau plus saine pour irriguer. Ils ont découvert qu'un régime foncier amélioré était une forte incitation à adopter de nouveaux procédés – indiquant que mesures politiques, pratiques et sécurité alimentaire sont étroitement liées[30].

Les mesures pratiques recommandées ont ensuite été récapitulées dans des vidéos conçues pour les formateurs et pour les personnels d'extension. Quelques vidéos ont été produites par des agriculteurs et des marchands d'alimentation ayant participé aux scénarios et au tournage. De ce fait, elles sont plus réalistes et véhiculent des messages correspondant à la perception locale[31].

Après avoir identifié une gamme des meilleures pratiques possibles, les cadres du projet ont organisé des Cafés du monde – des groupes de consommateurs où les gens se sentent suffisamment à l'aise pour donner leur opinion en petits groupes – pour voir les réactions sur les conclusions avant de finaliser les recommandations. Après que les participants ont vérifié une collection des meilleures mesures pratiques, elles étaient détaillées *via* du matériel audiovisuel et testées lors d'études de perception. Les études de perception sont cruciales pour s'assurer que les messages correspondent exactement à la culture visée. (Par exemple, un verre grossissant, symbolisant pour les chercheurs « voir » autrement des germes pathogènes invisibles, était trop souvent perçu comme une poêle à frire et a dû être changé[32].)

Les matériels étaient ensuite testés auprès des agriculteurs avant d'être imprimés. Les réponses furent positives, et l'un des participants a observé : « Quand nous allions chercher l'eau de la mare, nous avions l'habitude de marcher dedans. Mais maintenant nous savons que les germes qui causent les maladies s'installent dans les mares. Alors nous ne marchons plus dedans, mais allons chercher l'eau en nous tenant sur une planche de bois. »

Étant donné leur nombre relativement restreint et leur grande proximité, on peut facilement entrer en contact avec les cultivateurs urbains du Ghana grâce à des ateliers de formation et à des agents de vulgarisation. Mais là où les agriculteurs sont plus éloignés ou lorsque le groupe cible (comme les vendeurs des cuisines de rue) est trop important pour des événements de proximité, la radio peut se révéler un canal efficace pour communiquer. L'utilisation des radios en Afrique s'est incroyablement répandue ces dix dernières années et a fait la preuve de sa capacité à toucher les agriculteurs dans leur propre langue. Pour le projet de partage des connaissances dans la recherche, le programme « Radio Justice », basé à Tamale, a été sélectionné parce qu'il émet dans les langues dagbani et gonja et couvre presque tout le nord du Ghana, là où les cultivateurs de légumes sont plus difficiles à atteindre[33].

Un programme radio sur la sécurité alimentaire a été diffusé en deux émissions, avec deux jurys différents, comprenant des agents de vulgarisation, des agriculteurs, des commerçants, des experts universitaires et des vendeurs des cuisines de rue. Les auditeurs pouvaient participer en appelant la station pendant le programme. L'émission a montré sa pertinence, car elle a fourni d'importantes informations sur le contexte agroécologique et culturel local et a aidé les chercheurs à comprendre comment les agriculteurs et les marchands d'alimentation discutent de leurs problèmes dans leur communauté. Comme l'a dit un marchand de légumes de Tamale : « Quand j'achetais mes légumes à l'exploitation, j'avais l'habitude de les laver à l'eau des torrents.

Mais j'ai cessé de le faire après avoir entendu le programme [radio]. J'ai aussi informé certains de mes collègues [...] et je crois que de tels programmes pourraient jouer un rôle clé dans la formation publique à une meilleure santé[34]. »

Pour montrer aux autorités à quel point agriculteurs et vendeurs des cuisines de rue prennent au sérieux les questions sanitaires, des représentants d'autres groupes d'acteurs ont été invités à se joindre à un spectacle itinérant. Les participants ont fait une excursion en bus, partant d'une exploitation où l'on utilise des eaux usées, traversant le marché et finissant le voyage devant des cuisines de rue où l'on vend très couramment des légumes. À chaque arrêt, les participants apprenaient directement les risques pour la santé et les méthodes pour les réduire. En dépit du fait que le spectacle itinérant a exigé une organisation méticuleuse, la méthode a fait fondre le clivage classique entre les enseignants actifs et les élèves passifs. En partageant leurs connaissances des bonnes mesures pratiques, les participants deviennent des formateurs, des modèles et des médiateurs[35].

Le spectacle itinérant a apporté également une plateforme commune pour que les différents groupes puissent communiquer. Agriculteurs, vendeurs de légumes détaillants ou marchands d'alimentation qui rencontrent rarement les autorités de la ville pouvaient discuter de ce qui touchait à leur subsistance. Comme l'a dit le directeur métropolitain du ministère de l'Alimentation et de l'Agriculture : « Toutes les parties prenantes ont maintenant vu la situation pratique sur le terrain et comprennent le rôle qu'elles ont à jouer, et qu'il s'agit d'une responsabilité commune et non pas seulement de celle d'un individu ou d'un groupe en particulier[36]. »

Ces exemples montrent que pour que la recherche agricole profite vraiment aux pays où les liens entre recherche et vulgarisation sont faibles, on doit accompagner la publication de journaux scientifiques d'options innovantes et efficaces – comme les Cafés du monde, des programmes radio avec participation du public et les spectacles itinérants. Ces options peuvent faciliter l'adoption de pratiques appropriées, et accroître ainsi l'utilisation productive de l'eau.

Pay Drechsel
Institut international de gestion de l'eau
(International Water Management Institute)

SUR LE TERRAIN
Solution agricole aux besoins naturels

C'est difficile à croire, mais on estime à 2,6 milliards les personnes du monde en développement qui manquent encore des commodités sanitaires de base. Cela présente un risque significatif pour la santé, spécialement dans les zones urbaines fortement peuplées et dans les bidonvilles, où les maladies peuvent se répandre rapidement par l'ingestion d'eaux contaminées. Chaque année, 1,5 million d'enfants meurent de diarrhée à cause de l'insuffisance d'hygiène et d'assainissement[37].

C'est dans ces villes surpeuplées, aussi, que la sécurité alimentaire est menacée par l'absence d'eau salubre et de sol riche en éléments nutritifs ainsi que d'espace disponible croissant pour les familles.

Mais il existe une solution peu coûteuse à ces deux problèmes. Une innovation récente, appelée PeePoo, est un sac jetable qui peut être utilisé une fois comme toilettes, puis enterré dans le sol. Les cristaux d'urée du sac tuent les agents pathogènes vecteurs de maladies et décomposent les déchets en engrais, éliminant en même temps le risque sanitaire et profitant aux jardins urbains. Après des séries d'essais réussis au Kenya et en Inde, on a produit en masse ces sacs en 2010 et on les a vendus à 0,02 ou 0,03 dollar chacun, les rendant ainsi plus accessibles aux gens censés en bénéficier le plus[38].

Après le tremblement de terre de Haïti qui a forcé beaucoup de résidents pauvres et de sans-abri à vivre dans les immondices et à se soulager là où ils peuvent trouver un coin tranquille, SOIL/SOL, une organisation à but non lucratif qui s'efforce d'améliorer le sol et de transformer les déchets en ressources, travaille en partenariat avec OXFAM pour construire des toilettes sèches à l'intérieur des maisons pour vingt-cinq familles ainsi que quatre toilettes sèches publiques. Le projet créera un site de compostage des déchets pour convertir les déchets secs en engrais et en sol riche en éléments nutritifs qui peut ensuite être employé pour cultiver les légumes dans les jardins sur les toits ou dans les arrière-cours des maisons[39]

Au Malawi, le projet de permaculture de Stacia et Kristof Nordin emploie des toilettes à compost pour fertiliser les cultures. Bien que ces unités puissent être coûteuses à acheter et à installer, une entreprise (Rigel Technology) fabrique des toilettes qui ne coûtent que 30 dollars et qui séparent les déchets solides des fluides, en les transformant en engrais. L'organisation indienne à but non lucratif Sulabh International encourage également les unités communautaires qui transforment le méthane des déchets en biogaz pour la cuisine[40].

À plus grande échelle, les zones humides aux abords de Calcutta, en Inde, traitent environ 600 millions de litres d'eaux usées brutes livrées par la ville chaque jour dans trois cents parcs à poissons. Ces zones humides produisent 13 000 tonnes de poissons par an pour la consommation des 12 millions d'habitants de la ville. Elles servent aussi de centre de traitement des déchets salubres pour l'environnement, voyant proliférer des jacinthes, des algues et des poissons, qui éliminent les déchets tout en offrant un milieu favorable aux oiseaux migrateurs et une source importante de nourriture pour la population de Calcutta[41].

Outre le coût et l'installation, les principaux obstacles à l'emploi des déchets humains pour fertiliser les cultures relèvent de la culture et du comportement. L'UNICEF note dans une étude de cas qu'un programme en Inde géré par le gouvernement a fourni des latrines à proximité des maisons à trente-trois familles du village de Bahtarai. Mais la majorité des villageois préfèrent encore aller dans les champs plutôt qu'aux toilettes, ainsi qu'ils l'ont toujours fait. « Il ne suffit pas de construire des toilettes, a déclaré Gaurav Dwivedi, collecteur et magistrat du district de Bilaspur. Il faut changer la mentalité des gens afin de les amener à utiliser des toilettes[42]. »

Molly Theobald
Institut de Prospective mondiale
(Worldwatch Institute)

Chapitre 11

Mettre en valeur les connaissances et les compétences des femmes

*Dianne Forte, Royce Gloria Androa et Marie-Ange Binagwaho**

* **Dianne Forte** est consultante à Washington, elle a vingt-deux ans d'expérience en Afrique sur les programmes de gestion. **Royce Gloria Androa** est associée principale au Reach Your Destiny Consult Ltd. en Ouganda, elle a vingt-six ans d'expérience de vulgarisation agricole en Ouganda. **Marie-Ange Binagwaho** est propriétaire des Entreprises Zawadi (Zawadi Enterprises, Inc.).

« C'est comme si nous étions invisibles : personne ne sait que nous sommes là. » Par ces mots, Imodale Caulker-Burnett, qui vit aux États-Unis mais revient dans son village de Sierra Leone trois mois par an, résume les enjeux auxquels doivent faire face les communautés rurales africaines et en particulier les agricultrices. Elle a fondé Lesana, organisation de développement communautaire de son village, Mambo, parce qu'elle est convaincue que les femmes qui quittent le village doivent devenir les ambassadrices de celles qui restent. Elles doivent rendre les femmes visibles pour les responsables politiques. Cette visibilité est aussi importante pour les femmes que les intrants productifs et les marchés, car, en tant que premières productrices de nourriture du ménage, elles œuvrent à passer d'une économie de subsistance à la production de surplus aboutissant effectivement à l'élimination de la faim sur le continent[1].

En Afrique, jusqu'à 75 % des producteurs agricoles sont des femmes. Et pourtant, alors qu'elles sont responsables de la nourriture et de la sécurité alimentaire, elles se retrouvent d'une manière parfaitement disproportionnée parmi les 51 % d'Africains victimes de la pauvreté absolue – des personnes vivant avec moins de 1,25 dollar par jour. En 2009, la faim a sévi encore plus en Afrique, région présentant le nombre d'affamés le plus élevé du monde. Et si les Nations unies se sont fixé comme objectif de réduire de moitié la faim mondiale vers 2015, il est clair que cela ne sera pas possible sans une révolution dans la manière dont les responsables politiques se représentent les femmes en tant que productrices agricoles et leurs connexions avec les marchés. Et pourtant, il existe des stratégies qui ont fait passer les femmes de la pauvreté absolue au rôle d'acteurs efficaces au sein des marchés économiques – parfois en six ans à peine[2].

Ces stratégies innovantes ont plusieurs points en commun, comme l'attention à la façon dont les femmes obtiennent et retransmettent l'information, le crédit et la technologie, et à la manière d'accentuer leur participation dans la vie économique officielle. Ces stratégies s'occupent des besoins des productrices de nourriture pauvres à trois niveaux : comme petites cultivatrices vendant au marché, comme adeptes de la culture de subsistance et comme travailleuses agricoles – et dans tous les cas en termes de droits de propriété, de services sociaux et de protections sociales. Qui plus est, ces stratégies englobent l'évolution des technologies de l'information et des communications, créant de nouveaux liens à l'intérieur des marchés et par-delà les marchés, des programmes de crédit centrés sur les femmes, des services de vulgarisation agricole et de messagerie multimode – tout cela en s'appuyant sur les connaissances et sur les compétences des agricultrices. Le résultat est une sécurité nutritionnelle et alimentaire accrue, et l'accès aux marchés à des conditions équitables[3].

Les femmes à la recherche du marché mondial

L'arbre à beurre a donné à Mawoubé, de Sokodé au Togo, une bicyclette et le rêve de devenir médecin. L'arbre à beurre – appelé l'or des femmes ou karité, ce qui signifie vie en dioula – a aussi apporté aux femmes du village de Mawoubé l'accès à l'eau, aux soins médicaux et à l'école pour les enfants. La production et le commerce de beurre de karité ont entrouvert la porte aux marchés mondiaux pour les femmes les plus pauvres de la Terre[4].

L'arbre à beurre ne pousse qu'à un seul endroit : au Sahel, sur une bande de 500 kilomètres comprenant dix-neuf pays, dont le Burkina, la Guinée, le Mali, le Sénégal, le Togo et l'Ouganda. Comme les diamants, il apparaît naturellement. Et comme les diamants, il attire les consommateurs occidentaux de produits de luxe. Mais, à la différence des diamants, le beurre de karité est l'affaire des femmes. Et il est employé et estimé par celles qui gèrent sa récolte et son traitement. Ses graines recèlent quatre fois plus de vitamine C par livre qu'une orange et sont traditionnellement employées comme huile de lampe ou de cuisine, anti-moustiques, savon, cicatrisant et embaumement des défunts. L'arbre à beurre est si précieux qu'on hésite à l'abattre pour en faire du bois de chauffage[5].

Le secret pour réaliser le rêve de Mawoubé était de faire le lien entre la récolte des graines de karité et la demande mondiale en produits de beauté biologiques et équitables (« éthiques ») – un lien rendu possible par des personnes engagées, qui ont fourni des ressources et rendu les communautés visibles. L'histoire du succès du beurre de karité tient à un modèle économique qui rapproche le producteur du consommateur.

La chaîne de valeur commence avec les coopératives locales de femmes en Afrique. Ces organisations permettent aux producteurs de réaliser de plus grandes économies d'échelle et de s'associer aux ONG, aux gouvernements nationaux et aux agences des Nations unies. Conjointement, elles ont créé un réseau pour diffuser des informations sur l'état des marchés, favoriser l'accès à de meilleures technologies et fournir de l'aide en cas d'évolution politique (par exemple pour sécuriser les titres de propriété des femmes). À l'autre bout de la chaîne, les organisations de commerce équitable et les entreprises socialement responsables paient des prix équitables pour le beurre de karité et investissent dans les communautés locales. Dans ce cercle vertueux, des Africaines comme Imodale Caulker-Burnett et Olowo n'djo Tchala, qui ont émigré mais conservent des racines dans leur village, jouent souvent un rôle crucial en créant de la visibilité et des liens pour les producteurs locaux[6].

Des entreprises comme L'Occitane, The Body Shop, Origins et L'Oréal achètent toutes du beurre de karité directement aux organisations de productrices comme l'association du Burkina Songtaab-Yalgre et l'association Femme Idéale des productrices et cueilleuses de beurre de karité du Gana. Des acheteurs comme L'Occitane ont investi dans des groupes féminins, facilité la certification éthique de commerce équitable et permis aux productrices d'entrer en concurrence dans les marchés internationaux équitables.

Investissements en capital social : innover pour supprimer la pauvreté

Mawoubé n'est pas comme tout le monde au Togo : aînée de huit enfants, elle a quatorze ans et n'a pas de retard en classe. Elle habite à 5 kilomètres du lycée et s'y rend à bicyclette. Elle a été l'une des premières à recevoir l'une des trois mille bicyclettes distribuées par la filiale américaine de l'association Agbanga, Alaffia. Des grossesses précoces étaient habituelles dans les villages entourant la ville de Sokodé où habite Mawoubé, car les filles devaient souvent monnayer leur trajet à l'école en nature. Mais il n'y a eu aucune grossesse parmi les trois mille cyclistes.

Le projet bicyclette est l'un des investissements d'Alaffia dans cette communauté. Rose Hyde, chef de produit chez Alaffia, insiste sur le fait que la compagnie n'est pas un revendeur de produits de beauté éthiques. Alaffia, au contraire, est une entreprise sociale. Cette entreprise togolaise compte plus de cent femmes du milieu rural qui en sont les propriétaires, en bonne santé et autonomes. Alaffia a été fondée par Olowo-n'djo Tchala, dont la mère gagnait 1 dollar pour trente heures de travail – le salaire pour environ 4 kilos de graines de karité, produisant environ 1 kilo de beurre.

Après avoir obtenu son diplôme de l'université de Californie, à Davis, Tchala a aidé les femmes de Sokodé à former la Coopérative pour le commerce équitable féminin de karité d'Abganga (Agbanga Karite Women's Fair Trade Shea Butter Cooperative). Les femmes qui y travaillent gagnent 4 dollars par jour, travaillant l'arbre à beurre dont les produits sont commercialisés par les Soins de la peau durables Alaffia (Alaffia Sustainable Skincare). Alaffia USA transforme le karité d'Agbanga en produits finis qui sont vendus à des distributeurs comme Whole Foods. L'entreprise paie tous les frais généraux de production au Togo (impôts, transport par terre, par mer et frais de douanes) et reverse un minimum de 10 % des ventes à la communauté pour des projets d'autonomisation des femmes. Depuis 2003, Alaffia USA a reversé 1,25 million de dollars pour des initiatives communautaires de développement comme le projet éducatif de la bicyclette.

Source : voir note 6.

Voici un exemple de la façon dont ces relations ont commencé. En 1998, une paysanne burkinabé pauvre, Fatou Ouedraogo, a organisé les récolteuses traditionnelles de graines de karité dans l'association Songtaab-Yalgre. L'UNIFEM, le fonds des Nations unies pour les femmes, a travaillé avec le ministère de la Promotion de la femme au Burkina pour établir les relations du groupe avec L'Occitane et un réseau d'autres organisations internationales fournissant la formation, les technologies, la standardisation et des prix équitables. Cela a augmenté le revenu du Burkina de 7 millions de dollars pour la seule année 2001, faisant du beurre de karité le troisième soutien économique du pays, après le coton et le bétail. Autour de 2004, l'association Songtaab-Yalgre est devenue le trait d'union de plus de cent cinquante associations groupant trois mille cent membres. Six ans après, des femmes, qui étaient illettrées, isolées et invisibles, créaient régulièrement des newsletters sur Internet[7].

Dans un pays comme le Burkina – où les femmes sont dépossédées de leurs terres à la mort de leur mari, où 92 % des femmes sont illettrées et où plus de 85 % des femmes de la campagne dépendent de l'agriculture de subsistance –, passer de 1 à 4 dollars par jour est une étape importante. Y parvenir en six ans est un succès significatif qui reflète l'efficacité des termes de l'échange équitable autant que le fait d'être relié à une source de « capital social » qui ont favorisé la visibilité et apporté des paiements substantiels[8].

La production de beurre de karité a coïncidé avec une demande croissante des pays riches pour les produits faits main, biologiques, dans les domaines de la santé, de l'artisanat et de la cosmétique, générant une occasion sans précédent pour les femmes sans terre en milieu rural. Cependant, il vaut la peine de noter que le marché du commerce équitable ne représente qu'environ 10 % du karité produit. Les principaux acheteurs sont une poignée de multinationales du chocolat, qui remplacent de plus en plus le beurre de cacao par le beurre de karité. Le petit producteur typique de karité, qui vend pour le marché du chocolat, ne participe en rien à la valeur ajoutée tout le long de la chaîne de production, ni aux profits liés à sa commercialisation[9].

Lorsque les femmes s'aventurent sur les marchés globalisés, en plus des terribles barrières culturelles, des standards mondiaux et du défaut d'accès au crédit et à l'information, elles se retrouvent confrontées aux pressions des multinationales vers des salaires toujours plus bas : il leur est difficile de dépasser un revenu de 1 dollar par jour. Comme l'observent Marilyn Carr et Martha Chen dans l'*International Labour Review* : « Les véritables facteurs qui ont permis en premier lieu l'inclusion des femmes dans l'économie mondiale les ont désormais entraînées dans une spirale de descente sociale[10]. »

Tandis que les politiques de libéralisation agricole menées par les gouvernements africains dans les années 1990 ont été bénéfiques à ceux qui détiennent pouvoir, information, accès à la terre, aux biens et aux marchés financiers, l'accès des femmes aux marchés internationaux reste précaire sauf dans quelques cas où les agences internationales jouent un rôle actif. L'économiste Jeffrey Sachs fait remarquer que « l'extrême pauvreté est presque toujours synonyme d'isolement extrême, en particulier d'isolement rural. Il est nécessaire que des mécanismes à grande échelle assurent aux femmes l'information[11] ».

Des services de vulgarisation pour les femmes

Les conseillers agricoles voient d'un œil critique le bouche-à-oreille grâce auquel les femmes obtiennent souvent leurs informations. Les services de vulgarisation sont certes un bon moyen d'utiliser les connaissances locales, conciliant les méthodes agricoles traditionnelles et professionnelles et aidant les agricultrices par le biais des conseillères. Malheureusement, les femmes sont exclues de beaucoup de ces programmes, que ce soit au titre de prestataires de services ou de bénéficiaires. Moins on investit auprès des femmes, plus elles sont illettrées comparées aux hommes et moins on forme de conseillères agricoles. En Ouganda, seulement de 15 à 30 % des étudiants qui fréquentent les collèges de formation agronomique sont des femmes[12].

Lorsque les programmes de vulgarisation investissent dans les travaux des agricultrices et des conseillères, les bénéfices qu'on en retire peuvent être énormes. Les femmes reçoivent une formation, élèvent les rendements, augmentent leurs revenus, améliorent la nutrition du ménage et contribuent à la progression de leur communauté[13].

Lors d'une évaluation en avril 2010 des activités potentiellement génératrices de revenus dans quatre villages du nord-ouest de l'Ouganda, on a interviewé mille cent trente-cinq personnes. Les femmes identifièrent comme prioritaires les graines à maturation rapide et les cultures résistantes à la sécheresse tels le sorgho, le manioc, le maïs, la pomme de terre, le dolique, l'arachide, le tournesol et les légumes. Elles voulaient également de meilleurs outils agricoles, comme les coupe-coupe, les binettes, les brouettes, les arrosoirs et les socs pour le labour de champs plus vastes. Les femmes ont indiqué qu'il fallait de l'eau pour le bétail et pour les cultures ainsi qu'une meilleure gestion de l'environnement, incluant davantage de plantations d'arbres indigènes, des plants sélectionnés d'arbres fruitiers et d'arbres à croissance rapide pour le bois de chauffage et les piquets et perches de construction. L'élevage et la vente du bétail étaient des activités importantes pour stimuler et augmenter le revenu de ces agricultrices[14].

Les femmes de ces communautés ont dit aussi qu'il leur fallait de meilleures technologies après récolte, dont des moulins à meules pour des céréales comme le manioc, le sorgho et le millet, ainsi que de simples presses à huile pour extraire l'huile du tournesol et du sésame. Certaines ont réclamé des infrastructures d'entreposage, comme les « banques à grains », pour préserver les récoltes en cas de pénurie.

Les banques de céréales rapportent un bon revenu et assurent la sécurité alimentaire du ménage, mais, sans une formation convenable aux procédés de manutention après récolte et aux méthodes de lutte contre les parasites et les maladies des aliments stockés, la récolte engrangée peut être complètement perdue[15].

Les femmes ont mis l'accent sur l'absence de capitaux pour démarrer une entreprise. Peu de femmes disposent de fonds. Des conseillères ougandaises comme Susan Ocokoru et Janet Asege mobilisent des ressources financières grâce à l'épargne dans les villages et à des programmes de crédit. De telles associations peuvent être très puissantes : les conseillères trouvent plus facile et plus rentable d'aider et de former des agricultrices organisées en groupements d'intérêt commun, comme les maraîchères, les transformatrices de manioc ou les groupements d'achat et de vente. Les conseillères servent de lien entre le savoir indigène des femmes du milieu rural et les nouvelles technologies et ressources. Pour donner un exemple, elles ont initié des groupements féminins d'Ouganda aux technologies CoolBot – qui utilisent l'énergie solaire pour réduire la température et prolonger la durée de vie des légumes dans les remises en roseau, boue et chaume.

Inciter les communautés productrices de cacao à émanciper les femmes

Favoriser l'engagement des communautés est la pierre angulaire de tout programme efficace et durable et peut déboucher sur l'émancipation des femmes. La Fondation mondiale pour le cacao

(World Cocoa Foundation, WCF), fondation non gouvernementale, œuvre à la promotion économique et sociale, et à la gestion de l'environnement dans les communautés productrices de cacao de par le monde. La WCF finance deux programmes innovants pour aider les femmes à améliorer leurs moyens de subsistance : vidéoclubs et bourses d'études et de financement familial.

Dans les régions d'Afrique de l'Ouest productrices de cacao, les activités de formation agronomique sont habituellement assumées par des facilitateurs de la communauté qui ont appris à former leurs pairs – producteurs et productrices de cacao – aux techniques de production et aux étapes post-récolte. Les agriculteurs qui participent à ces formations apprennent à obtenir une qualité supérieure, et donc des récoltes de plus grande valeur. Une étude du Programme pour le développement durable des cultures pérennes de l'Institut international d'agriculture tropicale a fait état d'une faible participation féminine aux formations, mais il faut dire que la plupart des femmes restaient à la maison pour prendre soin des enfants, aller chercher le combustible et l'eau, et cultiver de quoi manger. Dans certains cas, les hommes leur interdisaient d'assister aux formations.

Le STCP a travaillé à créer un cadre d'apprentissage adapté et accessible aux femmes grâce au visionnage de vidéos proposant des exercices d'apprentissage équivalents. On demande aux participantes à ces séances de partager les connaissances qu'elles ont acquises avec deux autres productrices de cacao, transmettant ainsi les leçons à davantage de productrices de la communauté. Depuis 2006, près de mille six cents productrices de Côte d'Ivoire et du Ghana ont reçu une formation pour la production de cacao par le biais de ces vidéoclubs.

D'autres manières d'atteindre les productrices vont au-delà de la formation agronomique pour aider la communauté dans son ensemble. Le programme WCF « Projet de sensibilisation des ménages de cacaoculture » (Empowering Cocoa Households, ECHOES), par exemple, œuvre pour améliorer la vie et les moyens d'existence des nouvelles générations de productrices par le développement de la formation professionnelle, de l'apprentissage et la sensibilisation au leadership. Dans beaucoup de régions productrices de cacao d'Afrique de l'Ouest, les dépenses scolaires sont trop élevées pour les parents. C'est pourquoi ECHOES a mis au point un programme de bourses d'études et de financement familial, programme à trois niveaux mis en œuvre par Winrock International permettant aux mères de continuer à envoyer leurs enfants à l'école pendant qu'elles développent leur activité. La première partie du financement va directement à l'école pour payer les frais de scolarité des enfants. Une fois que la mère a fini un cycle de formation, elle reçoit les deux tiers restants, qu'elle peut investir dans son activité. Durant les deux années suivantes, les profits accrus paient les dépenses scolaires des enfants.

ECHOES incite pleinement les communautés à développer et à s'approprier le système de bourses d'études et de financement familial en encourageant les comités de sélection basés dans la communauté, qui vérifient les demandes et désignent ceux qui vont bénéficier des bourses. Depuis 2007, les comités de la Côte d'Ivoire et du Ghana ont décerné des bourses à plus de deux cent cinquante ménages. Une des bénéficiaires, Sopi Akissi de Côte d'Ivoire, a réussi à doter de nouveaux produits son distributeur de denrées et à augmenter le profit mensuel de son affaire. Ses revenus supplémentaires lui ont permis de s'adresser à un groupe d'épargne communautaire qui lui a octroyé un prêt pour acheter un congélateur et diversifier les articles qu'elle vend. « Je n'ai aucune difficulté à gérer les dépenses du ménage, a dit Akissi. C'est pareil pour la scolarisation de mes enfants, y compris pour celui qui va entrer à l'université cette année. »

Cat Alliston
Fondation mondiale pour le cacao

Source : voir note 13.

Travailler en groupe unit les femmes et rend leurs voix assez fortes pour se faire entendre, que ce soit de leurs partenaires en développement, des responsables politiques ou des autres acteurs du marché. L'émancipation se mesure à la participation croissante des femmes dans les activités de groupe et les foires commerciales. Les femmes préfèrent que ce soient des conseillères qui les forment comme Ocokoru et Asege parce qu'elles pensent que des femmes se comprennent mieux entre elles[16].

Les services de diffusion contribuent directement à une productivité plus élevée. Celle-ci amène une meilleure sécurité alimentaire pour les familles, une diversité plus grande dans la nourriture, un revenu accru grâce à des excédents et une meilleure résistance économique grâce à des cultures plus variées. Une étude menée en Ouganda a montré qu'entreprendre délibérément des cultures dans l'intention d'en vendre les excédents était une idée neuve pour beaucoup d'agriculteurs, et que des techniques simples comme espacer les plantations de bananes, planter par rangées plutôt que disperser les graines à droite et à gauche, et utiliser du fumier augmenteraient les rendements de façon spectaculaire[17].

Les femmes se réjouissaient du fait que les Services nationaux de conseil agricole du gouvernement ougandais (National Agricultural Advisory Services, NAAS) les aient considérées, leur aient donné des graines et un enseignement comme à leurs maris. Certaines personnes sans grande instruction scolaire étaient heureuses, grâce aux NAAS, d'acquérir des connaissances utiles ; certaines ont même déclaré avoir appris quelques rudiments d'écriture dans leurs groupes et dans les séminaires de formation, où on est censé savoir écrire. Les agricultrices se réjouissaient aussi du fait que certaines participantes aient gagné des compétences d'encadrement[18].

Le microcrédit pour combattre la pauvreté

Les organismes de microcrédit et de microfinance se sont révélés des outils très populaires dans la lutte contre la pauvreté depuis 1975 environ. Le secteur a été florissant, s'attachant à prêter aux femmes y compris pour les projets les plus minuscules. Pour autant, le succès du microcrédit ne s'est pas toujours traduit par un accès accru au crédit pour les ruraux pauvres, surtout à cause des difficultés importantes liées au prêt dans les zones rurales. Prêter de très petites sommes dans des zones sporadiquement peuplées, où les infrastructures de transport sont inexistantes, les distances entre clients immenses et les opérations bien plus risquées que pour les services à petite échelle en ville, n'est pas facile.

Même si on a pu assister à un renouveau du financement rural ces quinze dernières années, mené par les organismes de microcrédit, les prêts ont favorisé les agriculteurs bien plus que les agricultrices, en dépit du fait que le nombre de femmes dépasse très largement celui des hommes dans le monde agricole[19].

Selon la FAO, 10 % seulement des crédits sont alloués aux femmes dans les pays de l'Afrique subsaharienne où l'information est disponible. La raison en est qu'elles ne jouissent pas des droits de propriété et souffrent de la discrimination des lois, ce qui les empêche d'avancer des garanties sur les prêts. Le défaut d'accès au crédit entrave l'accès des agricultrices pauvres aux technologies et aux marchés. Au Sénégal, les femmes en milieu rural passent plus de treize heures par jour aux tâches ménagères : aller chercher du bois de chauffage, de l'eau et préparer le repas. Pour ces femmes, l'accès au crédit permettrait de gagner du temps grâce à des fourneaux plus efficaces et à des machines à moudre le grain, ainsi que des moyens de transport pour aller au marché faire leurs achats. En l'absence de politiques gouvernementales efficaces, les groupes de marché et quelques individus ont agi localement pour aider les femmes[20].

Au Malawi, comme dans les exemples cités plus haut, les femmes éduquées qui revenaient dans leur village ont beaucoup aidé les agricultrices à obtenir un accès au crédit ou autres services agricoles. Dinnah Kapiza est revendeuse agricole à Mponela, au Malawi, à 60 kilomètres au nord de la capitale, Lilongwe. Après avoir été institutrice à l'école primaire, elle est venue à Mponela en 1998, quand elle et son mari, instituteur lui aussi, ont pris leur retraite. Son travail a évolué : elle a commencé par vendre des graines dans son petit magasin de vêtements en 2002, elle possède désormais quatre magasins dans la zone rurale du Malawi, vendant des intrants aux petits cultivateurs et achetant leur production[21].

Après une petite formation à la gestion des affaires, au contrôle de la qualité des intrants, à la tenue des livres et à la pratique de la gestion des stocks grâce au Programme de subvention des intrants agricoles mis en œuvre par le groupe de développement international CNFA, Kapiza a lancé Tisaiwale Trading à partir de son magasin de vêtements. Avec l'appui de la garantie de crédit du CNFA, elle a pu se constituer un stock d'intrants à crédit. Aujourd'hui, Tisaiwale Trading propose des services de vulgarisation grâce à des parcelles d'essai spécifiques et à des Salons professionnels. L'entreprise aide les cultivateurs à tester leur sol pour savoir quel type d'engrais convient le mieux et offre gratuitement des conseils sur le maniement et l'emploi des produits[22].

En tant que revendeuse agricole, Dinnah Kapiza n'a pas seulement apporté des intrants agricoles et des services de vulgarisation à près de trois mille cultivateurs avec lesquels elle travaille, elle s'est aussi servie de sa capacité à traiter de gros volumes pour aider les cultivateurs les plus vulnérables autour de Mponela : des cultivatrices, spécialement des veuves. Un groupe de veuves appelé Chiyembekezo (« Espoir ») comprend cinquante membres. Un second groupe, Kananaji, rassemble quarante-trois femmes. Ces deux groupes se sont adressés à la Fondation microcrédit (MicroLoan Foundation), où Kanananji a demandé des prêts pour les intrants concernant les productions de maïs et d'arachide. Les prêts ont été obtenus plus facilement, car Kapiza s'est portée garante pour les deux groupes, assurant qu'elle achèterait leur production[23].

Pour Dinnah Kapiza, aider à la formation de ces groupes et les diriger vers les organismes de microfinance, où sa réputation et sa promesse d'achat de leur marchandise sont acceptées comme aval, n'est pas seulement un bon service communautaire mais élargit aussi sa clientèle. « Le groupe Kananji s'est formé en mai de l'année dernière après que les femmes sont venues me voir pour des intrants agricoles à crédit, mais à ce moment-là je ne pouvais pas m'accorder avec elles, j'ai donc décidé de les mettre en relation avec un organisme de microfinance et garanti d'acheter leur stock. Leur premier prêt s'élevait à 71 dollars par personne et le second à 94[24]. »

Avec son premier prêt, le groupe Kananji a acheté des intrants agricoles pour l'hiver. Ses membres ont planté dans des champs de 1 000 mètres carrés en moyenne ; ils ont suffisamment produit pour leurs familles et employé le reste de l'argent du prêt à acheter de quoi faire des gâteaux, des habits ou d'autres articles commercialisables. Les revenus ont été employés à payer les intérêts du prêt. Ces quarante-trois femmes ont remboursé les intérêts en totalité et avaient assez de revenus pour acheter les intrants de la saison suivante. Chacune a planté du soja, du maïs et du tabac. Elles ont récolté le tabac et employé les recettes à payer les intérêts du second prêt. Dinnah Kapiza sait qu'elle achètera le soja et le maïs excédentaires du groupe[25].

La réussite du groupe Kananji, qui a obtenu et remboursé de multiples prêts, n'est pas passée inaperçue à Mponela, et, en mai 2010, trois groupes de femmes supplémentaires se formaient et négociaient avec Kapiza et la Fondation microcrédit[26].

Incidence des nouvelles technologies

Des études récentes montrent que les innovations dans les domaines de la création de connaissance, de la gestion et de la communication permettent de promouvoir des conditions plus équitables pour les femmes. Des émissions agronomiques spéciales par radio ont très bien convenu aux besoins des cultivatrices à faibles revenus. Aucune innovation n'a eu plus d'incidence que le téléphone mobile ces dix dernières années, ni offert d'aussi grandes possibilités de toucher autant de femmes en milieu rural. Le rapport d'Intermedia de juin 2010 sur l'utilisation des médias, les flux d'information et la communication au Ghana et au Kenya a conclu que les femmes de ces pays ont moins tendance à utiliser les médias d'une manière régulière que les hommes[27].

Comme nous l'avons déjà indiqué, les femmes s'informent surtout par le bouche-à-oreille. Quand elles utilisent des médias, les Africaines écoutent presque exclusivement la radio. Mais le mobile tend à devenir le nouveau bouche-à-oreille des femmes en milieu rural. L'utilisation du mobile atteint celle des radios. Pour l'ensemble de l'Afrique, on estime que les abonnements au mobile sont montés en flèche, de 1 million en 1996 à 278 millions en 2007[28].

En Ouganda, une étude de 2009 sur cent dix ménages ruraux petits et moyens révèle que trente-trois des cinquante-quatre femmes de l'étude ont acheté un mobile depuis 2007. L'étude a conclu que l'appartenance à un groupe agricole est associée au transfert de connaissances et que les femmes faisant partie d'organisations agricoles acquéraient les moyens, les informations nécessaires et la motivation d'accéder à de nouvelles technologies comme le téléphone mobile. Les mobiles aident aussi les femmes des coopératives à mieux allier l'utilisation des intrants à la connaissance des prix du marché et aux informations sur la marche à suivre pour obtenir un microcrédit ou des subventions. Les cultivatrices se servent très souvent des mobiles pour obtenir de l'aide en cas d'urgence, comme appeler un vétérinaire pour un conseil si une bête est malade[29].

L'étude menée en Ouganda fournit un exemple de la manière dont le mobile – qui est rapidement devenu un outil crucial pour le commerce en Afrique – brise l'isolement des femmes en milieu rural, leur fournissant l'accès à l'information et leur permettant littéralement de contourner l'obstacle. D'autres barrières qui ont longtemps paru insurmontables ont écarté les femmes des services indispensables. À savoir les coûts élevés de la finance traditionnelle, leur faible niveau d'alphabétisation financière et l'absence de produits de base spécialement conçus pour les petites exploitations et les petits commerces. L'envoi d'argent est ainsi la forme d'investissement la plus répandue dans les entreprises agricoles féminines. Mais jusque récemment, il n'existait pas de méthodes de transfert d'argent entre ménages urbains et ménages ruraux, sécurisées et bon marché. Il manquait également la possibilité de relier les petites et moyennes entreprises féminines du milieu rural aux banques nationales et au crédit international[30].

NetHope, une organisation spécialisée dans les technologies d'information et de communication, et groupant vingt-neuf ONG, indique que les femmes en milieu rural ont enfin la possibilité d'accéder aux services bancaires de base. Des innovations technologiques pour mobile comme Kenya M-Pesa sont à même d'apporter les services bancaires de base aux femmes pauvres du monde rural. Et le téléphone mobile est seulement un premier pas. L'accès à d'autres technologies, comme Internet, encore largement hors de portée des communautés rurales, promet d'être une aubaine pour les femmes quand les nouvelles lignes en fibre optique seront installées et que des groupes comme l'Agence allemande de développement (GTZ) travaillant au Zimbabwe en milieu rural mettront leur connectivité à la disposition des communautés rurales. Il s'agit d'une intervention vitale, vu que le prix moyen d'une ligne pour un abonné africain est d'environ 366 dollars par mois, alors qu'en Inde il est de 6 à 44 dollars par mois. Dans une Afrique dépendant du réseau sans fil, les entreprises à technologie d'information prolifèrent, alors qu'elles ne bénéficient d'un réseau câblé en fibre optique à seulement 1 %, tandis que dans les pays à large bande passante, le câblage en fibre optique atteint plutôt 40 %[31].

Bien que les femmes en milieu rural aient besoin d'appareils de basse technologie pour économiser du temps et de l'énergie et pour être soulagées dans leurs tâches harassantes, leur connexion aux marchés dépend d'innovations de haute technologie. Le Fonds international de développement agricole définit l'innovation comme « un procédé qui donne de la valeur ou résout un problème d'une manière nouvelle » – et c'est exactement ce que fait le mobile pour les femmes[32].

Les Africaines pauvres en milieu rural pourront finalement surmonter les barrières liées aux infrastructures les empêchant d'accéder à l'information et aux marchés grâce à la numérisation naissante, au commerce équitable et à des liens institutionnels et personnels internationaux. Et les responsables politiques ont une opportunité sans précédent d'impliquer ces femmes dans les changements à venir.

Les femmes ont suffisamment été exclues. Émanciper les femmes émancipe les communautés : les enfants et les communautés s'améliorent, bâtissant un présent et un futur meilleurs. Si les responsables politiques ne font pas en sorte d'impliquer les femmes, s'ils ne respectent pas les connaissances des femmes, s'ils ne sont pas prêts à lutter pour les droits des femmes face aux traditions et aux lois qui les marginalisent, alors leurs programmes de développement stagneront ou échoueront purement et simplement. Les femmes méritent mieux, et l'Afrique aussi. Les idées sont là, les technologies aussi. Ce qu'il faut, c'est une vision qui donne la parole aux femmes et qui soutienne leur droit à prendre des décisions et à contrôler leurs activités économiques. Les possibilités sont immenses, il ne manque que la vision et la volonté d'améliorer la vie des femmes.

SUR LE TERRAIN
Le théâtre au secours des agricultrices

Après des années et des années de stagnation des rendements agricoles et peu ou pas d'investissements dans les économies rurales, les pays africains commencent à donner la priorité au développement de la production agricole et aux marchés. Le développement rural et la productivité agricole trouvent maintenant une place de premier plan à l'ordre du jour des gouvernements nationaux et des organes régionaux. Les plans et les investissements sur tout le continent à travers des programmes comme le Programme détaillé de développement de l'agriculture africaine et l'Alliance pour une révolution verte en Afrique encouragent et orientent les efforts nationaux. Et les donateurs internationaux reconnaissent la nécessité d'investir dans le développement agricole, comme l'atteste très clairement le Rapport sur le développement dans le monde de la Banque mondiale[33].

Le Réseau d'analyse des politiques agricoles et alimentaires et des ressources naturelles (Food, Agriculture and Natural Resources Policy Analysis Network, FANRPAN) est un réseau multilatéral et multinational situé à Pretoria, en Afrique du Sud, qui soutient le développement et l'amélioration de l'alimentation, de l'agriculture et des politiques des ressources naturelles – dans une optique de sécurité alimentaire pour l'Afrique. Le réseau comporte plus de six cent soixante-dix membres – universités, organisations agricoles, entreprises, administrations publiques et organisations de la société civile, impliquées dans les politiques relatives à l'alimentation, à l'agriculture et aux ressources naturelles dans treize pays africains. Comme son nom l'indique, l'organisation sert de relais aux agriculteurs, entreprises, universités, chercheurs, donateurs et administrations centrale et régionale[34].

En juillet 2009, reconnaissant le rôle crucial joué par les agricultrices dans la sécurité alimentaire des ménages, le FANRPAN a lancé une Redéfinition des marchés pour l'accession des femmes (Women Accessing Realigned Markets, WARM), projet pilote sur une durée de trois ans, visant à renforcer la capacité des femmes à promouvoir les politiques et les programmes agricoles au Mozambique et au Malawi. Le but est d'aider les agricultrices à accéder à des outils comme le crédit ou des semences sélectionnées, et ainsi de leur permettre d'améliorer les rendements de leur exploitation – et de le faire en s'assurant qu'agences et politiques locales et nationales répondent à leurs besoins[35].

En Afrique, la plupart des agriculteurs ruraux sont des femmes. Selon la FAO, les femmes de l'Afrique subsaharienne constituent 75 % des travailleurs agricoles et assurent de 60 à 80 % du travail de production alimentaire pour la consommation et la vente des ménages. On leur doit aussi 100 % des préparations culinaires de première nécessité, 80 % de la conservation et du transport du champ au village, 90 % du sarclage et du désherbage, et 60 % de la récolte et de la commercialisation. Les agricultrices supportent donc plus de la moitié du travail agricole. Mais leur productivité agricole et leur accès aux marchés sont généralement médiocres. En conséquence, les ménages ruraux dirigés par les femmes tendent à être plus pauvres et à jouir d'une moindre sécurité alimentaire que ceux qui sont dirigés par les hommes[36].

Les Africaines sont souvent exclues des décisions. De ce fait, les besoins des agricultrices n'apparaissent pas toujours dans les politiques agricoles locales et nationales. Les femmes sont souvent marginalisées dans les relations d'affaires et n'ont que peu d'emprise sur les facteurs de production, tels la terre, les intrants comme les graines et les engrais, le crédit et la technologie. À cause de la conjonction de facteurs logistiques, culturels et économiques, elles n'arrivent pas à bénéficier pleinement des programmes et des services de développement. En encourageant les femmes à défendre leurs intérêts, le projet WARM espère garantir aux agricultrices ce qui leur est nécessaire pour augmenter leurs revenus et subvenir à leurs familles[37].

Le projet WARM se sert du théâtre comme d'un plaidoyer pour engager agricultrices, leaders communautaires, prestataires de services et responsables politiques à encourager la participation communautaire et à cerner les besoins des agricultrices. Des personnalités célèbres du monde théâtral se déplacent dans les communautés du Mozambique et du Malawi et montent des représentations avec des scénarios fondés sur les recherches du FANRPAN. Après chaque représentation, les femmes, les hommes, les jeunes et les leaders locaux sont encouragés à participer à des dialogues avec les animateurs. Cela donne aux femmes de la communauté en particulier une occasion de parler ouvertement des défis auxquels elles sont confrontées sans pour autant être culturellement incorrectes. Plus important encore, cela permet aux femmes de parler de leurs besoins réels aux organisations de développement – et non l'inverse.

Le FANRPAN a mis au point un scénario, Les Vents du changement, s'appuyant sur les conclusions d'études sur les subventions aux intrants, effectuées au Malawi en 2006-2009. La pièce traite des défis rencontrés par les agricultrices à l'occasion de l'obtention d'intrants agricoles. Elle retrace l'histoire de Nkonkoni, chef de village, qui règne sur sa famille et sur ses amis et leur octroie en priorité les subventions d'intrants agricoles allouées par l'État et par les agences de développement. Depuis toujours, il distribue les semences et les engrais à ses amis, privant les femmes – dont des veuves luttant pour nourrir seules leurs familles – au point que certaines n'ont pas cultivé depuis trois ans. Mais Nkonkoni est finalement mis en cause par une veuve désespérée, par un nouvel élu du parlement local et par sa propre femme. Le conflit sur la distribution des intrants met en valeur la dynamique du pouvoir telle qu'elle se présente au village : entre hommes et femmes, vieux et jeunes, citadins et ruraux[38].

La pièce a été jouée pour la première fois lors du Dialogue politique régional du FANRPAN de 2009 (2009 Fanrpan Regional Policy Dialogue) à Maputo, au Mozambique, devant deux cent cinquante délégués venus de vingt-deux pays africains, représentant les organisations agricoles, les administrations nationales, les organisations de la société civile, les instituts de recherche, les partenaires de développement et les communautés économiques régionales. Après la représentation, on a demandé à l'assistance de se joindre au débat sur les principales questions soulevées par la pièce[39].

Linda Nghatsane, agricultrice et membre du Comité de développement agricole Nelspruit d'Afrique du Sud, déclare : « Les agriculteurs savent ce qu'ils veulent. » Les décisions concernant l'agriculture doivent se prendre sur le terrain, souligne-t-elle, sous les arbres et avec les gens dont les moyens d'existence sont l'agriculture – et non par des sommités en costume cravate dans les conseils d'administration. Elle a insisté sur le dialogue que les responsables politiques doivent engager avec les agriculteurs pour mieux comprendre leurs problèmes et leurs manques au lieu de leur dicter ce qu'ils doivent faire[40].

Nghatsane était soutenue par l'ex-vice-ministre zambien de l'Agriculture et des Coopératives, Chance Kabaghe, qui a dit que « les agriculteurs savent ce qu'ils veulent, mais il y a toujours quelqu'un en haut lieu pour décider de donner aux agriculteurs ce qu'ils ne veulent pas ». Il a appelé les gouvernements à concevoir des politiques permettant aux agriculteurs d'accéder aux marchés par-delà des frontières, car cela donnerait la possibilité aux petits exploitants de profiter de marchés compétitifs. Cecilia Makota, agricultrice zambienne, a confirmé le fait qu'en 2008 elle a plus que quadruplé ses revenus agricoles en vendant du maïs au-delà des frontières du Zimbabwe[41].

Obed Dlamini, ancien Premier ministre du Zwaziland et membre actuel du Liqoqo, conseil consultatif du roi, a applaudi l'utilisation innovante du théâtre pour mieux faire entendre la voix des agricultrices, la qualifiant de « méthode simple mais efficace ». Le projet WARM cherche à tirer profit de l'expérience acquise par le FANRPAN en tant que réseau régional de recherche politique à parties prenantes multiples de façon à combler l'écart entre agricultrices, chercheurs et modalités de politiques agricoles. Le FANRPAN s'est associé à d'autres acteurs – organisations agricoles régionales et nationales, instituts de recherche nationaux, universités, groupes communautaires, services de vulgarisation agricole et responsables nationaux et régionaux – pour garantir aux agriculteurs l'accès aux marchés, à des services de vulgarisation agricole, des semences sélectionnées, des engrais adaptés et d'autres ressources importantes[42].

Sithembile Ndema
Réseau d'analyse des politiques agricoles
et alimentaires et des ressources naturelles
(Food, Agriculture
and Natural Resources
Policy Analysis Network)

Sur le terrain
Qu'est-ce qu'une technologie adaptée ?

À la publication de son nouveau livre *Science et Innovation pour le développement (Science and Innovation for Development)* en janvier 2010, Gordon Conway a dit : « Peu importe d'où vient la technologie, ce qui compte, c'est qu'elle soit pertinente. » Trop souvent, les chercheurs, les responsables et les praticiens du développement international se laissent prendre par l'origine d'une technologie et s'en servent pour mesurer si elle pourra réussir. La manière dont une technologie a été conçue, son pays d'origine ou l'institution qui l'a mise au point importent moins que de savoir si le résultat est approprié[43].

Une technologie appropriée est abordable, facile d'utilisation et d'entretien, efficace, et répond à un besoin réel. Un grain de riz, par exemple, qui a été sélectionné ou conçu pour mûrir plus vite peut parfaitement convenir où qu'il pousse. Les cultivateurs locaux voudront acheter ce grain – qu'il provienne d'essais locaux de préservation des semences ou de l'Institut international de recherche sur le riz (International Rice Research Institute, IRRI).

De nombreux scientifiques et responsables politiques des pays industrialisés affirment qu'il est impossible d'appliquer des technologies différentes pour résoudre un même problème. En réalité, c'est souvent exactement ce qu'il faudrait faire. Dans les zones sujettes à la sécheresse, les cultivateurs ont besoin de techniques de conservation « traditionnelles » de l'eau et de méthodes de plantation comme le système *zai* en Afrique de l'Ouest, où l'on se sert de petits trous remplis de fumier et du réseau de tunnels souterrains des termites, ce qui retient l'eau tout en recyclant les éléments nutritifs du sol.

Mais on peut aussi employer des technologies « intermédiaires », comme l'irrigation au goutte-à-goutte, aussi bien que des nouvelles technologies, comme les variétés de céréales génétiquement modifiées pour survivre et même prospérer en période de sécheresse. Il faudrait que les cultivateurs puissent accéder à tous les types de solutions. En réalité, les cultivateurs sont souvent les mieux placés pour choisir la combinaison qui convient à leurs champs et innover en suivant l'évolution de la situation.

Un exemple du solide préjugé qui anime certains contre telle ou telle technologie s'est révélé lors d'un congrès récent de biotechnologie végétale. Quelques présentateurs ont exposé les méthodes sur lesquelles ils travaillaient pour lutter contre la mauvaise herbe parasite *Striga.* D'un côté, l'approche biologique : cultures intercalaires de maïs avec plantes attaquant *Striga.* L'autre côté proposait une solution technologique : développer la résistance à l'herbicide qui tue la mauvaise herbe dans les graines de maïs elles-mêmes, de sorte que les graines puissent être plongées dans l'herbicide. Les graines de maïs traitées tuent les graines parasites dans le sol, permettant au maïs de pousser et à l'environnement d'être préservé[44].

Les deux systèmes ont des inconvénients – plus de travail et de compétences seront nécessaires pour la lutte biologique ; des coûts de recherche plus élevés et le risque de développer une résistance accrue, pour la modification de la graine. Pourquoi donc ne pas employer les deux ?

Au lieu de cela, on a passé son temps à se disputer. Et quand un autre présentateur a proposé d'utiliser davantage d'herbicides en Afrique, on s'est contenté de sourire – en partie à cause de l'origine des herbicides (des entreprises américaines). Beaucoup n'ont pas tenu compte du fait que les herbicides conventionnels, appliqués à bon escient, peuvent être un excellent outil pour les cultivateurs pauvres.

Mais cela va peut-être changer. Comme Jeff Waage, coauteur de *Science et Innovation pour le développement,* l'a indiqué : « Entre les extrêmes d'une approche technologique miracle du développement scientifique et la conviction que les technologies locales et intermédiaires constituent la seule approche légitime, une nouvelle communauté de scientifiques est en train de voir le jour aujourd'hui, dédiée à la vision globale d'une science appropriée au développement[45]. »

Sarah Delaney
Imperial College, Londres

Chapitre 12

Investir dans le continent africain : crises et opportunités

*Andrew Rice**

* **Andrew Rice** est l'auteur de *The Teeth May Smile but the Heart Does Not Forget : Murder and Memory in* Uganda. Ce chapitre est fondé sur un article qu'il a publié dans le New York Times Magazine, « L'Agro-impérialisme existe-t-il ? » *(Is There Such a Thing as Agro-Imperialism ?).*

Robert Zeigler, éminent botaniste américain, s'est envolé vers l'Arabie saoudite en mars 2009 pour une série de discussions de haut niveau concernant l'avenir de l'approvisionnement alimentaire du royaume. Les leaders saoudiens étaient inquiets. Dépendant lourdement des importations, ils avaient vu le prix du riz et du blé, leurs produits alimentaires de base, fluctuer fortement sur le marché mondial les trois années précédentes, doublant ponctuellement en l'espace de quelques mois seulement. Les Saoudiens, riches en pétrole, mais pauvres en terre arable, hésitaient sur une stratégie capable de répondre aux appétits d'une population en expansion, et ils désiraient avoir l'expertise de Zeigler[1].

En gros, il y a deux manières d'accroître la production alimentaire : trouver de nouveaux champs à cultiver ou inventer un moyen d'augmenter le rendement de ceux qui existent déjà. Zeigler dirige l'Institut international de recherche sur le riz (International Rice Research Institute, IRRI), qui se consacre à la seconde, se servant de la science pour augmenter les récoltes. Pendant ce qu'on appelle la révolution verte des années 1960, les laboratoires de l'IRRI ont produit un riz « miracle », une variété à haut rendement qui a sauvé des millions de gens de la famine. Zeigler s'est rendu en Arabie saoudite dans l'espoir que le riche royaume offrirait de financer les recherches fondamentales qui mènent à de pareilles percées technologiques. À sa grande surprise, il a découvert que les Saoudiens voulaient au contraire s'attaquer au problème par l'autre bout. Ils cherchaient des terres.

Les représentants officiels du gouvernement saoudien, les banquiers et les dirigeants des industries agroalimentaires ont confié à la délégation de l'IRRI conduite par Zeigler qu'ils avaient l'intention de dépenser des milliards de dollars afin d'aménager des terres pour produire du riz et d'autres cultures de base dans les pays africains comme le Mali, le Sénégal, le Soudan et l'Éthiopie. Zeigler fut surpris, non seulement par l'échelle des projets mais aussi par l'audace de leur implantation. L'Afrique, continent le plus affamé du monde, ne pourrait pas se nourrir elle-même si les marchés étrangers l'abandonnaient[2].

Robert Zeigler venait d'entrevoir une dimension naissante du problème des ressources alimentaires mondiales, qui est apparue ces dernières années, échappant en grande partie à l'attention internationale. Une diversité de facteurs – certains transitoires comme les pics des prix alimentaires, et d'autres irréductibles comme la croissance de la population mondiale et le déficit en eau – ont créé un marché des terres agricoles, car les pays riches mais pauvres en ressources agricoles du Moyen-Orient, de l'Asie et d'ailleurs cherchent à délocaliser leur production alimentaire là où les champs ne coûtent pas cher et sont abondants. Du fait que la plupart des terres arables du monde sont déjà utilisées – presque 90 %, selon une estimation, si on déduit les forêts et les écosystèmes fragiles –, la quête a abouti à des pays jusque-là très peu touchés par le développement. L'une des plus vastes réserves de sol sous-employé est une zone de la savane guinéenne de 400 millions d'hectares, une bande en forme de croissant qui s'élance vers l'est à travers l'Afrique jusqu'en Éthiopie et au sud au Congo et en Angola. Selon une étude cofinancée par la FAO et la Banque mondiale, seuls 10 % du sol arable de cette zone sont actuellement cultivés[3].

Les investisseurs étrangers – émanations de gouvernements ou d'intérêts privés – promettent de construire des infrastructures, d'apporter de nouvelles technologies comme les semences sélectionnées, de créer des emplois et de stimuler la productivité de terres sous-employées de sorte que non seulement elles alimentent les marchés étrangers, mais aussi nourrissent davantage d'Africains – plus d'un tiers de la population de ce continent est mal nourri. Ils ont découvert que les gouvernements appauvris sont souvent accueillants et offrent des terrains à des prix dérisoires. Quelques transactions ont bénéficié d'une publicité considérable, comme l'affaire du Kenya qui a abandonné près de 40 000 hectares au Qatar en échange du financement d'un nouveau port, ou l'accord avec la Corée du Sud pour mettre en valeur 1 000 kilomètres carrés en Tanzanie. Mais bien d'autres, d'une importance sans précédent, ont été réalisées sans faire autant de bruit[4].

Et pourtant, tandis que les investisseurs vantent les bénéfices potentiels à tirer du progrès agricole en Afrique subsaharienne, certains sont plus critiques et mettent en garde contre ce qu'ils appellent le *landgrabbing* ou accaparement de terres. Ils prétendent que les transactions effectuées sont fondées sur l'exploitation et prédisent que le résultat n'en sera pas le développement mais une kyrielle de conséquences terribles : xénophobie, émeutes, coups d'État et famine accrue. « L'affaire est très grave et très dangereuse, déclare Alexandra Spieldoch de l'Institute for Agriculture and Trade Policy. Ce qui est en cause, c'est la direction du développement international, de la sécurité alimentaire et du contrôle des ressources[5]. »

Plus récemment et peut-être en réponse aux cessions de terrains retentissantes et controversées, l'attention s'est déplacée vers des modèles commerciaux alternatifs, points de rencontre pour les parties intéressées. Un rapport de 2010 commissionné par un certain nombre d'agences gouvernementales, dont la FAO, a expertisé dans les détails ces partenariats investisseurs-communautés. Bien qu'avec des résultats mitigés, l'élaboration des raisons qui font la réussite d'une collaboration est d'une importance capitale, vu l'intensification de la demande de terrains[6].

Ruée sur les terres éthiopiennes

Choisir l'Éthiopie pour investir dans l'agriculture pourrait paraître surprenant. Le monde en général ne connaît du pays que des images de famine : 1 million de personnes environ y sont mortes pendant la sécheresse du milieu des années 1980, près de quatre fois autant dépendent aujourd'hui de l'aide alimentaire d'urgence. Mais, d'après la Banque mondiale, près des trois quarts des terres arables d'Éthiopie ne sont pas cultivées, et les agronomes prétendent qu'avec un financement substantiel la plus grande partie pourrait être féconde. Depuis la crise alimentaire mondiale, le Premier ministre, Meles Zenawi, autrefois révolutionnaire marxiste devenu champion du capital privé, a déclaré publiquement qu'il était « très impatient » d'attirer les investisseurs agricoles étrangers en leur offrant ce que le gouvernement appelle des « terres vierges ». Un fonctionnaire ministériel pour l'Agriculture éthiopienne a avoué à Reuters en 2009 qu'il avait repéré plus de 3 millions d'hectares mûrs pour ce genre d'investissement[7].

L'attitude accommodante du gouvernement et la localisation intéressante de l'Éthiopie ont fait de ce pays un point de chute idéal pour les investisseurs du Moyen-Orient, dont le cheikh Mohammed Al-Amoudi, milliardaire dans le pétrole et la construction en Arabie saoudite, qui est né en Éthiopie et entretient d'étroites relations avec le régime de Zenawi. Il y a peu, une société d'Al-Amoudi à peine créée, Saudi Star Agricultural Development, a dévoilé des projets visant à obtenir les droits sur plus de 4 000 kilomètres carrés – la superficie d'un département français – dans l'espoir apparemment de tirer parti de l'initiative du gouvernement saoudien de subventionner la production étrangère de denrées de base[8].

Les projets d'Al-Amoudi soulèvent une question récurrente planant autour des investissements dans la production alimentaire : Qui va en recueillir les bénéfices ? Depuis que la révolution verte est venue en aide à des pays comme l'Inde et la Chine, les scientifiques et les responsables politiques ont tenté de réaliser un accroissement de la productivité similaire en Afrique subsaharienne. Le président Barack Obama – qui a dit dans un passage du discours d'inauguration qu'il a adressé aux pauvres du monde : « Nous promettons de travailler à vos côtés pour faire prospérer vos fermes » – a fait des questions de sécurité alimentaire la priorité de sa politique étrangère. Pourtant, malgré des dizaines d'années de recherche et des millions en subventions, la communauté internationale de spécialistes qui s'attaque à nourrir la planète n'a pas grand résultat à montrer de ses efforts en Afrique[9].

Sélection d'investissements fonciers étrangers en Afrique, proposés et réalisés		
Investisseurs	**Pays d'accueil**	**Détails de l'accord**
Entreprises diverses	Mali	Des transactions foncières déjà approuvées comprennent un projet commun de 10 000 hectares entre Petrotech et Agro-Mali pour la production de produits de départ pour le biodiesel à partir de graines de *jatropha,* à destination de l'Europe, des États-Unis et de l'Égypte. Baux supplémentaires pour les investisseurs étrangers prêts à mettre en valeur plus de 160 000 hectares de terrain. (Communiqué décembre 2009.)
Ruchi Soy	Éthiopie	Un fabricant d'huile alimentaire de premier plan, Ruchi Soy, a signé un protocole d'accord avec l'Éthiopie pour la culture de soja et l'installation d'une usine à Gambella et à Benishangul Gumuz. La transaction est de 25 000 hectares (avec possibilité d'extension à 50 000) et le bail est de vingt-cinq ans. (Annonce officielle janvier 2010.)
Trans4mation Agric-Tech Ltd. (UK)	Nigeria	T4M a signé un contrat de vingt-cinq ans pour la culture et le traitement du riz et du manioc, comprenant la commercialisation et la mécanisation à grande échelle, sur 30 000 hectares de terrain dans le delta du Niger. (Communiqué 2008.)
Arabie saoudite	Sierra Leone	La Sierra Leone et l'Arabie saoudite ont signé un protocole d'accord pour les investissements saoudiens dans la production de riz de consommation familiale et l'exportation. (Communiqué décembre 2009.)

Foras International Investment Co. (Arabie saoudite)	Soudan	La branche d'investissement de la chambre de commerce et d'industrie islamique a lancé son premier projet pour la sécurité alimentaire : le projet d'agriculture intégrée *Al-Faihaa (Al-Faihaa Integrated Agricultural Project)* dans l'État de Sennar, au Soudan. Ce projet sur sept ans estime son investissement à 200 millions de dollars et couvre 126 000 hectares. (Communiqué janvier 2010.)
Corée du Sud (secteur privé)	Soudan	À la fin de 2008, le Soudan a confié 690 000 hectares de terres à des Sud-Coréens pour la culture du blé et son exportation en Corée. (Communiqué février 2010.)
HADCO (Arabie saoudite)	Soudan	Pour acquérir plus de 10 000 hectares au nord de Khartoum en vue de produire du blé et du maïs pour l'exportation, l'entreprise agroalimentaire saoudienne Hail Agricultural Development Company (HADCO) a engagé 45,3 millions de dollars, au moment où le fonds saoudien pour le développement industriel, à capitaux d'État, a promis de verser environ 60 % des coûts du projet. (Information février 2009.)
Chongqing Seep Corp (Chine)	Tanzanie, Nigeria	En 2008, la Chongqing Seep Corp a annoncé qu'elle avait sélectionné 300 hectares de terrain pour la production de riz hybride en Tanzanie. Des projets prévoyaient d'embaucher des cultivateurs locaux pour produire et exporter la récolte en Chine. Chongqing a mis sur pied des projets similaires au Nigeria et au Laos en 2006. (Information mai 2008.)

Chine (secteur privé)	Ouganda	L'Ouganda a loué 4 046 hectares à quatre cents fermiers chinois pour y semer des graines importées de Chine. Le projet est supervisé par Liu Jianjun, à la tête du China-Africa Business Council, et les cultivateurs font pousser du maïs et d'autres céréales. (Information avril 2008.)
États-Unis, Émirats arabes unis	Zambie	Le ministre de l'Agriculture, Brian Chituwo, a indiqué que la Zambie avait un excédent de terres arables de premier choix et qu'il n'hésiterait pas à traiter avec les entreprises des États-Unis et des Émirats arabes unis qui souhaiteraient installer de vastes exploitations pour la culture du sucre et des céréales (y compris la production d'éthanol), ainsi qu'avec une entreprise de Dubai désirant cultiver du riz ou du blé. (Information juin 2009.)

Source : voir note 16.

Les partisans de l'investissement privé déclarent qu'il est temps de tenter une autre approche. « L'Afrique est l'ultime frontière », déclare Susan Payne, directrice générale d'Emergent Asset Management, qui a entamé les procédures pour investir plusieurs centaines de millions de dollars dans des exploitations par l'entremise du Fonds africain pour les terres agricoles. Jusqu'ici, la plupart des entreprises financières établies ont hésité à investir dans le monde en développement. Susan Payne est convaincue qu'elles perdent une occasion en or : l'Afrique est tristement célèbre par ses infrastructures décrépites et ses gouvernements corrompus, sans doute – des problèmes qui sont à aborder sérieusement, soutient-elle –, mais la terre et le travail y sont si bon marché qu'il est raisonnable de penser que les risques en valent la peine[10].

Au sein de la communauté de l'aide internationale, qui a surveillé avec quelque appréhension l'expansion naissante des investissements agricoles en Afrique, il y a eu beaucoup de discussions sur l'utilisation d'outils subtils, comme les codes de bonne conduite non contraignants, pour encourager les investissements « gagnants-gagnants ». Mais, en Éthiopie, les investisseurs étrangers n'attendent pas de quelconques instructions. Un contremaître de l'exploitation d'Al-Amoudi proche du lac Ziway, où des dizaines de planteurs cultivent le maïs et les oignons dans des champs parsemés d'énormes sycomores, a déclaré que son entreprise de 800 hectares produisait actuellement des denrées pour le marché local, mais que l'on prévoyait d'irriguer les terres avec l'eau du lac et de se tourner vers les exportations[11].

Les travailleurs ici ne sont pas très bien payés – seulement 9 birrs par jour environ, soit 75 cents environ – mais les partisans d'Al-Amoudi affirment que c'est le tarif habituel pour les agriculteurs en Éthiopie. Ils soutiennent que ses investissements créent des emplois, augmentent la productivité des terres dormantes et apportent le développement économique aux communautés rurales. Des journalistes éthiopiens et des figures de l'opposition ont cependant mis en cause les bienfaits économiques de ces affaires, ainsi que les relations amicales qu'entretient Al-Amoudi avec le parti au pouvoir[12].

Des potentialités explosives

L'opposition la plus importante se concentre sur le problème du droit foncier – un problème de dimension historique en Éthiopie. Juste en bas de la route qui vient de la ferme du lac Ziway, il y a un modeste village. Ses habitants racontent une histoire pleine de ressentiment. Voilà des dizaines d'années, disent-ils, pendant la dictature communiste en Éthiopie, on leur a confisqué leurs terres. Après le renversement de cette dictature, Al-Amoudi a repris la terre dans le cadre d'une privatisation organisée par le gouvernement, en dépit des protestations inefficaces de la population locale déplacée. Le milliardaire considère la terre comme sienne, mais les villageois ont bonne mémoire et soutiennent rageusement qu'ils en sont propriétaires de droit[13].

À travers toute l'Afrique, les politiques foncières sont liées à la dure réalité de la faim. Les famines, généralement dues à la combinaison du mauvais temps, des épidémies et des mauvais gouvernements, éclatent de manière aléatoire, déclenchant une catastrophe et remodelant l'histoire. Chaque pays a sa dynamique propre. Sous le régime éthiopien actuel, la propriété privée du sol est bannie, et chaque cultivateur, qu'il soit étranger ou national, travaille les champs sous licence gouvernementale. Cette politique du régime foncier a permis à l'État de remettre d'immenses étendues aux investisseurs à des taux nominaux, en secret, et illégalement[14].

Le gouvernement éthiopien nie qu'on ait déplacé qui que ce soit, affirmant que la terre est inemployée – ce dont doutent beaucoup d'experts. « Il y a une chose très claire, et qui semble avoir échappé à l'attention de bien des investisseurs, c'est qu'il ne s'agit pas de terres vides », dit Michael Taylor, spécialiste politique à la Coalition internationale pour l'accès à la terre (International Land Coalition). Si l'on n'a pas cultivé la terre en Afrique, il y a sans doute une raison. Peut-être est-il utile de faire paître le bétail ou de laisser délibérément les champs en jachère pour éviter l'épuisement des sols et l'érosion[15].

Bien sûr, on s'était déjà rué sur les terres africaines auparavant. Mais ce n'est qu'en octobre 2008 – quand le groupe de défense international GRAIN a compilé une longue liste de ces affaires dans un rapport polémique intitulé *Main basse sur les terres agricoles ! (Seized !)*, que les experts ont commencé à parler de ce phénomène. Bien que des accords aient été négociés dans des endroits aussi disparates que l'Australie, le Kazakhstan, l'Ukraine et le Vietnam, le champ d'investissement le plus controversé est clairement l'Afrique. Les avertissements du GRAIN ont trouvé une justification lorsque le *Financial Times* a révélé que le conglomérat sud-coréen Daewoo Logistics avait signé un accord en vue de récupérer la moitié des terres arables de Madagascar, sans rien payer, et d'y cultiver du maïs et de l'huile de palme pour l'exportation. Des protestations populaires ont éclaté, favorisant la mobilisation de l'opposition au président déjà impopulaire de Madagascar, qui a été renversé par un coup d'État en mars 2009[16].

Mais le problème a plusieurs facettes. Les économistes du développement et les gouvernements africains disent que si un pays comme l'Éthiopie parvient un jour à se nourrir tout seul, sans compter sur l'aide étrangère qui s'est montée à 2,4 milliards en 2007, il faudra qu'il trouve le moyen d'augmenter la productivité de son agriculture[17].

Traditionnellement, la manière de résoudre les famines dans les pays comme l'Éthiopie est d'envoyer les excédents du reste du monde ; mais certains gouvernements pensent que de nouvelles exploitations pourraient fournir une solution durable et ne reposant plus sur l'aide internationale. Cependant, quelle qu'en soit la justification à long terme, laisser des investisseurs étrangers utiliser leurs terres au moment où leur population est confrontée au spectre d'une famine généralisée paraît une mauvaise idée dans des pays comme le Kenya et l'Éthiopie.

Un appétit à long terme

Certains experts, faisant écho à Thomas Robert Malthus, prophète de la surpopulation et de la famine au XIXe siècle, craignent que l'humanité ne soit sur le point de dépasser ses capacités alimentaires. D'autres pensent que l'on trouvera toujours de nouveaux moyens d'accroître la productivité, surtout si on développe les investissement agricoles. La FAO vient juste de le proposer, qualifiant l'Afrique de « géant endormi », au moment où la Banque mondiale, inversant des dizaines d'années de désaccentuation, a récemment fait l'article d'un potentiel agricole susceptible d'entraîner la croissance économique. La Banque estime que « la croissance du PNB due à l'agriculture est au moins deux fois aussi efficace pour limiter la pauvreté » que le développement dans d'autres secteurs[18].

Pourtant, les budgets de l'aide étrangère ont toujours été minimes pour l'agriculture. Pendant des années, les gouvernements, les fondations privées et les institutions donatrices comme la Banque mondiale ont poussé les gouvernements africains à combler les déficits par des investissements privés. Maintenant, au moment précis où la crise alimentaire mondiale se manifeste, créant la possibilité peut-être fugace d'une injection de capitaux dans l'agriculture africaine, certaines de ces mêmes organisations envoient des messages contradictoires.

La FAO, par exemple, cofinance un rapport conseillant une plus grande expansion des cultures industrielles en Afrique, mais son directeur général a, simultanément, mis en garde contre les dangers « néocoloniaux » de ces tractations foncières[19].

En théorie, les investissements pourraient dégager d'immenses profits. Dans un pays comme l'Éthiopie, les cultivateurs travaillent durement, mais n'obtiennent au mieux que le tiers du rendement par hectare des cultivateurs européens, chinois ou chiliens. Des interventions même modestes pourraient combler ce fossé. Grâce à un outillage moderne, à des semences sélectionnées et à des engrais, les rendements du blé dans le riche sol argileux de la Rift Valley peuvent doubler. L'Éthiopie, comme toute l'Afrique, regorge de telles possibilités ou situations qui, par des investissements avisés, pourraient parvenir à remplir à la fois les estomacs et les portefeuilles. La clé, prétendent beaucoup d'experts, consiste à impliquer les Africains dans la mise en œuvre de leur propre développement. « Vous proposez d'aller investir dans un pays dont vous ne savez rien et vous refusez de parler à la population locale ? » a dit en mai 2009 Chido Makunike, agriculteur industriel né au Zimbabwe, lors d'un congrès sur le phénomène des acquisitions foncières. « Je ne saisis pas – je ne comprends pas d'un point de vue purement financier comment cela s'explique. L'agriculture et l'élevage présentent déjà suffisamment de risques[20]. »

Makunike a relevé un point crucial : des tractations irrégulières ne sont pas seulement moralement indéfendables et préjudiciables aux intérêts des agriculteurs pauvres – ce sont aussi de mauvaises affaires. Quand le président de Madagascar a été renversé, le conglomérat sud-coréen qui avait conclu la tractation foncière a vu ses plans d'investissement partir en fumée et a été l'objet d'une âpre contre-publicité. L'année dernière, dans l'espoir d'éviter des ennuis du même ordre, le Premier ministre du Japon – pays qui importe plus de nourriture qu'il n'en produit – a entamé une action en vue d'élaborer un code de conduite international pour gérer les investissements fonciers. La FAO a récemment tenu une série de rencontres pour tenter de créer ce qu'elle appelle des directives volontaires en faveur d'une bonne gouvernance foncière[21].

Naturellement, le mot qui pose problème est « volontaire ». Si l'Éthiopie et l'Arabie saoudite, dirigées toutes deux par des gouvernements opaques et autoritaires, décident qu'elles veulent conclure une tractation foncière, que peuvent faire des organisations internationales, à part marquer leur désapprobation ? Quel droit ont-elles de prendre des mesures plus fermes ? Et quand les représentants des agences des Nations unies et d'ONG, provenant en grande partie de pays ayant un long passé d'entreprises agroalimentaires à grande échelle, se permettent de donner des leçons sur ce qu'est un investissement correct, il ne faut pas s'étonner que les pays en développement y voient un relent de paternalisme. Alors, que faire ? Il n'existe aucune solution universellement valable, mais mettre au point des réformes répondant à quelques questions simples pourrait déboucher sur la garantie que les investissements agricoles seront canalisés en vue d'un bénéfice mutuel.

Premièrement, qui possède quoi ? Beaucoup d'experts conviennent du fait que, avant que les terres ne changent de main, il est crucial de déterminer quel est en réalité le véritable propriétaire – problème épineux des pays en développement, où la possession des terres ne se fonde pas sur des documents. Des études montrent que, quand les terrains sont légalement titrés, leur productivité économique s'améliore. L'estimation, par exemple, d'une initiative de 1984 qui avait produit 8,5 millions de titres sur 5 millions d'hectares en Thaïlande a montré qu'au bout de seize ans les terrains jouissaient de meilleurs rendements, permettant de vendre plus cher et de donner à leurs propriétaires un accès plus large au crédit. Lors d'un congrès récent de la Banque mondiale sur les conséquences des droits fonciers, les intervenants ont insisté sur le fait que même des étapes rudimentaires comme celle d'établir des cartes traçant les limites des propriétés seraient d'un grand secours pour garantir les intérêts des petits exploitants[22].

Deuxièmement, qui dicte la loi ? La majeure partie du travail de la communauté internationale concernant la réalisation d'investissements agricoles privés a été orientée vers l'encouragement de la consultation locale par le gouvernement comme par les investisseurs avant la conclusion des transactions. En théorie, tout le monde s'accorde sur le principe que les gens habitant là où aboutissent les investissements agricoles devraient donner leur libre consentement préalable et en pleine connaissance de cause. En pratique, cependant, décider de ce qui constitue le consentement et de la façon dont on doit l'obtenir a été plus facile à dire qu'à faire. Prenez le cas du Mozambique. Il cultive seulement 4 de ses 34 millions d'hectares de terres arables, et il n'y a pas bien longtemps son gouvernement a déclaré qu'il n'était pas opposé à des investissements étrangers. Il a institué une politique de consultation avec les communautés locales. Mais les rencontres ont tourné court, livrant une maigre information et restant sous l'emprise des chefs locaux à l'exclusion des petits exploitants et des femmes. Il a régné une immense confusion, en partie délibérée. Certaines parcelles ont été vendues trois fois à différentes catégories d'investisseurs. Le système a été effectivement submergé par le chaos et par la demande ; après avoir reçu des propositions totalisant 13 millions d'hectares, le gouvernement a imposé un moratoire précipité pour éviter « un autre Zimbabwe[23] ».

Et troisièmement, qui va payer ? Il existe un consensus prétendant que les investissements agricoles doivent augmenter dans les pays les plus pauvres du monde. Cela sous-entend des fonds pour les infrastructures matérielles, pour la formation agricole et pour la recherche qui a décliné ces dix dernières années pour la moitié des pays africains. Pourtant, durant la récession mondiale, bien des pays donateurs ont vu leurs budgets d'aide étrangère sévèrement réduits. Mais il y a de l'espoir. Les économies africaines se sont portées relativement bien par rapport aux économies des pays développés – le Fonds monétaire international a prévu que la croissance du produit intérieur brut en Afrique subsaharienne s'élèvera à près de 6 % en 2010 –, ce qui rend ce continent de plus en plus attrayant pour l'investissement privé[24].

Les moyens ne manquent pas pour investir dans l'agriculture sans déplacer les agriculteurs africains. David Hallam, expert commercial FAO, a suggéré un modèle où les exploitations de production à grande échelle, propriétés d'investisseurs internationaux, opèrent en « symbiose » avec les petits exploitants qui vendraient leurs récoltes et recevraient en retour paiements, crédit et assistance technique. Une autre idée, qui donne des résultats mitigés mais prometteurs, comme en Zambie, est le modèle « sous-traitance », dans lequel les petits exploitants traitent toute la production et une grande entreprise conditionne leurs produits et les vend, dans le pays ou à l'étranger. Dans la Rift Valley, en Éthiopie, un projet de coopérative de cette sorte implique un groupe d'environ trois cents Éthiopiens, travaillant des parcelles de 1,5 à 4 hectares. Pendant l'hiver européen, ils cultivent des petits pois pour le marché hollandais. Le reste de l'année, ils cultivent du maïs et d'autres céréales pour la consommation locale. Le sol a été irrigué avec le secours d'une organisation à but non lucratif et d'un producteur éthiopien appelé Tsegaye Abebe, qui transporte toute la production au marché[25].

Un groupe d'agriculteurs de cette coopérative a déclaré que cet arrangement, bien qu'imparfait, était bénéfique quant à son aspect essentiel : les agriculteurs ne travaillaient pas pour quelqu'un d'autre. Ils avaient entendu dire que des investisseurs étrangers convoitaient les terres éthiopiennes. L'imam Gemedo Tilago, âgé de soixante-dix-huit ans, revêtu d'un châle de coton blanc, a secoué le doigt en jurant qu'Allah ne permettrait pas que la communauté reste passive. Mais c'était un problème pour l'avenir et les agriculteurs avaient des intérêts plus terre à terre. En voiture sur les chemins ruraux qui mènent à cette exploitation, il apparaissait évident que la terre était desséchée, et le bétail montrait les côtes sous une peau d'un brun terne. Les agriculteurs inquiets disaient que cette année les pluies saisonnières tardaient à venir dans la Rift Valley et que, si elles n'arrivaient pas rapidement, il y aurait la famine[26].

Sur le terrain
Mieux stocker les aliments

Aucun agriculteur ne veut que les fruits – et les légumes – qu'il produit soient perdus. Mais dans certaines parties de l'Afrique subsaharienne, où plus de 265 millions de personnes souffrent de la faim, plus d'un quart de la nourriture produite se gâte avant d'être mangée à cause de mauvaises techniques de récolte ou de stockage, des conditions climatiques ou des maladies et des animaux nuisibles.

Les pertes après récolte de céréales, de racines et de tubercules, fruits, légumes, viande, lait et poisson s'élèvent à quelque 100 millions de tonnes, soit 48 millions de dollars de nourriture[27]

Ziyelesa Banda, une paysanne du district de Mambwe situé dans la province orientale de Zambie, a dû lutter pendant des années contre les termites et autres insectes nuisibles qui ravagent les récoltes. Sur 1 hectare, les cultivateurs produisent annuellement entre 2,5 et 2,8 tonnes de maïs, mais les termites en détruisent 20 %. Ziyelesa Banda a aussi dû se battre contre le virus de la mosaïque du manioc[28].

Sunduzwayo Banda, agent de vulgarisation agricole, a estimé que 240 dollars par an sont perdus sur les 760 dollars, ou presque, des revenus présumés de la récolte. Dans un pays où la plupart des gens vivent avec moins de 1 dollar par jour, cette perte est monumentale[29].

C'est pourquoi Ziyelesa Banda et d'autres agriculteurs sont prêts à profiter de la technologie développée par l'Institut national de la recherche scientifique et industrielle (National Institute for Scientific Research and Industrial Relations, NISIR). « Ici, au NISIR, nous souhaitons produire un pesticide en collaboration avec les petites mines Mindeco qui produisent du talc », déclare Ray Handema, directeur exécutif par intérim de l'institut. Les mines financent le NISIR pour savoir si le talc est un pesticide. Ayant terminé les travaux de laboratoire, le NISIR procède maintenant aux essais dans les champs. Ray Handema précise que, la Zambie important beaucoup de ses pesticides, le NISIR entend « trouver une solution locale à un problème local » en utilisant des matériels produits localement par une technologie développée en Zambie[30].

Les marchés communautaires pour la conservation, qui desservent un réseau d'agriculteurs de la province orientale de Zambie, viennent d'acquérir des sacs à grains de GrainPro, une entreprise philippine, pour protéger le maïs des charançons et des vers des grains. « Grâce à cette technologie de stockage hermétique sans pesticides, on évite les pertes après récolte, particulièrement sous des climats chauds et humides », remarque Daniel Tesfaye Haileselassie, directeur commercial de GrainPro's Afrique. « Les Cocons brevetés de GrainPro – à fermeture flexible hermétique – permettent le stockage parfait de céréales comme le riz, le maïs et le blé, et de cultures comme le café, le cacao et l'arachide sur de longues périodes, prévenant les dommages dus aux insectes, aux rongeurs et aux moisissures. La conservation des graines bloquant la germination par un stockage hermétique constitue une autre grande victoire, qui se répand maintenant dans un grand nombre de pays à croissance rapide[31]. »

Les sacs de stockage de l'université Purdue, appelés Stockage amélioré du niébé Purdue (*Purdue Improved Cowpea Storage,* PICS) sont une autre option de préservation des cultures. Ils sont hermétiquement clos pour empêcher la pénétration par l'oxygène et les insectes nuisibles, et, selon Martin C. Jischke, « la méthode est simple, sûre, peu chère et très efficace ». En Afrique de l'Ouest, le niébé apporte des protéines à des millions de personnes. Contrairement au maïs, le niébé est indigène et s'est adapté aux conditions de croissance locales, devenant une source idéale de nourriture[32].

En plus de préserver un important cycle annuel de culture saisonnière, les sacs PICS permettent aux cultivateurs d'économiser leur argent pour acheter des pesticides. Grâce au soutien de la fondation Bill & Melinda Gates, le projet PICS espère atteindre vingt-huit mille villages au Bénin, au Burkina, au Cameroun, au Tchad, au Ghana, au Mali, au Niger, au Nigeria, au Sénégal et au Togo vers 2011[33].

« Beaucoup de nourriture se gâte parce que nous n'avons aucun moyen de traitement », ajoute Ray Handema du NISIR. Mais on peut conserver les mangues, les papayes, les tomates et autres fruits en les déshydratant dans des séchoirs à bas prix. On peut faire bouillir et sécher les cacahuètes et les patates douces pour prolonger leur durée de vie. Le NISIR fait de la limonade pour conditionner les citrons, et du vin de fruits sauvages comme le *masuku* et le *mpundu*[34].

Les aliments transformés permettent aux agriculteurs de rendre leurs produits plus attractifs. Au Kenya, l'institut Mazingira enseigne aux communautés comment traiter les aliments pour leur assurer une meilleure conservation et un aspect appétissant. L'institut a aidé Esther Mjoki Maifa de Nairobi, par exemple, à tirer parti de l'intérêt croissant des Kényans pour les produits naturels et lui apprennent comment traiter les cacahuètes sans conservateurs ni produits chimiques. Il lui a fallu à peu près une journée pour produire 50 kilos de cacahuètes et elle vend ses jarres à 2,5 ou 3,5 dollars. Maifa espère économiser suffisamment d'argent sur ses produits pour acheter son propre moulin à cacahuètes[35].

La pasteurisation, entre autres méthodes de traitement, peut prolonger la durée de vie – et la valeur – des aliments. Le lait non pasteurisé s'abîme facilement, c'est pourquoi la pasteurisation – consistant à faire bouillir le lait à une température suffisante pour tuer les bactéries pathogènes – est primordiale. Mais comme pour la réfrigération, beaucoup d'agriculteurs n'ont pas accès aux moyens nécessaires pour traiter et produire un lait de grande qualité.

Au Kenya, en Ouganda et au Rwanda, le projet de Développement laitier pour l'Afrique de l'Est (*East Africa Dairy Development,* EADD) aide les éleveurs à améliorer le traitement et la conservation du lait pour obtenir des produits de longue conservation, plus sains et meilleurs au goût. EADD encourage les agriculteurs à se joindre aux coopératives, les mettant en contact avec des centres réfrigérés de collecte du lait, propriétés du groupe et gérés par lui, et réduisant considérablement leur charge financière. Le lait est envoyé à un centre de traitement, de là au marché où il sera payé plus cher que le lait non pasteurisé[36].

La production alimentaire locale améliorée et les marchés protégeraient les économies locales tout en améliorant l'accès à la nourriture et en réduisant le gaspillage. Quand le volcan islandais est entré en éruption en avril 2010 et a immobilisé tous les vols en Europe, des monceaux d'aliments et de fleurs coupées – parmi les principales exportations du Kenya – ont fini en pourriture. Censés parvenir à des épiceries de luxe dans toute l'Europe, lys, roses, œillets, carottes, oignons, maïs doux et pois gourmands ont été perdus par piles entières, sur pied et par terre parce que les hangars de l'aéroport étaient déjà pleins et qu'il n'existait aucun marché local pour ces produits de luxe[37].

Tandis que les prix alimentaires continuent de grimper dans le monde entier, réduire le gaspillage alimentaire sera déterminant pour soulager la faim et la pauvreté. Même de petits progrès comme l'amélioration du stockage, la culture des légumes dans les arrière-cours et de simples techniques de traitement peuvent grandement limiter le gaspillage.

Benedict Tembo, Zambia Daily Mail
Molly Theobald, Institut de prospective mondiale
(Worldwatch Institute)

Chapitre 13

Les chaînons manquants : Produire, et après ?

*Samuel Fromartz**

* **Samuel Fromartz** est l'auteur de *Organic, inc.* Un bloggueur spécialisé dans la nutrition et un contributeur aux pages Nourriture du *Washington Post.*

Quand on évoque l'agriculture africaine, il est rarement question d'excédents. On parle le plus souvent de pénurie, de déforestation ou de la dernière crise alimentaire qui, une fois encore, a mis en lumière l'incapacité de ce continent à assurer sa propre subsistance.

C'est pourquoi, en mai 2010, tout le monde fut surpris par les titres des journaux de Lusaka, en Zambie, qui annonçaient les chiffres étonnants de la dernière récolte de maïs. Elle enregistrait une progression de 48 % sur l'année précédente, atteignant ainsi son plus haut niveau depuis vingt-deux ans. Pour les huit cent mille producteurs, c'était l'heureuse conjoncture d'une utilisation efficace des subventions sur les engrais et de pluies abondantes. Cette hausse succédait à la progression de 31 % de l'année précédente, et la spéculation qui misait sur un effondrement des prix pendant la période de sécheresse de juin à août restait forte. « Le marché va être submergé de maïs », avait déclaré Robert Munro, conseiller éminent de l'US Agency for International Development (USAID) à Lusaka[1].

Dans les villes, l'attention se portait sur le prix du porridge de maïs, qui constitue chaque jour le repas de base. La question était de savoir si les meuniers allaient renoncer à engranger des profits ou s'ils allaient en profiter pour augmenter leurs bénéfices. Les pouvoirs publics se demandaient comment ils allaient s'y prendre pour gérer ces surplus. La Zambie avait déjà enregistré un excédent de 600 000 tonnes pour l'année 2009, dont une partie était encore dans les entrepôts ; à cela s'ajoutait 1,1 million de tonnes supplémentaires de la récolte 2010. Ils ne comptaient guère sur les exportations compte tenu des restrictions des échanges commerciaux. Cette récolte souffrait par ailleurs de la concurrence du maïs sud-africain, dont les prix étaient les plus bas de la région[2].

Ce succès indéniable de la production était tel que l'abondance de la nourriture était devenue un problème en soi, alors que les agriculteurs zambiens n'utilisaient pas d'OGM et que la plupart ne disposaient ni de machines ni de véritables systèmes d'irrigation. Et une poursuite du développement posait de nombreuses questions, car elle améliorerait encore les rendements en produisant toujours plus d'excédents, jusqu'au jour où le pouvoir politique déciderait de cesser d'accorder des subventions. Pourquoi donc être encore confrontés à la faim et aux retards de croissance des enfants dans un pays où la nourriture est en surabondance ?

Sécurité alimentaire : repartir de zéro

Ce qui se passe en Zambie est une parfaite étude de cas pour toutes les étapes de la chaîne de valeurs, de la production jusqu'à la vente sur le marché. Le problème de la sécurité alimentaire se réduit trop souvent à la question : « Comment fera-t-on pour nourrir 9 milliards de personnes en 2050 ? », qui conduit automatiquement à évoquer de nouveaux types de semences probablement génétiquement modifiées. Mais si cette potion magique est séduisante, elle n'est pas la solution, car elle simplifie à l'extrême le problème, surtout si l'on ne tient pas compte du contexte agricole dans son ensemble : Où, comment et à quel prix les paysans pourront-ils s'approvisionner en semences et en énergie ? Quelle sera leur charge de travail ? Comment devront-ils s'équiper ? Pourront-ils obtenir des conseils de qualité sur la durée ? Les marchés seront-ils viables ? Les prix transparents ? Une journée de travail permettra-t-elle aux fermiers de s'acheter de quoi manger, envoyer leurs enfants à l'école et espérer se sortir eux-mêmes de la pauvreté ? À la lumière de ce qui se passe en Zambie, il faut comprendre que ce n'est pas avec des semences, ou une petite phrase, et encore moins avec la décision simpliste d'augmenter la production sans réfléchir au contexte, que l'on répondra à ces questions[3].

Cette problématique saute aux yeux des spécialistes du programme d'aide *Production, Finance and Technology* (PROFIT) lorsqu'ils se trouvent dans la ceinture zambienne du maïs, sur une piste du district de Mkushi, à environ trois heures au nord-ouest de Lusaka. Ils viennent présenter aux paysans de la « brousse » le Programme de développement du secteur privé, une démarche innovante de modernisation des petites exploitations, lancée en 2005 et disposant d'un budget de 17 millions de dollars. Le programme n'est pas articulé uniquement sur des subventions ; il s'agit tout d'abord de faire comprendre aux négociants que les petits agriculteurs représentent un marché fiable et profitable pour leurs intrants. Ensuite, il s'efforce de créer de nouveaux canaux de distribution pour assurer aux agriculteurs des ventes correctes alors qu'ils étaient la plupart du temps grugés dans les chaînes de distribution traditionnelles. En 2009, PROFIT estimait que les différents projets avaient rapporté plus de 14 millions de dollars aux cent cinquante mille exploitants concernés[4].

À l'extérieur du Mkushi, les fermiers de la brousse travaillent encore à la main dans des champs qui entourent leurs petits villages de huttes aux toits de chaume. Beaucoup plus grandes, les « fermes commerciales » équipées d'énormes systèmes d'irrigation et de moissonneuses-batteuses, qui s'étendent jusqu'à l'horizon le long de la piste, pourraient faire croire qu'on se trouve dans l'Iowa, aux États-Unis. La plupart des exploitants agricoles sont des immigrants du Zimbabwe, expropriés, qui s'accommodent fort bien du climat zambien accueillant pour les investisseurs. La moitié de la production de maïs du pays est assurée à la fois par ces grandes exploitations modernes, entre sept cents et huit cents, et par les plus efficaces des petits fermiers, qui représentent 4 % du total[5].

Un meilleur deal

Le *matoke,* des bananes vertes cuites à la vapeur ou dans du bouillon de viande, est le plat le plus populaire d'Ouganda, mais les réseaux classiques de distribution pénalisent agriculteurs et grossistes. Les acheteurs s'installent dans les villes agricoles et emploient des « garçons à bicyclette » chargés d'aller chercher les bananes chez les paysans, qui n'ont pas une bonne connaissance des marchés et se méfient des négociants.

La demande est si forte que Technoserve, une ONG états-unienne, pensait que la récolte pourrait assurer de meilleurs revenus aux exploitants si on résolvait les problèmes de fonctionnement du marché. C'était une tentative de plus pour améliorer la chaîne de valeurs en mettant en relation les paysans avec les vendeurs d'intrants, en assurant davantage de transparence sur les transactions, en utilisant les technologies mobiles pour informer des prix, en les faisant bénéficier du microcrédit et ainsi en améliorant les conditions de transaction entre acheteurs et vendeurs.

Technoserve a d'abord encouragé les paysans ougandais producteurs de bananes à se grouper pour acheter des intrants et échanger des conseils techniques afin d'optimiser leurs ventes. Leurs représentants rencontrent les acheteurs de bananes, discutent les structures de prix, de la qualité des produits et de la distribution.

En groupant les agriculteurs, les coûts des transactions diminuent considérablement. Selon Eratus Kibugu, directeur de Technoserve pour l'Ouganda : « Les sommes reçues par les fermiers ont augmenté de près de 70 %. Les acheteurs sont prêts à répercuter les économies réalisées car ils ne perdent plus d'argent à cause de l'inefficacité des marchés. »

Aujourd'hui, près de vingt mille agriculteurs participent à ce projet. Technoserve a également recruté un spécialiste du crédit pour aider les paysans à agrandir leurs exploitations grâce à la microfinance. La moyenne des prêts est de quelques centaines de dollars et le taux de remboursement de 97 %.

Au Kenya, les producteurs de légumes et les horticulteurs étaient confrontés au même type de problème. Ils vendaient à des prix nettement inférieurs à ceux pratiqués sur le marché de gros de Nairobi où leurs produits finissaient par se retrouver. La société DrumNet assure désormais le lien entre eux et les marchés pour qu'ils puissent prendre de meilleures décisions et optimiser leurs ventes. DrumNet prévoit d'offrir davantage de services gratuits sur Internet, en permettant de connaître les marchés en temps réel, de coordonner le transport des produits et de grouper les achats d'intrants.

Les téléphones mobiles ont joué un rôle important en Afrique en donnant accès aux données du marché ainsi qu'en offrant des capacités de transaction, souvent par SMS, moins chers que les appels classiques. Au Niger, cette méthode a permis de réduire la variation des prix des semences régionales de l'ordre de 20 %, les coûts des intermédiaires de 50 % et a fourni des informations pour que les paysans puissent être réactifs aux excédents comme aux pénuries.

La société de téléphone E-soko est un autre exemple. Elle rend accessibles les cours de trois cents marchés et permet de suivre des produits spécifiques. Les données sont aussi accessibles sur Internet pour que les paysans puissent suivre l'évolution des marchés.

En juin 2009, avec l'aide de la fondation Bill & Melinda Gates, la fondation Grameen a mis en place une autre innovation technologique : Google Trader. Cette application permet de mettre les paysans en relation avec les marchés *via* un service en ligne – le *bulletin board*. En outre, une application, appelée Farmer's Friends, donne les prévisions météo locales, des informations sur les parasites des récoltes et sur les maladies pouvant affecter leur cheptel ainsi que des conseils techniques de plantation et de stockage.

Dans un autre registre, le Syndicat national des fermiers de

Zambie, soutenu par le Fonds international pour le développement de l'agriculture, donne les prix du marché et les contacts des acheteurs par SMS et *via* un site Internet. Aujourd'hui, trente mille clients comparent et négocient les prix, puis organisent des transactions. Le projet va bientôt être étendu à la République démocratique du Congo.

Samuel Fromantz et Abigail Massey.

Ce type de producteur est à l'opposé des sept cent cinquante mille petits paysans, qui assurent les 50 % restants de la récolte de maïs du pays en travaillant pour la plupart encore avec des binettes, des bêtes de somme et, pour les plus chanceux, un tracteur. N'ayant toujours pas de systèmes d'irrigation, ils sèment en novembre pour profiter de la saison des pluies et récoltent en avril. Pendant l'hiver, qui est une période sèche, ceux qui ont des pompes à pédale prélèvent l'eau des ruisseaux et des puits pour cultiver des produits à forte valeur ajoutée comme les tomates en profitant de l'ensoleillement et de la douceur du climat. Ceux qui n'ont ni source d'eau ni moyens d'acheter une pompe restent inactifs après avoir vendu leurs récoltes de maïs et ne peuvent qu'attendre le retour des pluies au printemps, ce qui explique que 35 % de ces petits fermiers achètent de la nourriture[6].

Comme dans d'autres régions d'Afrique, la période des moissons marque le début d'une période délicate pour les paysans puisqu'ils consomment une partie des réserves de la récolte précédente. Ils doivent parfois acheter de quoi se nourrir avec le produit de leurs ventes et, quand arrive le mois de décembre, les économies et les stocks de nourriture diminuent de manière drastique. Mabvuto Chisi, conseiller de PROFIT à Mkushi, a remarqué que c'est lorsqu'ils ont à peine de quoi se nourrir qu'ils doivent s'épuiser à travailler dans les champs. « La période de décembre à mars est la plus délicate parce que les agriculteurs travaillent tout en attendant la récolte d'avril. » C'est d'autant plus difficile pour les mères célibataires, qui représentent environ un foyer sur cinq[7].

On rencontre beaucoup de femmes sur la piste poussiéreuse, à pied, et portant leurs biens et leurs nourrissons. À leurs côtés, des enfants vêtus de l'uniforme de leur école, une binette à la main, montrent qu'ils sont prêts à travailler dans les champs. Certaines vont à bicyclette. Tous portent des sacs de maïs. Il n'est pas rare de voir des enfants de cinq ans qui les tiennent en équilibre sur la tête. Un sac plein pèse 50 kilos, mais ceux des enfants sont plus petits.

Les paysans viennent décharger leurs cargaisons sur le bord de la route, à des endroits bien précis, où les sacs s'empilent. Des camions viennent ensuite les récupérer, et les fermiers rentrent chez eux avec ce que les négociants en grains ont décidé de leur donner, une somme allant de 20 000 à 25 000 kwacha (de 4 à 5 dollars) par sac. Ils les achètent souvent encore moins cher sous prétexte que la qualité laisse à désirer parce qu'il y a trop de grains brisés ou que le maïs est sale. Un hectare produit environ 1,7 tonne de maïs, soit trente-quatre sacs, qui rapportent à l'exploitant environ 170 dollars avant d'avoir payé ses engrais, ses semences ou les sacs eux-mêmes. Ce chiffre correspond à la vente de toute sa récolte, ce qui ne se produit jamais, car il en garde toujours une partie pour sa subsistance et ses semences. Un paysan qui travaille tout seul peut cultiver 2 hectares au maximum, ce qui représente un revenu plutôt maigre même les meilleures années. Beaucoup, à leur grand désespoir, n'ont même pas le luxe de vendre ce qu'ils ont moissonné et sont même parfois conduits à accepter n'importe quel prix, au moins pour se nourrir. Ils se plaignent régulièrement du sort qui leur est fait mais ils n'ont guère le choix[8].

Sur le bord de la route, on trouve aussi des marchés paysans toujours très animés où l'on vend des aubergines, des patates douces, des tomates et des concombres. On est frappé par la pauvreté de ces petits coins perdus dans la campagne qui n'ont ni eau courante, ni routes correctes, ni même d'électricité (excepté pour les téléphones portables) et où personne ne semble souffrir de la faim. « Tout le monde ici peut se payer au moins un repas par jour », affirme Wilson Mwape, un vendeur de machines agricoles originaire du Mkushi qui accompagne les collaborateurs d'AID. Dans la ceinture du maïs, les gens se débrouillent tant bien que mal, en se demandant sans cesse comment ils vont joindre les deux bouts et comment pouvoir améliorer leur situation. L'augmentation du rendement est sans doute l'un des termes de l'équation, puisqu'elle entraîne une augmentation de la productivité, mais ce n'est pas la seule réponse. Si la production augmente trop, les prix chutent comme en 2010. Les terres cultivables ayant augmenté d'un cinquième, la production de maïs a augmenté de 22 %, et la récolte, moissonnée dans sa totalité, a suivi cette tendance, car il n'était pas question d'en laisser pourrir sur pied. Avec cette production en montagnes russes, comment un agriculteur peut-il s'en sortir[9] ?

Justine Chiyesu est l'un de ces nouveaux exploitants qui peuvent nous apporter des éléments de réponse. Il fait partie des 4 % qui représentent peu de chose sur le plan commercial, mais qu'il faut tout de même prendre en considération. Il habite le village de Chikupiloi, à 60 kilomètres de Mkushi, au fin fond du bush, dans une maison de brique au toit de tôle qui se distingue des huttes voisines. Fier de nous accueillir, il arbore un blazer Armani et nous montre ses deux téléphones cellulaires, dont un qui sonne fréquemment pour lui chuchoter : « Patron, vous avez un SMS. » Ces signes extérieurs de richesse ne peuvent pas faire oublier que le village n'a pas l'électricité et que les batteries solaires sont réservées aux portables. Il n'y a qu'une école à classe unique, et la plupart de ses voisins battent les épis de maïs secs avec un bâton sur une grille en bois. Chiyesu s'est équipé d'une machine à battre et a l'intention d'en acheter une autre. C'est la raison pour laquelle un vendeur d'équipements agricoles, Mwape, lui rend visite avec les équipes d'AID. Chiyesu a les pieds dans deux mondes à la fois, mais, à bien des égards, il n'appartient plus vraiment à celui des petits[10].

Son parcours est impressionnant. Il a commencé il y a à peine quelques années, en travaillant ses 2 hectares de terre à la binette et avec une charrue tirée par des bœufs, mais il a vite été confronté à de sérieuses difficultés. « Comme ma famille n'était pas assez grande, je manquais de bras. Quand j'ai commencé à défricher, le temps que j'arrive au bout du champ, les mauvaises herbes avaient de nouveau envahi le maïs. » La première année, il avait récolté cinquante-quatre sacs, soit 1,3 tonne l'hectare, à peu près la moyenne de la production d'une petite exploitation[11].

La banque au téléphone

Enos Banda est peut-être l'agriculteur qui travaille le plus au Malawi et celui qui a le plus grand sourire. Il fait vivre sa famille de cinq enfants grâce à l'agriculture, mais les changements importants qui ont touché les petites exploitations au cours des dernières décennies le perturbent. De l'autre côté, aux abords de la ville toujours en mouvement de Chipata, en Zambie, Mobile Transactions et le géant du coton Dunavant ont lancé un nouveau système de paiement électronique, qui va permettre aux producteurs de coton de recevoir de l'argent virtuel plutôt que du liquide.

Ce nouveau procédé permet de créditer les comptes bancaires d'une centaine de paysans *via* leurs téléphones mobiles, ce qui a entraîné des magasins et des entreprises à accepter ce moyen de paiement pour les achats d'intrants et d'équipements. Il en est de même pour les établissements scolaires, qui proposent aux parents de régler les frais de scolarité par ce même moyen.

Le fait que les agriculteurs utilisent ce système n'a rien de révolutionnaire en soi, mais il le deviendra. Sa forte croissance permettra bientôt aux Zambiens d'avoir accès à de nombreux services, avec, en son centre, les agriculteurs. Ils pourront déposer des fonds sur des comptes d'épargne, fournir des données pour assurer leurs récoltes, donner des informations pour élaborer des modèles de comptes d'exploitation nécessaires pour monter des dossiers de demandes de prêts afin d'acquérir des biens d'équipement, améliorer leur solvabilité entre les dépenses et les recettes, développer les financements agricoles, et surtout mettre en place un nouveau style de relations entre agriculteurs et entreprises, qui est la clé de voûte de nouveaux développements commerciaux.

Revenons au Malawi. Enos Banda ne connaît pas vraiment ces outils, mais bientôt il en saura davantage. Les raisons de mettre ce système rapidement en place ne manquent pas. Le pays a une densité de population dix fois plus importante que celle de la Zambie, ce qui rend la mise en place d'un réseau financier plus facile. Les réseaux de téléphone mobile sont tout à fait comparables, ce qui signifie qu'il ne sera pas difficile de faire évoluer la technologie. Chaque mètre carré du Malawi étant pratiquement dédié à l'agriculture, les possibilités de l'agrofinance sont immenses. Et il existe autant de possibilités de changer le réseau financier de l'industrie agricole qu'il y en a en Zambie.

Les bailleurs de fonds et les investisseurs avisés pourraient donc contribuer à l'émergence d'un véritable changement. Mobile Transactions, l'entreprise de monétique qui souhaite implanter un réseau rural en Zambie, n'en est qu'à ses débuts, comme d'autres sociétés. Les efforts à fournir et les besoins en capitaux sont considérables, et il en faudra encore davantage pour se développer à l'international, mais les modèles sont là. Les moyens techniques sont là. L'expertise est là et se développe de jour en jour. C'est le lieu idéal pour que ceux qui ont des ressources et une vision de l'avenir appuient sur l'accélérateur afin que le véritable changement se produise pour le bien d'Enos Banda et de ses collègues.

Graham Lettner
Mobile Transactions, Lusaka, Zambie.

Source : voir note 20.

Quand PROFIT lui proposa de devenir agent local pour une société d'intrants, il accepta sans hésiter. Tout en augmentant ses rendements, il pourrait jouer le rôle de négociant pour les autres fermiers. Après avoir suivi une formation pour apprendre à utiliser les produits phytosanitaires, ses bouteilles d'herbicide sur le dos, il s'attaqua aux mauvaises herbes. Après avoir doublé sa surface cultivable et bénéficié d'engrais, il multiplia sa récolte par trois pour la porter à 4,3 tonnes par hectare. En quelques années, il agrandit son exploitation, qui s'étend aujourd'hui sur 37 hectares. Il emploie huit ouvriers à plein temps et plus de trente saisonniers chaque année[12].

N'ayant pas de compte en banque jusqu'à une date encore récente, il avait empilé des millions de kwacha dans des sacs cachés sous des vêtements. Il y en avait pour 10 000 dollars. Ses revenus étaient assurés par les ventes d'intrants et par son exploitation, mais aussi par le négoce avec ses voisins. Les petits qui vendent leur maïs au bord de la route sont appelés *price takers* parce qu'ils doivent subir le marché et ne tirent jamais plus de 4 à 5 dollars par sac. Chiyesu réalisa alors qu'il n'était pas très intéressant pour lui de traiter avec des intermédiaires qui eux-mêmes revendaient aux grands moulins en ville. Après avoir décidé de leur vendre directement, il réussit à doubler les prix de vente en négociant également pour les deux cents ou trois cents fermiers du village à qui il redistribuait ce qui leur revenait après avoir retenu les prix du transport et prélevé une commission raisonnable[13].

Chiyesu jouait aussi le rôle d'agent pour les fermes commerciales du secteur, car il était en relation avec les transporteurs et les meuniers. Il assure préférer son métier de cultivateur à celui de négociant, car, quand il vend son maïs directement, tous les bénéfices sont pour lui. Il a l'intention d'agrandir son exploitation jusqu'à 50 hectares et de construire une usine en ville[14].

Sans connaître l'expression « intégration verticale », tout indiquait qu'il en avait appliqué le concept avec l'intention d'avoir la main sur l'ensemble de la chaîne pour engranger tous les bénéfices plutôt que d'en verser aux vendeurs de semences et à l'usine. Une telle réflexion montre qu'il est un véritable entrepreneur.

Face à l'effondrement des prix en cas d'excédent, une stratégie consiste à attendre que le tsunami de maïs soit passé et que les prix soient revenus à leur niveau. Mais Chiyesu opte pour une autre méthode. « Je vais vendre tout de suite », dit-il. Il préfère vendre avant que les prix s'effondrent complètement, sans attendre qu'ils remontent – il n'y a pas de marché à terme en Zambie. En effet, il a assez de latitude pour pouvoir vendre à bas prix s'il ne peut pas faire autrement, car sa productivité est bien supérieure à celle des autres agriculteurs. En comptant sur une récolte de 4 à 5 tonnes par hectare, il a encore de la marge, ce qui est loin d'être le cas de la majorité des petits paysans qui ne dépassent pas 2 tonnes par hectare. Mais ceux-là devront probablement quand même vendre à bas prix et ne tireront donc aucun bénéfice, ou presque, de leur travail[15].

Les situations d'excédents envoient deux types de signaux aux cultivateurs. Plantez moins, si les affaires se présentent mal, ou bien plantez davantage et soyez plus productifs pour gagner en volume et compenser la baisse des prix.

Coûts et bénéfices

Si la stratégie de Chiyesu semble être la meilleure, elle représente un coût non négligeable dans un pays qui perd chaque année 1 % de sa forêt. Avec l'accord de son chef de tribu, il a pu agrandir sa surface cultivable, puis a semé de très grandes quantités de maïs, qu'il a fait pousser à force d'engrais et de pesticides, au risque d'épuiser le sol. Il a alors envisagé une rotation avec du soja et de l'arachide pour entretenir sa fertilité. Toutefois, un agriculteur qui disposerait de vastes surfaces de forêts choisirait probablement une autre option : agrandir encore ses terres en détruisant toujours plus de terres sauvages[16].

Production de maïs et surfaces plantées en Zambie, 2002-2010

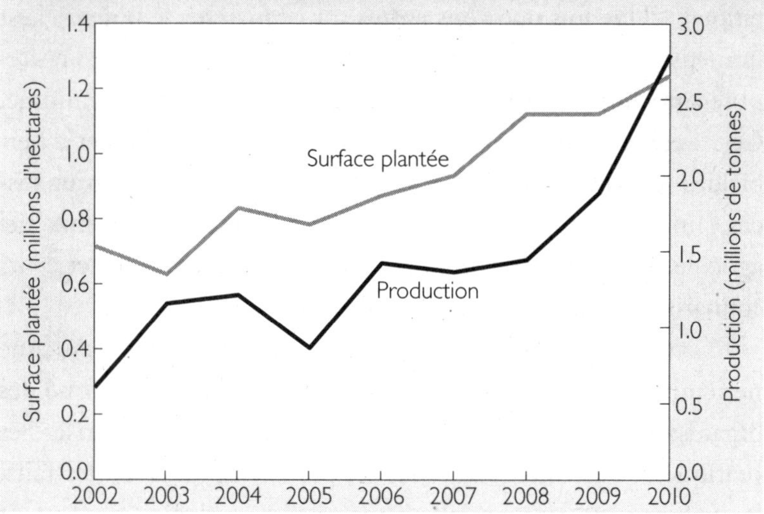

Source : FAO, MACO *et* CSO

Cependant, la situation pourrait être pire, car Chiyesu recourt aux méthodes de l'agriculture de conservation. Plutôt que de faire brûler la paille de maïs, selon la pratique la plus répandue, il la laisse pourrir sur place pour faire de l'humus. Il s'efforce également de ne pas trop labourer la terre et d'éviter son érosion, qui diminuerait la récolte. Il a compris que l'agriculture de conservation est le meilleur moyen pour augmenter le rendement et les bénéfices, mais il fait partie d'une minorité. La plupart des agriculteurs labourent le sol jusqu'à atteindre le substrat rocheux. Pour pouvoir continuer à travailler, ils rasent alors les forêts.

Les vendeurs d'intrants se sont presque exclusivement concentrés sur les grandes fermes parce qu'ils considéraient que les petits propriétaires, trop dispersés, ne constituent pas un véritable marché. Pour faire bouger les lignes, PROFIT a mis en place en 2006 un réseau de négociants dans les villages – plus de mille cinq cents en 2010 – qui travaillaient pour cinquante-six mille exploitations. « Une fois que vous entrez sur ce marché, le potentiel est immense », a déclaré Lytton Zulu, le directeur général de l'entreprise agrochimique Cropserve, partie prenante de ce programme. Cela a été confirmé par des ventes de semences hybrides et d'herbicides supérieures au million de dollars. Ainsi, PROFIT avait suscité un nouveau marché pour les fournisseurs de matériel agricole, qui, en échange, ont amené leur technologie et leurs connaissances jusque dans les campagnes[17].

Existe-t-il une alternative à ces intrants chimiques ? Aucune ne semble disponible pour Chiyesu, en tout cas. Il manque des organisations ou des personnes susceptibles de vulgariser les pratiques d'agriculture alternative, par exemple. Dans les faits, les paysans ou les conseillers techniques agricoles ne parlent jamais d'agriculture de conservation. Dans les commerces, il n'y a pas de demande visible pour du bio, et sans cela, il n'y a pas d'incitation aux méthodes agricoles alternatives.

Surface plantée de maïs et récoltée, et production totale en Zambie, 2002-2010

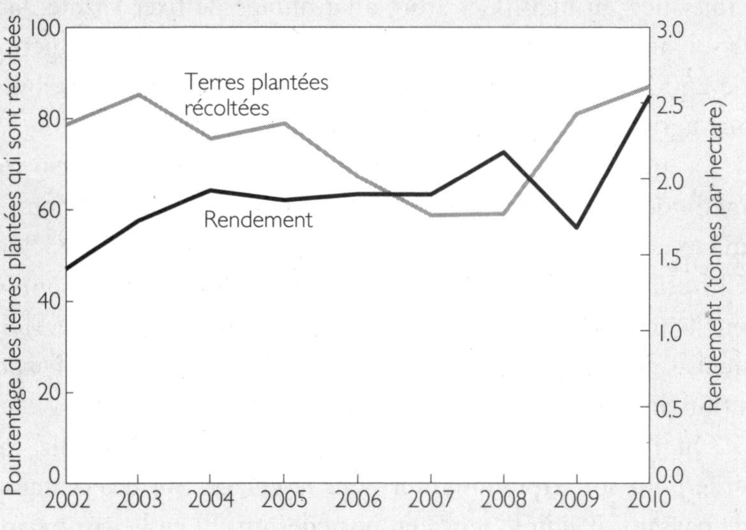

Source : FAO, MACO et CSO.

C'est la difficulté majeure pour les défenseurs de l'agroécologie en Afrique. Quel peut être le moteur pour étendre ces méthodes qui demandent beaucoup de connaissances et n'utilisent pas d'intrants ? À l'inverse, les entreprises agrochimiques ont tout intérêt à diffuser leurs systèmes, car cela signifie étendre leur marché.

Cela dit, il existe certains maïs hybrides qui nécessitent moins d'intrants, ou du manioc qui a besoin de moins d'engrais. La moisson terminée, on peut mettre le bétail dans les champs pour qu'il mange la paille et améliore la fertilité du sol en y laissant son fumier. Une autre approche intéressante de l'agriculture de conservation préconise la plantation de *msangu (Faidherbia albida)* dont les feuilles poussent pendant la saison sèche quand les champs sont en sommeil et tombent pendant la saison des pluies laissant passer la lumière au moment de la croissance du maïs. Cet arbre a l'avantage de fixer l'azote dans le sol, améliorant ainsi sa fertilité pour augmenter la production de 250 à 400 %, et, en stockant du CO_2, il ouvre la possibilité aux agriculteurs de générer des crédits carbone[18].

La question n'est pas de savoir quelle est la meilleure méthode intrinsèquement parlant, mais celle qui convient le mieux et qui est la plus viable compte tenu du contexte. Pour Chiyesu, il ne fait pas de doute que les intrants sont la meilleure façon d'augmenter la productivité et ses revenus, quels que soient les « coûts externes » que représentent l'exposition aux pesticides et la dégradation des forêts[19].

Quoi qu'il en soit, il n'aurait pas réussi sans son tracteur, très utile pour son exploitation et pour le village. Sur des centaines de paysans, il était le seul à en posséder un. Et en le leur louant, il a permis aux autres exploitants d'améliorer leur productivité. Ce faisant, il a aussi permis d'améliorer les revenus de tout le village. À partir de cette expérience, un programme de prêts pour acheter des tracteurs fut mis en place, en commençant par Chongwe, dans la province centrale.

L'aide extérieure

Après des heures de pistes, James Luhana, conseiller d'AID PROFIT, cherche les locaux de Dunavant, une compagnie américaine qui importe du coton de Zambie. Le « bureau », signalé par un petit logo, est une simple hutte avec un sol de terre battue et un ordinateur portable qui fonctionne à l'énergie solaire. Luhana se met tout de suite au travail, car le fermier avec qui il avait rendez-vous l'a attendu patiemment presque toute la journée. Il s'agit de faire un compte d'exploitation de son activité. Malgré un dossier un peu compliqué, il a obtenu un tracteur et un prêt, mais les emprunts vont être repris par une banque à laquelle il faut fournir un état des lieux financier. Dans la hutte grande ouverte, Luhana remplit le document en reportant, mois par mois, l'achat des engrais, des semences, du gazole, des intrants, le montant des ventes et le rendement à l'hectare. Si curieux que cela puisse paraître, le fermier a tous les chiffres en tête. Trois heures plus tard, le compte d'exploitation et le bilan terminés, Luhana peut alors reprendre le volant de son camion et rouler pendant cinq heures jusqu'à Lusaka. Avec un ordinateur portable, un tableur et une imprimante, le dossier aurait été fait beaucoup plus rapidement mais, le lendemain, il était accepté[20].

Les prêts ont été accordés dans le cadre du *Purchase for Progress,* un plan d'action de cinq ans du Programme alimentaire mondial (PAM) des Nations unies. Le PAM achète des produits alimentaires dans la région pour éviter d'importer la nourriture distribuée à titre humanitaire – car cela handicape l'agriculture locale. Le PAM encourage le développement de l'agriculture en identifiant des agriculteurs émergents et en finançant les achats de tracteurs. Avec un programme de prêts de 150 000 dollars, le PAM en a financé dix. Dunavant, impatient de les mettre dans les champs pour augmenter la production de coton, en a payé dix de plus. Les emprunts sur trois ans ont été un véritable succès. Le premier a été remboursé en douze mois, ce qui a encouragé les prêteurs du secteur privé à rejoindre ce programme. La démonstration était faite que les agences multilatérales pouvaient stimuler une initiative du secteur privé, qui se développerait ensuite à son propre rythme[21].

Le groupe qui se trouve derrière ces prêts – qui comprend la Société financière internationale (SFI) et PROFIT – savait qu'il ne suffisait pas de permettre aux paysans d'acheter des tracteurs et de faire de bonnes récoltes. Il fallait aussi vendre sur le marché zambien. Le PAM commença alors à s'approvisionner en denrées humanitaires à la Bourse d'échange fonctionnant tous les jours, appelée Zamace, installée en 2007 à Lusaka. Celle-ci tenait des sessions quotidiennes, disposait d'entrepôts décentralisés et certifiait la qualité des grains. Les agriculteurs n'avaient plus besoin d'attendre sur le bord de la route, ils pouvaient vendre à un prix correct du moment que leur récolte était d'une qualité lui permettant d'être acceptée dans l'un des entrepôts certifiés.

C'est ainsi que le PAM fit un appel d'offres pour les grains et laissa des négociateurs discuter de leur prix. Le PAM achetait au prix le plus bas. Le coût des programmes alimentaires en a été diminué et le mécanisme a aussi ajouté la transparence qui manquait aux transactions informelles du bord de la route tout en réduisant le nombre d'intermédiaires. De plus, les agriculteurs pouvaient décider eux-mêmes de leur prix de vente.

« Il s'agit encore d'un modèle très théorique », remarque Rob Munro du programme AID'S PROFIT, car les volumes d'échanges ne sont pas assez importants pour influencer les prix, même si cette Bourse d'échange se développe grâce à la légitimité apportée par le PAM. Le chiffre d'affaires a augmenté de 127 % en 2009 pour atteindre 193 millions de dollars, mais les transactions ne représentent encore que la moitié du niveau espéré. Pour le trimestre à venir, les petits agriculteurs n'ont pas encore vraiment d'alternative à la vente en bord de route. La situation n'évoluera pas sensiblement tant que les échanges n'auront pas atteint une masse critique[22].

Les perspectives des agriculteurs se sont assombries, car la Food Reserve Agency (Agence gouvernementale des stocks alimentaires de Zambie, FRA) a acheté le maïs à un prix très bas, l'a stocké, et n'en a vendu qu'une partie alors qu'elle se trouvait face aux excédents de la récolte 2010 et des reliquats de celle de 2009. Les agriculteurs ont espéré que le gouvernement leur achèterait leur production à un bon prix, mais ils sont peu nombreux à l'avoir obtenu. Vu sous cet angle, la Zambie a donc dépensé des millions pour financer l'achat d'engrais, puis a dépensé des millions pour produire une récolte exceptionnelle, puis a encore dépensé des millions pour stocker les grains dans les entrepôts dans lesquels une partie de la récolte a fini par pourrir. Le résultat, c'est que personne, sauf ceux qui faisaient partie de la Zamace, ne connaissait le prix du marché, d'autant que les achats par à-coups du gouvernement et l'importance des restrictions du commerce ajoutaient aux difficultés. Pour les producteurs, le prix de la FRA garantissait une sorte de prix plancher même s'il n'y avait que peu de rapport avec le marché réel. Le résultat fut évident : la grande majorité des agriculteurs, qui n'avaient pas de contrat avec la FRA, se sentirent escroqués par ce qu'ils ressentaient du marché[23].

Quelle est alors l'alternative ? Si les pouvoirs publics suppriment les subventions pour les intrants, la production et les bénéfices s'écrouleront. Ou bien, peut-être, les agriculteurs se tourneront-ils vers des produits comme le manioc, qui nécessite moins d'engrais. Pourquoi ne pas investir davantage sur les infrastructures comme la route, le rail et l'eau, qui diminueraient les coûts de transaction (et amélioreraient la situation sociale en général) ? La production de maïs deviendrait plus compétitive. Les équipes de PROFIT attendent beaucoup de ce modèle de marché, qui permettrait aux producteurs de devenir compétitifs avec le maïs d'Afrique du Sud, moins cher. Mais, avant d'en arriver là, beaucoup d'agriculteurs, dans l'impossibilité d'augmenter leurs rendements comme l'a fait Justine Chiyesu, auront été chassés de leurs terres. Finalement, Chiyesu n'a rien à voir avec la majorité des 4 % de petits propriétaires qui survivent sur 1 ou 2 hectares. C'est un fermier d'un nouveau type, voire un marginal[24].

Quoi qu'il en soit, les énormes récoltes de maïs ont entraîné une chute des prix et des revenus pour les agriculteurs. En Zambie, comme ailleurs en Afrique, il ne suffit pas de produire plus pour sortir les petits exploitants de la pauvreté. Augmenter la production est souvent le premier élément de réponse aux problèmes alimentaires et agricoles. Mais ce n'est certainement pas le seul, et il ne doit pas être envisagé indépendamment des autres.

SUR LE TERRAIN

Les Églises ne veulent pas se contenter de soulager la faim

Les Églises et les autres institutions religieuses implantées en Afrique ont une longue expérience dans l'action humanitaire. Cependant, elles ont trop souvent concentré leurs efforts sur la question de la faim et ne se sont pas attaquées aux racines du problème. Pendant les périodes de famine, elles ont distribué des sacs de blé du Nebraska aux agriculteurs ou leur ont donné des engrais pétrochimiques et des semences miracles susceptibles de soulager la faim, mais c'est une démarche à court terme, qui accentue la dépendance des paysans africains et qui risque d'appauvrir la qualité de la terre pour les générations à venir.

Aujourd'hui, un grand nombre d'Églises et de congrégations basées depuis toujours en Afrique abordent le problème de la faim d'une manière plus globale, en incitant les agriculteurs eux-mêmes à réfléchir aux solutions.

Peter Cunningham, missionnaire paysan venu d'Australie, travaille en Afrique depuis neuf ans pour la mission du Niger. Il est parfaitement conscient que les solutions proposées jusqu'à maintenant ne sont pas satisfaisantes : « On a lancé d'innombrables actions et dépensé des millions de dollars au Niger au cours des trente dernières années. Toutes cherchaient à réduire la pauvreté, mais presque toutes n'ont eu aucun effet ou presque sur l'amélioration des conditions de vie dans les villages. Une fois le projet arrivé à son terme et ses animateurs partis, les agriculteurs l'abandonnaient[25]. »

En travaillant aux côtés des petits agriculteurs, Cunningham a voulu mettre en place une approche agroécologique adaptée à la région et à la culture en s'inspirant de l'écosystème original du Sahel où « Dieu a créé une savane d'herbes et d'arbres. On a abattu les arbres qui poussaient autrefois sur de grandes étendues de terre fertile. Il fallait en replanter et semer entre les arbres[26] ».

Cette idée a été reprise et développée par Cunningham et par les paysans nigériens dans un projet agroforestier qu'ils ont appelé Les Semences du changement au Sahel. À côté des arbres indigènes, ils plantèrent des acacias d'Australie, qui ont l'avantage d'apporter de l'azote à la terre et sont dotés d'un pouvoir nourricier exceptionnel pour les plantations et pour les autres arbres. Les graines, riches en protéines, peuvent être consommées à la fois par la population et par le bétail. Cette démarche rappelle le proverbe haoussa : « Celui qui plante des arbres n'aura jamais faim[27]. »

Le succès de ce modèle agroforestier facilement adaptable à chaque région a été immédiat et important, apportant des rendements deux ou trois fois supérieurs aux méthodes traditionnelles. Cunningham, persuadé que l'on peut étendre ce système à d'autres pays d'Afrique, s'est tourné vers l'Educational Concerns for Hunger Organization (ECHO)[28].

La mission de cette organisation chrétienne consiste à « s'attaquer au problème de la faim et à améliorer les conditions de vie des plus pauvres en leur fournissant des ressources et du savoir-faire ». Elle collecte des idées qui marchent et les communique aux agriculteurs les plus démunis par l'intermédiaire des équipes qui œuvrent pour le développement dans le cadre de missions agricoles[29].

Au cours des trente dernières années, ECHO est devenue une référence en matière agroécologique avec une technologie appropriée pour les régions tropicales et subtropicales de la planète. ECHO a installé une ferme modèle de 20 hectares à Fort Myers, en Floride, avec six types d'écosystèmes. Tous les modèles y sont représentés, depuis une zone agricole tropicale jusqu'à un jardin sur les toits en pleine ville. Un animateur présente dans chaque secteur les « meilleures pratiques », autrement dit celles qui donnent les meilleurs résultats[30].

Les équipes d'ECHO ne veulent pas enseigner aux agriculteurs à cultiver leurs terres, car même les plus démunis savent le faire. Elles travaillent plutôt à les rendre plus efficaces pour faire pousser leurs récoltes dans des conditions difficiles et y parviennent souvent. Des publications mensuelles, les *Echo Technical Notes,* peuvent être téléchargées gratuitement. Une véritable banque de semences tropicales est à la disposition de ceux qui travaillent au développement international, de ceux qui jouent un rôle actif dans la vie d'une communauté, des missionnaires et de l'Unité d'experts pour les réponses technologiques qui cherchent des solutions aux problèmes de terrain[31].

Le président-directeur général d'ECHO, Stan Doerr, espère que, malgré les défis liés au changement climatique et à la sécheresse, les petits agriculteurs africains ne vont plus se contenter de se nourrir, mais qu'ils vont prospérer. « L'Afrique a plus de ressources naturelles que n'importe quelle autre région du monde : elle a à sa disposition l'intelligence humaine, la terre, l'eau et un sous-sol riche en minéraux. Ce continent est béni des dieux. Il faut juste s'en servir avec davantage d'efficacité[32]. »

Alors que Doerr et ses collègues forment la population, on peut penser que les Églises représentent la plus importante force potentielle pour promouvoir le développement d'une agriculture durable. En Afrique, elles sont souvent sur le terrain les ONG les plus importantes et disposent d'infrastructures et de ressources considérables[33].

L'Église épiscopale du Soudan (EES) est un parfait exemple. Après une guerre génocidaire qui a duré des années pendant lesquelles la production alimentaire s'est quasi arrêtée et que les gens en vinrent à dépendre en grande partie de l'aide alimentaire, l'EES a lancé toute une série d'initiatives pour aider les réfugiés de guerre à rentrer au pays et à acquérir à nouveau le savoir-faire agricole oublié. Robin Denney, qui a fait une partie de sa formation à ECHO et est aujourd'hui consultante pour l'agriculture, a été invitée à rejoindre l'équipe diocésaine. Pendant les années à venir, elle va former des agents agricoles dans les onze diocèses. « Travailler au sein de l'Église consiste essentiellement à partager la vie des gens, explique-t-elle. C'est la meilleure façon de connaître leurs difficultés et de savoir ce qui marche et ce qui ne marche pas[34]. »

Outre l'embauche de Robin Denney, l'Église épiscopale du Soudan a commencé à intégrer la formation à l'agriculture dans ses programmes universitaires théologiques. Ellen Davis, qui enseigne l'Ancien Testament à la Duke Divinity School, travaille avec ses collègues soudanais au développement du programme. Après les accords de paix de 2005, elle s'est souvent rendue à l'Université technologique de Renk dans le sud du Soudan, où elle donne des cours d'hébreu biblique[35].

L'idée de combiner des cours sur les Écritures et un enseignement agricole durable devrait être reprise dans des séminaires en Afrique subsaharienne. C'est ce qu'elle appelle un « modèle global d'éducation théologique ». Les diplômes délivrés feront des gens mieux éduqués dans leurs communautés locales. Ils pourront diffuser leurs savoirs en toute confiance et enseigner l'agriculture durable pour apporter un changement réel et bénéfique[36].

Dans cette région marquée par des conflits incessants, le rôle que jouera l'EES dans la promotion de l'agriculture ne se résumera pas à assurer la sécurité alimentaire et la fertilisation du sol. Un Soudanais a dit à Ellen Davis : « L'agriculture est un facteur de paix, une véritable alternative à la guerre[37]. »

Planter des arbres dans le Sahel, discuter d'agriculture durable avec des agriculteurs dans le besoin, demander à des séminaristes et à des membres de l'Église de s'impliquer dans le travail de la terre – chacune de ces actions montre que les congrégations et les Églises vont bien au-delà de l'aide et des secours qu'elles peuvent apporter pour soulager les populations africaines. Elles travaillent pour créer des fermes pleines de vie et des communautés où personne n'a plus faim, où la terre est résistante, que les années soient bonnes ou mauvaises, et où la réussite ne dépend pas des dons arrivant chaque année de l'extérieur.

Elles pourraient dire qu'elles travaillent aussi à la pacification, que les rédacteurs de la Bible ont appelée *Shalom,* et où hommes et femmes vivent en harmonie entre eux et avec la terre. Comme Martin Price, le fondateur d'ECHO, l'a déclaré : « Il ne suffit pas de vaincre la faim et la malnutrition. Ce n'est qu'une première étape. La vie, c'est tellement plus que ne pas avoir faim[38]. »

Fred Bahnson
Fermier, écrivain et professeur à l'Institut d'agriculture et de stratégie commerciale de 2002 à 2010

Chapitre 14
Le bétail, un élément de l'amélioration de la production

*Mario Herrero, Susan MacMillan, Nacy Johnson, Polly Ericksen, Alan Duncan, Delia Grace et Philip K. Thornton**

* **Mario Herrero** est directeur de recherche à l'International Livestock Research Institute à Nairobi, au Kenya. Les autres auteurs font également partie de cette institution.

Les petits paysans qui pratiquent à la fois l'élevage et la culture de céréales sont confrontés aujourd'hui à des défis colossaux. Dans les vingt-cinq années à venir, l'augmentation de la population dans les villes et dans les pays en voie de développement va accroître de manière considérable les besoins en nourriture d'origine animale. Par ailleurs, la raréfaction de l'eau, le changement climatique et les nouvelles technologies vont modifier sensiblement leurs méthodes de travail. Or ce sont les petits producteurs qui nourrissent la plus grande partie des pauvres[1].

Pour faire face aux besoins nutritionnels, économiques et environnementaux de milliards de pauvres, il faudra produire davantage de lait, de viande et d'œufs sans pour autant nuire à l'environnement. Par ailleurs, les effets du changement climatique fragilisent les éleveurs nomades comme les Masai au Kenya et les Fulani au Niger ; il faut les aider à faire face aux périodes de sécheresse de plus en plus fréquentes, aux brusques changements de temps et aux variations de températures. Il faudra mobiliser un large éventail de solutions, comme une meilleure alimentation du bétail pour avoir des animaux en meilleure santé, ou apporter de nouvelles réponses aux problèmes du climat.

Notre défi, comme celui des bergers et des petits paysans de ce monde, consiste à s'approprier toutes ces solutions et à poursuivre les recherches pour que les producteurs de bétail contribuent à la réduction à la fois de la pauvreté et des problèmes écologiques.

L'importance de l'élevage

L'élevage est une pratique très ancienne qui apporte une ressource naturelle, renouvelable et vitale. Aujourd'hui, il permet de survivre à 1 milliard de personnes dans les pays en développement. Des étendues sahéliennes d'Afrique occidentale jusqu'aux grandes exploitations de riz en Asie en passant par les petites propriétés mixtes des hautes terres d'Afrique orientale, l'élevage est compatible avec toutes les formes d'intensification de l'agriculture. La production de bétail est même en train de devenir le secteur agricole le plus important sur le plan économique avec une demande qui devrait être multipliée par deux dans les pays pauvres au cours des vingt prochaines années[2].

Le lait est un aliment essentiel pour les communautés de bergers qui vivent grâce à des ruminants sur des terres trop pauvres pour être cultivées. Les exploitations mixtes, où l'on pratique à la fois l'élevage et l'agriculture, sont la colonne vertébrale de l'agriculture des pays en voie de développement. Les grandes capacités nutritionnelles du lait, de la viande et des œufs, même consommés en faibles quantités, apportent une contribution essentielle pour des familles qui subsistent en grande partie grâce aux céréales.

Pourtant, dans les communautés pauvres, le bétail n'est pas uniquement une source d'alimentation. Il est en effet considéré avant tout comme un capital, au même titre que la terre, une maison ou un compte d'épargne. Les bénéfices réalisés sont réinvestis dans l'achat de nouveau bétail, qui est revendu si besoin. Les ventes de petit bétail (volailles, chèvres, moutons) couvrent les frais courants, et celles du gros bétail (bovins, buffles d'eau, dromadaires) sont destinées à assurer des investissements plus importants ou à faire face aux maladies ou à d'autres crises graves. La plupart du temps, si les paysans pauvres augmentent leur production de bétail, ce n'est pas pour mieux se nourrir, mais pour mieux se placer sur les marchés agricoles et tirer de meilleurs bénéfices des animaux élevés et des produits dérivés.

Mais les choses changent, et même rapidement, dans de nombreuses régions. Avec l'urbanisation croissante des pays en voie de développement et les revenus qui augmentent, la demande de viande ne cesse de croître, et ainsi le marché du bétail. Dans le même temps, les progrès technologiques et les changements institutionnels réduisent la dépendance au bétail. Avec des institutions financières plus solides, il n'est plus nécessaire d'acheter des animaux pour s'en servir comme placements. Avec la mécanisation, les bovins ne sont plus utilisés que pour le lait et la viande et avec l'apport plus important d'engrais chimiques, les besoins de fumier diminuent également. Enfin, l'amélioration des infrastructures – en particulier les routes et les réseaux de téléphone mobile – rapproche les producteurs des marchés.

Tous ces changements vont permettre d'accélérer l'intensification de l'élevage dans les pays pauvres ; de nouvelles méthodes d'alimentation du bétail vont privilégier, selon les régions, la production de lait ou de viande. Plutôt que de laisser les animaux brouter sur les terrains communaux, ils seront élevés dans des stalles et seront mieux nourris, donc plus productifs. Les stratégies d'élevage s'appuieront à la fois sur la robustesse des races indigènes et sur la productivité de races importées, et quelques éleveurs mieux formés se lanceront dans les laiteries commerciales et dans les parcs d'engraissement.

Ces changements prendront plus de temps dans certaines régions que dans d'autres, mais, au fur et à mesure, les technologies, les politiques et les investissements se mettront en place. Ils amélioreront les techniques d'élevage afin de produire une alimentation de meilleure qualité, tant sur le plan nutritionnel que pour ce qui concerne l'environnement, en réduisant la pollution de l'eau par le fumier ou les émissions de gaz à effet de serre. L'accroissement de la production de bétail nécessaire pour répondre à la demande des pays en voie de développement n'augmentera pas nécessairement l'empreinte écologique du secteur, si, avec les gains de productivité, les mêmes résultats sont obtenus avec moins de nourriture. Toutefois, l'élevage industriel se développera de plus en plus dans les zones urbaines, ce qui amènera des problèmes de pollution due aux déjections.

Enfin, il faut rappeler que, si les modifications de l'alimentation des animaux d'élevage peuvent diminuer leurs émissions de gaz à effet de serre, cela implique un coût plus élevé de la viande et du lait.

De meilleures stratégies d'alimentation

Dans les petites exploitations, l'amélioration de la production du bétail passe avant tout par la qualité de son alimentation. En tout cas si l'éleveur fait comme le propriétaire d'une grande exploitation dans une nation industrielle et pratique l'élevage pour le lait et la viande. Mais, comme on l'a vu, les animaux représentent aussi un capital financier, un outil de traction, un moyen de transport, un producteur d'engrais et une production de lait pour la consommation domestique. C'est le cas des Masai d'Afrique orientale, par exemple, qui considèrent leurs vaches comme des comptes bancaires sur pattes, qu'ils vendent pour pouvoir envoyer leurs enfants à l'école, organiser des mariages et faire face aux crises. Pendant des siècles, les peuples pastoraux ont voyagé avec leurs animaux – des bovins, des caprins et des chameaux – sur des chemins réservés aux migrations en Afrique orientale. Mais avec la multiplication des conflits, les pénuries d'eau, le rétrécissement des frontières régionales et internationales et des productions de céréales en augmentation, un bouleversement est en cours[3].

Dans les pays en développement, les fonctions multiples du bétail sont ordinairement défendues par ceux qui pratiquent des stratégies alimentaires « opportunistes » en les nourrissant avec ce qui leur tombe sous la main : paille des récoltes, feuillages et autres résidus de la moisson. On y ajoute du fourrage vert – qui n'est pas cultivé pour nourrir les animaux –, les résidus des récoltes et ce que l'on récupère sur le bord de la route. Les ruminants paissent aussi sur les terrains communaux. Le peu d'alimentation industrielle disponible est réservé aux vaches laitières et aux animaux dont la productivité est liée à la qualité de l'alimentation.

En Éthiopie occidentale, dans le district de Gomma, des femmes ont réussi à améliorer la productivité de leurs petits animaux en mettant en place un système de cycles d'engraissement des moutons. Ils sont de plus en plus nombreux à être en meilleure santé, et leur vente rapporte davantage. Avec les bénéfices réalisés, les paysans améliorent leurs programmes d'engraissement et achètent des intrants comme des semences, des engrais et des outils agricoles. Cela leur permet d'acquérir des biens pour le ménage, et surtout des produits alimentaires, qui sont ainsi plus accessibles. Enfin, ils peuvent financer l'éducation de leurs enfants. La vente de ces animaux engraissés rapporte aux ménages des bénéfices de 2 250 à 4 500 birr (de 167 à 333 dollars) chaque année, et profite tout particulièrement aux femmes, traditionnellement responsables du petit bétail[4].

En Inde, où les périodes de famine sont fréquentes, les paysans essaient d'améliorer l'alimentation des animaux pour produire davantage de lait avec moins d'animaux – incidemment, ils réduisent ainsi les émissions de gaz à effet de serre. Un agriculteur de l'Andhra Pradesh, AK Singh, assure son quotidien avec le lait et le fumier que produisent ses trois buffles. Il prend soin d'eux en les nourrissant surtout d'herbe, de paille de sorgho et de son. Chaque buffle produisait environ 5 litres de lait par jour jusqu'à ce qu'il commence à leur donner une meilleure alimentation composée d'un mélange de sorgho plus riche, réservé en principe à l'alimentation humaine, de paille et d'autres résidus de culture, ce qui a eu pour effet de doubler la production de lait et d'augmenter ses revenus de 50 %. La vente d'un buffle lui permit d'inscrire un autre de ses enfants à l'école. L'amélioration du régime alimentaire a, en outre, permis de réduire la quantité de méthane de 30 %, un puissant gaz à effet de serre émis par ses animaux. En Inde, le fourrage est la base de l'alimentation des buffles. Les centres de recherche et les sociétés de semences ont reconnu les bienfaits du sorgho pour l'alimentation humaine et animale[5].

Dans les pays en voie de développement, le bétail va être de mieux en mieux nourri grâce à l'application de principes nutritionnels existants. Aujourd'hui, l'alimentation est composée essentiellement des résidus de récoltes et autres aliments de mauvaise qualité. Il faudra leur donner une alimentation plus énergétique. Pour assurer une meilleure production de lait et de viande, il faudra passer par une plus grande utilisation de sous-produits agro-industriels et de tourteaux assortis de façon plus efficace à des rations de base. La demande de produits de qualité pour le bétail continuant à augmenter, des récoltes destinées spécifiquement aux animaux deviendront économiquement compétitives dans certaines régions. Les résidus de récoltes seront broyés et transformés en blocs pour faciliter leur transport sur de plus longues distances grâce aux perfectionnements des méthodes de conservation. Les paysans pourront ainsi livrer de plus en plus de produits d'alimentation animale en ville.

Les moyens d'y parvenir sont connus, mais les coûts qu'ils induisent, en particulier en main-d'œuvre, ont considérablement ralenti leur mise en œuvre. Ce que n'ont pas assez pris en compte les multiples tentatives pour promouvoir les technologies de l'alimentation chez les petits éleveurs.

Des animaux en meilleure santé

Dans les pays tropicaux, les maladies entravent sérieusement le commerce des animaux et des produits animaliers. Malgré de récentes tentatives de libéralisation, les pays importateurs s'appuient sur les règles sanitaires et phytosanitaires qui reposent sur le principe de précaution et se traduisent par : « Au moindre doute, refusez la livraison ! » Les pays producteurs de bétail mais en grandes difficultés économiques se trouvent ainsi pénalisés ; leur sortie de la pauvreté est encore retardée, mais ils ne sont pas pour autant protégés des catastrophes imprévisibles qui frappent régulièrement les nations les plus démunies[6].

Plus de 70 % des maladies émergentes sont zoonotiques, c'est-à-dire qu'elles peuvent se transmettre de l'animal à l'homme et vice versa. Dans les écosystèmes stables et en bonne santé comme les exploitations agricoles très diversifiées des petits propriétaires, les germes pathogènes, leurs hôtes (humains et animaux) et leurs vecteurs (tiques et mouches tsé-tsé), évoluent en parallèle, et les risques de maladie sont plus faibles. Mais avec l'accroissement des interventions humaines, agricoles ou autres, dans les écosystèmes, les pathogènes trouvent de nouveaux hôtes, et de nouvelles maladies émergent, dont certaines, comme le VIH, nuisent de manière dramatique à la santé publique[7].

Bien que l'agriculture intensive puisse produire une alimentation bon marché, elle implique aussi de nouveaux risques sanitaires à la fois pour les animaux et pour les populations. Elle sélectionne en particulier des pathogènes difficiles à détecter chez les populations animales (tels que *Campylobacter* chez la volaille ou *Escherichia coli* pour le bétail) ou qui peuvent survivre à des traitements conventionnels avec l'évolution de la résistance génétique aux antibiotiques. La distribution de nourriture à grande échelle et les volumes énormes échangés avec les systèmes de distribution de l'alimentation permettent aux maladies de se développer avec une grande rapidité et d'affecter un grand nombre de personnes pourtant très éloignées du lieu d'origine.

Parmi les innovations les plus importantes et les plus efficaces en santé animale, il faut mentionner les médicaments tels que les antimicrobiens, les parasiticides et les acaricides. Des politiques vétérinaires menées par les pays ou au niveau mondial stipulent que les traitements sanitaires ne doivent être donnés que sous la surveillance d'un vétérinaire. Mais dans la plupart des pays pauvres qui ne disposent que de quelques centaines de vétérinaires pour des dizaines de millions de têtes de bétail, des systèmes de distribution de médicaments parallèles ont prospéré. Ainsi, beaucoup de médicaments vétérinaires parviennent aux utilisateurs éloignés non pas grâce aux politiques mises en place mais plutôt malgré elles[8].

Cette séparation entre une politique vétérinaire affirmée et la réalité de ce que vivent les pays pauvres complique les choses pour tous ceux qui soignent les animaux. Ceux-là ne connaissent pas les posologies, or les traitements impropres sont une des raisons majeures de la progression de la résistance aux médicaments. Un contrôle intégré des maladies peut réduire la dépendance aux interventions thérapeutiques dans les exploitations assez grandes et assez rentables où l'on peut réaliser des investissements techniques et de gestion importants. La création et le développement de véritables équipes sanitaires sont une innovation prometteuse pour les petits éleveurs pauvres[9].

Les vaccins sont le moyen le plus efficace de contrôler la plupart des maladies animales comme des maladies humaines. Parmi les innovations clés dans le développement de vaccins au cours des dernières décennies, ceux de type « DIVA » permettent aux contrôleurs de « DIfférencier les animaux infectés des animaux VAccinés ». La vaccination est évidemment un moyen beaucoup plus intéressant que l'abattage en cas d'épidémie, une option aussi impopulaire dans les nations riches qu'insupportable économiquement dans les pays pauvres. Les vaccins thermostables ont permis tout récemment d'éradiquer la peste bovine ; ils contribuent aussi à contrôler la maladie de Newcastle qui affecte les élevages avicoles villageois[10].

Par ailleurs, les communautés sanitaires sont en train de passer de démarches fondées sur la technologie (comme la vaccination) à des approches plus globales, en se concentrant plutôt sur les interconnexions entre la santé humaine, animale et environnementale. La convergence de ces disciplines dans le programme *One Medicine-One Health* ou dans des approches écosanitaires pourra avoir de profondes implications sur la médecine vétérinaire et humaine au XXIe siècle.

Le contrôle de la maladie de Newcastle au Mozambique

La maladie de Newcastle, qui peut décimer des basses-cours entières et se propager de ferme en ferme, est particulièrement dévastatrice pour les petits paysans d'Afrique subsaharienne. Le vaccin était difficile à se procurer en Afrique ; il fut importé, mais son prix élevé le rendait peu accessible aux petits exploitants. Quand ils pouvaient s'en procurer, il fallait le réfrigérer, ce qui est évidemment difficile à envisager en milieu rural.

Aujourd'hui, grâce au travail de l'Observatoire international de la volaille, de la fondation Kyeema au Mozambique, et grâce à l'aide d'une bourse du programme d'aide du gouvernement australien à l'étranger, les villages ont accès à un vaccin thermostable, qui n'a pas besoin d'être réfrigéré et qui est plus facile à administrer. La vaccination a lieu trois fois par an, et grâce à des supports bien conçus, constitués de fiches et de tableaux, les paysans peuvent apprendre à réaliser l'opération eux-mêmes : il faut mettre des gouttes dans les yeux des animaux. Les individus formés à la vaccination (ou les aides vétérinaires) peuvent également aider à repérer et à traiter les animaux touchés par la maladie de Newcastle ou par les autres maladies qui affectent les basses-cours avant qu'elles se développent. Ceux qui en sont chargés font le lien entre le contrôle de la maladie de Newcastle et la grippe aviaire parce que les symptômes des deux (toux, diarrhée, léthargie, yeux qui pleurent, mortalité) sont souvent semblables. Ce sont les chefs de la communauté qui aident la fondation Kyeema à sélectionner des personnes assez respectées dans leur village pour administrer les vaccins ; souvent, ce sont des femmes, parce que non seulement elles sont plus présentes que les hommes mais aussi parce que l'argent qu'elles gagnent est destiné à la famille en achats de nourriture ou de livres scolaires pour les enfants. La taille des basses-cours augmentant grâce aux vaccins, la fondation travaille aussi avec les paysans à la construction de poulaillers améliorés et à la recherche d'autres sources d'alimentation.

Danielle Nierenberg

Source : voir note 10.

Parfois, le savoir-faire traditionnel aide la surveillance des maladies. Les bergers somaliens et masais en Afrique orientale ont joué un rôle fondamental dans l'identification des symptômes de la fièvre de la Rift Valley et des facteurs de risque lors des épizooties de 2006 et 2007. La fièvre de la Rift Valley, une zoonose virale aiguë transmise par les moustiques, affecte principalement les bovins, les chameaux, les moutons et les chèvres, mais peut aussi infecter et tuer les êtres humains, particulièrement ceux qui sont en contact avec les animaux infectés. Dans les années 1970, des épidémies ont frappé l'Afrique, les pays de l'océan Indien et la Péninsule arabique. Les morts se comptèrent par centaines en Égypte en 1977-1978 et au Kenya en 1997. Une nouvelle épidémie tua plus d'une centaine de personnes au Kenya en 2006-2007[11].

Les bergers somaliens du nord-est du Kenya ont su évaluer avec beaucoup d'acuité l'apparition de la maladie de 2006-2007. Et ils l'ont fait bien longtemps avant que vétérinaires et responsables de la santé publique n'interviennent. Les bergers masais du nord de la Tanzanie avaient été alertés par un nombre élevé d'avortements, qui indiquaient que leurs troupeaux étaient infectés. Dans les régions exposées au risque, les simples observations des communautés locales étaient ainsi souvent plus exactes et plus précises que les systèmes d'alerte mondiaux utilisés pendant l'éruption de 2006-2007. Ces exemples montrent que les bergers peuvent jouer un rôle très important pour avertir les autorités en temps voulu[12].

Faire face au changement climatique

Les impacts de l'élevage sur le changement du climat sont un sujet récurrent dans la presse générale et scientifique. Pourtant, chacun des quelque 1 milliard de petits éleveurs ne possède qu'une empreinte carbone minuscule par rapport à celle des habitants des pays industriels. Et si l'on pense à l'importance vitale du bétail, qui permet aux plus démunis de survivre, les gaz à effet de serre produits par leurs animaux ne représentent qu'un contrepoint modeste[13].

Dans les pays en développement, le changement climatique affecte déjà les moyens d'existence et les biens des paysans, qui sont confrontés à une raréfaction grandissante de l'eau et de l'alimentation, aux pertes de diversité génétique des animaux et aux menaces changeantes des maladies. La variabilité du climat est susceptible d'augmenter encore la succession de sécheresses et d'inondations, risquant de créer toujours plus de problèmes alimentaires, économiques et environnementaux. Les compromis difficiles entre économiser l'eau et les autres ressources naturelles, réduire les émissions des gaz à effet de serre et aider les pauvres en leur garantissant une sécurité alimentaire sont encore compliqués quand il faut inclure la production de biocarburants.

Les deux principales options consistent à trouver des moyens de réduire les émissions de gaz à effet de serre issus de la production agricole, d'une part, et d'aider les paysans à s'adapter aux nouvelles données environnementales, d'autre part. Les options concernant l'adaptation reposent sur des nouveautés technologiques (semences adaptées à la sécheresse), des changements de comportement (modification de l'alimentation), l'amélioration de la gestion des exploitations et de nouvelles politiques commerciales (par le développement de marchés et d'infrastructures permettant d'assurer des approvisionnements d'intrants plus appropriés et de prix fixés par le producteur plus transparents). Certains paysans ont recours aux prévisions météorologiques pour les aider à planifier leurs cycles de cultures et d'autres souscrivent des contrats d'assurance indexés sur le climat pour protéger leur cheptel[14].

L'assurance tient un peu du Saint Graal pour ceux qui élèvent des animaux en Afrique ; en particulier les bergers qui pourraient l'utiliser à la fois comme une protection contre les sécheresses qui vont se faire de plus en plus nombreuses et pour augmenter leurs revenus potentiels. Au Kenya, les sécheresses sont fréquentes. On en a compté vingt-huit au cours du dernier siècle et quatre en une seule décennie. Les pertes qu'elles infligent aux bergers peuvent très rapidement plonger ceux-ci dans la pauvreté. Heureusement, des milliers de bergers du nord du pays peuvent désormais souscrire des contrats dans le cadre d'un nouveau programme qui anticipe si la sécheresse risque de créer un risque de pénurie alimentaire pour leurs chameaux, leurs chèvres et leurs moutons. Ce programme d'assurance du bétail utilise les images satellites des pâturages et de la végétation pour évaluer les pertes potentielles de fourrage et dédommager les bergers quand la sécheresse est pressentie. Les compagnies d'assurances avaient longtemps considéré qu'il était impossible d'assurer les cheptels, car il leur fallait pouvoir vérifier que les animaux étaient effectivement morts alors qu'ils se déplacent beaucoup et sur de grands espaces pour chercher leur nourriture. Mais le nouveau système ne repose pas sur une telle vérification. Les paiements sont effectués quand les images satellites, disponibles pratiquement en temps réel, indiquent que le fourrage est devenu rare et pauvre et que les animaux risquent de périr[15].

Bétail, secteur ou ressource. Contribution ou impact.	
Secteur ou ressource	**Contribution ou impact**
Production	Les pays en voie de développement produisent 50 % de la viande de bœuf de la planète, 41 % du lait, 72 % des agneaux 59 % du porc et 53 % de la volaille. Les fermes mixtes qui pratiquent l'agriculture et l'élevage produisent aussi presque 50 % des céréales dans le monde. La croissance des secteurs du porc et de la volaille industrielle représentera 70 % de la production en Amérique du Sud et en Asie. Ces systèmes vont accroître les besoins en céréales (et représenteront plus de 40 % de l'utilisation de céréales mondiales en 2050).
Valeur de la production	Le lait a la plus haute valeur de production de toutes les denrées mondiales. Le riz arrive en deuxième position, puis la viande – de bœuf, de porc et la volaille par ordre d'importance. Dans les pays les moins développés, l'industrie a environ 1,4 trillion de dollars en actifs de bétail hors coûts d'infrastructure et prix du terrain.
Gaz à effet de serre	Le bétail contribue pour 18 % aux émissions mondiales des gaz à effet de serre (de 25 à 30 % du méthane et des oxydes d'azote et de 30 à 35 % du dioxyde de carbone).
Capture et stockage du carbone	L'espace consacré aux pâturages peut être considéré comme un puits de carbone équivalent aux forêts. Cependant, il faut trouver les moyens techniques et politiques d'utiliser cet immense potentiel.
Eau	31 % de l'eau de la planète consacrée à l'agriculture sont consommés pour l'élevage. Afin de répondre à la demande estimée dans l'avenir, les quantités sont appelées à être multipliées par deux, en particulier pour les pâturages.

Nutriments	À l'échelle mondiale, le fumier contribue pour 14 % de l'azote, 25 % du phosphore et 40 % du potassium des intrants.
Déforestation	Les entreprises d'élevage extensif sont responsables de 65 à 80 % de la déforestation de l'Amazonie. Quelque 400 000 à 600 000 hectares de forêts sont rasés chaque année pour les récoltes de soja et d'autres types d'exploitation à destination des élevages industriels de porcs et de volailles et pour fournir de grandes quantités de protéines pour la production laitière. Des lois édictées par le gouvernement brésilien auxquelles vont devoir se soumettre les agriculteurs devraient modifier le cours des choses.

Source : voir note 2.

Dans certaines régions, des occasions se font jour pour donner aux paysans la possibilité de réduire leurs émissions de gaz à effet de serre et de s'adapter au changement climatique. De nouvelles méthodes accélèrent la fixation du carbone *via* la photosynthèse ou ralentissent sa libération *via* la respiration, le feu ou l'érosion. Une bonne gestion du fumier permet d'augmenter son efficacité, et de meilleures conditions de stockage réduisent les émissions. Le paiement pour les services environnementaux, en maintenant, par exemple, les niveaux de populations d'animaux sauvages ou en stockant le carbone, représente un revenu complémentaire pour les familles pauvres, qui leur permet de diversifier et d'améliorer leurs moyens d'existence.

Conclusion

L'accélération des changements planétaires en matière de démographie, de technologie et d'utilisation de ressources implique que les systèmes de production de nourriture, y compris pour le bétail, vont aussi se transformer. Il existe dans le monde des exemples de solutions innovantes pour s'adapter au rythme de ces changements d'une manière durable. Les stratégies portent sur une diversification des revenus, sur l'intensification, sur l'expansion durable ou sur un mélange des trois. Elles s'accompagnent souvent d'entreprenariat local et de soutien des secteurs public ou privé. Elles reposent sur une politique saine et sur des investissements utiles au développement technique, à celui des infrastructures, des services ou du marché.

Dans certains secteurs, lorsque ces facteurs sont combinés, ils peuvent créer un environnement favorable à l'augmentation de la production de lait par les petits producteurs, comme au Kenya et dans de plus en plus d'autres parties de l'Afrique orientale. Grâce à une meilleure alimentation, au soutien de services vétérinaires et à une volonté politique, les paysans de ces régions possèdent un bétail plus sain, qui leur permet de mieux gagner leur vie, de mieux se nourrir et qui donne la possibilité à la filière informelle du commerce de lait de se développer.

SUR LE TERRAIN

Production de bétail à petite échelle au Rwanda

Au Rwanda, l'expression « nouveau départ » est de plus en plus utilisée. À la télévision publique ou sur des affiches, elle est devenue emblématique dans un pays déchiré par un génocide il y a quinze ans à peine. Plus de 1 million de personnes furent assassinées en 1994 au cours de l'une des guerres civiles les plus sanglantes de l'histoire. De terribles luttes ethniques avaient soudain transformé en meurtriers des villageois qui jusque-là se côtoyaient paisiblement[16].

« Heifer apporte sa pierre à ce nouveau départ », a tenu à dire le Dr Dennis Karamuzi, vétérinaire et directeur des programmes de l'ONG Heifer International au Rwanda. En 2000, Heifer commença à travailler dans une communauté du district de Gicumbi, située à une heure de la capitale Kigali et qui fait aujourd'hui l'actualité, en partie grâce à Heifer International[17].

Les premiers pas du groupe au Rwanda furent très délicats, car il se heurtait à la méfiance de la communauté. Heifer donnait « des vaches très chères », selon Cyprien Holimdintwoli, l'un des paysans participant au programme de formation à l'élevage des vaches laitières. De nombreux paysans pensaient qu'il s'agissait d'une manœuvre du gouvernement consistant à confier l'élevage de bétail aux paysans locaux pour le leur reprendre plus tard[18].

Heifer avait introduit une race laitière sud-africaine réputée pour son excellente productivité parce que, d'après Karamuzi, depuis le génocide, les « bons gènes » de vaches laitières avaient complètement disparu. Les animaux avaient été décimés et les récoltes brûlées. Il ajoutait que ces animaux permettraient de prouver que « même les paysans les plus pauvres peuvent s'occuper de bétail à forte rentabilité[19] ».

Ces animaux ne se contentent pas de produire du lait, source abondante de protéines et de revenus pour les familles. Leur fumier est aussi un engrais indispensable aux cultures, et il est maintenant utilisé aussi comme source de biogaz et pour la cuisson des repas, grâce au programme National Biogaz[20].

Helen Bahikwe a commencé à travailler pour Heifer International en 2002. Elle possède aujourd'hui cinq vaches et du fumier en excédent. Grâce à une subvention du gouvernement, elle a construit un réservoir pour récupérer le méthane issu de la décomposition du fumier et l'utilise pour faire la cuisine. Elle n'est plus obligée d'acheter ou de ramasser du bois, ce qui lui fait gagner du temps et de l'argent tout en protégeant l'environnement. Le combustible est, lui aussi, plus propre et il épargne aux familles les fumées nocives[21,22,23,24].

Cyprien Holindintwali n'a pas toujours été fermier. Après le génocide, avec sa femme Donatilla, ils ont été instituteurs. Ils vivaient dans une petite maison de torchis, sans électricité, sans eau courante et ils ont économisé sur leurs 50 dollars de revenus mensuels pour acheter une vache. Mais quand Heifer International commença à travailler au Rwanda, les Holindintwali furent sélectionnés parmi les quatre-vingt-treize premières familles partenaires qui reçurent une vache et une formation avec le soutien de coordinateurs du projet.

Ce cadeau leur permet aujourd'hui de gagner beaucoup plus, à savoir entre 300 et 600 dollars par mois, et d'améliorer le quotidien et l'alimentation de toute la famille. Ils font pousser de l'herbe à éléphant et d'autres fourrages pour les cinq vaches qu'ils possèdent maintenant, cultivent des légumes et élèvent des poules. Ils se sont construit une maison en brique, ils ont l'électricité et louent la maison qu'ils occupaient précédemment.

Cyprien va pouvoir recommencer à enseigner, mais, cette fois, il donnera des cours à d'autres paysans. En 2008, le gouvernement a mis en place le programme Une vache pour chaque foyer pauvre qui consiste à offrir aux deux cent cinquante-sept mille ménages les plus pauvres du pays une formation et un encadrement pour produire du lait pour la consommation familiale. Heifer International, selon le Dr Karamuzi, prévoit aussi de créer des liens entre les paysans et les coopératives, pour permettre aux paysans de se former les uns les autres.

Jim Devries, Heifer International.
Danielle Nierenberg, Worldwatch Institute

Chapitre 15

Une feuille de route pour nourrir la planète

*Charles Benbrook, Hans R. Herren, Marcia Ishii-Eiteman et Alexandra Spieldoch**

* **Charles Benbrook** est directeur scientifique de The Organic Center à Boulder, Colorado, États-Unis. **Hans R. Herren** est président du Millenium Institute à Arlington, en Virginie. Andrea Bassi et Matteo Pedercini, de l'institut, ont également contribué à cet article. **Marcia Ishii-Eiteman** est directeur scientifique au Pesticide Action Network North America, et l'un des auteurs de l'*International Assessment of Agricultural Knowledge, Science and Technology for Development.* **Anuradha Mittal** est directeur exécutif de l'Oakland Institute en Californie. **Alexandra Spieldoch** est coordinatrice du Réseau des femmes ministres et leaders dans l'Agriculture au sein du Women Organizing for Change in Agriculture and Natural Resource Management.

Ce livre a traité des nombreuses innovations mises en place pour soulager les régions les plus affectées par les pénuries alimentaires et par la pauvreté. On a évoqué les démarches participatives allant de la culture de la terre à la récupération de l'eau de pluie en passant par les moyens pour que les récoltes ne pourrissent pas sur pied avant d'être vendues sur les marchés. Les chapitres précédents ont mis en lumière les différentes façons de nourrir à la fois les populations et la planète.

Ces idées n'ont pas surgi de nulle part. Elles dépendent d'autres innovations, y compris celles qui nous aident à comprendre le système alimentaire dans sa globalité, à vérifier concrètement quelles méthodes et quelles politiques fonctionnent, et celles qui concernent les nouvelles pratiques de gouvernance, les réformes ayant pour objectif d'aider et de protéger les paysans, et le droit fondamental des êtres humains de manger à leur faim.

Les experts que nous avons sollicités pour ce dernier chapitre comptent parmi les plus grands penseurs, scientifiques et promoteurs du développement agricole.

Danielle Nierenberg
et Brian Halweil.

Des innovations pour comprendre les systèmes complexes

Au cours des cinquante dernières années, le produit intérieur brut de notre planète a explosé. Il est passé d'environ 7 millions de milliards de dollars par an à 60 millions de milliards. Cette expansion astronomique a eu des effets désastreux sur les ressources naturelles renouvelables ou non renouvelables. En 2003, par exemple, environ 27 % des stocks de poissons du monde étaient surexploités ou épuisés. La production de pétrole décline dans la plupart des pays et elle devrait atteindre son pic dans quelques décennies et peut-être avant ; l'eau se raréfie de plus en plus au point que, dans vingt ans, on ne pourra plus satisfaire que 60 % de la demande mondiale et, depuis quelques décennies, le taux de disparition des espèces est très au-dessus de son niveau habituel[1].

Nous nous sommes habitués à ces mauvaises nouvelles, mais on ignore souvent que c'est l'agriculture qui est en grande partie responsable de cette situation. Elle consomme 70 % de l'eau ; elle produit 15 % des gaz à effet de serre – et 75 % dans les pays en voie de développement. La destruction chaque année de 13 millions d'hectares de forêt pour faire de la place aux cultures représente 11 % des émissions totales. La population mondiale, qui approche aujourd'hui 7 milliards d'individus, aura progressé de 35 à 40 % en 2050. La croissance économique aidant, cette population croissante demandera plus de nourriture, et en particulier plus de viande[2].

L'agriculture telle que nous la connaissons aujourd'hui est confrontée à d'importantes difficultés. Les défis et les incertitudes qu'elle doit affronter nécessitent un changement de paradigme qui devra prendre en compte la complexité de la partie « agri » et de la partie « culture » : les liens entre les problèmes agricoles et les systèmes politiques et humains.

Ces problèmes ont des origines diverses. Tout d'abord, l'agriculture est elle-même compliquée, au point que ceux qui ne la pratiquent pas ont du mal à saisir. Celui qui veut réussir doit parfaitement comprendre les caractéristiques de la plante, la météorologie et les microclimats, la nature des sols et leur fertilité, les insectes nuisibles et les menaces de maladie, les plans de rotation des sols, les interactions entre l'élevage de bétail et les cultures de céréales, les marchés, et mille autres facteurs. L'agriculture durable exige beaucoup de connaissances, beaucoup de recherches et l'intégration des innovations avec les connaissances des agriculteurs.

Ce qui la rend plus complexe encore, c'est qu'elle ne se pratique pas dans un vide économique ; la production de nourriture n'est qu'un aspect d'un système socio-économique lui aussi complexe. Le travail agricole est facilité si le contexte social rend disponibles les connaissances et les savoir-faire et si un cadre économique prospère offre des ressources financières et des systèmes de gestion des risques. Inversement, une agriculture forte et durable est essentielle à la réussite d'un développement socio-économique harmonieux, source de revenus et de ressources pour les familles.

Enfin, la production alimentaire modifie l'environnement au sein duquel elle prend place : l'agriculture commence souvent ou a commencé avec le défrichement de la forêt. Mais si elle se fait en harmonie avec la nature, elle assure des fonctions écologiques essentielles comme la séquestration de carbone dans le sol, la pureté de l'eau et de l'air, le contrôle naturel des insectes parasites et la pollinisation.

L'identification de politiques agricoles efficaces sans tenir compte du contexte environnemental ou des interactions avec les autres secteurs de la société a donné de piètres résultats et parfois même provoqué des résultats négatifs. Pour réussir le changement, les chercheurs et les responsables politiques doivent prendre en compte la complexité du sujet[3].

R&D dans l'agriculture : de nouvelles dynamiques des secteurs public-privé

Jusqu'à une date récente, les gouvernements, les universités, les organisations multilatérales et les autres institutions publiques ont fixé des priorités et financé une grande partie du développement technologique agricole et alimentaire. Le secteur privé acceptait de participer en respectant le cadre défini par les pouvoirs publics.

La domination du secteur privé dans la recherche-développement agricole a commencé dans les années 1970, elle s'est accélérée dans les années 1980 quand l'ingénierie génétique a laissé entrevoir ses perspectives de bénéfices et s'est à peu près achevée à la fin du XXe siècle. En 1986, le total des investissements dans la recherche des secteurs public et privé dans l'agriculture était d'environ 3,93 milliards de dollars aux États-Unis, dont 54 % venant du secteur public et 46 % du secteur privé.

En 2009, Monsanto dépensait 980 millions de dollars dans le R&D de l'agriculture mondiale et Syngenta investissait 960 millions de dollars. D'autres entreprises de pesticides ou de semences avaient investi au moins 4 milliards de dollars, et 3 milliards de dollars supplémentaires étaient investis pour l'équipement des fermes, la santé des animaux, l'irrigation, l'agriculture de précision, etc., pour un investissement total du secteur privé d'un minimum de 9 milliards de dollars. Alors que les dépenses publiques de R&D agricole aux États-Unis atteignaient approximativement 3,5 milliards de dollars cette année-là, la part du secteur public au R&D total tomba donc de 54 % en 1986 à environ 28 % en 2009 et la part du secteur privé passa de 46 à 72 %.

Pendant la même période, la réduction importante du financement public dans la recherche agricole a amené les institutions publiques à mendier des financements au secteur privé, ce qui leur a parfois coûté beaucoup en termes d'indépendance et d'intégrité.

Dans la plupart des pays, la loi oblige les entreprises privées à maximiser les profits de leurs investissements. Mais c'est demander beaucoup aux grandes sociétés que de récupérer la marge bénéficiaire, son retour sur investissement et ses droits à la propriété intellectuelle quand elles sont partenaires d'un projet de développement qui a pour objectif le bien des petits paysans dans les régions les plus pauvres de la planète.

Source : voir note 9.

Heureusement, on dispose maintenant de modèles informatiques performants capables d'intégrer des données sociales économiques et environnementales, puis de poser de nombreuses questions. Cette démarche permet de comparer différentes politiques à travers différents scénarios.

Avec ces systèmes informatiques, la comparaison entre l'utilisation des engrais biologiques et chimiques montre que le passage à l'utilisation des premiers va dans le sens d'une amélioration de la qualité des sols et des rendements tout en diminuant la consommation d'eau et tout en augmentant la capture de carbone dans le sol, jouant ainsi un rôle capital dans le contrôle des concentrations atmosphériques de CO_2. Les modèles peuvent également montrer qu'avec l'augmentation des prix du pétrole et des autres énergies fossiles, les engrais chimiques seront de moins en moins compétitifs, surtout pour les agriculteurs des pays en voie de développement. Ainsi, ces modèles informatiques montrent qu'à moyen ou long terme des pratiques plus durables seront plus avantageuses, sur les plans économique et écologique.

Le passage de l'agriculture conventionnelle à l'agriculture écologique nécessite une meilleure gestion des ressources clés telles que le sol, la biodiversité et l'eau, grâce notamment à la recherche et au développement des services. L'ensemble de ces pratiques augmentera la productivité, créera des emplois et atténuera les émissions de gaz à effet de serre[4].

Il faudra du temps et de l'argent pour réussir cette transition. Des investissements nouveaux dans l'agriculture, l'eau et l'activité forestière seront nécessaires. Dans l'agriculture, ils devront être répartis en quatre domaines :

— la réduction des pertes avant récolte qui peuvent atteindre, selon les estimations, 30 % de la production totale ;

— la réduction des pertes après la récolte grâce à des meilleures conditions de stockage et à la transformation dans les zones rurales ;

— l'amélioration de la productivité des exploitations grâce à de meilleures pratiques en opérant une transition vers l'agriculture biologique, l'agriculture de conservation et l'agroécologie (à un coût moyen de 87 à 100 dollars l'hectare) ;

— la recherche, le développement, la capacité et la création de savoir-faire pour mettre en place une agriculture durable[5].

Les investissements réalisés dans chacun de ces domaines auront des impacts considérables sur chaque secteur, avec des effets transversaux – par exemple, en soutenant la croissance économique et l'emploi, en améliorant la qualité de la nutrition et en réduisant les externalités négatives telles que la consommation d'énergie et les émissions de CO_2[6].

La différence principale entre cette stratégie d'investissement et les stratégies du Business As Usual (BAU) consiste en ses effets positifs sur les ressources naturelles. L'agriculture écologique et les scénarios d'économie verte montrent pourquoi le développement économique et l'exploitation des ressources naturelles doivent être bien différenciés. Les modèles informatiques indiquent globalement que les démarches vertes, sur le moyen ou le long terme, garantiront de plus grandes quantités de denrées alimentaires (calculées en calories par tête et par jour). Même si, sur le court terme, on obtient une croissance économique plus faible compte tenu de la volonté de préserver les ressources naturelles et d'émettre peu de carbone, sur le long terme, la durabilité est assurée et la croissance est plus forte. Les scénarios verts offrent également davantage de résilience : leurs faibles émissions de gaz à effet de serre, la diminution de leur dépendance aux énergies fossiles et le fait de mettre l'accent sur l'utilisation efficace et durable des ressources naturelles freinent le réchauffement climatique et l'épuisement de ressources.

Jouer la carte du Business As Usual accélère la consommation et stimule la croissance économique à court et moyen terme, mais augmente et aggrave les tendances actuelles à l'épuisement des ressources naturelles. À long terme, les conséquences sont terrifiantes. Une fois que les ressources naturelles commenceront à décliner sérieusement – comme la fertilité du sol, les réserves de poissons, les forêts et les énergies fossiles –, la réduction de la production, l'augmentation des prix de l'énergie et des émissions de gaz à effet de serre affecteront l'économie et l'emploi. On risque d'assister à d'autres types de conséquences incluant des déplacements massifs de populations chassées par les pénuries de ressources – l'eau, par exemple –, par une accélération du changement climatique, et des taux très élevés d'extinction des espèces.

Les simulations vertes indiquent que la production agricole totale – les produits de la terre et de la forêt, le bétail et les poissons – augmente en comparaison des scénarios Business As Usual. Les emplois directs et indirects augmentent sensiblement, même si l'ensemble des surfaces cultivées demeure à peu près identique ou même diminue avec l'augmentation des rendements. La diminution de la demande de terres est un bon indicateur de synergies positives entre les investissements agricoles verts et la gestion de la forêt – grâce à l'augmentation des rendements et à une meilleure qualité du sol, induite par de plus grands espaces forestiers et par l'utilisation d'engrais biologiques. Les investissements permettant une meilleure utilisation de l'eau conduisent à une réduction de la demande par hectare et compensent les effets du manque d'eau sur les rendements. Les émissions causées par l'utilisation d'intrants issus de l'industrie pétrochimique, la déforestation et les terres cultivées sont nettement inférieures à ce que l'on connaît avec le scénario Business As Usual.

Finalement, on peut parfaitement admettre l'idée que les scénarios verts pourraient voir l'introduction et le développement d'agrocarburants de deuxième génération. On estime que 25 % des résidus de l'agriculture et de la forêt seront récupérables pour la production d'agrocarburants. Si on ajoute l'utilisation des terres marginales, cette ressource pourrait aller jusqu'à créer plusieurs millions d'emplois d'ici à 2030 et soutenir de façon efficace la transition de l'après-pétrole. Toutefois, ce scénario n'est possible que si la fertilité du sol est garantie à long terme par le réinvestissement des résidus de récoltes en engrais organiques. C'est pourquoi les recherches doivent se poursuivre pour améliorer la durabilité des agrocarburants[7].

Il est urgent d'envisager l'agriculture durable d'une manière systémique et sur le long terme. Il n'y a plus d'excuses à ne pas le faire, parce que nous possédons désormais les outils pour aider les politiques de recherches et de développement. La plupart des pays ne seront pas en mesure de respecter la date limite fixée à 2015 pour atteindre les Objectifs du millénaire pour le développement sur lesquels ils s'étaient mis d'accord en 2000 et dont la plupart ont des liens étroits et synergiques avec l'agriculture, avec l'environnement et avec la société. Une action ferme et efficace est indispensable pour changer le paradigme actuel de l'agriculture[8].

Les actions à mener varieront selon les régions étant donné que l'agriculture dépend largement du contexte local, des populations ainsi que d'une multitude d'autres facteurs. D'où l'intérêt d'utiliser les modèles qui tiennent compte de l'environnement, de la société et de l'économie et permettent d'avoir une vision du développement. Élaborer et discuter entre toutes les parties prenantes des scénarios possibles permettront une compréhension commune et des accords pour progresser, tout en tenant compte des conséquences voulues et subies des politiques mises en place.

Si on est prêt à dépenser des milliards de dollars pour réinventer l'agriculture, ce qui s'impose, il faudra également investir dans des infrastructures rurales et dans des institutions allant bien au-delà de l'agriculture. Il faudra éliminer les subventions perverses pour pratiquer une agriculture saine et changer les modèles de consommation. C'est la seule façon de vérifier la différence entre « Business As Usual » et « Business As Unusual ».

Des innovations dans l'évaluation des projets de développement agricole

Il est frappant de constater combien la technologie de pointe est absente des *success-stories* racontées dans ce livre. En fait, l'accès à des outils simples, bon marché, durables et faciles à entretenir est un ingrédient bien plus commun de la réussite que les instruments nés des dernières avancées scientifiques ou technologiques.

Tous ceux qui s'impliquent dans le développement, ou presque, reconnaissent désormais le besoin d'une analyse objective et rigoureuse des causes de l'insécurité alimentaire et d'une recherche dans le domaine de la production de nourriture, de la façon dont elle est transportée, stockée, commercialisée et des politiques associées. Mais on accorde trop peu d'attention à analyser lesquelles de ces recherches et de ces technologies seront le plus efficaces pour promouvoir concrètement une agriculture durable et le développement économique. Tout cela doit changer, et vite.

Les problèmes actuels d'insécurité alimentaire associés à la fragilité grandissante des écosystèmes et des populations vivant dans les zones très peuplées, vulnérables aux sécheresses, aux inondations, aux incendies, aux tsunamis et aux tremblements de terre font que la communauté mondiale a besoin, plus que jamais, d'exploiter les ressources de la science et de la technologie. Mais elle doit le faire de manière différente et avec une plus grande discipline que dans le passé récent[9].

Le manque de consensus et de clarté concernant le plus sûr chemin vers une plus grande réussite économique et alimentaire ainsi qu'un manque de confiance profondément ancré chez les partenaires et les bénéficiaires appellent une réévaluation transparente et indépendante des résultats des projets et des stratégies. L'identification dans ce livre d'initiatives exemplaires est un premier pas louable, mais les méthodes de l'agriculture durable doivent se propager rapidement et viralement, faute de quoi elles pourraient sortir des priorités planétaires, dont la liste ne cesse de s'allonger.

Il est donc essentiel de trouver les moyens d'évaluer les programmes, en se mettant d'accord sur un ensemble de paramètres et de critères pour mesurer les performances, les technologies, les méthodes et les systèmes sans négliger les projets eux-mêmes. Ces nouvelles méthodes d'évaluation devraient s'appuyer sur six principes de base :

— promouvoir la diversité ;

— travailler dans le cadre des limites naturelles ;
— travailler à des solutions s'attaquant à la racine des problèmes ;
— améliorer la qualité du sol et la productivité ;
— préserver la capacité à innover ;
— favoriser une solution viable par elle-même[10].

Même avec ces principes, la majorité des initiatives pour le développement nécessitent d'être conduites par étapes, et de ne monter que progressivement en puissance. De bonnes choses faites au mauvais moment mènent souvent à des résultats décevants.

Le premier défi, le plus universel aussi, consiste à améliorer la fertilité et la productivité des sols épuisés pour mettre en place une sécurité alimentaire durable dans des exploitations familiales en Afrique et dans certaines régions d'Asie. Plusieurs programmes ont permis des progrès importants et rapides en rendant les engrais accessibles aux paysans grâce à divers investissements dans les infrastructures et à des programmes de subvention.

L'euphorie née de ces succès précoces est souvent à l'origine d'une demande qui se traduit par « On en veut encore ! » qui conduit à la prolongation de subventions et à l'augmentation progressive de l'usage des engrais chimiques. On vend souvent aux agriculteurs l'idée qu'ils peuvent faire pousser des récoltes à gros rendement tous les ans du moment qu'ils investissent dans les intrants[11].

Cette « nouvelle religion » pourrait réduire l'intérêt pour les approches agroécologiques et favoriser de nouvelles générations de parasites, détériorer la qualité des sols et la santé des récoltes, soit parce qu'on applique trop d'intrants, soit que les quantités en sont mal équilibrées. Un excès d'azote, par exemple, provoque un afflux de micro-organismes dans la terre, qui digèrent les matières organiques et appauvrissent le sol, dont la qualité diminue donc malgré le recours aux engrais de synthèse[12].

D'après les chercheurs, il faudra entre cinq et dix ans d'efforts intensifs dans la plupart des régions d'Afrique pour que la terre recouvre une proportion de matière organique satisfaisante pour assurer une augmentation significative de la rétention de l'eau et de la fertilité. Mais en améliorant toujours plus la santé des sols, on réduira progressivement la dépendance vis-à-vis des engrais expédiés dans la région, au profit d'intrants locaux. L'utilisation d'engrais organiques cultivés sur place est l'une des meilleures façons d'augmenter la part des revenus de la récolte qui reste dans les poches des paysans[13].

Une grande partie de l'acrimonie des débats actuels sur le développement de l'agriculture provient du fait qu'un certain nombre de personnes, d'organisations et d'entreprises font passer leur intérêt particulier pour le meilleur moyen d'avancer sur le chemin du progrès collectif. Le débat qui oppose les partisans du génie génétique à ceux de l'agroécologie est ainsi particulièrement aigu. Il est important, car il va définir la forme et la direction de l'aide au développement et des réformes de la politique agricole dans un avenir prévisible. Il va même définir l'avenir de la sécurité alimentaire mondiale. Et les conflits incessants entre les partisans de chaque forme de développement risquent de nuire au soutien politique nécessaire au financement des programmes d'aide au développement.

Certains affirment aujourd'hui qu'il faut faire la synthèse de ces approches en espérant qu'un système hybride réussira mieux que l'une ou l'autre de ces deux approches. Même si la perspective, sur le papier, semble séduisante, chercher à fusionner deux systèmes fondamentalement différents est en général une mauvaise idée, qui donne des résultats erratiques et décevants[14].

Les agences de développement et les investisseurs devraient plutôt encourager une diversité d'approches et de stratégies différentes, donner à chacune une chance équitable de démontrer si et comment elles vont améliorer la sécurité alimentaire sur une base raisonnable et durable. Une évaluation rigoureuse des programmes sur des paramètres acceptés de tous et s'appuyant sur les principes évoqués plus haut permettrait de distinguer les projets les plus prometteurs et les plus rentables.

L'agroécologie et le génie génétique peuvent tous deux contribuer à mettre en place des types d'exploitations plus productifs, plus sûrs et plus durables. Mais la première peut le faire mieux et de façon plus rentable parce que, en général, les démarches agroécologiques et biologiques sont conçues pour améliorer la qualité des sols et la santé des plantes et des animaux.

L'agroécologie peut augmenter les rendements de 50 % au minimum avec de faibles quantités d'intrants venant d'autres régions et sur une période identique à celle qui est nécessaire au développement, aux tests et à la mise en place de plantes OGM, qui permettent en général d'augmenter les rendements de seulement quelques pour-cents, parfois 10 %, de plus qu'une plante traditionnelle bien adaptée à son environnement. Mais pour la plante OGM, il faut mettre chaque année de nouveaux produits, et la variété transformée ne se révélera probablement pas aussi résistante dans des conditions environnementales imprévues à cause d'effets fortuits de la transformation génétique sur la physiologie et/ou la réaction au stress de ces plantes[15].

Il faut aussi savoir que n'importe quelle future variété de plante génétiquement modifiée poussera mieux dans un champ dont les sols dégradés auront été restaurés grâce aux pratiques agroécologiques. De même, une famille exploitant une petite ferme et adepte de ces pratiques, cultivant des céréales et élevant du bétail, bénéficiera d'un nouveau vaccin animal génétiquement conçu pour prévenir une maladie récurrente. Ces exemples nous montrent comment les approches agroécologiques ou l'ingénierie génétique peuvent avoir un effet favorable l'une sur l'autre bien qu'elles soient extrêmement différentes.

L'ingénierie génétique et l'agriculture intensive concentrent en général leur attention sur un seul problème : les dégâts causés par les insectes nuisibles ou les problèmes créés par des déséquilibres du système agricole. Mais, historiquement, les intrants et les nouvelles technologies mises en œuvre pour obtenir et maintenir des niveaux de production importants ont créé d'autres problèmes comme la résistance aux herbicides ou causé des dommages collatéraux sur des organismes vivants tels que les poissons ou les abeilles. Les sociétés occidentales se sont donné les moyens de les contenir et de les gérer grâce à des programmes complexes et lourds financièrement. Est-il réaliste de penser que les pays africains et asiatiques vont pouvoir faire la même chose ?

Par ailleurs, l'agriculture intensive a aussi tendance à éroder la durabilité économique des exploitations familiales. En effet, l'augmentation des coûts de production diminue les revenus nets par hectare pendant de longues années. Pendant plusieurs décennies, les agriculteurs nord-américains ont maintenu leur niveau de vie en cultivant des surfaces toujours plus importantes alors que, par hectare, les revenus diminuaient sans cesse. Une poignée de paysans d'Amérique latine s'en sont inspirés en montant des opérations sur des dizaines de milliers d'hectares et en combinant des semences de soja tolérantes aux herbicides à un système de culture sans labour. Alors qu'elles sont fructueuses en termes de revenus, par récolte et par heure de travail, ces exploitations n'améliorent pas la condition des populations pauvres ; comme les récoltes, les revenus partent vers d'autres régions.

D'autres modèles de développement et de production conduisent heureusement à des issues complètement différentes. Comme le montrent plusieurs chapitres de ce livre, les besoins économiques et nutritionnels des paysans pauvres sont mieux satisfaits avec des systèmes à valeur ajoutée fondés sur les connaissances, les savoir-faire, les ressources et la biodiversité locaux. Si de tels systèmes évoluent, étape par étape, portés par des entreprises et des organisations variées, des politiques de soutien et des investissements dans les infrastructures, alors de véritables opportunités émergeront pour le bien de la sécurité alimentaire à travers des démarches qui tendent à limiter et à répartir les risques.

Les institutions innovent pour aider les populations et la planète

L'avenir de l'homme et de la planète dépend d'écosystèmes qui sont désormais proches du point de rupture. Le niveau de pauvreté est devenu intolérable, avec 1 milliard de personnes qui souffrent chaque jour de la faim. Alors que l'agriculture est confrontée à la fois au changement climatique, à la raréfaction de l'eau et à la diminution des réserves d'énergies fossiles, alors que les crises économiques et sociales affectent gravement les exploitations agricoles et que l'accaparement des terres se répand comme une épidémie, un changement de direction rapide et définitif vers la durabilité et vers la justice s'impose[16].

Nous sommes encore, heureusement, en mesure de produire des denrées alimentaires de qualité tout en restant attentifs aux exigences écologiques, en veillant à la justice sociale et en se préoccupant du réchauffement de la planète. Mais, pour changer fondamentalement d'orientation, il faut identifier précisément et avec un engagement et une détermination sans faille les origines de la misère et de la faim. Cela nécessite que les responsables politiques se saisisssent honnêtement du problème de l'économie politique de la faim et de l'écologie politique d'un système alimentaire qui vit une crise profonde.

À ce jour, la description la plus complète de la situation a été réalisée par l'*International Assessment of Agricultural Science and Technology for Development* (IAASTD), un travail international de premier ordre mené par les Nations unies. Rédigé par plus de quatre cents scientifiques et experts du développement de plus de quatre-vingts pays soutenus par cinquante-huit gouvernements, le rapport a conclu « qu'on ne peut plus continuer comme par le passé ». Il indique que les technologies et les pratiques industrielles et agricoles – ainsi que les dispositions politiques, économiques et institutionnelles mises en œuvre pour les soutenir – ont certes augmenté les rendements des récoltes mais au prix de la santé publique, de l'environnement, de la justice sociale, de l'égalité hommes-femmes et des fondements mêmes de la sécurité alimentaire[17].

Ce rapport essentiel a détaillé les résultats déplorables de ces technologies et de ces pratiques qui ont bénéficié à quelques privilégiés, au détriment des plus nombreux. Les ressources naturelles dont dépend la survie de l'humanité se sont sérieusement dégradées ; l'agriculture industrielle a produit des quantités de gaz à effet de serre sans précédent et elle menace désormais l'eau, l'énergie, l'alimentation et le climat[18].

L'IAASTD a également averti que la concentration croissante des industries agroalimentaires, l'intégration verticale du système alimentaire, la vitesse à laquelle la libéralisation des marchés s'est développée dans de nombreuses régions et l'influence des lobbys sur les politiques publiques et sur la recherche ont eu des conséquences largement négatives pour les pays les plus pauvres et pour leur environnement, ainsi que sur la santé et sur les moyens d'existence de leurs populations. Dans de trop nombreux pays, les villageois pauvres n'ont pas même les moyens de payer la nourriture cultivée sur place, surtout quand les prix sont tirés vers le haut sous les effets de l'aide alimentaire, du dumping et de la spéculation financière. Il faut donc changer. Mais que faut-il changer[19] ?

Pour amplifier les succès remarquables présentés dans *L'État du monde 2011* et parvenir à un développement équitable et durable au XXIe siècle, il faut procéder à une réorientation drastique des actions politiques et institutionnelles ainsi que des investissements. Mais comme l'a précisé l'IAASTD, il ne suffira pas d'investir dans des pratiques agricoles écologiques. Il faudra mettre en place de nouvelles institutions et créer une nouvelle politique de l'environnement susceptible de maintenir la sécurité alimentaire et les moyens d'existence des petits agriculteurs et des communautés rurales. Il faudra aussi leur donner la liberté d'exprimer leur propre savoir-faire et les accompagner chaque fois que nécessaire en leur fournissant les informations qui leur manqueraient ainsi qu'un soutien politique et économique[20].

On a dit que les progrès apportés par l'agriculture écologique se sont accomplis essentiellement sans l'aide des pouvoirs publics et malgré une très forte pression des marchés et des défenseurs d'une politique néolibérale en faveur d'un type de production à grande échelle très gourmande en ressources naturelles. La bonne nouvelle, c'est donc que les efforts concertés et coordonnés des décideurs et de tous les membres de la société civile permettront de faire beaucoup mieux. Un plan s'appuyant sur une base assez large pourrait ainsi, par exemple, conduire à l'établissement d'une structure nationale solide destinée à assurer une transition vers une production agroécologique à l'échelle de tout un pays[21].

L'aide nécessaire passe par une politique de soutien aux associations groupant les agriculteurs, les femmes, les indigènes, les travailleurs et les autres organisations comme le Network of Farmers and Agricultural Producers Organisation of West Africa, la Chilean Association Nacional de Mujeres Rurales e Indigenas, la Bangladesh Agricultural Farm Labor Federation et la National Federation of Fishworkers in Sri Lanka. Ces groupes et syndicats comme bien d'autres encore ont des rôles majeurs à jouer pour renforcer le bien-être social et économique des agriculteurs, particulièrement là où les actions collectives renforcent leur pouvoir politique, protègent les droits des agriculteurs et diminuent les risques et les coûts inévitables pour se positionner sur les marchés souhaités[22].

Soutenir les communautés rurales signifie aussi vérifier que les agriculteurs ont un accès assuré à la terre, à l'eau, aux semences, aux marchés et aux capitaux, tout en augmentant les investissements publics dans la santé, dans l'éducation et dans les infrastructures des zones rurales. Il faut également réviser les lois sur la propriété intellectuelle dans le dessein de trouver un système plus équitable reconnaissant aux agriculteurs le droit d'épargner, d'utiliser, d'échanger et de vendre des semences – à l'opposé du régime actuel qui a tendance à favoriser les grandes sociétés. En outre, la mise en place de règles commerciales équitables et flexibles, sur le plan tant régional que mondial – un changement de politique fondamental –, doit s'étendre aux paysans et aux pays en développement pour satisfaire leur sécurité alimentaire minimale et leurs moyens d'existence.

Ce qu'il faut aujourd'hui n'est rien moins qu'une véritable démocratisation du système alimentaire mondial. Cela nécessite que les gens concernés possèdent des notions élémentaires sur le fonctionnement de l'alimentation. Ils ont besoin non seulement de savoir ce qu'ils consomment mais aussi de comprendre le contexte social, politique et culturel des producteurs et de tous ceux qui sont impliqués dans la distribution de denrées alimentaires[23].

En termes pratiques, pour rétablir l'équilibre dans le système alimentaire, il faut revitaliser les réseaux locaux et régionaux ; il faut réduire la concentration des pouvoirs et diminuer les moyens de pression excessifs liés à la mondialisation. Pour le premier point, on peut mettre en place une démocratie participative en s'appuyant sur des assemblées élues permettant de discuter et de valider les politiques alimentaires. C'est le cas au Canada, en Inde, aux Pays-Bas, au Royaume-Uni et aux États-Unis. Des assemblées d'agriculteurs peuvent gérer collectivement les ressources naturelles et choisir les modes de gestion agricole au niveau de la communauté comme au Rajasthan, en Inde. Par ailleurs, il est possible d'encourager les progrès de l'agriculture en milieu urbain et périurbain ; c'est déjà le cas dans certaines villes du Brésil, en Chine, à Cuba, au Ghana, au Kenya, en Inde, en Ouganda, au Venezuela et au Vietnam[24].

Toutefois, les communautés ne pourront pas à elles seules redessiner au niveau de la planète les structures, les institutions et les forces du marché, qui trop souvent préfèrent réaliser des profits immédiats plutôt que de choisir le bien-être des pauvres gens et la protection de l'écosystème dont l'avenir de la planète dépend. C'est pourquoi des actions nationales et internationales sont nécessaires.

Des incitations financières, comme des crédits, des assurances sur les récoltes, des exemptions d'impôts, des financements pour la mise en place de politiques vertes et de services d'écosystèmes peuvent encourager les paysans à se convertir à des pratiques durables et bonnes pour l'environnement. Imposer des taxes sur les atteintes à la santé et sur les dommages causés à l'environnement peut augmenter les revenus nécessaires à la conservation de l'environnement tout en décourageant la dépendance aux intrants chimiques, aux énergies fossiles et à l'eau, ou à une production énergivore.

Les pouvoirs publics nationaux et les institutions internationales doivent exercer leur autorité morale avec force pour mettre fin à l'accaparement des terres et pour imposer des normes exigeantes de développement durable et de justice sociale. L'engagement des nations est nécessaire sur la scène mondiale pour donner de la force aux accords et aux traités internationaux en matière de développement durable, pour réviser les lois internationales sur la propriété et sur les moyens d'y accéder et pour s'assurer qu'une interprétation trop stricte des règles commerciales ne décourage pas les pays qui s'efforcent de protéger les biens publics. Sur le plan local, on fait de plus en plus appel aux politiques publiques pour renverser les tendances à la concentration de l'industrie agroalimentaire et imposer une politique antimonopole destinée à favoriser une concurrence équitable et à s'assurer que les cahiers des charges servent l'intérêt général[25].

Finalement, les mouvements sociaux du monde entier appellent à une approche fondée sur les droits de la sécurité alimentaire. De plus en plus de gouvernements, par exemple ceux du Brésil, de l'Équateur, du Malawi et du Népal, suivent cette approche. Protéger, respecter et satisfaire le droit à la nourriture par l'intermédiaire d'un développement équitable et durable doivent devenir les objectifs caractérisant le XXIe siècle. À ce titre, l'IAASTD nous fournit un éventail complet des méthodes les plus efficaces et les plus prometteuses pour mettre en œuvre une gouvernance des systèmes agricoles et alimentaires, fondée sur les droits, en cohérence avec un bon savoir-faire écologique et social et basée sur les principes de la souveraineté alimentaire[26].

Innovations en matière de gouvernance

Plus de 1 milliard de personnes travaillent pour l'agriculture. L'industrie la plus importante au monde génère chaque année au moins 1 trillion de dollars en nourriture, et pourtant presque 1 milliard de personnes souffrent encore de la faim pendant que les dommages causés par l'agriculture au climat et à la biodiversité sont toujours plus nombreux[27].

Une crise humanitaire et écologique de cette ampleur nécessite une remise en question du système industriel agricole actuel. En 2008, l'augmentation alarmante du nombre de personnes frappées par des périodes de disette fut à l'origine de nombreuses conférences de haut niveau sur la sécurité alimentaire. Elles ont débouché sur la promesse d'apporter aide et changement. Deux ans plus tard, bien peu de choses ont bougé.

Le problème réside dans cette contrevérité : le problème de la faim dans le monde ne serait qu'une simple crise de l'offre et de la demande, qui devrait se résoudre par le développement de l'agriculture et par une amélioration des rendements. Cette erreur fondamentale a conduit à la recherche de solutions comme le génie génétique et l'augmentation des intrants chimiques, sans tenir compte des problèmes de gouvernance et de responsabilité en matière d'investissements publics, de partenariats public-privé, ou des recommandations des institutions financières internationales et des pays donateurs.

Pour répondre à l'accusation selon laquelle cette façon d'aborder le problème ignore les causes structurelles de l'insécurité alimentaire et pour créer les conditions de l'acceptation de solutions fondées sur la technologie, on dit maintenant que, pour en finir avec la faim, il faut investir dans tous les types d'agriculture, agroécologique, chimique et génétique. Bill Gates, vice-président et administrateur de la fondation Bill & Melinda Gates, très impliquée dans les problèmes agricoles avec Alliance for a Green Revolution in Africa, a soutenu, dans un discours donné au *2009 World Food Prize Symposium*, que nous avions besoin à la fois d'une agriculture intensive et d'une agriculture durable pour lancer un programme complet d'aide aux agriculteurs pauvres[28].

Mais cette tentative de rapprochement ne tient pas compte du fait que l'essentiel des investissements agricoles aujourd'hui passe par des solutions techniques qui concentrent le pouvoir entre les mains d'un petit nombre en passant à côté du potentiel social et environnemental des autres solutions. Plus important, elle néglige le point clé : le génie génétique – c'est-à-dire la manipulation par l'être humain du matériel génétique d'un organisme pour l'adapter à des situations dont l'occurrence n'est pas naturelle – n'a prospéré que grâce à l'action de différents groupes qui ont su mettre en place des conditions qui lui étaient favorables. Pourtant, il porte en lui des risques pour l'environnement et pour la santé trop mal étudiés, ainsi que des problèmes de propriété intellectuelle. C'est le cas, par exemple, des partenariats public-privé pour développer une patate douce transgénique résistant au virus de la panachure plumeuse (SPFMV) entre Monsanto, le Kenya Agricultural Research Institute (KARI), l'*Agricultural Biotechnology Support Program* (ABSP), l'US Agency for International Development (USAID), et le Mid-American Consortium.

Même s'ils ne concernent que la patate douce, ces partenariats ont aidé à mettre en place des structures nationales de biosécurité, la préparation à l'autorisation de cultures OGM en laboratoire et en plein champ et leur évaluation, la protection de la propriété intellectuelle (PPI) et les mécanismes de transferts de technologie. À l'inverse, les innovations de l'agroécologie n'ont pas bénéficié de la PPI et ont dû faire appel au secteur public fragile financièrement pour pouvoir se développer. Ces partenariats ont permis aux compagnies de biotechnologie d'utiliser les établissements publics d'enseignement agricole et les universités auxquelles on confie des terres destinées à la recherche scientifique, tout en recherchant un soutien officiel au développement technologique.

Des institutions philanthropiques aux moyens financiers considérables comme la fondation Rockefeller et la fondation Gates ont soutenu le génie génétique – et ont pour cela essuyé les critiques de nombreux groupes de la société civile et des syndicats de paysans décidés à travailler sur des programmes agroécologiques. Ainsi, la fondation Gates a dépensé des millions de dollars pour développer du manioc, des bananes, du riz et du sorgho transgéniques et enrichis en vitamines. En 2009, elle a accordé une bourse de 21,2 millions de dollars sur cinq ans à l'International Potato Center pour l'encourager à produire des variétés de patates douces à haut rendement, résistantes au stress, et presque 1,4 million de dollars sur trois ans au Centro Internacional de Agricultura Tropical en 2010 pour soutenir ses efforts afin d'accélérer la culture du manioc en vue d'améliorer sa productivité, sa résistance aux maladies et autres inconvénients. En partenariat avec la fondation Rockefeller et la fondation

Syngenta, elle finance un programme de recherche pour un maïs résistant aux insectes du Kenya Agricultural Research Institute. Au Kenya, presque 80 % du financement de la fondation Gates sont destinés à la recherche en génie génétique et plus de 100 millions de dollars sont accordés à des organisations liées à Monsanto[29].

Un autre intervenant majeur qui a aidé à faire progresser la recherche dans les biotechnologies pour l'agriculture mondiale est l'US Agency for International Development. Un de ses projets les plus importants, dirigé par l'université d'État du Michigan et maintenant par l'université Cornell, pour l'ABSP, inclut des partenaires du secteur privé comme Monsanto, Alpha Seed et Bayer. Parmi les projets ABSP, le Southern Africa Regional Biosafety a affiché l'objectif de fournir des « instruments de régulation pour cultures de produits génétiquement modifiés ». En Inde, USAID a aussi soutenu le développement d'aubergines résistantes aux insectes qui devaient être mises sur le marché puis transférées aux Philippines et au Bangladesh, malgré une résistance très forte qui finit tout de même par aboutir à un moratoire à leur sortie en Inde[30].

Alors que l'expression « augmentation des investissements dans l'agriculture » est utilisée pour préparer les esprits à une révolution technique, Olivier De Schutter, le rapporteur spécial des Nations unies sur le droit à l'alimentation, a indiqué, comme beaucoup l'avaient fait avant lui, qu'il ne s'agit pas seulement d'augmenter les subventions mais aussi de choisir entre des modèles de développement qui risquent d'avoir des impacts divers et de bénéficier de façon très différente à divers groupes.

Au Brésil, la ville de Belo Horizonte est reconnue comme une pionnière mondiale de la gouvernance pour la sécurité alimentaire. En 1993, la municipalité a mis en place un cadre qui l'engageait sur la voie de la souveraineté alimentaire : le droit des populations à définir leurs politiques, la liberté de choisir leur type d'agriculture et de nourriture, de protéger et de réguler leur production et sa commercialisation de manière à assurer le développement durable, à déterminer leur degré d'autonomie et à éliminer le dumping des marchés[31].

Le droit des citoyens à l'alimentation a été respecté grâce à plusieurs programmes novateurs comprenant des conseils de citoyens, des représentants des syndicats, du patronat et des Églises pour participer à la conception, à la mise en œuvre et au financement d'un nouveau système alimentaire. Des produits de la ferme sont en vente sous le label « Vient directement de la campagne » dans le centre-ville, à environ deux tiers du prix du marché, des « Restaurants populaires » servent chaque jour plus de douze mille personnes avec des produits locaux pour moins de 50 cents le repas ; des jardins communautaires et des potagers pour les écoles offrent des cours de nutrition. Les fonds fédéraux sont utilisés pour acheter des produits alimentaires provenant en majorité des exploitations locales et pour soutenir les cantines scolaires[32].

Grâce à ces programmes et à d'autres, il n'a fallu qu'une décennie à Belo Horizonte pour diminuer son taux de mortalité infantile – considéré comme un signe évident de malnutrition – de plus de la moitié. Aujourd'hui, pratiquement 40 % des habitants bénéficient de ces initiatives pour un centime par jour et par personne[33].

D'autres actions sont menées au niveau national pour protéger les moyens d'existence des paysans et la sécurité alimentaire. En Indonésie, par exemple, après avoir atteint l'autosuffisance en riz en 1984, les pouvoirs publics décidèrent de libéraliser les marchés agricoles dans les années 1990 et diminuèrent de façon drastique les subventions aux agriculteurs. Mais, en 1998, le pays était devenu le plus grand importateur de riz du monde et le plus grand bénéficiaire de l'aide alimentaire internationale. Le gouvernement décida alors de revenir complètement sur sa politique de libéralisation en 2002. Il diminua les importations de riz et éleva ses taxes douanières pour encourager la production intérieure. En 2004, l'Indonésie redevint autosuffisante en riz. Quand, en 2008, les prix du riz atteignirent des sommets sur les marchés internationaux, en Indonésie ils restèrent stables grâce à la politique du gouvernement. La population la plus pauvre et la plus fragile ne souffrit pas de la situation[34].

La Communauté économique des États de l'Afrique de l'Ouest (CEDEAO) est une action régionale intéressante. En mai 2008, au plus fort de la crise des prix, elle lança « la bataille pour produire de la nourriture et combattre la faim ». La stratégie était fondée sur une augmentation rapide et durable de la production des denrées de base, l'organisation d'une chaîne de valeurs et l'intégration et la régulation des marchés régionaux avec la mise en place de filets de sécurité. Elle visait à mettre en œuvre la politique agricole commune, qui avait été préparée en 2005 mais jamais réalisée. Elle a créé une commission pour soutenir les États membres dans leurs programmes d'investissement et des partenariats pour une mise en œuvre concertée. La CEDEAO a déjà mobilisé 900 millions de dollars dans sa politique de subventions. Cette stratégie d'intégration se développe en Afrique orientale et en Asie du Sud-Est[35].

D'autres initiatives se sont fait jour pour démontrer que la pratique d'une agriculture respectueuse de l'environnement peut améliorer la productivité et les revenus. Ainsi, pour s'attaquer à la limitation de la productivité des semences et de la sécurité alimentaire, des chercheurs de Rothamsted Research au Royaume-Uni et de l'International Center of Insect Physiology and Ecology ont travaillé en Afrique orientale pour développer un traitement efficace des insectes térébrants, qui sont à l'origine de 20 à 40 % de la destruction des récoltes dans cette région, et jusqu'à 80 % dans certains secteurs. Les pertes dues à *Striga* peuvent être plus élevées encore dans de nombreuses zones avec des chiffres allant de 30 à 100 %. Quand les deux frappent en même temps, les agriculteurs perdent souvent la totalité de leur récolte ; les pertes économiques dues aux térébrants et à *Striga* s'élèvent à environ 7 milliards de dollars par an[36].

La technique des cultures intercalaires « pousser-tirer » a émergé pour venir à bout à la fois des insectes térébrants et de *Striga*, tout en augmentant le fourrage et en améliorant la qualité du sol et sa fertilité. Depuis les essais en laboratoire jusqu'aux expérimentations à la ferme et à la mise en œuvre du projet, puis à son développement, la stratégie du pousser-tirer s'est révélée très efficace. Une étude agronomique sur sept ans, menée dans six districts du Kenya occidental, a montré que cette méthode donne des rendements de maïs supérieurs aux associations maïs-haricots et aux systèmes de monoculture du maïs. L'analyse de la rentabilité a montré que, à l'exception d'un district, le système pousser-tirer donnait de meilleurs résultats malgré un coût en main-d'œuvre plus élevé la première année[37].

L'autorité indépendante d'un médiateur est également un outil très utile pour faire évoluer les modèles de développement agricoles. Il peut jouer le rôle d'intermédiaire entre une institution et ceux qu'elle est censée servir. L'Office of the Compliance Advisor Ombudsman (CAO) en est un exemple ; il s'agit d'un recours auprès de la Société financière internationale (SFI) et de l'Agence multilatérale de garantie des investissements (AMGI), une branche de la Banque mondiale. Le CAO examine les préoccupations des individus ou des communautés concernés par les projets SFI/AMGI, pour améliorer leurs répercussions sociales et environnementales et pour favoriser une plus grande transparence[38].

À la suite d'une plainte déposée par des ONG, un audit mené par le CAO en 2009 a ainsi permis de découvrir qu'un financement SFI du groupe Wilmar, un entrepreneur indonésien de plantations, violait les procédures de l'institution en favorisant ses intérêts commerciaux au détriment du respect des normes environnementales et sociales. Cela entraîna une suspension du financement de la SFI dans le secteur de l'huile de palme jusqu'à ce que des garde-fous soient établis pour s'assurer que les prêts n'allaient pas nuire aux secteurs social ou environnemental. Une structure de gouvernance similaire, qui donne aux communautés des possibilités de recours en tenant compte de leurs doléances, pourrait se révéler utile pour les grandes fondations et pour les agences distribuant des financements dans le secteur agricole[39].

Pour s'assurer que les investisseurs et les entreprises soutiennent réellement l'agriculture durable, les audits sociaux sont un autre instrument intéressant, le but étant d'évaluer les effets sociaux et environnementaux dus à certaines opérations économiques. Par exemple, l'entreprise de glaces Ben & Jerry publie chaque année depuis 1989 un rapport d'évaluation sociale et environnementale rédigé avec la contribution des chefs de département, qui détaille les progrès accomplis par l'entreprise en matière sociale (achats équitables d'ingrédients, mise en œuvre des programmes durables pour les produits laitiers et réductions de gaz à effet de serre) et inclut une étude complète des impacts sociaux et environnementaux. Ce rapport faisant l'objet d'un audit indépendant, sa légitimité est renforcée. Par ailleurs, il est utilisé comme outil d'information et de formation internes auprès des salariés, pour la communication de l'entreprise et par la direction. Ce suivi public et transparent des empreintes sociales économiques et environnementales réalisé par des organismes indépendants laisse peu de place au *green washing* et à l'opportunisme[40].

Il est de plus en plus évident que, pour lutter avec efficacité contre la faim dans le monde, qui est enracinée dans la pauvreté et dans la dégradation de l'environnement, un changement de paradigme est nécessaire. Il faut reconnaître que l'agriculture est fondamentale pour le bien-être de tous parce qu'elle donne accès à une nourriture saine et qu'elle favorise les communautés, les cultures et des environnements sains. Plus important encore : l'agriculture a besoin d'être considérée comme un moyen de lutter pour le droit humain à l'alimentation. Pour ce faire, plutôt que de croire aux recettes miracles, il est préférable d'identifier les causes véritables de la faim pour pouvoir y remédier avec efficacité.

Innovations dans les politiques de réforme

Après des années de négligence, les gouvernements ont enfin décidé de réinvestir dans l'agriculture en donnant la priorité aux petits producteurs. Ils reconnaissent l'importance des femmes, des besoins d'infrastructure, de filets de sécurité, de marchés locaux et cherchent à améliorer l'aide d'urgence en cas de disette, leurs relations avec les marchés financiers et les débouchés économiques. Ils affichent un soutien à un rôle plus important des Nations unies et à des réactions mieux coordonnées et plus efficaces aux crises alimentaires. Ce sont d'excellentes nouvelles.

Au moment où des changements se révèlent plus que nécessaires, les politiques ont pris des mesures importantes pour améliorer le système alimentaire mondial. En 2008, un groupe de haut niveau a publié le *Comprehensive Framework for Action* (CFA ou Cadre d'actions coordonnées) qui se présente comme une feuille de route pour inciter les gouvernements à s'engager dans une politique de réforme en matière d'alimentation et d'agriculture. Lors du Sommet mondial de l'alimentation des Nations unies, en 2009, les gouvernements ont soutenu le Comité pour une sécurité alimentaire mondiale de la FAO en lui donnant davantage de pouvoirs et en lui recommandant de s'appuyer sur le CFA pour son contenu. En 2009, la Banque mondiale a lancé le Programme mondial pour l'agriculture et la sécurité alimentaire chargé de mettre en œuvre des programmes de prêts aux pays en développement. En juin 2010, ce fonds a identifié les cinq premiers pays concernés, et en 2010 l'Administration Obama a lancé son initiative Nourrir l'avenir, qui place la sécurité alimentaire, la santé et l'égalité hommes-femmes comme priorités du développement international[41].

Malgré toutes ces mesures positives, une préoccupation majeure subsiste. Une grande partie des fonds est destinée à augmenter la production mondiale en donnant plus de poids aux industries agroalimentaires pour créer de nouveaux marchés et développer le commerce international. Et pas assez à dynamiser les marchés locaux et les petits producteurs.

La déclaration des Nations unies de 1999 sur le droit à l'alimentation insiste sur le fait que « les racines du problème de la faim et de la malnutrition ne sont pas un manque de denrées alimentaires mais un manque d'accès à la nourriture disponible, en raison de la pauvreté de pans entiers de la population », ce qui est une nuance de taille. Darryll Ray, du Centre d'analyse des politiques agricoles de l'université du Tennessee, a indiqué dans un rapport au début de l'année 2010 que l'augmentation de la production n'est pas corrélée à une diminution de la faim. De 1980 à 2009, la production d'orge, de maïs, de millet, d'avoine, de riz, de seigle, de sorgho et de blé a augmenté de près de 55 % et celle de sept plantes oléagineuses de presque 189 %, soit 67 % pour un ensemble de quinze cultures alimentaires. Sur la même période, la faim a progressé et le nombre de pays autosuffisants en nourriture a diminué[42].

Clairement, les marchés mondiaux ont un rôle crucial à jouer. Mais ils ne savent pas s'autoréguler. Il est donc nécessaire d'exercer sur eux des pressions pour réduire leur capacité de nuisance. En 2008, pendant la crise des prix alimentaires, les pays qui manquaient de capacité de production étaient beaucoup trop dépendants du marché mondial ; ils n'avaient pas de moyens de contrôle pour freiner la spéculation et la volatilité des prix, qui a fait monter en flèche le nombre des victimes de la faim.

Si l'on veut anticiper les prochaines crises, les marchés doivent être plus étroitement surveillés ; pour cela, les décideurs ont des mesures à prendre. Les idéologues du libre-marché les plus inflexibles écartent d'un revers de main les mesures protectionnistes qui seraient pourtant nécessaires et devraient même faire partie des réformes à mettre en œuvre pour l'alimentation et l'agriculture. Nul besoin, pour les pouvoirs publics, de réinventer la roue. Ils peuvent commencer en se penchant sur les initiatives existantes ou sur celles qui ont déjà été évoquées pour parvenir à une véritable sécurité alimentaire et au développement durable.

Depuis 2003, par exemple, les pays en développement, y compris les nations africaines, ont cherché des protections par l'intermédiaire des mécanismes de sauvegarde spéciale comme l'augmentation des tarifs douaniers qui bloquerait les importations de nourriture venant inonder leurs marchés intérieurs. Ils ont aussi essayé d'exonérer certaines denrées des réductions de droits de douane en s'appuyant sur une liste de produits spéciaux. Ces mesures ne résolvent pas tous les problèmes, mais représentent pour les pays des outils importants pour investir dans leurs propres productions et leur permettre de protéger leur production domestique et d'assurer ainsi leur sécurité alimentaire. Les augmentations des importations de sucre et de produits laitiers ont, par exemple, porté des coups à la production au Kenya ; de même pour la volaille, le riz et les huiles végétales au Cameroun, et pour le maïs, le sucre et le lait au Malawi, en Indonésie et au Népal[43].

Dans le cas du Cameroun, les importations de volailles ont augmenté de 300 % entre 1999 et 2004. 92 % des producteurs locaux de volailles ont alors abandonné cette activité, ce qui n'a rien d'étonnant, car l'arrivée massive de poulets congelés dans leur pays les empêchait de gagner leur vie. Cette augmentation a plusieurs explications. L'une des principales est que, pendant toute cette période, le Cameroun a ramené ses tarifs douaniers à 25 % ou moins, ce qui amena les importations de volailles à être multipliées pratiquement par six. Il a suffi que le pays augmente ses droits de douane de 42 % en 2004 pour réduire les importations et permettre à la production locale de volailles de se redresser[44].

Compte tenu de la spéculation excessive en 2008 et de l'augmentation probable des prix dans la prochaine décennie, qui pourrait atteindre 40 %, les pouvoirs publics devraient penser différemment des marchés. En juin 2010, Barack Obama a signé la réforme de Wall Street et la loi de protection des consommateurs qui permettent un encadrement accru des marchés agricoles à long terme et une lutte efficace contre la spéculation en garantissant une meilleure stabilité des prix à l'échelle mondiale. C'est en s'appuyant sur la législation que l'on pourra mettre fin aux manipulations du marché. L'Institut pour la politique agricole et commerciale signale « qu'une plus grande transparence et des positions plus fermes des États-Unis vont aussi aider de nombreux pays en développement qui comptent sur les exportations agricoles, parce qu'ils bénéficieront d'une plus grande prévisibilité et d'une plus grande stabilité des prix sur le marché mondial[45] ».

Les gouvernements peuvent aussi soutenir des marchés stables en investissant dans la production et dans les infrastructures afin d'avoir des réserves de nourriture, ce qui pourrait restaurer la confiance dans les marchés et contribuer à la sécurité alimentaire sur le terrain. Ils peuvent aider les paysans à stocker leur production dans des conditions permettant d'éviter le gaspillage, à leur permettre d'avoir accès au crédit en utilisant les stocks de leurs récoltes comme garantie et satisfaire les besoins en nourriture de leurs communautés. Les petits paysans, y compris les femmes, les communautés locales et les denrées alimentaires correspondant aux cultures locales devraient être les premiers destinataires de leur aide.

En termes d'initiatives régionales, des programmes de stockage sont en cours avec l'aide du Programme alimentaire mondial, du Conseil des céréales pour l'Afrique de l'Est (EAGC) et de l'US AID. L'EAGC a construit trois entrepôts certifiés au Kenya, en particulier pour le maïs. La Communauté pour le développement de l'Afrique australe possède des infrastructures destinées à la conservation des réserves de nourriture produite dans la région. En Asie, la Réserve de secours de riz pour l'Asie orientale de l'ASEAN +3 a été créée pour faire face aux crises et aux disettes. Au niveau mondial, certains commentateurs proposent aussi un mécanisme international de réserves virtuelles ou de gouvernance mondiale pour contrôler les niveaux des stocks et des prix. Il est aussi important de renforcer la Convention relative à l'aide alimentaire pour aider les pays à obtenir des denrées alimentaires correspondant à leur culture en cas de besoin[46].

En ce qui concerne les investissements très importants que l'on appelle l'« accaparement des terres », ils prennent place en l'absence de régulations et de procédures adéquates destinées à protéger les droits des populations et l'environnement. En septembre 2010, la Banque mondiale a publié un rapport qui met en lumière la nécessité d'augmenter les rendements en Afrique, mais qui est également préoccupé par la façon dont les investissements peuvent miner les droits de propriété des petits producteurs et les marginaliser. La Banque mondiale, la FAO, la Fondation internationale pour un développement de l'agriculture et la Conférence des Nations unies pour le commerce et le développement (CNUCED) ont ainsi proposé des Principes d'investissements agricoles responsables. En réalité, il s'agit de conseiller les investisseurs pour que le droit à la terre et aux ressources naturelles associées soit reconnu et respecté, que la sécurité alimentaire soit renforcée et que les investissements soient transparents, responsables et soumis à des contrôles en matière de protection de l'environnement et des droits humains[47].

Mais afin que ce type d'investissement – ou n'importe quel investissement – réussisse, des codes de conduite sont nécessaires pour rendre les entreprises plus largement responsables sur les plans social et écologique. Ceux-ci devraient inclure des dispositions pour que les droits à la terre et les lois de réformes agraires soient protégés, que les entreprises paient des taxes appropriées et qu'un certain pourcentage des fonds reste dans la communauté, pour être investi dans les infrastructures nécessaires (écoles, hôpitaux et routes) afin que les petits producteurs y trouvent leurs bénéfices, que la production ne nuise pas à l'environnement, que les droits du travail soient respectés et que les transactions soient discutées en public, contrôlées et changées si nécessaire pour atteindre les résultats espérés. Sans ces protections – et quelques autres encore –, ces investissements resteront précaires au mieux, et dévastateurs au pis.

Les pays en développement ont besoin d'investissements qui les aideraient à découpler leur approvisionnement en nourriture de leur dépendance aux exportations – une situation particulièrement risquée quand les prix sont élevés. Il faudrait plutôt donner la priorité aux petits producteurs, à une agriculture moins intensive et à des politiques plus transparentes en matière de sécurité alimentaire dans le cadre du droit à l'alimentation. En 2009, la FAO a publié un guide concernant le droit à l'alimentation pour aider les pays à identifier les gens qui souffrent de la faim et ceux qui sont pauvres, à évaluer les structures légales, politiques et institutionnelles, pour développer un plan national de sécurité alimentaire, fixer des responsabilités et des obligations, contrôler les progrès et établir des recours légaux[48].

Une référence au droit à l'alimentation existe déjà dans vingt-quatre Constitutions ainsi que dans différents politiques nationales, institutions et tribunaux. Le rapporteur spécial des Nations unies sur le droit à l'alimentation a recensé des initiatives en cours au Brésil, en Inde, au Mozambique, au Népal et en Afrique du Sud parmi d'autres.

Les résultats sont encourageants : ils touchent de nombreux aspects, dont des réformes législatives et des processus de participation pour mettre en place des politiques locales et internationales saines. Et si les objectifs ne sont pas atteints aussi rapidement qu'on pourrait le souhaiter, les initiatives fixent des précédents importants sur le chemin du droit à l'alimentation[49].

Par exemple, l'Équateur a voté une loi structurelle en 2009 pour mettre en œuvre son engagement au droit à l'alimentation qui inclut des dispositions favorisant l'accès des petits paysans au capital et aux ressources, leur participation publique aux processus de prise de décisions et la protection des populations indigènes, entre autres. Un autre exemple, au Brésil, le Fome Zero (Zéro faim) soutient le droit à la nourriture grâce à l'assistance d'urgence, à un accès plus large à la nourriture de base fournie et à la création de revenus. L'un des programmes de Fome Zero consiste à fournir des repas gratuits dans les écoles, avec un minimum de 30 % des aliments provenant des petites fermes familiales. Un autre programme donne de l'argent aux familles pauvres pour les aider à s'acheter de quoi se nourrir[50].

L'alimentation et l'agriculture redeviennent un sujet d'attention, et il faut s'en réjouir. Le défi consiste désormais à donner forme à toutes les initiatives pour qu'elles bénéficient à ceux qui en ont vraiment besoin. L'agriculture est au cœur du développement international, et elle doit rester au premier plan des préoccupations de la communauté mondiale. Et il n'y a pas de meilleur moment pour mettre en place les structures internationales appropriées.

NOTES

UNE NOUVELLE VOIE VERS UN MONDE SANS FAIM

1. Christine Zaleski, courrier électronique à Danielle Nierenberg, 27 août 2010 ; Christine Zaleski, « La pêche du jour pour améliorer les moyens de subsistance de toute une communauté », *Nourrir la planète blog*, 12 juillet 2010.

2. Christine Zaleski, « La pêche du jour... », *op. cit.,* note 1.

3. FAO, « 925 millions de personnes souffrent chroniquement de la faim dans le monde », communiqué de presse, Rome, 14 septembre 2010. Encadré 1-1, d'après FAO, *op. cit.,* cette note ; Ghana, d'après Sara J. Scherr et Courtney Wallace, « Paysages ruraux et moyens de subsistance en Afrique : le développement durable dans le contexte du changement climatique et de la pression sur les terres rurales et les écosystèmes », document de réflexion pour l'élaboration d'un cadre d'action commun en matière d'agriculture, de sécurité alimentaire et de changement climatique en Afrique, Ecoagriculture Partners et Fonds mondial pour la nature, Washington DC, 6-9 juillet 2010, p. 4 ; FAO, « Recul de la faim dans le monde, qui reste néanmoins à des niveaux inadmissibles », synthèse, Rome, 14 septembre 2010 ; FAO, « Statistiques de la sécurité alimentaire par pays », base de données électronique : www.fao.org/economic/ess/food-securitystatistics/food-security-statistics-bycountry/en ; Organisation mondiale de la santé (OMS), *Réduire la mortalité infantile*, fiche d'information, Genève, novembre 2009 ; Institut international de recherche sur les politiques alimentaires (IFPRI), « L'indice de la faim dans le monde 2009 attire l'attention sur les inégalités entre hommes et femmes », communiqué de presse, Washington DC, 14 octobre 2009 ; Shaohua Chen et Martin Ravallion, « Les pays en développement sont plus pauvres qu'on ne le croyait, mais le combat qu'ils mènent contre la pauvreté

n'en porte pas moins ses fruits », Washington DC, Development Research Working Group, Banque mondiale, 2008, p. 4 ; Programme des Nations unies pour les établissements humains (UN HABITAT), *L'État des villes dans le monde 2010-2011 : réduire la fracture urbaine*, Londres, Earthscan, 2010, p. 28 ; Agence des États-Unis pour le développement international, « Statistiques 2009 du Bureau de l'alimentation pour la paix de l'USAID », communiqué de presse, Washington DC, 10 janvier 2010 ; tendances du financement du développement agricole, d'après Département des affaires économiques et sociales des Nations unies, *Développement durable, tendances 2008-2009 : Agriculture, développement rural, terres, désertification et sécheresse,* New York, Nations unies, 2008 ; budgets nationaux agricoles en Afrique, d'après le Département des affaires économiques et sociales des Nations unies, Division du développement durable, « Rapport de synthèse : Dialogue multipartite sur la mise en œuvre du développement durable », 1er février 2010, New York ; importation de céréales, d'après Stacey Rosen *et al.*, *Évaluation de la sécurité alimentaire, 2007 GFA-19,* Washington DC, Service de recherche économique, ministère de l'Agriculture des États-Unis (USDA), 2007 ; figure, d'après FAO, « Statistiques de la faim », base de données électronique : www.fao.org/hunger/fr, et FAO, « Faim », base de données électronique : www.fao.org/hunger/hunger-home/fr.

4. FAO, Département des pêches et de l'aquaculture, *Situation des pêches et de l'aquaculture dans le monde, 2008*, Rome, 2009, p. 4.

5. Évaluation internationale des connaissances, des sciences et des technologies agricoles pour le développement (IAASTD), *L'Agriculture à la croisée des chemins. Rapport de synthèse,* Washington DC, Island Press, 2009 ; fig. 1-1, d'après FAO, *Indice des prix alimentaires,* 2010.

6. Banque mondiale, *Rapport sur le développement dans le monde 2008 : l'agriculture au service du développement,* Washington DC, 2007.

7. FAO, « Recul de la faim dans le monde », *op. cit.,* note 3.

8. W. Makumba *et al.*, « Les effets à long terme d'un système de culture intercalaire *Gliricidia*-maïs dans le sud du Malawi, sur les rendements de *Gliricidia* et de maïs, et les propriétés du sol », *Agriculture, Ecosystems & Environment*, août 2006, p. 85-92 ; D. Garrity et L. Verchot, *Relever le défi du changement climatique et de la pauvreté à travers l'agroforesterie,* Nairobi, Centre mondial de l'agroforesterie, 2008 ; stockage du niébé, d'après l'université de Purdue, « La fondation Gates finance les programmes de l'université de Purdue en matière de sécurité alimentaire et de relance de l'économie africaine », communiqué de presse, Seattle, État de Washington, 6 juillet 2007.

9. Chris Reij, Gray Tappan et Melinda Smale, « Transformations agro-environnementales au Sahel : l'autre révolution verte », IFPRI, document de travail, Washington DC, IFPRI, 2009.

10. CGIAR, *Rapport financier 2008,* Washington DC, 2008.

11. Données sur les dépenses de recherche, d'après Board on Agriculture, *Investir dans la recherche : une proposition pour renforcer le système agricole, alimentaire et environnemental,* Washington DC, National Research Council, 1989, « Appendice B : Activités de recherche et de développement du secteur privé ». Ces chiffres excluent les dépenses de recherche du Service forestier et du Service de recherche économique et ne tiennent pas compte des dépenses de recherche de l'industrie agroalimentaire.

12. R. Bunch, « Adoption d'engrais verts et cultures de couverture », *Leisa Magazine,* vol. 19, n° 4, 2003, p. 16-18 ; voir chap. VI, entretiens avec les exploitants agricoles, informations sur l'épuisement des sols et les subventions aux engrais.

13. Johan Rockström *et al.*, « Gestion de l'eau dans l'agriculture pluviale. La nécessité d'un changement radical », *Agricultural Water Management*, avril 2010, p. 543-550 ; voir chap. IV sur la pompe à irrigation manuelle MoneyMaker et les autres pompes.

14. Voir chap. IV ; Johan Rockström *et al.*, « Stratégies de l'agriculture de conservation en Afrique de l'Est et australe : rendements et productivité de l'agriculture pluviale, d'après un projet de recherche-action à la ferme », *Soil & Tillage Research,* avril 2009, p. 23-32.

15. Soil Association, *Des histoires : gros mensonges sur le doublement de la production alimentaire,* Bristol, Royaume-Uni, 2010, p. 3.

16. Stockholm International Water Institute, *Économiser l'eau : du champ à l'assiette. Endiguer les pertes et le gaspillage dans la chaîne alimentaire,* Stockholm, 2008 ; voir chap. IX pour des prix fixes bas.

17. Voir chap. XIII les informations sur Justine Chiyesu.

18. Forum africain pour la recherche agricole, *Cadre pour la productivité agricole en Afrique,* Accra, 2006 ; « Paysages ruraux et moyens de subsistance en Afrique : le développement durable dans le contexte du changement climatique et des pressions concurrentes affectant les terres rurales et les écosystèmes », ébauche d'un document sur l'ouverture d'un dialogue en vue de l'élaboration d'un cadre d'action commun dans le domaine de l'agriculture, de la sécurité alimentaire et du changement climatique en Afrique, Bellagio, Italie, 6-9 juillet 2010.

19. Population dépendant de l'agriculture urbaine, d'après Alice Hovorka, Henk De Zeeuw et Mary Njenga, *Women Feeding Cities : Mainstreaming Gender in Urban Agriculture and Food Security* (« Les femmes qui

nourrissent les villes : intégrer le genre dans l'agriculture urbaine et la sécurité alimentaire »), Warwickshire, Royaume-Uni, Practical Action Publishing Ltd, 2009 ; voir aussi chap. X.

20. Projet DISC *(Developing Innovations in School Cultivation),* base de données électronique : projectdiscnews.blogspot.com (consulté le 12 mai 2010).

21. Nombre d'enfants souffrant de la faim aux États-Unis, d'après Mark Nord, Margaret Andrews et Steven Carlson, *Sécurité alimentaire des ménages aux États-Unis, 2008,* rapport n° 83 du Service de recherche économique, Washington DC, USDA, novembre 2009, p. 15 ; USDA, Service alimentation et nutrition, Programme national de cantine scolaire, fiche d'information du programme, base de données électronique : www.fns.usda.gov/cnd/Lunch/AboutLunch/NSLPFactSheet.pdf, mise à jour en septembre 2010 ; Programme alimentaire mondial, *Nourrir les esprits, changer les vies : alimentation scolaire. Objectifs du millénaire pour le développement et l'émancipation des filles,* Rome, 2010.

22. Voir chap. VII.

23. Via Campesina, base de données électronique : viacampesina.org/fr (consultée le 27 septembre 2010) ; Fonds fiduciaire mondial pour la diversité des cultures, base de données électronique : www.croptrust.org, consultée le 27 septembre 2010. Tableau 1-1, d'après population mondiale et part de la population urbaine, et FAO, « Faim et pauvreté dans le monde, faits et statistiques 2010 », base de données électronique : www.worldhunger.org/articles/Learn/world%20hunger%20facts%202002.htm ; population en Afrique subsaharienne, population urbaine mondiale, part de population urbaine en Afrique subsaharienne, et âges moyens, d'après Nations unies, *Perspectives de la population mondiale : révision de 2008,* New York, 2008 ; terres arables, d'après FAO, *FAOSTAT Base de données statistiques,* base de données électronique : www.faostat.fao.org ; part de la production alimentaire mondiale réalisée par les petits exploitants, d'après Fonds de développement/Utviklingsfondet, Norvège, *Un avenir alimentaire viable,* Oslo, 2010, p. 7 ; part de la production alimentaire d'Afrique subsaharienne, d'après Eric Holt-Giménez, « De la crise alimentaire à la souveraineté alimentaire : le défi des mouvements sociaux », *Monthly Review,* juillet-août 2009, p. 145 ; population urbaine en Afrique subsaharienne, d'après Programme des Nations unies pour les établissements humains (UN HABITAT), « Base de données des indicateurs urbains mondiaux », base de données électronique : www.unhabitat.org/stats ; populations souffrant de la faim, d'après FAO, « Recul de la faim dans le monde », *op. cit.,* note 3 ; enfants en sous-poids, d'après UNICEF, *La Situation des enfants dans le monde 2009,* New York,

décembre 2008, p. 23 ; pourcentage d'enfants en sous-poids, d'après UNICEF, *La Situation des enfants dans le monde 2008,* New York, janvier 2008 ; valeur ajoutée par habitant liée à l'agriculture, d'après Forum pour la recherche agricole en Afrique (FARA), *Cadre pour la productivité agricole en Afrique,* Accra, Ghana, juin 2006, p. 8.

24. Limitations des cultures américaines, d'après le GAO (Cour des comptes américaine), *Aide alimentaire internationale : l'approvisionnement local et régional peut permettre d'améliorer l'efficacité de l'aide alimentaire américaine, mais des difficultés risquent d'entraver sa mise en œuvre,* Washington DC, 2009 ; Barack Obama, propos lors du Sommet sur les Objectifs du millénaire pour le développement, Nations unies, New York, 22 septembre 2010 ; Programme alimentaire mondial, « P4P Achats au service du progrès », base de données électronique : www.wfp.org/node/18711 (consultée le 12 mai 2010).

25. Sara J. Scherr et Sajal Sthapit, *Atténuation du changement climatique à travers l'alimentation et l'utilisation des terres,* Worldwatch rapport n° 179, Washington DC, Worldwatch Institute, 2009, p. 5, 9 ; Centre mondial de l'agroforesterie, *Créer une agriculture à feuilles persistantes en Afrique, pour la sécurité alimentaire et la résilience environnementale,* Nairobi, 2009, p. 23 ; Scherr et Wallace, *op. cit.,* note 3, p. 33.

26. Voir chap. VIII.

27. Ellen Gustafson, « Obésité + Faim = 1 problème alimentaire mondial », TEDxEast Talk, mai 2010.

28. IAASTD, *L'Agriculture à la croisée des chemins. Rapport de synthèse,* Washington DC, Island Press, 2009.

29. P. B. R. Hazell, « Transformer l'agriculture : la révolution verte en Asie », *in* D. J. Spielman et R. Pandya-Lorch (éd.), *Millions Fed : Proven Successes in Agricultural Development,* Washington DC, Institut international de recherche sur les politiques alimentaires, 2009, p. 25-32.

30. J. W. Bruce et Z. Li, « Traverser la rivière en tâtant les pierres : réforme foncière en Chine », *in* Spielman et Pandya-Lorch, *op. cit.,* note 1, p. 131-138.

31. O. Erenstein, « Abandon de la charrue : la culture du riz et du blé sans labour dans les plaines du Gange en Inde », *in* Spielman et Pandya-Lorch, *op. cit.,* note 1, p. 65-70.

32. C. Reij, G. Tappan et M. Smale, « Reverdir le Sahel : une innovation des agriculteurs au Burkina et au Niger », *in* Spielman et Pandya-Lorch, *op. cit.,* note 1, p. 53-58.

33. P. Roeder et K. Rich, « Vaincre la peste bovine : efforts mondiaux d'éradication », *in* Spielman et Pandya-Lorch, *op. cit.,* note 1, p. 109-116.

Vers une éco-agriculture dominante

1. Kijabe Environmental Volunteers (KENVO), lauréat du prix Équateur 2008, base de données électronique : www.tdesigns.free.fr/kenvo/index.html.

2. Évaluation des écosystèmes pour le millénaire (EM), *Ecosystems and Human Well-being : Synthesis* (« Écosystèmes et bien-être humain : synthèse »), Washington DC, Island Press, 2005 ; Z. G. Bai *et al.*, *Évaluation globale de la dégradation des terres et progrès. 1. Identification par télédétection*, Wageningen, Pays-Bas, ISRIC-Centre international de référence et d'information du sol, 2008 ; Groupe d'experts intergouvernemental sur l'évolution du climat (GIEC), *Bilan 2007 des changements climatiques : conséquences, adaptation et vulnérabilité*, Cambridge, Royaume-Uni, Cambridge University Press, 2007.

3. J. A. McNeely et S. J. Scherr, *Ecoagriculture : Strategies to Feed the World and Save Wild Biodiversity* (« Éco-agriculture : stratégies pour nourrir le monde et sauver la biodiversité sauvage »), Washington DC, Island Press, 2003 ; S. J. Scherr et J. A. McNeely, « Conservation de la biodiversité et durabilité agricole : vers un nouveau paradigme des paysages d'éco-agriculture », *Philosophical Transactions of the Royal Society B*, 12 février 2008, p. 477-494.

4. Robert Watson, d'après Évaluation internationale des connaissances, des sciences et des technologies agricoles pour le développement (IAASTD), « Rapport intergouvernemental visant à établir un nouvel agenda pour la production alimentaire mondiale », communiqué de presse, Londres, 31 mars 2008 ; fig. 2-1 par Molly Phemister, adaptée de O. P. Rupela *et al.*, « Évaluation des systèmes de production agricole basés sur l'utilisation des apports biologiques localement disponibles », *in* N. T. Uphoff *et al.* (éd.), *Biological Approaches to Sustainable Soil Systems,* Boca Raton, Floride, CRC Press, 2006, fig. 35.1.

5. M. Altieri, « Biodiversité et biocontrôle : enseignements tirés de la gestion des insectes nuisibles », *Advances in Plant Pathology*, vol. 11, 1995, p. 191-209 ; S. R. Gliessman, *Agroecosystem Sustainability : Developing Practical Strategies* (« Durabilité des agroécosystèmes : développement de stratégies pratiques »), Boca Raton, Floride, CRC Press, 2001 ; N. Uphoff, *Agroecological Innovations : Increasing Food Production with Participatory Development* (« Innovations agroécologiques : accroître la production alimentaire par le développement participatif »), Londres, Earthscan, 2002 ; McNeely et Scherr, *op. cit.*, note 3 ; N. Uphoff *et al.*, « Comprendre le fonctionnement et la gestion des systèmes de sols », *in* Uphoff *et al.*, *op. cit.*, note 4, p. 3-13.

6. J. Thompson *et al.*, « Biodiversité dans les agroécosystèmes », *in* S. J. Scherr et J. A. McNeely, *Farming with Nature,* Washington DC, Island Press, 2007 ; H. H. Koepf, B. D. Pettersson et S. Wolfgang, *Biodynamic Agriculture : An Introduction* (« Agriculture biodynamique : introduction »), Hudson, État de New York, Anthroposophic Press, 1976 ; B. Mollison et R. M. Slay, *Introduction to Permaculture* (« Introduction à la permaculture »), Tyalgum, Australie, Tagari Publishers, 1991 ; J. G. Bene, H. W. Beall et A. Côté, *Trees, Food and People : Land Management in the Tropics* (« Arbres, alimentation et population : gestion des terres sous les tropiques »), Ottawa, Centre de recherches pour le développement international, 1977. Encadré 2-1, d'après H. Willer et L. Kilcher (éd.), *Le Monde de l'agriculture biologique : statistiques et tendances émergentes 2009,* Bonn, Fédération internationale des mouvements d'agriculture biologique (IFOAM), Frick, Institut de recherche de l'agriculture biologique (FIBL), Genève, Centre du commerce international (ITC), 2009 ; P. A. Oduol *et al.*, « Adoption et impact des techniques d'agroforesterie sur les moyens de subsistance en Afrique australe », présenté lors du second Atelier national d'agroforesterie et d'environnement de Mbeya, Tanzanie, 14-17 mars 2006, Maputo, Mozambique, Centre international pour la recherche en agroforesterie (CIRAF), 2006 ; CIRAF, *Créer une agriculture à feuilles persistantes en Afrique,* Nairobi, 2009 ; P. R. Hobbs, K. Sayre et R. Gupta, « Le rôle de l'agriculture de conservation dans l'agriculture durable », *Philosophical Transactions of the Royal Society B,* 12 février 2008, p. 543-555 ; agriculture à feuilles persistantes, d'après W. Makumba *et al.*, « Les effets à long terme d'un système de culture intercalaire *Gliricidia*-maïs dans le sud du Malawi sur les rendements de *Gliricidia* et de maïs, et les propriétés du sol », *Agriculture, Ecosystems & Environment,* août 2006, p. 85-92, et CIRAF, *Créer une agriculture à feuilles persistantes en Afrique, op. cit.* ci-dessus.

7. McNeely et Scherr, *op. cit.,* note 3 ; J. Milder *et al.*, « Approches du paysage pour concilier production alimentaire, conservation des ressources naturelles et Objectifs du millénaire pour le développement », *in* F. A. J. De Clerck, J. C. Ingram et C. R. Del Rio, *Integrating Ecology into Poverty Alleviation and International Development Efforts,* New York, Springer, à paraître. Fig. 2-2 par Molly Phemister, adaptée de photographies de la région de Kijabe, Kenya.

8. Fig. 2-3 par Molly Phemister, adaptée de ISRIC-Centre international de référence et d'information du sol, « Crédits Eau Verte », synthèse, Wageningen, Pays-Bas, sans date, fig. 2.

9. G. Schroth et M. S. S. Da Mota, « Agroforesterie tropicale », *in* Scherr et McNeely, *op. cit.,* note 6, p. 103-120 ; G. Schroth et M. S. S. Da

Mota, « Conservation du paysage forestier et des moyens de subsistance traditionnels dans un secteur d'Amazonie centrale soumis à une forte pression agricole », base de données électronique : www.landscape measures.org/?p=77.

10. C. L. Neely et J. Butterfield, « Gestion holistique des zones de parcours en Afrique », *Leisa Magazine*, vol. 20, n° 4, 2004, p. 26-28.

11. Ecoagriculture Partners, « Culture durable certifiée pour le thé de Kericho, Kenya », *Ecoagriculture Snapshots*, Washington DC.

12. J. Pretty, « L'agriculture durable peut-elle nourrir l'Afrique ? Nouveaux éléments de preuves sur les progrès, les processus et leurs impacts », *Environment, Development, and Sustainability*, vol. 1, nos 3-4, 1999, p. 253-274 ; L. E. Buck *et al.*, « Évaluation scientifique des systèmes éco-agricoles », *in* Scherr et McNeely, *op. cit.*, note 6 ; Schroth et Da Mota, *op. cit.*, note 9 ; R. R. B. Leakey, « Domestication et commercialisation de nouvelles cultures », *in* Scherr et McNeely, *op. cit.*, note 6.

13. Projet Africare, OXFAM Amérique et Fonds mondial pour la nature-ICRISAT, « Plus de riz pour les hommes, plus d'eau pour la planète », Projet Fonds mondial pour la nature-ICRISAT, Hyderabad, Inde, 2010, p. 2, 8, 28 ; N. T. Uphoff, « Réduction de la consommation d'eau et augmentation de la production rizicole avec le système de riziculture intensive », *in* P. K. Aggrawal *et al.* (éd.), *Science, Technology and Trade for Peace and Prosperity*, actes du 26e Congrès international du riz, 9-12 octobre 2006, New Delhi, Los Banos, Philippines, Institut international de recherche sur le riz, p. 353-365 ; Siddimallaiah, d'après Projet Africare, OXFAM Amérique et Fonds mondial pour la nature-ICRISAT, *op. cit.* ci-dessus.

14. National Academy of Sciences, *Vers des systèmes agricoles durables au XXIe siècle*, Washington DC, 2010 ; IAASTD, *L'Agriculture à la croisée des chemins. Rapport de synthèse,* Washington DC, Island Press, 2008.

15. Association internationale de développement, « Réhabiliter le plateau de lœss de la Chine », base de données électronique : web.go.worldbank.org/RGXNXF4A00 ; Ecoagriculture Partners, « Payer pour les systèmes sylvopastoraux de la région de Matiguás, Nicaragua », *Ecoagriculture Snapshots*, n° 12, Washington DC.

16. L. E. Buck et S. J. Scherr, « Construire des systèmes innovants pour gérer des paysages complexes », *in* K. M. Moore (éd.), *Les Sciences et l'art de la gestion adaptative : innover pour l'agriculture durable et la gestion des ressources naturelles*, Ankeny, Iowa, Soil and Water Conservation Society, 2009 ; Landscape Measures Resource Center, base de données électronique : treadwell.cce.cornell.edu/ecoag1a ; Kevin Kamp, d'après L. E. Buck *et al.*, Ecoagriculture Partners' Landscape Measures Initiative. Vers une preuve du concept, atelier de planification, Washington DC, 12 mai 2009.

17. K. D. Warner, *Agroecology in Action : Extending Alternative Agriculture Through Social Networks,* Cambridge, Massachusetts, MIT Press, 2007 ; M. A. Altieri et C. I. Nicholl, « Développer les approches agroécologiques pour la souveraineté alimentaire en Amérique latine », *Development*, vol. 51, 2008, p. 472-480 ; G. Rundgren (éd.), *Instaurer la confiance dans les produits biologiques,* Bonn, IFOAM, Allemagne, 2007.

18. S. Franzel *et al.*, « Développer l'impact de l'agroforesterie : enseignements de trois sites en Afrique et en Asie », *Systèmes d'agroforesterie*, vol. 61-62, nos 1-3, 2004, p. 329-344 ; Ecoagriculture Partners, « Communauté de partage de connaissance », Washington DC, 2008.

19. African Wildlife Foundation, « African Heartlands », base de données électronique : www.awf.org/section/heartlands ; Réseau ibéro-américain de forêts modèles (RIAFM), base de données électronique : www.bosquesmodelo.net/new/english/index.html.

20. Milder *et al.*, *op. cit.,* note 7.

21. Mars Incorporated, « Durabilité du cacao », base de données électronique : www.mars.com/global/assets/documents ; Nestlé, « Eau et gestion environnementale », base de données électronique : www.nestle.com/CSV/WaterAndEnvironmentalSustainability/Pages/WaterAndEnvironmentalSustainability.aspx.

22. *Stratégie centraméricaine de développement rural territorial (ECADERT),* San Jose, Costa Rica, 2009, base de données électronique : pesacentroamerica.org/pesa_ca/ prupuesta_ecadert.pdf ; TerrAfrica, base de données électronique : www.terrafrica.org.

23. Université Yale et Center for International Earth Science Information Network (CIESIN), *Indice de durabilité environnementale,* New Haven, Connecticut, 2008.

24. FAO, *FAOSTAT Base de données statistiques*, base de données électronique : faostat.fao.org/default.aspx.

25. L. Brussaard *et al.*, « Réconcilier conservation de la biodiversité et sécurité alimentaire : défis scientifiques pour une nouvelle agriculture », in *Current Opinion in Environmental Sustainability,* mai 2010, p. 34-42 ; R. E. Green *et al.*, « L'agriculture et le sort des espaces naturels », *Science,* 28 janvier 2005, p. 550-555.

26. Programme des Nations unies pour l'environnement, *La Crise alimentaire environnementale,* Nairobi, 2009.

27. S. J. Scherr et S. Sthapit, *Atténuer le changement climatique à travers la nourriture et l'utilisation des terres,* Worldwatch rapport n° 179, Washington DC, Worldwatch Institute, 2009.

28. S. J. Scherr et C. A.Wallace, *Dialogue en vue de l'élaboration d'un cadre d'action commun dans le domaine de l'agriculture, de la sécurité alimentaire et du changement climatique en Afrique*, rapport d'atelier, Washington DC, Ecoagriculture Partners, Nouveau partenariat pour le développement de l'Afrique, Fondation pour les Nations unies et Fonds mondial pour la nature, 2010.

29. Ministère de l'Agriculture, de l'Élevage et de la Pêche, *Deuxième rapport national sur l'état des ressources phytogénétiques pour l'alimentation et l'agriculture, Madagascar,* Antananarivo, Madagascar, 2009.

30. Données non publiées, issues de missions de collecte réalisées de 1986 à 1998 avec le soutien du Conseil international des ressources phytogénétiques (CIRP), du projet japonais et de l'Agence suisse pour le développement et la coopération.

31. X. Rakotonjanahary, « Nouvelles variétés de riz pour les hauts plateaux de Madagascar : un nouvel outil pour améliorer la productivité et les revenus des systèmes agricoles basés sur la culture du riz », *in* Institut international de recherche sur le riz, *Vies fragiles dans les écosystèmes fragiles. Actes de la conférence internationale de la recherche sur le riz,* Manille, 1995 ; E. Ralambofetra, « Contribution à l'étude de la valeur nutritionnelle comparée de variétés de riz de Madagascar », thèse de 3e cycle, Antananarivo, Madagascar, université d'Antananarivo, 1983 ; Andrianilana Fidelis *et al.*, « Caractéristiques de la qualité des grains de riz sur le marché de détail à Madagascar », *Plant Foods for Human Nutrition,* 30 janvier 1990, p. 21-30.

32. Rakotonjanahary, *op. cit.,* note 3.

33. Sant S. Virmani, C. X. Mao et B. Hardy, *Du riz hybride pour la sécurité alimentaire, la lutte contre la pauvreté et la protection environnementale,* Manille, Institut international de recherche sur le riz, 2003.

34. T. Defoer *et al.*, « Systèmes de production basés sur le riz, pour la sécurité alimentaire et la lutte contre la pauvreté en Afrique subsaharienne », *in* N. Van Nguyen (éd.), *Le riz, c'est la vie,* newsletter n° 53 de la Commission internationale du riz, Actes de la conférence de la FAO « Le riz, c'est la vie », Rome, FAO, 2004, p. 85-96.

35. *Ibid.*

36. *Ibid.*

Le potentiel nutritionnel et économique des légumes

1. « Biotechnologie et révolution verte : Norman Borlaug », Actionbioscience.org, actualisé en 2002.

2. Beverly D. McIntyre *et al.* (éd.), *L'Agriculture à la croisée des chemins. Rapport de synthèse*, Évaluation internationale des connaissances, des sciences et des technologies agricoles pour le développement (IAASTAD), Washington DC, Island Press, 2009 ; Raj Patel, Eric Holt-Gimenez et Annie Shattuck, « Éradiquer la faim en Afrique », *The Nation*, 21 septembre 2009.

3. M. Ezzati *et al.*, « Évaluation de facteurs de risque majeur et charge mondiale et régionale de morbidité », *Lancet*, 2 novembre 2002, p. 1347-1360.

4. *Ibid.*

5. H. E. Bouis, « La sélection pour la nutrition », *Public Interest Report*, juillet-août 1995, p. 8-16 ; M. Lotfi *et al.*, *Enrichissement des aliments en micronutriments : pratiques actuelles, recherche et perspectives*, Wageningen, Pays-Bas, Initiative pour les micronutriments, Centre agricole international, 1996 ; gouvernement du Nigeria et UNICEF, *Statut nutritionnel des femmes et des enfants au Nigeria*, Lagos, Nigeria, Commission nationale de planification et bureau national de l'UNICEF, 1994.

6. Mark W. Rosegrant *et al.*, *2020. Perspectives mondiales sur l'alimentation : tendances, alternatives et choix*, Washington DC, Institut international de recherche sur les politiques alimentaires, 2001, p. 7 ; K. Weinberger et T. A. Lumpkin, *L'Horticulture pour lutter contre la pauvreté. La révolution non financée*, document de travail n° 15, Shanhua, Taïwan, AVRDC-Centre international de cultures maraîchères, 1995.

7. Namanga Ngongi, « Une nouvelle révolution verte : défis et perspectives de la mise en relation des petits exploitants agricoles », commentaires lors du Forum mondial sur la nutrition infantile, à l'occasion du Symposium sur l'agriculture mondiale et la sécurité alimentaire, Accra, Ghana, 1er juin 2010.

8. « Coup de projecteur sur l'AVRDC : les légumes indigènes de l'Afrique », *Maendeleo Agricultural Technology Fund Newsletter*, juin 2006, p. 12-13 ; « Restauration rapide saine en milieu urbain. Une nouvelle entreprise masai », *Point of Impact*, AVRDC-Centre international de cultures maraîchères, novembre 2008.

9. Encadré 3-1, d'après données sur la croissance démographique de la Division de la population des Nations unies, *Perspectives de la population mondiale. Révision 2002, faits marquants*, New York, 2002 ; productivité des cultures, d'après D. Spielman et R. Pandya-Lorch (éd.), *Des millions de personnes nourries : succès avérés du développement agricole*, Washington DC, Institut international de recherche sur les politiques alimentaires, 2009 ; part des variétés modernes, d'après R. E. Evenson et D. Gollin, « Évaluation de l'impact de la révolution verte, 1960 à 2000 », *Science*, 2 mai 2003, p. 758-762 ;

coalition des producteurs de céréales, d'après J. Eisenthal, « Tendances à la hausse pour les rendements céréaliers », *Ethanol Today*, mars-avril 2010 ; R. S. Zeigler et S. Mohantya, « Soutien de la recherche agricole internationale : statut actuel et défis futurs », *New Biotechnology*, à paraître ; W. M. Fukuda et N. Saad, *Recherche participative dans le domaine de la sélection du manioc avec les agriculteurs du nord-est du Brésil*, document de travail n° 99, Cruz das Almas-Bahia, Brésil, Centre national de recherche pour le manioc et les cultures de fruits tropicaux, 2001 ; N. Saad *et al.*, *Sélection participative du manioc dans le nord-est du Brésil. Pour qui et pourquoi ?*, document de travail n° 24, Cali, Colombie, Centre international pour l'agriculture tropicale, 2006 ; L. Sperling, J. Lancon et M. Loosvelt (éd.), *Sélection participative et amélioration génétique participative*, méthodes d'un atelier de Bouaké, Côte d'Ivoire, 7-10 mai 2001, Cali, Colombie, GCRAI, Programme à l'échelle du Système sur la recherche participative et analyse du genre pour le développement et l'innovation institutionnelle, 2004 ; P. P. O. Ojwang *et al.*, « Approche de la sélection participative des plantes pour la résistance de la plante hôte à la mouche du haricot chez le haricot commun dans les conditions semi-arides du Kenya », *Euphytica*, vol. 170, n° 3, 2009, p. 383-393 ; Alliance panafricaine pour la recherche sur le haricot, « Production de graines de haricots au Rwanda : histoire d'un agriculteur », base de données électronique : www.pabra.org/project07.html ; maïs à faible consommation d'eau pour l'Afrique, base de données électronique : www.aatf-africa.org/wema.

10. Babel Isack, entretien avec Danielle Nierenberg, 26 novembre 2009 ; Ronnie Vernooy et Bob Stanley, « Sélectionner une orge de meilleure qualité-Ensemble », *in* Centre de recherches pour le développement international, *Seeds That Give : Participatory Plant Breeding*, Ottawa, 2003.

11. G. Keding *et al.*, « Diversité, caractères et utilisation des légumes traditionnels en Tanzanie », *Bulletin technique*, n° 40, Shanhua, Taïwan, AVRDC, 2007.

12. L'entreprise Alpha Seeds est présentée dans « Un partenariat pour une meilleure tomate africaine », *Point of Impact*, AVRDC, novembre 2008.

13. Andreas Ebert, directeur de Geneabank, AVRDC, entretien avec l'auteur, 2009.

14. Marilyn L. Warburton *et al.*, « Vers une méthodologie d'identification par empreinte plus rentable pour distinguer les variétés de maïs à pollinisation libre », *Crop Science*, mars-avril 2010, p. 467-477.

15. AVRDC, « Améliorations payantes : les tomates pour la Tanzanie », AVRDC, fiche d'information, août 2006.

16. *Ibid.* ; « Les légumes indigènes améliorés ont un potentiel commercial », *Point of Impact* (AVRDC), novembre 2008.

17. Danielle Nierenberg et Bernard Pollock, « Sélectionner des légumes, sans oublier les agriculteurs », *Huffington Post*, 8 décembre 2009.

18. FAO, Fonds international de développement agricole et Programme alimentaire mondial, « Prix élevés des denrées alimentaires : impact et recommandations », préparé pour le Conseil des chefs de secrétariat des organismes des Nations unies pour la coordination, Bern, Suisse, 28-29 avril 2008 ; J. Aphane, M. L. Chadha et M. O. Oluoch, « Accroître la consommation d'aliments riches en micronutriments à travers la production et la promotion d'aliments indigènes », FAO-AVRDC, *Actes de l'Atelier international*, FAO et AVRDC-centre régional pour l'Afrique, Arusha, Tanzanie, 5-8 mars 2002. Encadré 3-2, d'après Michael Burnham, « Kenya : augmentation significative des dépenses allouées au développement durable », *New York Times*, 1er juillet 2010 ; Mary O. Abukutsa-Onyango, entretien avec Jeanne Roberts, 8 août 2010 ; Jeanne Roberts, « Résoudre la crise alimentaire au Kenya, une culture indigène à la fois », *solveclimate.com*, 2 septembre 2009 ; « Kenya : plus une seule mauvaise herbe », IRIN, Bureau des Nations unies pour la coordination des affaires humanitaires, 7 août 2009.

19. « Restauration rapide saine en milieu urbain », *op. cit.*, note 8.

20. « Les légumes indigènes améliorés », *op. cit.*, note 16.

21. *Ibid.*

22. *Ibid.*

23. « Un héritage nutritionnel surprenant », *Point of Impact*, AVRDC, novembre 2008 ; AVRDC, « Comment cultiver la morelle africaine », FLYER, Centre régional pour l'Afrique.

24. H. C. Bittenbender, R. P. Barrett et B. M. Indire-Lavusa, « Haricots et niébé comme légumes-feuilles et légumineuse », *Occasional Monograph Series*, n° 1, East Lansing, Michigan, université d'État du Michigan, 1984, p. 1-21 ; Keding *et al.*, *op. cit.*, note 11 ; Danielle Nierenberg, « Fermes verticales : des moyens créatifs pour cultiver des aliments à Kibera », *Nourrir la planète blog*, 11 novembre 2009.

25. Shayna Bailey et Danielle Nierenberg, « Raison mondiale de consommer local », *Vancouver Sun*, 17 août 2010 ; Mel Oluoch, agent de liaison, Programme de sélection de légumes et systèmes semenciers, AVRDC-Centre international de cultures maraîchères, entretien avec Danielle Nierenberg, 26 novembre 2009.

26. Oluoch cité *in* Danielle Nierenberg et Abdou Tenkouano, « Cultiver la sécurité alimentaire en Afrique », *Kansas City Star*, 18 février 2010.

27. Slow Food International, « Jardins scolaires en Ouganda : projet d'éducation alimentaire », Kampala, Ouganda, 2009.

28. *Ibid.*

29. *Ibid.*

30. *Ibid.*

31. *Ibid.*

32. *Ibid.*

33. *Ibid.*

34. *Ibid.*

35. *Ibid.*

36. Danielle Nierenberg, « Comment maintenir les enfants à la ferme », *Nourrir la planète blog*, 9 décembre 2009 ; Slow Food International, *op. cit.*, note 1.

37. Danielle Nierenberg, « Cultiver une passion pour l'agriculture », *Nourrir la planète blog*, 15 décembre 2009.

38. *Ibid.*

39. Slow Food International, *op. cit.*, note 1.

40. Interviews de fermiers dans le district de Chwele (Kenya) et le district de Nyamasheke (Rwanda), décembre 2009.

41. One Acre Fund, *Rapport d'exécution été 2009*, base de données électronique : www.oneacrefund.org/files/reports/OneAcreFund_SixMonthReport_Fall2009.pdf.

42. *Ibid.*

43. One Acre Fund, « Tableau de bord du programme », base de données électronique : www.oneacrefund.org/our_results/program_dashboard.

44. Entretiens avec des agriculteurs du district de Chwele, Kenya, janvier 2010.

45. One Acre Fund, « Direction », base de données électronique : www.oneacrefund.org/about_us/leadership ; One Acre Fund, personnel de terrain au Rwanda et au Kenya, entretien avec l'auteur, janvier 2010.

Obtenir plus pour chaque goutte d'eau

1. Rendement céréalier et zones irriguées, d'après FAO, *FAOSTAT Base de données statistiques*, base de données électronique : faostat.fao.org (consultée le 13 août 2010).

2. 70%, d'après FAO, base de données Aquastat, base de données électronique : www.fao.org/NR/WATER/AQUASTAT/main/index.stm (consultée le juillet 2010) ; base de données sur les prélèvements d'eau agricoles par pays, d'après base de données électronique : www.fao.org/nr/water/aquastat/

water_use/index6.stm ; Sandra Postel, *Pilier de sable : le miracle de l'irrigation peut-il durer ?*, New York, W.W. Norton & Company, 1999.

3. FAO, *L'État de l'insécurité alimentaire dans le monde*, Rome, 2010 ; 60 % et majoritairement dans les exploitations agricoles, d'après David Molden (éd.), *De l'eau pour l'alimentation, de l'eau pour la vie : évaluation détaillée de la gestion de l'eau dans l'agriculture*, Londres et Colombo, Earthscan et Institut international de gestion des ressources en eau (IWMI), 2007, p. 7-8.

4. Postel, *op. cit.*, note 2, p. 209-210.

5. Figure 4-1, d'après FAO, *op. cit.*, note 2.

6. Années de précipitations insuffisantes et de sécheresse, d'après Johan Rockström *et al.*, « Gestion de l'eau dans l'agriculture pluviale. La nécessité d'un changement radical », *Agricultural Water Management*, avril 2010, p. 543-550 ; Paul Rogers, « Manque de pluie en Éthiopie, des millions de personnes confrontées à la famine », *The Independent*, 30 août 2009.

7. Figure 4-2, d'après Banque mondiale, *Portail de données sur le changement climatique*, base de données électronique : beta.worldbank.org/climatechange/data ; Banque mondiale, *Base de données des Indicateurs du développement dans le monde (WDI) et financement du développement dans le monde*, base de données électronique : databank.worldbank.org/ddp/home.do?Step=12&id=4&CNO=2 (consultée le 9 juillet 2010) ; trois quarts, d'après « Niger : contraint de vendre du bétail pour une poignée de dollars », *IRIN News*, 22 juin 2010, estimation du bétail, d'après « Niger : courir après les pastoralistes avec des camions chargés d'aide alimentaire », *IRIN News*, 4 août 2010 ; moins de précipitations avec le changement climatique, d'après M. Boko *et al.*, « Afrique », *in* Groupe d'experts intergouvernemental sur l'évolution du climat (GIEC), *Changement climatique 2007 : impacts, adaptation et vulnérabilité. Contribution du groupe de travail II au quatrième rapport d'évaluation*, Cambridge, Royaume-Uni, Cambridge University Press, 2007.

8. Ordre de rendement, d'après S. P. Wani *et al.*, « Agriculture pluviale. Tendances passées et perspectives », *in* Suhas P. Wani, Johan Rockström et Theib Oweis (éd.), *Rainfed Agriculture : Unlocking the Potential*, Wallingford, Royaume-Uni, CAB International, 2009 ; Molden, *op. cit.*, note 3, p. 92.

9. Aperçu des méthodes, d'après Molden, *op. cit.*, note 3, p. 27. Tableau 4-1, d'après International Development Enterprises (IDE), *Rapport d'activité 2009 pour la fondation Bill & Melinda Gates* ; « pompe à irrigation manuelle Super MoneyMaker », Kick-Start, base de données électronique : www.kickstart.org ; Ashley Dean, « Selon une étude de l'université Stanford,

les systèmes d'irrigation à énergie solaire améliorent le régime alimentaire et les revenus des populations des zones rurales d'Afrique subsaharienne », *Stanford University News*, 6 janvier 2010 ; « Projet pilote », Solar Electric Light Fund (SELF), base de données électronique : www.self.org/benin.shtml ; Netherlands Water Partnership *et al.*, *Solution intelligente de collecte d'eau, exemples de technologies novatrices à faible coût*, La Haye, 2007 ; Fidelis Zvomuya, « Collecter l'eau du brouillard pour lutter contre la sécheresse », *AlertNet*, 13 juillet 2010 ; Sustainable Water Management Improves Tomorrow's Cities' Health (SWITCH) : Gestion durable de l'eau dans la ville du futur, base de données électronique : www.switchurbanwater.eu ; « De l'eau pour une agriculture urbaine », *Urban Agriculture Magazine*, septembre 2008, p. 7-8, 11-13 ; Fonds international de développement agricole, « Niger : gestion des précipitations avec la technique du *tassa* », base de données électronique : www.ifad.org/english/water/innowat/cases/niger.htm ; Postel, *op. cit.*, note 2, p. 204.

10. Nombre total de pompes à eau à pédale, d'après Paul Polak, *Out of Poverty : What Works When Traditional Approaches Fail,* San Francisco, Berrett-Koehler Publishers, Inc., 2008, p. 104-107 ; le contexte de la pompe à eau à pédale, d'après *ibid.*, et Postel, *op. cit.,* note 2, p. 205-208.

11. Polak, *op. cit.,* note 10, p. 105.

12. « Pompe à irrigation manuelle Super MoneyMaker », *op. cit.,* note 9 ; Michael Mills, KickStart, entretien avec Alexandra Tung, Worldwatch Institute, 28 juillet 2010 ; transfert vers la Chine, d'après « Moins de travail avec un système d'irrigation rudimentaire », *Technologie appropriée*, mars 2010, p. 20-22.

13. Enterprise Works/VITA (EWV), « 420 millions de dollars pour la pompe à eau : l'histoire derrière l'histoire », base de données électronique : www.enterpriseworks.org/pubs/ACF2FB9.pdf (consultée le 11 juillet 2010) ; Jon Naugle, directeur technique de Relief International/EWV, entretien avec Alexandra Tung, Worldwatch Institute, 9 août 2010 ; IDE, *op. cit.,* note 9 ; Andy Vermouth, IDE, entretien avec Alexandra Tung, Worldwatch Institute, 23 juillet 2010.

14. Sandra Postel *et al.*, « Irrigation au goutte-à-goutte pour les petits agriculteurs : une nouvelle initiative pour réduire la famine et la pauvreté », *Water International,* mars 2001, p. 3-13 ; 600 000 ventes de systèmes d'irrigation goutte-à-goutte (IDE), *Design for the Other* 90 %, base de données électronique : other90.cooperhewitt.org/Design/dripirrigation-system (consultée le 14 juillet 2010).

15. Irrigation par seau, étude de H. R. Wallingford, Royaume-Uni, 2001, cité *in* Polak, *op. cit.,* note 10, p. 102 ; 30 900 hectares de terres irri-

guées au Ghana, selon la FAO, *op. cit.* ; 8 millions, d'après Polak, *op. cit.,* note 10, p. 102.

16. « Projet pilote », *op. cit.,* note 9.

17. Jennifer Burney *et al.*, « L'irrigation au goutte-à-goutte alimentée par l'énergie solaire accroît la sécurité alimentaire dans la région du Sahel soudanais », *Proceedings of the National Academy of Sciences*, février 2010, p. 1848-1853 ; Dean, *op. cit.,* note 9 ; fréquentation scolaire, d'après « Projet pilote », *op. cit.,* note 9.

18. Rockström et al., op. cit., note 6.

19. Voir la base de données du World Overview of Conservation Approaches and Technologies (WOCAT), base de données électronique : www.wocat.net/en/knowledge-base/technologiesapproaches.html.

20. Johan Rockström *et al.*, « Stratégies pour une agriculture de conservation en Afrique de l'Est et en Afrique australe : rendements et productivité des eaux de pluie à partir d'un programme de recherche-action à la ferme », *Soil & Tillage Research*, avril 2009, p. 23-32.

21. Postel, *op. cit.,* note 2, p. 213.

22. William Critchley, Girish Negi et Marit Brommer, « Innovation locale dans la gestion de l'eau verte », *in* Deborah Bossio et Kim Geheb (éd.), *Conserving Land, Protecting Water,* Wallingford, Royaume-Uni, CAB International, 2008, p. 107-118.

23. Question Box, base de données électronique : questionbox.org ; Ron Nixon, « Des réponses par téléphone là où le Web est absent », *New York Times*, 28 septembre 2009.

24. P. Drechsel *et al.*, « Adoption et contraintes des technologies de conservation des ressources en eau en Afrique subsaharienne », IWMI, FAO et université Humboldt, Berlin, 2005, base de données électronique : westafrica2.iwmi.org/projects/Adoption%20Technology/Technology_Adoption-article.htm.

25. *Ibid.*

26. Will Critchley, *Looking After Our Land : Soil and Water Conservation in Dryland Africa* (« Prendre soin de notre terre : conservation du sol et de l'eau des régions sèches d'Afrique »), Oxford, OXFAM, 1991 ; 50 %, d'après le Programme des Nations unies pour l'environnement (PNUE) 2000, cité dans « Fanya Juu », *in* IWMI, FAO et université Humboldt, fiche d'information technologique, base de données électronique : westafrica2.iwmi.org/projects/Adoption%20Technology/RainWaterHarvesting/50-Fanya%20juu.htm.

27. Main-d'œuvre et 70 %, d'après IWMI, FAO et université Humboldt, *op. cit.,* note 24 ; 1 000 kilomètres, d'après Critchley, *op. cit.,* note 26 ;

haricots verts, d'après Fred Pearce, *Confessions of an Eco-Sinner : Tracking Down the Sources of My Stuff,* Boston, Beacon Press, 2008, p. 72-73.

28. Le chiffre de 1 500 tonnes est une moyenne estimée du contenu en eau virtuelle du riz paddy, du blé et du maïs, d'après A. K. Chapagain et A. Y. Hoekstra, *Empreinte eau des nations*, vol. 1 : *Rapport principal,* Delft, Pays-Bas, UNESCO-IHEN Delft, novembre 2004 ; émeutes de la faim, d'après *Global Water Policy Project* (Projet mondial pour une politique de l'eau), d'après Leonard Doyle, « Émeute d'Haïtiens affamés confrontés à la flambée des prix alimentaires », Londres, *The Independent*, 10 avril 2008, d'après Rachelle Kliger, « Le Caire en proie à une crise du pain », *Jerusalem Post*, 18 mars 2008, « Mauritanie – La flambée des prix alimentaires source de protestations », *Africa News*, 13 novembre 2007, « Burkina Faso. Les émeutes de la faim embrasent les villes principales », *Africa News*, 22 février 2008, « Sénégal. Répression musclée en réponse aux manifestations contre la faim », *Africa News*, 31 mars 2008, et autres sources récentes.

29. IPCC, *op. cit.*, note 7.

30. Molden, *op. cit.*, note 3, p. 5.

31. Évaluation globale de la gestion de l'eau en agriculture, *L'Eau pour l'alimentation, l'eau pour la vie : évaluation globale de la gestion de l'eau en agriculture,* Londres et Colombo, Sri Lanka, Earthscan et Institut international de gestion des ressources en eau (IWMI), 2007, p. 11.

32. Centre pour l'Afrique orientale et australe des Objectifs du millénaire pour le développement (OMD), Programme des Nations unies pour le développement (PNUD) de Tanzanie et Centre mondial de l'agroforesterie, *Évaluation du potentiel de collecte des eaux pluviales à Zanzibar*, Nairobi, mai 2007, p. 34.

33. SearNet Organization Profile, base de données électronique : worldagroforestry.org/projects/searnet/index.php?id=30.

34. Ministère de l'Agriculture et des Ressources animales du Rwanda et Centre mondial de l'agroforesterie, *Plan d'action pour l'implantation de projets de collecte des eaux pluviales au Rwanda,* Nairobi, mai 2007.

35. Office rwandais pour le développement de l'agriculture, « Collecte des eaux pluviales pour une production agricole-Rwanda », sans date.

36. Joseph Sang et Caroline Wambui, *Projet de collecte des eaux pluviales dans les communautés masai d'Olepolos, district de Kajiado, Kenya,* Nairobi, Programme d'aménagement régional (Regional Land Management Unit, RELMA), *in* Centre international pour la recherche en agroforesterie (CIRAF), avril 2006, p. 17.

37. Collaboration du Rotary Club canadien au développement international, « Mise à jour du programme d'adduction d'eau et d'assainissement de la vallée du Rift », Londres, Ontario, Canada, 8 février 2010.

38. Alex R. Oduor et Maimbo M. Malesu (éd.), *Gestion de l'eau pour une autosuffisance alimentaire*, Actes du séminaire régional sur la collecte des eaux pluviales en Afrique de l'Est et en Afrique australe, Nairobi, RELMA, *in* CIRAF, ministère néerlandais des Affaires étrangères et Agence suédoise de coopération internationale pour le développement (SIDA), 2005, p. 39-43.

39. Orodi J. Odhiambo, Alex R. Oduor et Maimbo M. Malesu, *Impacts de la collecte des eaux pluviales*, Nairobi, RELMA, *in* CIRAF, ministère néerlandais des Affaires étrangères et SIDA, 2005.

40. Stephen N. Ngigi, *Stratégies d'adaptation au changement climatique : options pour la gestion des ressources hydriques par les petites exploitations agricoles d'Afrique subsaharienne*, New York, Centre pour l'Afrique orientale et australe des Objectifs du millénaire pour le développement (OMD) et The Earth Institute de l'université de Columbia, 2010, p. 136.

Les fermiers à l'avant-garde de la recherche et du développement

1. Eddy Ouko, d'après Qureish Noordin et Subash Gumaste, « Rapport de stage : formation sur les expériences menées par les agriculteurs dans le cadre de la FOCODEP (World Neighbors) », 2007.

2. Michael Malinga *et al.*, « Stratégies individuelles et communes sur les méthodes alternatives de culture de la pomme de terre en Afrique du Sud », *in* Chesha Wettasinha et Ann Waters-Bayer (éd.), *Farmer-led Joint Research*, Silang, Philippines, Institut international pour la reconstruction rurale (IIRR), et Leusden, Pays-Bas, secrétariat Prolinnova International, 2010 ; Ann Waters-Bayer, notes de terrain, évaluation externe du programme *Adigrat Diocesan Development Action,* Tigré, Éthiopie, 13 janvier-7 février 1996.

3. Eddy Ouko, d'après Qureish Noordin, LISF suite à une visite avec le comité de pilotage local-FOCODEP, 2009.

4. World Neighbours, *Rapport sur le secteur de l'Afrique de l'Est 2008-2009,* Oklahoma City, Oklahoma, sans date ; Janet Wabwire, d'après Daniel Omondi, rencontre de chefs d'équipe novateurs-agriculteurs expérimentateurs, 2009.

5. Saidou Magagi, Ekadé Roumanatou et Saley Kanta, « Innovation des femmes en matière d'épargne et de crédits au Niger », *in* Chesha Wettasinha, Mariana Wongtschowski et Ann Waters-Bayer (éd.), *Reconnaître l'innovation locale,* Silang, Philippines, Institut international pour la reconstruction rurale (IIRR), et Leusden, Pays-Bas, secrétariat de PROLINNOVA International, 2008, p. 17-18.

6. *Ibid.*

7. Esther Omusi, d'après Noordin, *op. cit.,* note 3.

8. Mariana Wongtschowski *et al.*, « Vers une approche de la recherche agricole pour le développement pilotée par les agriculteurs. Leçons tirées d'expériences internationales avec les fonds d'appui à l'innovation locale », présenté lors du Symposium international sur l'innovation et le développement durable en agriculture et en alimentation, 28 juin-1er juillet 2010, Montpellier, France ; Joe Ouko, d'après Qureish Noordin, « Rapport de réunion : réunion de sensibilisation sur la participation citoyenne au développement », village d'Onyuongo, 2009.

9. Tesfahun Fenta *et al.*, *Expérience éthiopienne dans le pilotage des fonds de soutien à l'innovation locale, avril 2006-mars 2008*, Addis-Abeba, Éthiopie, PROLINNOVA-Éthiopie, 2008.

10. Dorcas Wena, d'après Noordin, *op. cit.,* note 3 ; Vincent Dudi, d'après Caroline Adera, « Rapport d'activités : journée d'activités sur la mise en place d'une méthode dans le cadre du programme FOCODEP », 2010.

11. Calistus Buluma, d'après Qureish Noordin, visite du village de Muyafwa par les participants à la conférence annuelle 2007 de World Neighbors ; Sivusimpilo Farmers Forum, d'après Michael Malinga, Nicholas Madondo et Maxwell Mudhara, « Farmer-Led Documentation : rapport sur un projet pilote à Potshini, Kwazulu-Natal, Afrique du Sud », PROLINNOVA, 2008 ; Takalafiya, d'après un entretien avec Saidou Magagi, avril 2010.

12. Phillip Kilaki, d'après Ann Wanja, « Rapport sur le Forum des petits exploitants innovateurs de l'est du Kenya », organisé par PELUM-Kenya, 2009.

13. Saidou Magagi *et al.*, « Promouvoir la documentation et l'échange des connaissances des petits agriculteurs sur les innovations locales au Niger », PROLINNOVA, 2008 ; Joy Bruce, « Vidéo participative des paysans innovateurs du nord du Ghana », *in* Wettasinha, Wongtschowski et Waters-Bayer, *op. cit.,* note 5, p. 35-37 ; Anne Piepenstock *et al.*, « La technologie numérique au service de la documentation menée par les agriculteurs en Bolivie », in *ibid.*, p. 31-32.

14. Irrigation au goutte-à-goutte, d'après Promotion de l'expérimentation et de l'innovation paysannes en Éthiopie (PROFITEET), *Catalogue des innovations agricoles*, vol. 1, Addis-Abeba, Agri Service Éthiopie, 2006 ; Hailu Araya *et al.*, « Recherche participative basée sur l'innovation locale en apiculture pour échapper à la pauvreté », présenté lors de la Deustcher Tropentag (Conférence internationale sur la recherche agricole pour le développement), université de Bonn, 11-13 octobre 2006 ; Demekech Gera et

Tesfahun Fenta, « Recherche participative basée sur l'innovation agricole pour contrôler une maladie bactérienne affectant les plants d'*ensete* », *in* Wettasinha et Waters-Bayer, *op. cit.,* note 2. Encadré 5-1, d'après Hailu Araya et Sue Edwards, *L'Expérience du Tigré : une réussite de l'agriculture durable*, Environment & Dévelopment, série n° 4, Penang, Malaisie, Réseau des organisations scientifiques du tiers monde, 2006 ; Emiru Seyoum et Sue Edwards, « Réinventer l'extension pour les petites exploitations agricoles en Afrique : nouveauté ou nécessité ? », présentation lors des Ateliers internationaux sur le renforcement des capacités pour la compétitivité mondiale dans les économies en développement : lien entre développement et transfert de technologie, éducation et culture, Ghana, 14-16 octobre 2009 ; Arefayne Asmelash, *Dekhu'i tefetro : intayn bkhemeyn* (« Fabriquer du compost : explication et mode d'emploi »), Bureau de l'agriculture et des ressources naturelles du Tigré, Natural Resources et Institut pour le développement durable ; Sue Edwards *et al.*, *Impact de l'utilisation de compost sur le rendement des cultures au Tigré, Éthiopie, 2000-2006*, Environment & Développement, série n° 10, Penang, Malaisie, Réseau des organisations scientifiques du tiers monde, 2007 ; Abreha, d'après Hailu Araya *et al.* (éd.), *Un fonds pour soutenir l'innovation : expérience d'un agriculteur du Tigré*, Addis-Abeba, Éthiopie, secrétariat PROLINNOVA-Éthiopie, 2008.

15. World Neighbors, *op. cit.,* note 4.

16. Hailu Araya, Sue Edwards et Ann Waters-Bayer, « Innovation agricole : comprenons-nous qui veut quoi ? », *Rural Development News*, vol. 2, 2006, p. 39-43.

17. Mengistu Hailu, « Mon nom est Mawcha Gebremedhin : parole à une femme pionnière », *IK Notes* 70, Washington DC, Banque mondiale-Centre pour la gestion de l'information et de la connaissance, 2004.

18. Institut national de recherche agricole du Niger, d'après Saidou Magagi, avril 2010 ; fonds de soutien kényan de l'unité de coordination du secteur agricole, base de données électronique : www.ascu.go.ke ; fonds de soutien éthiopien, d'après Ibrahim Mohammed, ministère de l'Agriculture et du Développement rural, Addis-Abeba, Éthiopie, entretien avec Ann Waters-Bayer, mars 2010.

19. Ouko, *op. cit.,* note 8.

20. Basé sur des entretiens avec l'auteur, novembre 2009.

21. Marché commun de l'Afrique orientale et australe (COMESA), base de données électronique : www.comesa.int ; Alliance pour le commerce des marchandises en Afrique de l'Est et en Afrique australe (ACTESA), base de données électronique : www.actesacomesa.org ; « Groupe sur la sécurité alimentaire : recherche, dialogue politique et projets de formation », université

d'État du Michigan, base de données électronique : www.aec.msu.edu/fs2/index.htm.

La crise de fertilité de la terre africaine et la famine à venir

1. Entretiens avec l'auteur, village de Koboko, Mali, septembre 2009.

2. *Ibid.*

3. Craig Timberg, « La sécheresse accroît la famine et la souffrance des enfants du Malawi », *Washington Post*, 4 novembre 1995 ; entretiens avec l'auteur, *op. cit.*, note 1.

4. Entretiens avec l'auteur, *op. cit.*, note 1 ; T. Benson, J. Chamberlin et I. Rhinehart, « Une enquête sur les déterminants spatiaux de la prévalence locale de la pauvreté dans les régions rurales du Malawi », *Food Policy*, vol. 30, n°s 5-6, 2005, p. 532-550.

5. Basé sur du matériel issu d'études non publiées conduites par l'auteur. Ces études s'intéressent à l'impact et aux besoins des villageois des programmes soutenus par le Comité d'aide et de développement de l'Église réformée et OXFAM Amérique.

6. Pour des informations sur la superficie des zones semi-humides et arides, voir Munyaradzi Chenje, « Chapitre III. Terre », *in* Programme des Nations unies pour l'environnement, *L'Avenir de l'environnement en Afrique 2,* Nairobi, 2006, p. 78-118.

7. Cheryl A. Palm, Robert J. K. Myers et Stephen M. Nandwa, « Utilisation combinée de nutriments issus de sources organiques et inorganiques pour la gestion et l'enrichissement de la fertilité des sols », *in* Roland J. Buresh, Pedro A. Sanchez et Frank Calhoun (éd.), *Replenishing Soil Fertility in Africa,* Indianapolis, Soil Science Society of America, 1996, p. 193-216.

8. Données non publiées, issues d'un travail de l'auteur dans dix-neuf pays africains au cours des trente dernières années.

9. Eric M. A. Smailing, Stephen M. Nandwa et Bert H. Jansen, « L'enjeu de la fertilité des sols en Afrique », *in* Buresh, Sanchez et Calhoun, *op. cit.,* note 7, p. 47-61.

10. R. Trostle, *Offre et demande des produits agricoles au niveau mondial : facteurs ayant contribué à l'augmentation récente des prix des denrées alimentaires,* Washington DC, Service de recherche économique, ministère de l'Agriculture des États-Unis, juillet 2008.

11. The Fertilizer Institute, « L'industrie américaine des engrais et la politique du changement climatique », base de données électronique : www.tfi.org/publications/climatechange.pdf.

12. Données non publiées, *op. cit.,* note 8.

13. Voir note 5.

14. La population manque déjà de nourriture d'après « Les affamés africains », *AlertNet,* 11 novembre 2009 ; P. A. Sanchez, « Fertilité des sols et famine en Afrique », *Science,* 15 mars 2002, p. 2019-2020.

15. CARITAS Internationalis, « Crise alimentaire au Niger pire que celle de 2005, des millions de personnes confrontées à la faim », *Caritas.org,* 16 juin 2010 ; voir aussi Jon Gambrell, « 10 millions de personnes confrontées à la famine en Afrique occidentale », Londres, *The Independent,* 30 mai 2010 ; Éric de Carbonnel, « Chute catastrophique de la production alimentaire mondiale en 2099 », Centre de recherche sur la mondialisation (CRM), 10 février 2009.

16. Système d'alerte contre la famine, « Rapport des impacts climatiques en Afrique de l'USAID FEWS-NET, 14 janvier 2009-20 janvier 2010 », base de données électronique : www.reliefweb.int/rw/fullmaps_af.nsf/luFullMap/0510EB48B8A8B51DC12576AB0027B643/$File/map.pdf?OpenElement.

17. Voir note 5.

18. Elizabeth Blunt, « Le Nigeria ferme sa frontière avec le Bénin », *BBC News,* 9 août 2003.

19. G. Baechler, « Dégradation environnementale et violents conflits : hypothèses, programme de recherche et élaboration d'une théorie », *in* M. Suliman (éd.), *Ecology, Politics and Violent Conflict,* Londres, Zed Books, 1999, p. 76-112.

20. A. Dorward *et al.*, « Vers des subventions "intelligentes" en agriculture ? Enseignements tirés d'une expérience récente au Malawi », *Natural Resource Perspectives,* n° 116, Londres, Institut de développement outre-mer, octobre 2008.

21. Voir note 5.

22. Cheryl A. Palm, Robert J. K. Myers et Stephen M. Nandwa, « Utilisation combinée de nutriments issus de sources organiques et inorganiques pour la gestion et l'enrichissement la fertilité des sols », *in* Buresh, Sanchez et Calhoun, *op. cit.,* note 7, p. 193-216.

23. R. Bunch, « Adoption d'engrais verts et cultures de couverture », *Leisa Magazine,* vol. 19, n° 4, 2003, p. 16-18.

24. *Ibid.*

25. Palm, Myers et Nandwa, *op. cit.,* note 22.

26. Peter J. A. Kleinman, Ray B. Bryant et David Pimentel, « Évaluation de la durabilité écologique de la culture sur brûlis par des indicateurs de fertilité de sol », *Agronomy Journal*, vol. 88, n° 2, 1996, p. 122-127.

27. Données non publiées, *op. cit.,* note 8.

28. FAO, « Honduras : la population participe à la sécurité alimentaire », *FAO Focus*, base de données électronique : www. fao.org/FOCUS/E/honduras/story-e.htm.

29. Données non publiées, *op. cit.,* note 8.

30. FAO, « *Vigna unguiculata* (L.) Walp » et « *Lablab purpureus* (L.) Sweet », base de données électronique : www.fao.org/ag/AGP/agpc/doc/GBASE ; Roland Bunch, « Engrais vert tropical/Cultures de couverture », *The Overstory,* ejournal sur l'agroforesterie, base de données électronique : www.agroforestry.net/overstory/overstory29.html.

31. Données non publiées, *op. cit.,* note 8.

32. Lors d'une expérience menée durant une période de sécheresse au Honduras, le maïs ayant bénéficié de l'apport d'engrais chimique a résisté un mois à la sécheresse, le maïs fertilisé par de l'engrais animal a résisté deux semaines de plus et celui fertilisé par de l'engrais vert de haricot jacquier a résisté et même offert une petite récolte.

33. Sharon Begley, « Évolution d'un éco-prophète : les propos d'Al Gore sur le changement climatique se propagent aussi rapidement que le phénomène lui-même », *Newsweek*, 9 novembre 2009.

34. Bunch, *op. cit.,* note 23.

35. *Ibid.*

36. *Ibid.*

37. Entretiens avec l'auteur, villages dogons.

38. *Ibid.*

39. *Ibid.*

40. J. P. Legg *et al.*, « La mosaïque du manioc en Afrique de l'Est et centrale : épidémiologie et gestion d'une pandémie régionale », *Advances in Virus Research*, vol. 67, 2006, p. 355-418.

41. T. Alicai *et al.*, « Re-émergence de la maladie de la marbrure du manioc en Ouganda », *Plant Disease*, janvier 2007, p. 24-29.

42. Haji Saleh, entretien avec l'auteur, 14 juin 2010 ; « Le réseau des cultivateurs de manioc africains se déplace pour enrayer l'épidémie virale qui dévaste les cultures », communiqué de presse, Nairobi, Alliance pour une révolution verte en Afrique, 18 octobre 2007.

43. *Zanzibar Leo*, 18 mars 2007 ; « Solution aux dégâts provoqués par la pourriture des racines de manioc en Afrique », communiqué de presse, Dar es-Salaam, Institut international d'agriculture tropicale, 2 mai 2007.

44. Saleh, *op. cit.,* note 3.

45. *Ibid.*

46. Alicai *et al.*, *op. cit.*, note 2 ; Ramadhani Abdala Ame, entretien avec l'auteur, 14 juin 2010.

47. Ame, *op. cit.,* note 7.

48. *Ibid.*

49. Suleiman John Ndebe, entretien avec l'auteur, 15 juin 2010.

50. *Ibid.*

51. Salma Omar Mohamed, entretien avec l'auteur, 16 juin 2010 ; « Réseau des cultivateurs de manioc africains », *op. cit.,* note 3.

52. Edward Kanju, entretien avec l'auteur, 10 juin 2010 ; A. G. O. Dixon *et al.*, « Manioc : de la maigre récolte des petits agriculteurs pauvres à une production fer de lance du développement rural en Afrique », *Chronica Horticulturae*, décembre 2003, p. 8-15.

CONSERVER LA BIODIVERSITÉ LOCALE

1. FAO, *FAO Information sur le riz,* vol. 3, Rome, décembre 2002.

2. Visite de l'auteur en Guinée-Bissau, 18-26 juin 2010.

3. Tadesse Woldemariam Gole et Feyera Senbeta, *Gestion durable et promotion du café de forêt de Bale, Éthiopie,* Addis-Abeba, SOS SAHEL/FARM-Africa, août 2008 ; visite de l'auteur en Éthiopie, 1er-10 novembre 2009.

4. Fondation Slow Food pour la biodiversité, « Café sauvage de la forêt de Harenna, en Éthiopie », base de données électronique : www.slowfoodfoundation.org.

5. *Ibid.* ; Welsh, d'après Danielle Nierenberg, « Éthiopie, apprendre des erreurs passées », *Nourrir la planète blog*, 2 novembre 2009.

6. Centre mondial de recherche sur les poissons, *Poisson et sécurité alimentaire en Afrique*, synthèse, Penang, Malaisie, 2005.

7. Slow Food, « Rencontre entre groupes locaux Slow Food et communautés Terra Madre au Sénégal », communiqué de presse, Bra, Italie, 10 mars 2008.

8. *Ibid.*

9. Seynabou Ndoye, président de Slow Food Sèelal Dundin, entretiens avec l'auteur, novembre 2009.

10. Encadré 7-1, d'après R. L. Roothaert et R. Magado, « Relance de la production de manioc dans le district de Nakasongola, Ouganda », *International Journal of Agricultural Sustainability*, à paraître ; FAO, « Le point sur l'agrobiodiversité mondiale », Département du développement économique et social, base de données électronique : www.fao.org ; World Hunger

Education Service, « Faim et pauvreté dans le monde, faits et statistiques 2010 », mai 2010, base de données électronique : www.worldhunger.org ; Roothaert et Magado, *op. cit.,* ci-dessus ; G. Muhanji *et al.*, « Entreprises africaines de production de légumes indigènes et développement du marché pour les petits agriculteurs d'Afrique de l'Est », *International Journal of Agricultural Sustainability*, à paraître ; L. Smith et L. Haddad, « Explication de la malnutrition infantile dans les pays en voie de développement : analyse transnationale », Institut international de recherche sur les politiques alimentaires, Washington DC, 2000 ; A. Hassanali *et al.*, « Gestion intégrée des nuisibles : approche "push-pull" dans le contrôle des insectes nuisibles et de la flore adventice des céréales, et son potentiel dans d'autres systèmes agricoles, y compris dans l'élevage », *Philosophical Transactions of the Royal Society B : Biological Sciences*, 12 février 2008, p. 611-621 ; Jules Pretty, « Jules Pretty sur la hausse de la production alimentaire et le faible impact sur les terres », *Earth Sky*, avril 2010 ; Jules Pretty, « Approches agroécologiques du développement agricole », *in* Banque mondiale, *Rapport sur le développement dans le monde 2008 : l'agriculture au service du développement,* Washington DC, 2007, p. 23 ; Jules Pretty, *Regenerating Agriculture : Policies and Practices for Sustainability and Self-Reliance* (« Régénération de l'agriculture : politiques et pratiques pour la durabilité et l'autonomie »), Londres, Earthscan, 1995 ; Jules Pretty, *Agri-Culture : Reconnecting People, Land and Nature* (Agriculture : réconcilier les hommes, la terre et la nature), Londres, Earthscan, 2002, p. 84, 93 ; Jules Pretty, *The Earth Only Endures,* Londres, Earthscan, 2007.

11. Visite au Mali de Velia Lucidi, Slow Food International, Afrique, 23 juillet-1er août 2010 ; Slow Food, « Sentinelle Somé Dogon », 24 juin 2010, base de données électronique : multimedia.slowfood.com.

12. Visite au Mali, *op. cit.,* note 11 ; Slow Food, *op. cit.,* note 11.

13. Visite au Mali, *ibid.* ; Slow Food, *ibid.*

14. Visite au Mali, *ibid.* ; Slow Food, *ibid.*

15. Galdino Zara, conseil d'administration, Slow Food Italie, entretien avec l'auteur, novembre 2009.

16. Tableau 7-1, d'après fondation Slow Food pour la biodiversité, *Sentinelle Slow Food : miel du volcan de Wenchi,* Rome, 2008 ; Tim Truluck, « Projet Sentinelle : brebis des Zoulous/Izimvu », Conviviums et Sentinelles Slow Food à Johannesburg, 14 avril 2009 ; Slow Food, *Poutargue de mulet des femmes Imraguen*, Sentinelle Slow Food de Mauritanie, Rome, 2009 ; vanille de Mananara, d'après Slow Food, « Légumes traditionnels et solidarité avec les petits producteurs des Sentinelles Slow Flood en Afrique et en Amérique du Sud », communiqué de presse, 31 mai 2007, et fondation

Slow Food pour la biodiversité, « Vanille de Mananara, Madagascar », base de données électronique : www.slowfoodfoundation.org ; fondation Slow Food pour la biodiversité, *op. cit.*, note 4 ; fondation Slow Food pour la biodiversité, « Riz rose *(dista)* d'Andasibe, Madagascar », base de données électronique : www.slowfoodfoundation.org ; fondation Slow Food pour la biodiversité, « Somé Dogon, Mali », base de données électronique : www.slowfoodfoundation.org.

17. FAO, « *FAOSTAT* : production de miel naturel », base de données électronique : faostat.fao.org ; Slow Food, « Sentinelle du miel blanc de Wukro, Éthiopie », base de données électronique : www.slowfood.com.

18. Slow Food, *op. cit.*, note 19.

19. Visite en Éthiopie de l'expert technique de Slow Food International, septembre-octobre 2006.

20. Fondation Slow Food pour la biodiversité, « Miel du volcan de Wenchi, Éthiopie », base de données électronique : www.slowfoodfoundation.com.

21. Fondation Slow Food pour la biodiversité, « Miel blanc de Wukro, Éthiopie », base de données électronique : www.slowfoodfoundation.com.

22. Slow Food International, « Jardins scolaires en Ouganda : projet d'éducation alimentaire » base de données électronique : www.slowfood.com ; Slow Food Waitekere, « Sept exemples de communautés alimentaires à travers le monde », 17 septembre 2008, base de données électronique : slowfoodwaitakere.blogspot.com.

23. Fondation Slow Food pour la biodiversité, « Slow Kenya », 19 janvier 2010, base de données électronique : www.slowfoodfoundation.org.

24. Terra Madre, « Mille jardins en Afrique », Slow Food International, Bra, Italie, octobre 2010 ; Lay Volunteers International Association, « LVIA association de solidarité et coopération internationale », base de données électronique : www.lvia.it/fr ; Cooperazione Internazionale (COOPI), base de données électronique : www.coopi.org/fr ; Network for Eco-Farming in Africa (NECOFA), base de données électronique : www.necofa.org ; « Projet pilote de végétalisation des toitures dans la municipalité d'eThekwini », Greenroofs.com, base de données électronique : www.greenroofs.com/content/guest_features010.htm.

25. Jacob Wanyama, entretien avec Danielle Nierenberg, 7 novembre 2009.

26. Walter Menya, « La sécheresse responsable d'une augmentation des abattages », Nairobi, *Daily Nation*, 6 octobre 2009 ; Mwangi Ndirangu, « Des éleveurs durement frappés alors que le ciel refuse de s'ouvrir », Nairobi, *Daily Nation*, 22 septembre 2009.

27. Groupe pastoraliste samburu du Kenya, entretien avec Danielle Nierenberg, 7 novembre 2010.

28. *Ibid.*

29. Eva Rehfuess, Sumi Mehta et Annette Prüss-Üstün, « Évaluation de l'utilisation domestique de combustibles solides : de multiples implications sur les Objectifs du millénaire pour le développement », *Environmental Health Perspectives*, mars 2006, p. 373-378 ; Organisation mondiale de la santé (OMS), *Atlas mondial de la santé, 2007,* Genève, 2007.

30. Rehfuess, Mehta et Prüss-Üstün, *op. cit.,* note 1 ; OMS, « Pollution de l'air intérieur et santé », fiche d'information n° 292, Genève, juin 2005.

31. Banque mondiale, *Impacts de l'électrification sur la qualité de vie des populations rurales : réévaluation des coûts et des bénéfices*, Washington DC, 2008, appendice D.

32. Moussa Diop, *Systèmes énergétiques : vulnérabilité-adaptation-résilience, Sénégal*, Paris, Helio International, 2009, p. 11 ; « Sénégal », *Mongabay.com*, base de données électronique : rainforests.mongabay.com/deforestation/2000/Senegal.htm.

33. Abdoulaye Touré, « Proposition de sites de projet pilote », SHE, Inc, Sénégal, 2006 ; entretiens avec l'auteur, mars 2007 et mai 2008.

34. Fatou Gueye, entretien avec l'auteur, mai 2008.

Faire face au changement climatique et y résister

1. D. B. Lobell *et al.*, « Priorité à une adaptation au changement climatique pour la sécurité alimentaire en 2030 », *Science*, 1er février 2008, p. 607-610 ; W. Schlenker et D. B. Lobell, « Impacts négatifs du changement climatique sur l'agriculture africaine », *Environmental Research Letters*, janvier-mars 2010.

2. Banque mondiale, *Rapport sur le développement mondial 2010 : développement et changement climatique,* Washington DC, 2009.

3. M. B. Burke, D. B. Lobell et L. Guarino, « Changements des cultures africaines à l'horizon 2050 face à l'évolution du climat, implications dans l'amélioration des cultures et la conservation des ressources génétiques », *Global Environmental Change*, vol. 19, n° 3, 2009, p. 317-325.

4. E. Duflo, R. Glennerster et M. Kremer, « La randomisation en économie du développement : une boîte à outils », *in* T. P. Schultz et J. Strauss (éd.), *Handbook of Development Economics,* vol. 4, Amsterdam, North-Holland Press, 2008, chap. 61.

5. « Initiative de la Grande Muraille verte d'Afrique pour arrêter le Sahara », *BBC News,* 17 juin 2010 ; Campagne pour 1 milliard d'arbres, base de données électronique : www.unep.org/billiontreecampaign.

6. « Nigeria : Mort de millions de jeunes plants d'arbres, l'échec du reboisement », *Reuters,* 8 avril 2008.

7. T. Adam *et al.*, *Plus de gens, plus d'arbres : la transformation des systèmes de production au Niger et les impacts des investissements dans la gestion des ressources naturelles,* Niamey, Niger, Comité permanent inter-États de lutte contre la sécheresse dans le Sahel (CILSS) et université de Niamey, 2006.

8. B. Yamba, *Ressources ligneuses et problèmes d'aménagement forestier dans la zone agricole du Niger*, thèse de doctorat, Bordeaux, France, université de Bordeaux, 1995 ; M. Mortimore *et al.*, *Synthèse du changement à long terme dans le département de Maradi 1960-2000,* Drylands Research, document de travail n° 39, Crekerne, Royaume-Uni, Drylands Research, 2001 ; Agence des États-Unis pour le développement international, CILSS et International Resources Group, *Investir dans les forêts de demain : vers un programme d'action pour la revitalisation forestière en Afrique de l'Ouest,* Washington DC, et Ouagadougou, 2002 ; Institut des ressources mondiales, *Les Racines de la résilience : cultiver la richesse des pauvres,* Washington DC, 2008 ; C. Reij, G. Tappan et M. Smale, *Transformation agroenvironnementale au Sahel : une autre forme de « révolution verte »,* Washington DC, Institut international de recherche sur les politiques alimentaires, 2009.

9. T. Abdoulaye et G. Ibro, *Analyse des impacts socio-économiques des investissements dans la gestion des ressources naturelles : étude de cas dans les régions de Maradi, Tahoua et Tillabéry, Niger,* Niamey, Niger, Centre régional d'enseignement spécialisé en agriculture, université Abdou-Moumouni, 2006.

10. Pour une information de base sur le groupe, voir www.cis.vu.nl/en/our-expertise/natural-resource-management/current-projects/africa-regreening initiatives/index.asp. Pour les mises à jour, voir africa-regreening.blogspot.com.

11. P. Wright, « Conservation de l'eau et du sol par les agriculteurs », *in* H. W. Ohm et J. G. Nagy (éd.), *Appropriate Technologies for Farmers in Semi-arid Africa,* West Lafayette, Indiana, université de Purdue, Bureau des programmes internationaux pour l'agriculture, 1985.

12. Abdoulaye et Ibro, *op. cit.,* note 9.

13. H. Sawadogo *et al.*, « Des fosses pour les arbres : comment les agriculteurs des zones semi-arides du Burkina participent à l'accroissement et à diversification de la biomasse végétale », *in* C. Reij et A. Waters-Bayer (éd.),

Farmer Innovation in Africa : A Source of Inspiration for Agricultural Development, Londres, Earthscan, 2001. Ousséni Kindo, un des agriculteurs innovateurs en agroforesterie cités dans ce chapitre.

14. SAHELECO, *Premier rapport annuel,* juin 2009-juin 2010, sur l'initiative au Mali.

15. Exemple d'un plaidoyer visant à sensibiliser les décideurs aux initiatives de reboisement menées par les fermiers et à leurs multiples impacts. L'impact sur la prise de décision n'est pas évident. La réussite exige une confrontation plus régulière et plus longue des décideurs aux réalisations et à leurs impacts.

16. Pour le documentaire *Trees Outside the Forest* (« Des arbres à l'extérieur de la forêt »), voir www.saheleco.net ; Peter Weston, World Vision Australia, entretien avec l'auteur, 2 août 2010.

17. M. Allen, « Reverdir le Sahel : étude de cas d'une régénération naturelle gérée par des fermiers au Sahel », en préparation.

18. « Projet de promotion de l'initiative locale pour le développement à Aguie », FIDA Afrique, base de données électronique : www.fidafrique.net/rubrique121.html.

19. Tony Rinaudo, entretien avec l'auteur, Addis-Abeba, 22 juillet 2010.

20. Moctar Coulibaly, coordinateur, Alliance des radios communautaires du Mali, entretien avec l'auteur.

21. SAHELECO, *op. cit.*, note 14.

22. Web Foundation, base de données électronique : www.webfoundation.org ; 1,5 million d'abonnés, d'après Carlos Sanogo, entreprise de télécommunications ZAIN, lors de l'atelier Web Alliance for Re-greening in Africa (W4RA), Ouagadougou, 3 février 2010.

23. Par exemple, le Fonds international de développement agricole soutient depuis 1989 un programme de réhabilitation des terres sur le plateau central du Burkina. Une initiative à l'origine lancée sous le nom de « Conservation des sols et de l'eau : projet en agroforesterie », aujourd'hui dans une phase qualifiée de « Programme de développement rural durable (2005-2013) ».

24. J.-M. Boffa, *Parcs agroforestiers en Afrique subsaharienne*, FAO, *Guide pour la conservation*, n° 34, Rome, 1999 ; R. R. B. Leakey *et al.*, « Produits agroforestiers : cibler la réduction de la pauvreté et l'amélioration des moyens de subsistance », *International Journal of Agricultural Sustainability*, vol. 3, n° 1, 2005, p. 1-23.

25. Coopérative de beurre de karité, base de données électronique : www.iicd.org/projects/articles/KariICT ; Leakey *et al.*, *op. cit.*, note 24.

26. Exemples de couverture médiatique sur le reboisement : « Reboiser le désert : et si on essayait ? », *Le Monde*, 21 août 2009 ; « Le Sahel reverdit », *Le Monde diplomatique*, août 2010 ; « Reboiser l'Afrique », *The Nation*, 6 décembre 2009 ; et un documentaire de vingt-cinq minutes de la BBC World sur le reboisement au Burkina et au Mali, diffusé en août 2009.

27. *The Man Who Stopped the Desert* (« L'Homme qui arrêta le désert »), 1080 Films, base de données électronique : www.1080films.co.uk.

28. Voir note 23.

29. F. Hien et A. Ouedraogo, « Analyse commune de la durabilité d'une technique locale de conservation des sols et de l'eau au Burkina », *in* Reij et Waters-Bayer, *op. cit.*, note 13.

30. P. Uvin, « Combattre la faim à la racine : moyens d'intensifier l'effort », *World Development*, vol. 23, n° 6, 1995, p. 927-939.

31. Voir « Découvrir l'étendue géographique de la régénération naturelle conduite par les agriculteurs », Annexe *in* Reij, Tappan et Smale, *op. cit.*, note 8.

32. Service d'information par satellites de l'Agence nationale américaine des océans et de l'atmosphère (NOAA), base de données électronique : www.ncdc.noaa.gov/oa/reports/billionz.html#chron ; visite de l'auteur à New Forest Farm, juillet 2008.

33. Programme des Nations unies pour l'environnement (PNUE), *Évaluation des impacts environnementaux de la consommation et de la production : produits et matières prioritaires*, Nairobi, 2010 ; Greenpeace International, *Massacre de l'Amazonie*, Amsterdam, 2009.

34. Groupe d'experts intergouvernemental sur l'évolution du climat (GIEC), *Changements climatiques 2007 : Quatrième rapport d'évaluation*, Cambridge, Royaume-Uni, Cambridge University Press, 2007 ; Henning Steinfeld *et al.*, *L'Ombre portée de l'élevage : impacts environnementaux et options pour leur atténuation*, Rome, FAO, 2006.

35. Anna Lappé, *Diet for a Hot Planet : The Climate Crisis at the End of Your Fork and What You Can Do About It* (« Régime pour une planète chaude : la crise climatique au bout de la fourchette et les moyens d'action »), New York, Bloomsbury USA, 2010.

36. Tim J. LaSalle et Paul Hepperly, « Agriculture biologique régénératrice : une solution au réchauffement global », Institut Rodale, Kutztown, Pennsylvanie, 2008.

37. *Ibid.*

38. Catherine Badgley *et al.*, « Agriculture biologique et réserves alimentaires mondiales », *Renewable Agriculture and Food Systems*, juin 2007, p. 86-108.

39. Jules Pretty, *Des approches agroécologiques au développement agricole*, Santiago, Chili, Centre latino-américain pour le développement rural, 2006 ; conférence des Nations unies sur le commerce et le développement et PNUE, *Agriculture biologique et sécurité alimentaire en Afrique*, New York, 2008.

40. Entretien avec l'auteur, 27 avril 2010.

41. Environmental Working Group, *Base de données sur les subventions agricoles*, base de données électronique : farm.ewg.org/farm/regiondetail.php?fips=00000&summlevel=2.

42. Subventions, d'après Doug Gurian-Sherman, *Révélations sur les exploitations d'élevage intensif (EEI) : les coûts cachés des opérations d'alimentation dans les exploitations d'élevage en claustration*, Washington DC, Union of Concerned Scientists, 2008 ; pourcentage de maïs utilisé réservé à l'alimentation du bétail domestique et étranger, d'après Bureau de l'économiste en chef, ministère de l'Agriculture des États-Unis (USDA), « Estimations de l'offre et de la demande au niveau mondial, 2008-2009 », base de données électronique : www.usda.gov/oce/commodity/wasde/index.htm.

43. Timothy A. Wise, *Identifier les vrais gagnants des politiques agricoles des États-Unis*, Medford, Massachusetts, Global Development and Environment Institute, université de Tufts, 2005 ; Timothy A. Wise et Elanor Starmer (éd.), *Nourriture à l'auge : les coûts peu élevés de l'alimentation animale font économiser 3 millions de dollars aux firmes d'élevage industriel*, Medford, Massachusetts, Institut de développement global et d'environnement, université de Tufts, 2007 ; Gurian-Sherman, *op. cit.*, note 42.

44. EQIP Organic Initiative, d'après Catherine Green, Edward Slattery et William D. McBride, « Les agriculteurs bio américains, entre doutes et opportunités », *Amber Waves* (USDA), juin 2010 ; les dollars de la recherche, d'après Kathleen Merrigan, ministre adjointe du ministère de l'Agriculture des États-Unis (USDA), témoignage à l'audience du comité du Sénat américain sur l'agriculture, à propos du 20e anniversaire de l'adoption de la loi sur le passage à la production alimentaire biologique, 15 septembre 2010.

45. Fiche d'information sur le programme nutritionnel du ministère de l'Agriculture des États-Unis (USDA), en collaboration avec les agriculteurs, base de données électronique : www.fns.usda.gov/wic/WIC-FMNP-FactSheet.pdf.

46. Stockholm Environment Institute, *Voies durables pour atteindre les Objectifs du millénaire pour le développement – Évaluation du rôle de l'eau, de l'énergie et de l'assainissement*, préparé pour le Sommet mondial des Nations unies, Stockholm, 2005.

47. D. P. Garrity *et al.*, « Agriculture à feuilles persistantes : une approche fondée de la sécurité alimentaire durable en Afrique », *Food Security*, septembre 2010, p. 197-214.

48. C. Pye-Smith, *Élever des arbres, bannir la faim : comment un programme d'agroforesterie aide peu à peu les petits exploitants agricoles au Malawi à cultiver davantage de produits alimentaires et à améliorer leurs moyens de subsistance,* Nairobi, Centre mondial de l'agroforesterie, 2008, p. 10.

49. G. Sileshi *et al.*, *Preuve de l'impact de l'utilisation des engrais verts sur la production de maïs en Afrique subsaharienne : méta-analyse,* CIRAF hors série n° 10, Nairobi, Centre international pour la recherche en agroforesterie, 2009.

50. Garrity, *op. cit.,* note 2.

51. Pye-Smith, *op. cit.,* note 3, p. 2, 3.

52. Garrity, *op. cit.,* note 2.

53. *Ibid.*, p. 5 ; R. D. Barnes et C. W. Fagg, *Faidherbia albida* ; *Monographie & bibliographie annotée, Tropical Forestry Papers,* n° 41, Oxford, Oxford Forestry Institute, 2003 ; F. K. Akinnifesi *et al.*, « Effets synergétiques des engrais en N et P et des apports d'amendements organiques de *Gliricidia sepium* sur la productivité du maïs en cultures intercalaires dans le sud du Malawi », *Plant and Soil*, vol. 294, n°s 1-2, 2007, p. 203-217 ; D. P. Garrity, « Agroforesterie et réalisation des Objectifs du millénaire pour le développement », *Agroforestry Systems*, vol. 61-62, 2004, p. 5-17 ; G. Sileshi et P. L. Mafongoya, « Effet à long terme des jachères de légumes améliorés sur les invertébrés dans le sol et rendement du maïs dans l'est de la Zambie », *Agriculture, Ecosystems & Environment*, juillet 2006, p. 69-78.

54. Garrity, *op. cit.,* note 2, p. 5 ; J. M. Boffa, *Parcs agroforestiers en Afrique subsaharienne*, FAO, *Guide pour la conservation,* n° 34, Rome, FAO, 1999 ; P. W. Chirwa *et al.*, « Dynamique de l'eau dans les systèmes de cultures associées à base de *Gliricidia sepium*, pois d'Angole et maïs dans le sud du Malawi », *Agroforestry Systems*, vol. 69, n° 1, 2007, p. 29-43 ; W. Makumba *et al.*, « Impact à long terme d'un système de culture intercalaire *Gliricidia*-maïs sur le piégeage du carbone dans le sud du Malawi », *Agriculture, Ecosystems & Environment*, vol. 118, 2007, p. 237-243 ; S. Scherr et J. McNeely (éd.), *Farming with Nature* (« L'Agriculture avec la nature »), Washington DC, Island Press, 2009, p. 473.

55. Garrity, *op. cit.,* note 2.

56. *Ibid.* ; P. Aagard, Conservation Farming Unit (CFU), Lusaka, Zambie, entretien avec l'auteur, 2009.

57. A. R. Saka *et al.*, « Les effets d'*Acacia albida* sur les sols et les rendements de maïs dans les petites exploitations agricoles du Malawi », *Forest*

Ecology and Management, vol. 64, 1994, p. 217-230 ; données sur le Niger, d'après C. Reij, G. Tappan et M. Smale, *Transformation agroenvironnementale au Sahel : un autre type de révolution verte*, Washington DC, Institut international de recherche sur les politiques alimentaires, 2009.

58. Pye-Smith, *op. cit.*, note 3, p. 22.

59. D. P. Garrity, « Hope Is Evergreen », *Our Planet*, mai 2010, p. 28-30.

Pertes après récolte : un problème méconnu

1. V. Smil, « Améliorer l'efficacité et réduire les déchets de notre système alimentaire », *Environmental Sciences*, vol. 1, n° 1, 2004, p. 17-26.

2. « Pertes alimentaires post-récolte dans les pays en voie de développement : une nouvelle étude », *Food and Nutrition Bulletin*, vol. 1, 1979, p. 2 ; cf. M. Grolleaud, *Aperçu sur le phénomène de pertes dans le système post-récolte*, Rome, FAO, 2001, chap. I.

3. FAO, *Prévention des pertes des denrées périssables*, FAO, *Bulletin des services agricoles*, n° 43, 1981 ; résolution adoptée lors de la 7e session spéciale de l'Assemblée générale des Nations unies, en 1975.

4. Organisation de coopération et de développement économiques (OCDE), « Agriculture : améliorer la cohérence de la politique pour le développement », synthèse, Paris, avril 2008 ; Département du développement international du Royaume-Uni, *Aide publique au développement agricole*, Londres, 2004 ; C. Nellemann *et al.* (éd.), *Crise alimentaire et environnement. Rôle de l'environnement dans la prévention des crises alimentaires. Évaluation de la capacité d'intervention rapide du PNUE*, Norvège, GRID-Arendal et Programme des Nations unies pour l'environnement, 2009, p. 12 ; 5 %, d'après A. Kader et R. Rolle, *Gestion post-récolte pour assurer la qualité et la sécurité sanitaires des produits horticoles*, Rome, FAO, 2004, p. 2 ; FAO, *op. cit.*, note 3.

5. Chine, d'après Smil, *op. cit.*, note 1, et L. Liang *et al.*, « Pertes post-récolte de grains de céréales en Chine, moyens pour les limiter et les éliminer », *Jingji Dili (Economic Geography)*, vol. 1, 1993, p. 92-96 ; Vietnam, d'après Institut des ressources mondiales, *Rôle de la gestion post-récolte pour assurer la qualité et la sécurité des produits horticoles*, Washington DC, 1998 ; pertes post-récolte à travers l'Asie, d'après D. Calverley, *Étude de l'évaluation des pertes post-récolte de onze projets en Asie se rapportant au riz*, Rome, FAO, 1996 ; pertes post-récolte au Brésil et au Bangladesh, d'après Grolleaud, *op. cit.*, note 2, paragraphe 3.2.1. Encadré 9-1, 11 tonnes par jour et estimation de l'institut, d'après Institut de technologie post-récolte, *Rapport annuel*, Colombo, Sri Lanka, 2002, p. 5 ; pour les systèmes de refroidissement

sur les marchés, voir FAO, *op. cit.,* note 3, recommandation n° 5 ; sous-financement, d'après Institut de technologie post-récolte, *op. cit.* ci-dessus, et H. Senewiratne, « L'équivalent de 9 milliards de roupies indiennes de fruits et légumes finissent à la poubelle », *Daily News,* Sri Lanka, 27 juin 2006 ; Inde, d'après Confédération de l'industrie indienne, McKinsey & Co., *Moderniser la chaîne alimentaire indienne : programme d'action intégré pour le développement de l'alimentation et de l'agriculture,* New Delhi, 1997, et Banque mondiale, *Rapport sur le développement dans le monde 2008 : l'agriculture au service du développement,* Washington DC, 2007 ; Mishra, d'après « En Inde, 72 % des fruits et légumes finissent comme déchets », *Economic Times,* 12 mai 2008 ; mangues au Pakistan, d'après A. Khushk et A. Memon, « Rendre la récolte des mangues productive », *Dawn*, mai 2006.

6. Smil, *op. cit.,* note 1 ; Ricardo Sibrián, statisticien senior, FAO, entretien avec l'auteur, 2007 ; 4 %, d'après W. Bender, « Analyse sur les besoins mondiaux en nourriture », *Food Policy,* vol. 19, n° 4, 1994, p. 381-395.

7. D. Proctor (éd.), *Techniques de stockage du grain : évolution et tendances dans les pays en voie de développement,* FAO, *Bulletin des Services agricoles,* n° 109, 1994 ; V. Smil, *Feeding the World : A Challenge for the Twenty-First Century,* Cambridge, Massachusetts, The MIT Press, 2001, p. 187.

8. M. W. Rosegrant et S. Meijer, « Politiques alimentaires adaptées et investissements pourraient réduire la malnutrition infantile de 43 % en 2020 », *The Journal of Nutrition,* novembre 2002, p. 3437-3440 ; A. Muimba Kankolongo, Kerstin Hell et Irene N. Nawa, « Évaluation des altérations liées aux champignons, aux mycotoxines et aux insectes dans le maïs stocké pour la consommation humaine en Zambie », *Journal of the Science of Food and Agriculture,* vol. 89, n° 8, 2009, p. 1366-1375.

9. Kankolongo, Hell et Nawa, *op. cit.,* note 8.

10. *Ibid.*

11. A. Muimba Kankolongo, entretien avec l'auteur, 10 août 2010.

12. Kankolongo, Hell et Nawa, *op. cit.,* note 8 ; cf. K. Hell *et al.*, « Influence des pratiques de stockage sur la contamination du maïs par l'aflatoxine dans quatre secteurs agroécologiques du Bénin, Afrique de l'Ouest », *Journal of Stored Products Research,* vol. 36, n° 4, 2000, p. 365-382.

13. Ministère de l'Agriculture et des Coopératives de Zambie, *Politique agricole nationale 2004-2015,* novembre 2004, *in* conseil d'administration du FANR et secrétariat du SADC, *Implementation and Coordination of Agricultural Research and Training (ICART) in the SADC Region : Situation Analysis of Agricultural Research and Training in the SADC Region,* Gaborone, Botswana, 2008, annexe II (a), p. 55, 4, 25.

14. Kankolongo, *op. cit.*, note 11.

15. Agence des États-Unis pour le développement international/Zambie, *Rapport annuel 2005*, Lusaka, 2004, p. 13.

16. T. Armitage, « Les pertes post-récolte coûtent 90 millions de dollars au marché laitier d'Afrique de l'Est », *Dairy Processing & Markets*, 27 octobre 2004.

17. P. C. Turner *et al.*, « Réduction de l'exposition aux aflatoxines cancérigènes par des mesures d'intervention post-récolte en Afrique de l'Ouest : une étude d'intervention à base communautaire », *Lancet*, 4-10 juin 2005, p. 1950-1956.

18. *Ibid.*

19. Naresh Magan *et al.*, « Limiter les mycotoxines dans le blé stocké », *Food Additives and Contaminants*, mai 2010, p. 644-650 ; T. K. Jayasekara *et al.*, « Effet des constituants volatils de *Securidaca longepedunculata* sur les insectes nuisibles du blé stocké », *Journal of Chemical Ecology*, vol. 31, n° 2, 2005, p. 303-313.

20. M. Fehr *et al.*, « Solution pratique au problème de la gestion des déchets domestiques au Brésil », *Resources, Conservation and Recycling*, septembre 2000, p. 245-257.

21. K. Tomlins *et al.*, « Évaluation à la ferme des méthodes de stockage des racines fraîches de patates douces en Afrique de l'Est », *Tropical Science*, vol. 47, n° 4, 2007, p. 197-210 ; S. Mitra *et al.*, « Impacts des différents stades de maturité et de stockage sur la qualité nutritionnelle des tubercules de cultivars de patate douce à chair orange (*Ipomoea batatas*) crus et cuits », *ISHS Acta Horticulturae 858 : III International Conference Postharvest Unlimited*, 2008.

22. M. Katundu *et al.*, « La récolte séquentielle peut-elle aider les petits agriculteurs bio à satisfaire les attentes du consommateur en matière de pomme de terre biologique ? », *Food Quality and Preference*, vol. 21, n° 4, 2010, p. 379-384.

23. KPMG-Association des Chambres de commerce et d'industrie en Inde (ASSOCHAM), *Agroalimentaire et agro-industrie*, New Delhi, 2009.

24. J. Rankins *et al.*, « Séchage des mangues au soleil : conservation d'une importante source de vitamine A en Afrique de l'Ouest francophone », *Journal de l'Association américaine de diététique*, juin 2008, p. 986-990.

25. A Taste of Freedom, base de données électronique : www.atasteoffreedom.org.uk.

26. R. C. Witthuhn, A. Cilliers et T. J. Britz, « Évaluation des différentes techniques de conservation sur le potentiel de stockage des grains de kéfir », *Journal of Dairy Research*, février 2005, p. 125-128.

27. N. Terryn, G. Gheysen et M. Van Montagu, « Améliorer la sécurité alimentaire en Afrique centrale en recourant à la biotechnologie pour diminuer les pertes de récolte de patates douces liées aux maladies virales et aux parasites », *Journal of Biotechnology*, vol. 131, n° 2, 2007.

28. J. Coulter, « Transition vers un système de commercialisation des céréales sur le marché », sans date, soumis à publication, base de données électronique : www.nri.org/docs/grainmarket.pdf, p. 19-20 ; Institut des ressources mondiales, *op. cit.*, note 5 ; Grolleaud, *op. cit.*, note 2 ; cf. Proctor, *op. cit.*, note 7, annexe 1, sur l'efficacité des coûts.

29. Nigeria, d'après M. Bokanga, « Manioc : opérations post-récolte », *in* FAO, *Compendium des opérations post-récolte,* Rome, 1996 ; Institut des ressources mondiales, *op. cit.*, note 5 ; Institut international de recherche sur le riz, « Gestion de la post-production », Irrigated Rice Research Consortium, base de données électronique : www.irri.org/irrc/postharvest/index.asp ; R. Bas, « Enthousiasmes et pressentiments », *Manila Times,* 21 avril 2008 ; Fonds des Nations unies pour la sécurité humaine, « Timor-Oriental : réduire les pertes post-récolte pour améliorer la sécurité alimentaire », 2007, Ocha-online, base de données électronique : un.org/LinkClick.aspx?link=2125&tabid=2110.

30. U. Baloch *et al.*, « Évaluation et prévention des pertes de stockage du blé – Développement et transfert de technologie au Pakistan », *in* E. Highley (éd.), *Stored Product Protection,* Wallingford, CT, CABI Publishing, 1994.

31. Schéma 9-1, d'après Smil, *op. cit.,* note 7.

32. Danae Maniatis, « Étude rétrospective des mangroves du complexe de la zone humide de Tanbi, Gambie », mémoire de maîtrise, université de Vrije, Bruxelles, 19 août 2005.

33. Daniel Theisen, « Projet pilote Ba Nafaa sur la culture d'huîtres », 20 janvier 2010, base de données électronique : www.crc.uri.edu/download/Report_Oyster_Aquaculture_Training_2010.pdf.

34. Agence des États-Unis pour le développement international, république de Gambie, Centre des ressources côtières de l'université de Rhode Island et Bureau régional d'Afrique de l'Ouest du Fonds mondial pour la nature, *Projet pour une pêche durable Gambie-Sénégal, plan d'action année 1,* Narragansett, Rhode Island, Centre des ressources côtières, sans date, p. 21.

35. Ramasseurs d'huîtres à Lamin, entretien avec l'auteur, 2 juillet 2010.

36. Fatou Janha, fondatrice de TRY, entretien avec l'auteur, 16 juin 2010.

L'APPROVISIONNEMENT DES VILLES

1. Alice Wairimu, entretien avec l'auteur, 13 juillet 2010.

2. Programme des Nations unies pour les établissements humains (UN HABITAT), *L'État des villes dans le monde 2010/2011 : réduire la fracture urbaine,* Londres, Earthscan, 2010.

3. René van Veenhuizen (éd.), *Les villes cultivent pour l'avenir : agriculture urbaine pour des villes vertes et productives*, Manille, Institut international pour la reconstruction rurale (IIRR) et ETC Urban Agriculture, 2006 ; Luc J. A. Mougeot, *Cultiver de meilleures villes : agriculture urbaine et développement durable,* Ottawa, Centre de recherches pour le développement international (CRDI), 2006.

4. Tableau 10-1, d'après ferme verticale du programme *Urban Harvest,* Nairobi, base de données électronique : uharvest.org, et Danielle Nierenberg, « Fermes verticales : des moyens créatifs pour cultiver des aliments à Kibera », *Nourrir la planète blog,* 9 novembre 2009 ; jardins de pneus, d'après ECHO Farm, « Potagers urbains », base de données électronique : www.echonet.org/content/globalFarm/864/Urban%20Garden, et Danielle Nierenberg, « Cultiver de la nourriture avec les déchets urbains », *Nourrir la planète blog,* 1er septembre 2009 ; jardins sur les toits, d'après Eagle Street Rooftop Farm, base de données électronique : rooftopfarms.org ; jardins plates-formes, d'après ECHO Farm, *op. cit.* ci-dessus, et Danielle Nierenberg, « Cultiver de la nourriture avec les déchets urbains », *op. cit.* ci-dessus ; Community Supported Agriculture (CSA), d'après Michael Levenston, « RUAF bulletin n° 15 : Nouvelles de l'agriculture urbaine à travers le monde », base de données électronique : www.cityfarmer.info/2010/07/15/ruaf-update-15-urban-agriculture-news-from-around-the-world, et Abalimi Besekhaya, base de données électronique : www.abalimi.org.za.

5. Daniel G. Maxwell, *Économie politique de la sécurité alimentaire urbaine en Afrique subsaharienne*, FCND, document de travail n° 41, Washington DC, Institut international de recherche sur les politiques alimentaires, 1998.

6. Paule Moustier et George Danso, « Développement économique local et commercialisation des denrées produites en milieu urbain », *in* Van Veenhuizen, *op. cit.,* note 3, p. 174-191.

7. G. W. Nasinyama, D. C. Cole et D. Lee-Smith, « Évaluation de l'impact sanitaire de l'agriculture urbaine à Kampala », *in* Gordon Prain, Nancy Karanja et Diana Lee-Smith (éd.), *Urban Harvest Afrique : l'agricul-*

ture dans et autour des villes africaines, 2002-2006, Ottawa et Nairobi, CRDI et CIP-*Urban Harvest,* 2010.

8. Schéma 10-1, d'après Alberto Zetta et Luca Tasciotti, « Agriculture urbaine, pauvreté et sécurité alimentaire : preuve concrète à partir d'un échantillon de la population de pays en voie de développement », *Food Policy,* août 2010, p. 265-273 ; S. Haluna, « Contribution de l'agriculture urbaine à la sécurité alimentaire des ménages dans la ville de Tamala », rapport de licence scientifique, 2002 ; Jack Smit et Martin Bailkey, « Agriculture urbaine et construction des communautés », *in* Van Veenhuizen, *op. cit.,* note 3 ; Luc J. A. Mougeot, « Agriculture urbaine en Afrique selon une perspective mondiale », *in* Auxumite G. Egziabher *et al.* (éd.), *Cities Feeding People,* Ottawa, CRDI, 1994 ; M. Denninger, B. Egero et D. Lee Smith, *Production alimentaire urbaine : une stratégie de survie des ménages urbains,* rapport d'un atelier sur l'Afrique de l'Est et l'Afrique australe, Nairobi, Mazingira Institute, 1998 ; O. Soemarwato, « Jardins potagers en Indonésie », présenté au 4e Inter-congrès des sciences du Pacifique, Singapour, septembre 1981.

9. Mary Njenga, Nancy Karanja et Janet Magoiya, « À Nairobi, au Kenya, les agriculteurs urbains tirent leurs revenus de la production de graines », *Urban Grown,* newsletter du Kansas City Center for Urban Agriculture, août 2009.

10. Winnie, coordinateur, Solidarités, entretien avec les auteurs, Nairobi, septembre 2010.

11. C. Ssekyewa *et al.*, « La culture de légumes dans les jardins potagers des écoles primaires et son impact sur les moyens de subsistances des communautés en Ouganda », *Journal of Sustainable Development in Africa,* vol. 9, n° 2, 2007, p. 149-163.

12. Alice Hovorka, Henk De Zeeuw et Mary Njenga (éd.), *Women Feeding Cities : Mainstreaming Gender in Urban Agriculture and Food Security* (« Les femmes qui nourrissent les villes : intégrer le genre dans l'agriculture urbaine et la sécurité alimentaire »), Rugby, Royaume-Uni, Practical Action Publishing, 2009.

13. Mary Mutola, « Agriculture urbaine : une solution durable pour atténuer la misère urbaine, gérer la crise alimentaire et s'adapter au changement climatique », étude de cas d'un atelier à Nairobi, Kenya, Nairobi, 21 juillet 2010.

14. Eunice Ambani et Jane Okaka, d'après N. Karanja *et al.*, « Assurer des moyens de subsistance durables et la sécurité alimentaire par le biais de l'agriculture urbaine au sein des foyers affectés par le VIH/sida à Nakuru,

Kenya », *International Journal of Agricultural Sustainability*, vol. 8, n°s 1-2, 2010, p. 40-53.

15. Encadré 10-1, d'après Mark Redwood, « Introduction : l'utilisation des eaux grises dans la région du Moyen-Orient. Pour en savoir plus », *in* Stephen McIlwaine et Mark Redwood (éd.), *Utilisation des eaux grises au Moyen-Orient : questions techniques, sociales, économiques et politiques*, Rugby, Royaume-Uni, Practical Action Publishing, Ottawa, CRDI, Amman, Centre d'étude de l'environnement bâti, 2010, p. 2 ; production alimentaire, d'après Département des statistiques, *La Jordanie en chiffres, Publication 4*, Amman, Jordanie, 2001 ; CRDI, *Gérer le déficit en eau en Jordanie. Cultiver de meilleures villes*, étude de cas n° 3, Ottawa, 2006, p. 1, 3, 4 ; Murad Bino, Shihab Al Beiruti et Mohammad Ayesh, « Utilisation des eaux grises dans les jardins potagers ruraux du Karak, Jordanie », *in* McIlwaine et Redwood, *op. cit.* ci-dessus, p. 29, 31, 38 ; Kampala, d'après CRDI, *À partir de la base : les réformes de l'agriculture urbaine prennent racine. Cultiver de meilleures villes,* étude de cas n° 2, Ottawa, 2006, p. 2.

16. Étude sur le Kenya, d'après D. Lee-Smith et D. Lamba, « Potentiel de l'agriculture urbaine en Afrique », *Ecodecision*, décembre 1991, p. 37-40 ; Australian Academy of Technological Sciences and Engineering, *Recyclage de l'eau en Australie,* Victoria, Australie, 2004 ; B. Jimenez et T. Asano, « Accepter toutes les approches : perspectives mondiales sur la réutilisation », *Water 21*, décembre 2004, p. 32-37 ; J. Smit, A. Ratta et J. Nassr, *Agriculture urbaine – Alimentation, emplois et villes durables*, série *Habitat II,* vol. 1, New York, Programme pour le développement des Nations unies, 1996.

17. S. Kiongo et J. Amend, « Lier agriculture (péri)urbaine et gestion des déchets organiques à Dar es-Salaam », présenté lors de l'Atelier international IBSRAM-FAO sur l'agriculture urbaine et périurbaine, Accra, Ghana, 2-6 août 1999 ; O. Cofie, « Co-compostage des boues de vidanges et des déchets organiques solides pour l'agriculture urbaine et périurbaine à Kumasi, Ghana », Institut international de gestion des ressources en eau (IWMI), Département eau et assainissement dans les pays en développement de l'Institut fédéral suisse pour l'aménagement, l'épuration et la protection des eaux (EAWAG), université des Sciences et Technologies de Kwame Nkrumah, et Assemblée métropolitaine de Kumasi, Kumasi, 2003 ; Mary Njenga *et al.*, « Récupération des nutriments des déchets solides à destination de l'agriculture urbaine et périurbaine de Nairobi, Kenya », *in* A. Bationo *et al.* (éd.), *Advances in Integrated Soil Fertility Management in Sub-Saharan Africa : Challenges and Opportunities,* Amsterdam, Springer, 2007, p. 487-491.

18. Andra D. Johnson et Henry D. Gerhold, « Stockage du carbone par les cultivars urbains, dans les racines et au-dessus du sol », *Urban*

Forestry & Urban Greening, vol. 2, n° 2, 2003, p. 65-72 ; C. Liu, P. Zhou et Y. Zhang, « Foresterie urbaine en Chine : statut et perspectives », *in* Van Veenhuizen, *op. cit.*, note 3.

19. American Planning Association, *Guide de planification de la politique alimentaire au niveau communautaire et régional*, Washington DC, 2007.

20. CRDI, *Rosario, Argentine : une ville « mordue » d'agriculture urbaine. Cultiver de meilleures villes*, étude de cas n 6, Ottawa, 2006 ; Minu Hemmati, *Multi-Stakeholder Processes for Governance and Sustainability : Beyond Deadlock and Conflict* (« Processus multi-acteurs en matière de gouvernance et développement durable : au-delà des blocages et des conflits »), Londres, Earthscan, 2002.

21. Bureau du maire, « Gavin Newsom, maire de San Francisco, annonce la mise en place d'une politique alimentaire régionale et de plusieurs autres initiatives alimentaires », communiqué de presse, ville et comté de San Francisco, 8 juillet 2009.

22. Partenariat pour le développement municipal, Afrique de l'Ouest et Afrique australe, *Déclaration d'Harare sur l'agriculture urbaine et périurbaine*, Conférence ministérielle sur l'agriculture urbaine et périurbaine, Harare, 2003.

23. Diana Lee-Smith, « La contribution du partenariat recherche-développement dans l'élaboration d'une politique agricole urbaine », *in* Prain, Karanja et Lee-Smith, *op. cit.*, note 7 ; république du Kenya, ministère des Terres, document de session n° 3 sur la politique foncière nationale, 2009.

24. Mougeot, *op. cit.*, note 3 ; Daniel G. Maxwell, « Plus et mieux ? Accès aux terres urbaines pour une production alimentaire de semi-subsistance », *Land Use Policy*, juillet 1996, p. 181-195.

25. CRDI, Programme de gestion urbaine Amérique latine et Caraïbes (PGU-ALC/PNU-UN HABITAT) et Promotion du développement durable (IPES) (Pérou), « Agriculture urbaine : planification et aménagement du territoire. Principes directeurs pour la formulation de politiques municipales en matière d'agriculture urbaine », Ottawa, mars 2003.

26. Institut international de gestion des ressources en eau (IWMI), *Réalité du recyclage : gérer les risques sanitaires pour mieux maîtriser le recours aux eaux usées*, note d'information sur la politique de l'eau n° 17, Colombo, Sri Lanka, 2006 ; couverture limitée en Afrique subsaharienne, d'après l'OMS, *Rapport sur l'évaluation de la situation mondiale de l'approvisionnement en eau et de l'assainissement en 2000*, Genève et New York, OMS et UNICEF, 2000.

27. Cours d'eau pollués, d'après B. Keraita *et al.*, « Tenir compte de la connaissance et de l'expérience des agriculteurs pour réduire les risques sanitaires liés à l'utilisation des eaux usées dans l'irrigation », *in* P. Drechsel *et*

al. (éd.), *Wastewater Irrigation and Health : Assessing and Mitigating Risks in Low-income Countries,* Londres, Earthscan, Centre de recherches pour le développement international (CRDI) et IWMI, 2010, p. 337-354 ; H. Karg *et al.*, « Faciliter l'adoption des interventions de sécurité sanitaire dans le secteur alimentaire, au niveau de la rue et à la ferme », in *ibid.*, p. 319-335.

28. P. Amoah *et al.*, « Des World Cafés aux "Road Shows" : faire appel aux savoirs partagés pour contrôler l'utilisation des eaux usées dans l'agriculture urbaine », *Knowledge Management for Development Journal,* décembre 2009, p. 246-262 ; B. Keraita et P. Drechsel « Utilisation agricole des eaux usées urbaines non traitées au Ghana », *in* C. Scott, N. I. Faruqui et L. Raschid (éd.), *Waste Water Use in Irrigated Agriculture : Confronting the Livelihood and Environmental Realities,* Wallingford, Royaume-Uni, CABI Publishing, CRDI et IWMI, 2008.

29. Karg *et al.*, *op. cit.,* note 2.

30. *Ibid.*

31. Amoah *et al.*, *op. cit.,* note 3.

32. *Ibid.*

33. J. P. Ilboudo, « 50 ans après : le rôle et l'utilisation des radios rurales en Afrique », *in* Bruce Girard (éd.), *One to Watch : Radio, nouvelles technologies de l'information et de la communication (TIC) et interactivité,* Rome, FAO, 2003 ; Amoah *et al.*, *op. cit.,* note 3.

34. Amoah *et al.*, *op. cit.,* note 3.

35. *Ibid.*

36. *Ibid.*, tiré d'un entretien avec Philip Amoah, IWMI Ghana.

37. Programme commun OMS-UNICEF pour l'alimentation en eau et l'assainissement, *L'Eau source de vie. Il faut y arriver,* Genève, 2005, p. 4 ; Emily White Johansson et Tessa Wardlaw, *Diarrhée : pourquoi les enfants continuent-ils d'en mourir et que peut-on faire ?,* Genève, OMS et UNICEF, 2009, p. V.

38. Sindya N. Bhanoo, « Le PeePoo bag, pour quelques centimes, un sac de toilette à usage unique biodégradable, utilisable comme engrais », *New York Times,* 1er mars 2010 ; Peepoople, base de données électronique : www.peepoople.com/index.php.

39. Nicholas D. Kristof, « Sur le terrain avec Nicholas Kristof : l'inventivité américaine en Haïti » (vidéo), *New York Times,* 29 mars 2009 ; Sustainable Organic Integrated Livelihoods (SOIL), base de données électronique : www.oursoil.org.

40. Danielle Nierenberg, « Améliorer les moyens de subsistance et la nutrition avec la permaculture », *Nourrir la planète blog,* 5 janvier 2010 ; Bhanoo, *op. cit.,* note 2 ; Peepoople, *op. cit.,* note 2 ; Rigel Technology Ltd.,

base de données électronique : www.rigel.com.sg/en/home (consultée le 9 septembre 2010) ; Sulabh International Social Service Organisation, « Toilettes communautaires et usine de production de biogaz », base de données électronique : www.sulabhinternational.org/st/community_toilet_linked_biogas_pant.php.

41. Banque mondiale, *Changer la face des eaux : la promesse et le défi de l'aquaculture durable*, Washington DC, 2007, p. 26.

42. Nitin Jugran Bahuguna, « La Marche de la honte : sensibilisation à la question des toilettes », UNICEF, base de données électronique : ww.unicef.org/india/wes_2920.htm.

Mettre en valeur les connaissances et les compétences des femmes

1. Imodale Caulker-Burnett, entretien avec Dianne Forte, 7 juin 2010.

2. Banque mondiale, FAO et Fonds international de développement agricole (FIDA), *Agriculture et développement rural : manuel sur la parité hommes-femmes dans le secteur de l'agriculture*, Washington DC, Banque mondiale, 2009 ; Shaohua Chen et Martin Ravallion, *Le monde en développement est plus pauvre que nous le pensions, mais non moins efficace dans la lutte contre la pauvreté*, document de travail de recherche-politique n° 4703, Washington DC, World Bank Development Research Group, 2008 ; FAO, *L'Insécurité alimentaire dans le monde : crises économiques, impacts et enseignements*, Rome, 2009 ; Nations unies, Objectifs du millénaire pour le développement, base de données électronique : www.un.org/millenniumgoals.

3. AudienceScapes, « Les nouveaux médias en Afrique contribuent-ils au rapprochement hommes-femmes ? », 2 juillet 2010, base de données électronique : www.audiencescapes.org/are-new-media-africabridging-gender-divide-gap-Kenya-Ghana-mobileinternet-radio-television ; Marilyn Carr et Martha Chen, « Mondialisation, exclusion sociale et genre », *International Labour Review*, vol. 143, nos 1-2, 2004, p. 129-159 ; Pauline Tiffen *et al.*, « Des gardiens d'arbres aux acteurs mondiaux : les planteurs de cacao au Ghana », *in* Marilyn Carr (éd.), *Chains of Fortune : Linking Women Producers and Workers with Global Markets*, Londres, secrétariat du Commonwealth, 2004, p. 11-43 ; N. Kanji *et al.*, « Profits tirés des noix de cajou : femmes productrices et ouvriers au Mozambique », in *ibid.*, p. 75-102 ; OXFAM, « Pour un commerce équitable », base de données électronique : www.youtube.com/TTVCanada#p/a/f/0/9mgPEP8HAss (consultée par Dianne Forte, le 26 juin 2010).

4. Rose Hyde, cofondatrice de la coopérative des femmes de beurre de karité équitable d'Agbanga, entretien avec Dianne Forte, 4 juin 2010.

5. Marlene Elias et Judith Carney, « Le beurre de karité africain : un don de la nature fait aux femmes », *Africa : The Journal of the International African Institute*, vol. 77, n° 1, 2007, p. 37-62.

6. Encadré 11-1 d'après Hyde, *op. cit.*, note 4.

7. Delaney Greig, « Beurre de karité : relier les femmes rurales burkinabé aux marchés internationaux par le biais du commerce équitable », *Development in Practice*, août 2006, p. 465-475.

8. Lorenzo Cotula, *Droit et genre : les droits des femmes dans le secteur de l'agriculture*, FAO, étude législative n° 76, Rome, FAO, révision 2007 ; « Burkina Faso », International Women's Rights Action Watch, université du Minnesota, base de données électronique : www1.umn.edu/humanrts/iwraw/burkina.htm ; FAO, *Femmes, agriculture et développement rural : rapport de synthèse de la région Afrique*, Rome, 1995.

9. Elias et Carney, *op. cit.*, note 5.

10. Carr et Chen, *op. cit.*, note 3.

11. Jeffrey Sachs, « Internet et la téléphonie mobile stimulent le développement », *Real Clear Markets*, basc dc données électronique : www.realclearmarkets.com (consultée le 21 août 2008).

12. *Agricultural Education and Training in Africa* (AET), base de données électronique : www.aet-africa.org/?q=node/1.

13. Encadré 11-2, d'après Fondation mondiale pour le cacao (World Cocoa Fondation, WCF), « Programme pour le développement des cultures pérennes », *Programme annuel de la Fondation mondiale pour le cacao*, Washington DC, mai 2010, p. 12-13, 14-15 ; Fondation mondiale pour le cacao, « Approches innovantes », in *The ECHOES Alliance Quarter Five Report, October-December 2008*, Washington DC, décembre 2008, p. 11-12 ; Fondation mondiale pour le cacao, « Success Stories », in *The ECHOES Alliance Quarter Two Report, January-March 2008*, Washington DC, mars 2008, p. 27-28.

14. Royce Gloria Androa, *Rapport d'évaluation sur de potentielles activités génératrices de revenus à la ferme et en dehors de la ferme, dans quatre communautés de la province de Karamoja*, pour Gesellschaft für Technische Zusammenarbeit (Agence de coopération technique allemande pour le développement durable), Allemagne, non publié, avril 2010.

15. *Ibid.*

16. Susan Ocokoru, conseiller agricole à Arua, Ouganda, entretien avec Royce Gloria Androa, 28 mai 2010 ; Janet Asege, expert en développement

des communautés à Karamoja, Ouganda, entretien avec Royce Gloria Androa, 18 avril 2010.

17. Sarah Parkinson, « Apprendre à répondre aux agriculteurs », secrétariat du National Agricultural Advisory Services (NAADS), Kampala, Ouganda, non publié, mai 2006.

18. Secrétariat du NAADS, *Rapport annuel 2006-2007 du National Agricultural Advisory Services,* Kampala, Ouganda, août 2007.

19. D. Pearce *et al.*, *Les institutions de microfinances s'impliquent dans le financement de l'agriculture rurale*, Washington DC, World Bank Group, 2004.

20. Femmes et division de la population, « Femmes et sécurité alimentaire durable », FAO, base de données électronique : www.fao.org/sd/fsdirect/fbdirect/fsp001.htm (mise à jour en 2007) ; Fatma Denton *et al.*, *Le Visage de la pauvreté énergétique à travers la femme au Sénégal,* Dakar, Sénégal, Enda-Environnement et développement du tiers monde, 2005.

21. Dinnah Kapiza, entretien avec Marie-Ange Binagwaho, 22 avril 2010, avec notes de suivi.

22. *Ibid.*

23. *Ibid.*

24. *Ibid.*

25. Dinnah Kapiza, entretien avec Marie-Ange Binagwaho, 6 juin 2010.

26. *Ibid.*

27. Association Global System of Mobile Communications (GSM), *Accès universel : le téléphone mobile ou l'accès à la communication pour le plus grand nombre*, Londres, 2008 ; AudienceScapes, *op. cit.,* note 3.

28. Sokari Ekine, « Révolution SMS : l'activisme et le mobile en Afrique », *Pambazuka Press,* base de données électronique : www.pambazuka.org, 6 janvier 2010 ; Union internationale des télécommunications, *Télécommunications/TIC Marchés et tendances en Afrique,* Genève, 2007.

29. GSM, *op. cit.,* note 27 ; Brandie Martin et Eric Abbott, « Appel pour le développement : utilisation du téléphone portable et développement agricole en Ouganda », document de conférence, 2009 ; Helen Aitkin, *Les Femmes en milieu rural et les télécommunications dans les pays en voie de développement*, 1998, base de données électronique : www.ardaf.org/NR/rdonlyres/049DC4A9-0D80-4A9A-9CB6 6B08A914A243/0/199813HelenAitkin.pdf.

30. Mark Williams, *Accès haut débit pour l'Afrique : développer l'ossature des réseaux de communication,* Washington DC, Banque mondiale, 2010 ; Aitkin, *op. cit.,* note 29 ; Banque mondiale, FAO et FIDA, *op. cit.,* note 2 ; Janine Firpo, « Financer les personnes privées d'accès aux services bancaires : le rôle de la technologie dans la fourniture de services financiers accessibles

aux pauvres », SEMBA Consulting, sans date ; Gautam Bandyopadhyay, « Financer les personnes privées d'accès aux services bancaires : pour la mobilité en Afrique », *in* Standard Chartered PLC, *Asia, Africa and the Middle East : The Guide to Working Capital Management 2009/2010,* 2009, p. 60-67.

31. Williams, *op. cit.,* note 30.

32. FIDA, *Stratégie d'innovation : permettre aux populations rurales pauvres de vaincre la pauvreté,* Rome, 2007.

33. Banque mondiale, *Rapport sur le développement dans le monde 2008 : l'agriculture au service du développement,* Washington DC, 2007.

34. Réseau d'analyse et de recherches sur les politiques alimentaires, agricoles et de développement des ressources naturelles (FANRPAN), base de données électronique : www.fanrpan.org/about/network.

35. FANRPAN, « FANRPAN lance un projet destiné à renforcer la capacité des femmes à influer sur la politique agricole er les programmes de développement en Afrique australe », communiqué de presse, Pretoria, Afrique du Sud, 27 juillet 2009.

36. Banque mondiale, FAO et Fonds international de développement agricolc, *Agriculture et développement rural : manuel sur la parité hommes-femmes dans le secteur de l'agriculture,* Washington DC, Banque mondiale, 2009.

37. Programme pour le développement des Nations unies-Commission économique pour l'Afrique des Nations unies, *Gouvernance locale pour la réduction de la pauvreté en Afrique : cadre de suivi post-Maputo*, New York, octobre 2002.

38. « Lancement du projet *Women Accessing Realigned Markets* (WARM) », FANRPAN, base de données électronique : www.fanrpan.org/documents/d00961.

39. *Ibid.*

40. Linda Nghatsane citée *in* Vusumuzi Sifile, « Les décideurs en décalage avec la réalité des agriculteurs », *Terraviva* (IPS Africa), 3 septembre 2009.

41. Chance Kabaghe et Cecilia Makota au lancement du projet WARM, 3 septembre 2009.

42. Obed Dlamini au lancement du projet WARM, 3 septembre 2009.

43. Gordon Conway et Jeff Waage, avec Sara Delaney, *Science and Innovation for Development* (« Science et innovation pour le développement »), Londres, UK Collaborative on Development Sciences, 2010 ; cité lors du lancement de l'ouvrage à Londres, 19 janvier 2010.

44. « Agriculture : moteur de croissance en Afrique. Science des plantes et biotechnologie détiennent la clé du succès », conférence de l'Association of Applied Biologists, Rothamsted International, Harpenden, Royaume-Uni, 10-12 octobre 2009.

45. Conway et Waage, *op. cit.*, note 1, p. 358.

INVESTIR DANS LE CONTINENT AFRICAIN : CRISES ET OPPORTUNITÉS

1. Robert Zeigler, entretien avec l'auteur, 2009.

2. *Ibid.*

3. Pour les causes de la crise alimentaire mondiale de 2008, voir FAO, *La Situation des marchés des produits agricoles 2009 : flambée des prix et crise alimentaire, expériences et enseignement,* Rome, 2009 ; 90 %, d'après Robert Thompson, université de l'Illinois, entretien avec l'auteur, été-automne 2009 ; savane guinéenne, d'après Banque mondiale et FAO, *L'Éveil d'un géant africain : perspectives de l'agriculture commerciale dans la zone de savane de Guinée et au-delà,* Washington DC, 2009, p. 152-153.

4. Bureau sous-régional de la FAO pour l'Afrique de l'Est, *Flambée des prix alimentaires en Éthiopie : vers des solutions équitables et durables,* Addis-Abeba, octobre 2008, p. 6 ; Nick Wadhams, « Les activistes kényans en lutte contre les acquisitions foncières par le Qatar », Abu Dhabi, *The National,* 5 juin 2009 ; « La Corée du Sud et les acquisitions foncières en Tanzanie », BBC, 24 septembre 2009.

5. Alexandra Spieldoch, Institut pour la politique agricole et commerciale, entretien avec l'auteur, 2009.

6. Sonja Vermeulen et Lorenzo Cotula, *Tirer le meilleur parti possible des investissements dans l'agriculture : une étude des modèles de transactions offrant des opportunités aux petits agriculteurs,* Londres, Institut international pour l'environnement et le développement (IIED), Rome, FAO, Fonds international de développement agricole (FIDA) et Bern, Direction suisse du développement et de la coopération (DDC), 2010.

7. « Environ 1 million de morts », d'après OXFAM, « OXFAM appelle à un bouleversement radical des règles du système d'aide, afin de briser le cycle de la faim en Éthiopie », communiqué de presse, Oxford, Royaume-Uni, 22 octobre 2009 ; pour le potentiel agricole de l'Éthiopie, voir Banque mondiale, « Quatre Éthiopie : une caractérisation régionale – Évaluation du potentiel de croissance de l'Éthiopie et obstacles au développement », Washington DC, 24 mai 2004. Nouveaux rapports sur les efforts du gouvernement pour

promouvoir les investissements étrangers dans l'agriculture, dont K. S. Ramkumar, « L'Éthiopie offre d'immenses parcelles aux Saoudiens pour cultiver des céréales », *Arab News*, 7 août 2008 ; Tsegaye Tadesse, « L'Éthiopie réserve des terres à des investisseurs étrangers », *Reuters*, 29 juillet 2009 ; Argaw Ashine, « Éthiopie : un pays en proie à la famine défend l'accaparement des terres », *Business Daily*, 14 août 2009.

8. Wudineh Zenebe, « La nouvelle firme agroalimentaire du cheik a déboursé 80 millions de dollars », *Addis Fortune*, 12 octobre 2009.

9. « Transcription : discours d'investiture de Barack Obama », *New York Times*, 20 janvier 2009.

10. Susan Payne, P-DG, Emergent Asset Management, entretien avec l'auteur, 2009.

11. Superviseur et ouvriers de la ferme Mohammed Al-Amoudi en Éthiopie, entretien avec l'auteur, juin-juillet 2009.

12. *Ibid.* ; échanges avec différents journalistes éthiopiens et représentants de la société civile.

13. Habitants d'un village éthiopien, entretien avec l'auteur, 2009.

14. Pour l'histoire de la propriété foncière en Éthiopie, voir Dessalegn Rahmato, *The Peasant and the State : Studies in Agrarian Change in Ethiopia, 1950s–2000s (La Paysannerie et l'État : études de la réforme agraire en Éthiopie, années 1950-2000),* Traverse City, MI, Custom Books Publishing, 2008.

15. Michael Taylor, directeur de programme, Coalition internationale pour l'accès à la terre, entretien avec l'auteur, 2009.

16. GRAIN, *Main basse sur les terres agricoles en pleine crise alimentaire et financière, novembre 2008,* Barcelone, octobre 2008 ; tableau 12-11, d'après Shepard Daniel avec Anuradha Mittal, *Mauvais et bons investissements dans l'agriculture : le rôle des sociétés financières internationales dans l'accaparement mondial des terres,* Oakland, Californie, Oakland Institute, 2010, et données GRAIN, base de données électronique : www.farmlandgrab.org ; Javier Blas, « Madagascar loue des terres arables à la Corée du Sud », *Financial Times*, 19 novembre 2008.

17. Banque mondiale, « Catalogue de données », base de données électronique : data.worldbank.org/data-catalog.

18. Banque mondiale et FAO, *op. cit.,* note 3 ; Banque mondiale, *Rapport sur le développement dans le monde 2008 : l'agriculture au service du développement,* Washington DC, 2007, p. 6.

19. Banque mondiale et FAO, *op. cit.,* note 3 ; Javier Blas, « Mise en garde des Nations unies sur le néocolonialisme alimentaire », *Financial Times*, 18 août 2008.

20. Chido Makunike, présentation à la Conférence sur l'acquisition de terres, Woodrow Wilson International Center for Scholars, Washington DC, mai 2009.

21. « Le G8 soutient le principe directeur du Japon sur l'investissement agricole », *Reuters*, 8 juillet 2009.

22. Banque mondiale et FAO, *op. cit.*, note 3, p. 152-153 ; Conférence annuelle de la Banque mondiale sur la gestion et les politiques foncières, Washington DC, 26-27 avril 2010.

23. Lorenzo Cotula *et al.*, *Accaparement des terres ou opportunités de développement ? Investissements agricoles et transactions foncières internationales en Afrique*, Londres IIED, Rome, FAO et FIDA, 2009 ; « Un autre Zimbabwe », commentaire de Klaus Deininger, expert en droit foncier de la Banque mondiale, conférence *Global Aginvesting*, New York, 23 juin 2009.

24. Banque mondiale et FAO, *op. cit.*, note 3, p. 17 ; William Wallis, « Les marchés pionniers de l'Afrique prêts à la compétition », *Financial Times*, 1er juin 2010.

25. David Hallam, « Investissements internationaux dans la production agricole », présentation lors d'une réunion d'experts sur la façon de nourrir le monde en 2050, FAO, Rome, 24-26 juin 2009 ; Davison Gumbo, « Les programmes d'aide aux petits planteurs améliorent-ils les moyens de subsistance ruraux ? L'exemple de la Zambie », présentation PowerPoint à la Conférence annuelle de la Banque mondiale sur la gestion et les politiques foncières, Washington DC, 26-27 avril 2010.

26. Gemedo Tilago, entretien avec l'auteur, 2009.

27. Groupe Banque africaine de développement, « Présentation de la délégation de la BAFD lors de la conférence de haut niveau d'Abuja », communiqué de presse, Tunis, 8 mars 2010.

28. Ziyelesa Banda, entretien avec Benedict Tembo, 1er mars 2010 ; Sunduzwayo Banda, entretien avec Benedict Tembo, 5 juin 2010.

29. Sunduzwayo Banda, *op. cit.*, note 2.

30. Ray Handema, directeur exécutif par intérim, National Institute for Scientific Research and Industrial Relations, entretien avec Benedict Tembo, 25 février 2010.

31. Daniel Tesfaye Haileselassie, courrier électronique à Benedict Tembo, 18 mars 2010.

32. AVRDC-Centre international de cultures maraîchères, « Comment cultiver le niébé », Centre régional pour l'Afrique, Tanzanie, base de données électronique : www.avrdc.org/fileadmin/pdfs/Grow_Cowpea.pdf.

33. Danielle Nierenberg, « Innovation de la semaine : investir dans un meilleur stockage des aliments en Afrique », *Nourrir la planète blog*, 21 janvier 2010.

34. Handema, *op. cit.*, note 4.

35. Danielle Nierenberg, « Femmes entrepreneurs : une valeur ajoutée », *Nourrir la planète blog*, 8 novembre 2009 ; Institut Mazingira, base de données électronique : www.mazinst.org.

36. Développement du secteur laitier de l'Afrique de l'Est, base de données électronique : eadairy.wordpress.com.

37. Jeffrey Gettleman, « Avec des vols à terre, les produits du Kenya dépérissent », *New York Times*, 19 avril 2010.

LES CHAÎNONS MANQUANTS : PRODUIRE, ET APRÈS ?

1. Rob Munro, Agence des États-Unis pour le développement international (USAID) PROFIT, entretien avec l'auteur, juin 2010 ; « Récolte historique de maïs en Zambie », *Lusaka Times*, 24 mai 2010.

2. AID PROFIT, « 2009-2010 Base de données statistiques sur l'agriculture en Zambie », juin 2010 ; « La Zambie récolte 1,9 million de tonnes de maïs pour la saison 2008-2009 », *Lusaka Times*, 14 mai 2009.

3. Encadré 13-1, d'après Eratus Kibugu, directeur national de Technoserve en Ouganda, entretien avec l'auteur, mai 2010 ; Ken Opala, « Les agriculteurs kényans découvrent Internet », *International Development Research Centre News*, 29 janvier 2004 ; Jenny C. Aker, « Est-ce que vous m'entendez ? Comment la téléphonie mobile transforme les marchés en Afrique subsaharienne », *Notes du CGD*, Washington DC, Center for Global Development (CGD), octobre 2008 ; eSoko, base de données électronique : www.esoko.com (consultée le 7 mai 2010) ; « Applications agricoles déployées », Centre de technologie de la fondation Grameen, base de données électronique : www.grameenfoundation.applab.org/section/uganda-ag-apps ; Union nationale des agriculteurs de Zambie, base de données électronique : www.znfu.org.zm (consultée le 7 mai 2010) ; Katharina Felgenhauer, « Zambie-Effet levier du potentiel agricole », Organisation de coopération et de développement économiques (OCDE), base de données électronique : www.oecd.org/dataoecd/35/34/41302315.pdf.

4. AID PROFIT, *Rapport annuel 2009*, Washington DC, 2009, p. 10-11.

5. Thilo Thielke, « Les agriculteurs déplacés du Zimbabwe trouvent une nouvelle terre », *Spiegel Online International*, 27 décembre 2004 ; AID PROFIT, « Aperçu sur le secteur agricole zambien », données du recensement 2000 en Zambie, p. 12.

6. Nombre d'agriculteurs, d'après AID PROFIT, *op. cit.*, note 4 ; chiffre sur les achats alimentaires sur Internet, d'après Rob Munro, AID PROFIT, entretien et échange de courriers électroniques avec l'auteur, juin 2010.

7. Mabvuto Chisi, AID PROFIT, entretien avec l'auteur, juin 2010 ; AID PROFIT, *op. cit.*, note 5, p. 13.

8. Chisi, *op. cit.*, note 7 ; AID PROFIT, *op. cit.*, note 2.

9. Wilson Mwape, entretien avec l'auteur, juin 2010 ; Projet de recherche sur la sécurité alimentaire en Zambie, université d'État du Michigan, « Les dessous de la récolte record de maïs en Zambie », présentation PowerPoint, diapositive 9, schémas 13-1 et 13-2, d'après FAO, *FAOSTAT Base de données statistiques,* base de données électronique : faostat.fao.org (mise à jour le 2 septembre 2010), ministère de l'Agriculture et des Coopératives de Zambie (MACO), Bureau central des statistiques (CSO), *Schémas de conduite et performance de la culture du maïs parmi les petites et moyennes exploitations agricoles de Zambie : examen des données statistiques CSO/MACO des prévisions de récolte pour les saisons de production 2000-2001 et 2007-2008*, document de travail pour commentaires, 20 juin 2008, MACO et CSO, *2009-2010 Statistiques agricoles*, Lusaka, Zambie, 2010.

10. Justine Chiyesu, entretien avec l'auteur, juin 2010.

11. *Ibid.*, avec calculs de rendement par l'auteur.

12. *Ibid.*

13. *Ibid.*

14. *Ibid.*

15. *Ibid.*

16. FAO, « Changement de l'étendue des forêts et des autres terres boisées 1990-2005 » (tableau), *Évaluation des ressources forestières mondiales 2005*, base de données électronique : www.fao.org/forestry/32033/en.

17. Lytton K. Zulu, directeur général Cropserve, entretien avec l'auteur, juin 2010 ; AID PROFIT, *op. cit.*, note 4, p. 12-13.

18. AID PROFIT, *Agriculture de conservation en Zambie,* Washington DC, sans date, p. 2.

19. Selon des entretiens avec Cropserve, l'atrazine est un herbicide couramment employé dans les champs de maïs en Zambie ; largement utilisé dans le monde, cet herbicide est interdit dans les pays de l'Union européenne et fait l'objet d'études par l'Agence de protection de l'environnement des États-Unis ; base de données électronique : www.epa.gov/pesticides/reregistration/atrazine/atrazine_update.htm.

20. Observation de l'auteur ; James Luhana, AID PROFIT, entretien avec l'auteur, juin 2010 ; encadré 13-2, d'après Graham Lettner, Mobile Transactions, Lusaka, Zambie.

21. Pour le préjudice causé par les importations d'aide alimentaire, voir Roger Thurow et Scott Kilman, *Enough : Why the World's Poorest Starve in an Age of Plenty* (« Assez : pourquoi les plus pauvres du monde meurent de faim à l'ère de l'abondance »), New York, Public Affairs, 2009 ; Felix Edwards, Programme alimentaire mondial, Lusaka, Zambie, entretien avec l'auteur, juin 2010 ; détails complémentaires, d'après Munro, *op. cit.,* note 1, et AID PROFIT, *op. cit.,* note 4, p. 33.

22. AID PROFIT, *op. cit.,* note 4, p. 37 ; détails sur les échanges, d'après Edwards, *op. cit.,* note 21, et Brian Tembo, directeur général de Zamace, juin 2010.

23. Munro, *op. cit.,* note 1 ; Tembo, *op. cit.,* note 22 ; Jan Joost Nijhoff, coordinateur du programme régional de l'université d'État du Michigan et du Marché commun de l'Afrique de l'Est et de l'Afrique australe (COMESA) sur les politiques agricoles gouvernementales, entretien avec l'auteur, juin 2010.

24. Sur les dépenses engagées en Zambie dans le secteur agricole, voir J. Govereh *et al.*, *Augmenter la productivité des investissements publics dans le secteur agricole zambien*, document de travail n° 20, Lusaka, Zambie, Projet de recherche sur la sécurité alimentaire, décembre 2006.

25. Peter Cunningham, courriers électroniques à l'auteur, juillet 2010 ; *Serving in Mission,* base de données électronique : www.sim.org/index.php/project/97355.

26. Cunningham, *op. cit.,* note 1 ; *Serving in Mission, op. cit.,* note 1.

27. Peter Cunningham, « Gestion des systèmes agricoles agroforestiers par les agriculteurs », ECHO, note technique, août 2010.

28. Educational Concerns for Hunger Organization (ECHO), visite de l'auteur, 39 mars-1er avril 2009 ; ECHO, base de données électronique : www.echonet.org.

29. ECHO, visite de l'auteur, *op. cit.,* note 4 ; ECHO Web site, *op. cit.,* note 4.

30. *Ibid.*

31. *Ibid.*

32. Stan Doerr, ECHO, entretien avec l'auteur, 30 mars 2009.

33. *Ibid.*

34. « Entretien avec Robin Denney, consultant en agriculture, Église épiscopale du Soudan », Berkley Center for Religion, Peace, & World Affairs, université de Georgetown, 16 avril 2010, base de données électronique : berkleycenter.georgetown.edu.

35. Ellen Davis, entretien avec l'auteur, 14 juillet 2010.

36. *Ibid.*

37. *Ibid.*

38. Martin Price, entretien avec l'auteur, 1er avril 2009.

Le bétail, un élément de l'amélioration de la production

1. Christopher Delgado *et al.*, *L'Élevage d'ici 2020 : la prochaine révolution alimentaire*, série Alimentation, Agriculture et Environnement, document de synthèse n° 28, Washington DC, Institut international de recherche sur les politiques alimentaires, 1999.

2. Tableau 14-1 d'après Mario Herrero *et al.*, « Élevage, moyens de subsistance et environnement : comprendre les compromis », *Current Opinion in Environmental Sustainability*, vol. 1, 2009, p. 111-120.

3. K. Homewood *et al.* (éd.), *Staying Maasai : Livelihoods Transitions, Conservation and Development in East African Rangelands* (« Rester masai : évolution des moyens de subsistance, conservation et développement dans les zones de pâturages d'Afrique de l'Est »), Allemagne, Springer, 2009.

4. S. Gizah *et al.*, *Production ovine et caprine et stratégies de commercialisation en Éthiopie : caractéristiques et stratégie de développement*, IPMS, document de travail n° 53, Nairobi, Institut international de recherche sur l'élevage (ILRI), 2010.

5. M. Blummel et P. Pathasarathy Rao, « Valeur économique du sorgho fourrager commercialisé sous forme de fourrage pour la production laitière urbaine et périurbaine à Hyderabad, Inde », *International Sorghum and Millet Newsletter*, vol. 47, 2006, p. 97-99.

6. G. R. Thomson *et al.*, « Commerce international du bétail et des produits de l'élevage : la nécessité d'une approche portant sur les produits de base », *Veterinary Record*, 2 octobre 2004, p. 429-433.

7. L. H. Taylor *et al.*, « Facteurs de risques pour l'émergence de maladies humaines », *Philosophical Transactions of the Royal Society of London B : Biological Sciences*, 29 juillet 2001, p. 983-989.

8. D. Grace *et al.*, « Caractérisation et validation des connaissances et de la gestion de la trypanosomose du bétail par les éleveurs de la zone cotonnière de l'Afrique de l'Ouest », *Acta Tropica*, août 2009, p. 137-143.

9. Ana Riviere-Cinnamond, « Politique de santé animale et pratiques : modernisation des systèmes communautaires de santé animale, enseignements tirés du domaine de la santé humaine », document de travail n° 23775, Rome, FAO, 2005.

10. I. Capua *et al.*, « Développement d'une stratégie DIVA (différenciation entre des animaux vaccinés naturellement infectés) fondée sur l'utilisation d'un vaccin inactivé portant une neuraminidase hétérologue afin de contrôler le virus de la grippe aviaire », *Avian Pathology*, février 2003, p. 47-55 ; encadré 14-1 fondé sur la visite de Danielle Nierenberg à la fondation Kyeema de Maputo, Mozambique, février 2010 ; voir aussi « Améliorer l'accès à la prévention des maladies du bétail », *Nourrir la planète blog*, 2 février 2010, et R. G. Alders, B. Bagnol et M. P. Young, « Contrôle maîtrisé et durable de la maladie de Newcastle parmi les populations de poulets de village : enseignements tirés depuis cinquante ans », *World's Poultry Science Journal*, vol. 66, n° 3, 2010, p. 433-440.

11. Christine C. Jost *et al.*, « Évaluation épidémiologique de l'émergence de la fièvre de la vallée du Rift au Kenya et en Tanzanie en 2006 et 2007 », *American Journal of Tropical Medicine and Hygiene*, vol. 83, supplément 2, 2010, p. 65-72.

12. Homewood *et al.*, *op. cit.*, note 3.

13. Herrero *et al.*, *op. cit.*, note 2.

14. M. E. Hellmuth *et al.* (éd.), *Assurance indicielle et risques climatiques : perspectives d'avenir pour le développement et la gestion des catastrophes. Climat et Société,* n° 2, New York, Institut international de recherche sur le climat et la société, université de Columbia, 2009.

15. Andrew Mude *et al.*, *Assurance contre la mortalité du bétail en rapport avec la sécheresse : pilotage de l'indice d'assurance du bétail dans le nord du Kenya et le sud de l'Éthiopie,* Nairobi, Institut international de recherche sur l'élevage, 2009.

16. Danielle Nierenberg, visite au Rwanda, 7 décembre 2009 ; Centre mémorial de Kigali, base de données électronique : www.kigalimemorialcentre.org/old/genocide/index.html.

17. Dr Dennis Karamuzi, directeur de programme, Heifer International Rwanda, entretien avec Danielle Nierenberg, 7 décembre 2009.

18. Holindintwali Cyprien, agriculteur bénéficiaire d'un don de Heifer International, entretien avec Danielle Nierenberg, décembre 2009.

19. Karamuzi, *op. cit.,* note 2.

20. Ministère de l'Infrastructure du Rwanda, base de données électronique : mininfra.gov.rw/index.php?option=com_content&task=view&id=115&Itemid=143.

21. Helen Bahikwe, agricultrice bénéficiaire d'un don de Heifer International, entretien avec Danielle Nierenberg, 8 décembre 2009.

22. Cyprien, *op. cit.,* note 18.

23. *Ibid.*

24. Rwanda Animal Resources Development Authority, base de données électronique : www.rarda.gov.rw/spip.php?rubrique12 ; Karamuzi, *op. cit.*, note 2.

UNE FEUILLE DE ROUTE POUR NOURRIR LA PLANÈTE

1. Croissance du produit mondial brut, d'après Banque mondiale, *Base de données des indicateurs du développement dans le monde (WDI)* ; ressources halieutiques, d'après B. Worm *et al.*, « Impact d'une biodiversité en diminution sur le fonctionnement des écosystèmes océaniques », *Science*, 3 novembre 2006, p. 787-790 ; production pétrolière, d'après Département américain de l'Énergie, Agence américaine d'information sur l'énergie (EIA), *Statistiques énergétiques internationales,* Washington DC et Agence internationale de l'énergie (AIE), *Panorama énergétique mondial 2009,* Paris, 2009 ; prélèvements d'eau, d'après McKinsey & Company, *Préparer le futur de l'eau : des cadres économiques pour éclairer la prise de décision,* Washington DC, 2009.

2. Prélèvements d'eau, d'après McKinsey & Company, *op. cit.,* note 1 ; gaz à effet de serre, d'après Banque mondiale, *Rapport sur le développement dans le monde 2008 : l'agriculture au service du développement,* Washington DC, 2007, et Convention-cadre des Nations unies sur le changement climatique, base de données électronique : www.unfccc.int ; 13 millions d'hectares de forêt perdus, d'après FAO, *Situation des forêts du monde,* Rome, 2009 ; empiètement agricole, d'après Programme des Nations unies pour l'environnement (PNUE), *Emplois verts : pour un travail décent dans un monde durable, à faibles émissions de carbone*, Genève, 2008 ; population et projections de croissance, d'après PNUE-GRID-Arendal, *Crise alimentaire et environnement : rôle de l'environnement dans la prévention des crises alimentaires,* Norvège, 2009.

3. K. Saeed, *Towards Sustainable Development : Essays on System Analysis of National Policy* (« Vers un développement durable : essai sur le système d'analyse d'une politique nationale »), Aldershot, Royaume-Uni, Ashgate Publishing Company, 1998 ; Évaluation internationale des connaissances, des sciences et des technologies agricoles pour le développement (IAASTD), *L'Agriculture à la croisée des chemins. Rapport de synthèse*, Washington DC, Island Press, 2009.

4. Augmentation de la production, d'après J. N. Pretty *et al.*, « Une agriculture de conservation des ressources accroît les rendements dans les pays en voie de développement », *Environmental Science & Technology*, vol. 40, n° 4, 2006, p. 1114-1119, et C. Badgley et I. Perfecto, « L'agriculture

biologique peut-elle nourrir le monde ? », *Agriculture renouvelable et systèmes alimentaires*, juin 2007, p. 80-86 ; création d'emplois, d'après PNUE, *op. cit.*, note 2, et GHK Consulting, en association avec Cambridge Econometrics et Institut pour la politique environnementale européenne (IEP), *Liens entre l'environnement, l'économie et le travail*, Londres, 2007 ; faibles émissions, d'après Pretty *et al.*, *op. cit.* ci-dessus.

5. A. Markandya *et al.*, *Coûts de réalisation des Objectifs du millénaire pour le développement liés à l'adoption de l'agriculture biologique*, IBASD, document de travail n° 193, Tokyo, Institut de la Banque asiatique de développement, janvier 2010.

6. A. M. Bassi *et al.*, *Assessing Future Prospects of the Agriculture Sector Using an Integrated Approach* (« Évaluation des perspectives du secteur agricole par le biais d'une approche intégrée »), Arlington, Virginie, Millennium Institute, 2010.

7. Résidus facilement disponibles, source IEA, *Production durable de biocarburants de seconde génération*, Paris, 2010.

8. Nations unies, Objectifs du millénaire pour le développement, base de données électronique : www.un.org/millenniumgoals.

9. Encadré 15-1, d'après données sur les dépenses de recherche, d'après Board on Agriculture, *Investir dans la recherche : une proposition pour renforcer le système agricole, alimentaire et environnemental*, Washington DC, National Research Council, 1989, « Appendice B : Activités de recherche et de développement du secteur privé ». Ces chiffres excluent les dépenses de recherche du Service forestier et du Service de recherche économique (recherche et développement) et ne tiennent pas compte des dépenses de recherche de l'industrie agroalimentaire. Dépenses d'entreprise, d'après Monsanto, « Profil d'entreprise », base de données électronique : www.monsanto.com/investors/corporate_profile.asp, et Syngenta Global, « Recherche & Développement », base de données électronique : www2.syngenta.com/en/investor_relations/thisissyngenta_randd.html. La croissance de la part recherche et développement du secteur privé reflète une mondialisation toujours plus importante des apports de l'industrie agricole. Il serait donc plus approprié de comparer le total recherche et développement du secteur privé au niveau mondial au total recherche et développement du secteur public au niveau mondial, en incluant les dépenses nationales et celles des institutions multilatérales. La part du secteur privé devrait être inférieure, mais la tendance générale montre manifestement une implication bien plus importante du secteur privé.

10. C. Benbrook, « Principes gouvernant les risques à long terme, les bénéfices et les coûts de la biotechnologie agricole », *in* Charles McManis

(éd.), *Biodiversity and the Law : Intellectual Property, Biotechnology, and Traditional Knowledge,* Londres, Earthscan, 2007.

11. J. K. Bourne, « Crise alimentaire mondiale : la fin de l'abondance », *National Geographic,* juin 2009.

12. R. L. Mulvaney, S. A. Khan et T. R. Ellsworth, « Le flétrissement de la Révolution verte », *State of Science : Commentaries,* Boulder, Colorado, The Organic Center, mars 2010.

13. M. Stevenson, « Le Malawi récompensé par son retour à une agriculture d'un autre âge, sans produits chimiques », *Theecologist.org,* 22 juin 2010.

14. P. C. Ronald et R.W. Adamchak, *Tomorrow's Table : Organic Farming, Genetics, and the Future of Food* (« La Table de demain : agriculture biologique, génétique et futur de l'alimentation »), Oxford, Oxford University Press, 2008.

15. R. Lal, « Amélioration des rendements agricoles dans les pays en voie de développement, par le biais de la restauration du réservoir de carbone organique du sol des terres agricoles », *Land Degradation & Development,* mars-avril 2006, p. 197-209 ; R. E. Evans et D. Gollin, « Évaluation de l'impact de la révolution verte, 1960-2000 », *Science,* 2 mai 2003, p. 758-762.

16. FAO, « 925 millions de personnes souffrent chroniquement de la faim dans le monde », communiqué de presse, Rome, 14 septembre 2010 ; Daniel Shepard avec A. Mittal, *The Great Land Grab : Rush for World's Farmland Threatens Food Security for the Poor* (« Le Grand Accaparement des terres : la ruée sur les terres arables du monde menace la sécurité alimentaire des populations pauvres »), Oakland, Californie, Oakland Institute, 2009.

17. IAASTD, *op. cit.,* note 3.

18. *Ibid.* ; M. Ishii-Eiteman, « Souveraineté alimentaire et évaluation internationale des connaissances, des sciences et technologies agricoles pour le développement », *Journal of Peasant Studies,* juillet 2009, p. 689-700.

19. Anne-Marie Izac *et al.*, « Options pour les politiques d'habilitation et les cadres réglementaires », *in* IAASTD, *L'Agriculture à la croisée des chemins. Rapport de synthèse,* Washington DC, Island Press, 2009 ; Conférence des Nations unies sur le commerce et le développement, secrétariat de la CNUCED, *Tendances du marché à la concentration : le cas de l'agro-industrie,* Genève, 2006 ; F. Dreyfus *et al.*, « Analyse historique de l'efficacité des systèmes AKST dans la promotion de l'innovation », *in* IAASTD, *op. cit.* ci-dessus.

20. C. Badgley *et al.*, « Agriculture biologique et approvisionnement alimentaire mondial », *Renewable Agriculture and Food Systems,* juin 2007,

p. 86-108 ; IAASTD, *L'Agriculture à la croisée des chemins. Résumé de synthèse à l'attention des décideurs,* Washington DC, Island Press, 2009.

21. Jules Pretty, « Des approches agroécologiques au développement agricole », document de travail pour *Rapport sur le développement dans le monde 2008,* Santiago, Chili, Centre latino-américain pour le développement rural, 2006 ; CNUCED/PNUE, *Agriculture biologique et sécurité alimentaire en Afrique,* New York et Genève, 2008.

22. IAASTD, *op. cit.,* note 20 ; J. Berdegue, « Apprendre à lutter contre le modèle de la cage d'écureuil de Cochrane : politique publique, marchés et apprentissage social dans l'agriculture à petite échelle du Chili », *in* C. Leeuwis et R. Pyburn (éd.), *Wheelbarrows Full of Frogs : Social Learning and Rural Resource Management,* Wageningen, Pays-Bas, université agricole de Wageningen, 2002.

23. Cathy Rozel Farnworth, Emyr Vaughn Thomas et Janice Jiggins, « Vers un nouvel agenda », *in* Cathy Rozel Farnworth, Janice Jiggins et Emyr Vaughn Thomas (éd.), *Creating Food Futures : Trade, Ethics and the Environment,* Aldershot, Royaume-Uni, Gower Publishing, 2008, p. 229-236.

24. Aletheia Harper *et al.*, *Food Policy Councils : Lessons Learned* (« Conseils de politique alimentaire : leçons apprises »), Oakland, Californie, Food First-Institut pour une politique alimentaire et de développement, 2009 ; Mark Redwood, « Agriculture urbaine et évolution des marchés alimentaires », *in* Jennifer Clapp et Marc Cohen (éd.), *The Global Food Crisis : Governance Challenges and Opportunities* (« La crise alimentaire mondiale : les défis de la gouvernance et les opportunités »), Waterloo, Canada, Centre for International Governance Innovation (CIGI) et Wilfrid Laurier University Press, 2008, p. 205-216 ; Syed Miftahul Hasnat, « Arvari Sansad : l'assemblée paysanne », *Leisa Magazine*, décembre 2005.

25. Jérôme Ballet, Jean-Luc Dubois et François-Régis Mahieu, « Responsabilité dans les chaînes de valeurs et capacités des structures », *in* Farnworth, Jiggins et Thomas, *op. cit.,* note 23, p. 189-202 ; Fabrice Dreyfus *et al.*, « Analyse historique de l'efficacité des systèmes AKST dans la promotion de l'innovation », *in* IAASTD, *op. cit.,* note 19 ; M. Hendrickson *et al.*, « Changements dans l'agriculture et la production alimentaire dans les NAE depuis 1945 », *in* IAASTD, *op. cit.,* note 19 ; Izac *et al.*, *op. cit.,* note 19.

26. Olivier De Schutter, « Combattre la faim par le biais du droit à l'alimentation. Progrès réalisés au niveau national en Afrique, Amérique latine et en Asie du Sud », note d'information n° 1, New York, Nations unies, mai 2010 ; IAASTD, *op. cit.,* note 19.

27. Importance de l'industrie agricole et emploi, d'après Fonds mondial pour la nature, « Agriculture », base de données électronique : www.worldwildlife.org/what/globalmarkets/agriculture ; FAO, *op. cit.,* note 16.

28. « Bill Gates 2009. Symposium pour le prix mondial de l'alimentation », 15 octobre 2009, fondation Bill & Melinda Gates, base de données électronique : www.gatesfoundation.org.

29. Grants, d'après fondation Bill & Melinda Gates, base de données électronique : www.gatesfoundation.org.

30. Projet de soutien aux biotechnologies agricoles, base de données électronique : www.absp2.cornell.edu/consortiumpartners ; Programme régional de biosécurité d'Afrique australe, base de données électronique : www.usaid.gov/press/factsheets/2003/fs030623_7.html ; Agence des États-Unis pour le développement international, « Aubergine résistante aux parasites : Inde, Bangladesh, Philippines », fiche d'information, Washington DC, sans date.

31. Conseil pour l'avenir du monde, « Belo Horizonte : une ville abolit la faim », base de données électronique : www.worldfuturecouncil.org/future_policy_award_shortlist.html.

32. Frances Moore Lappé, « La ville qui a aboli la faim », *YES ! Magazine,* printemps 2009.

33. *Ibid.*

34. Anuradha Mittal, « La crise 2008 des prix alimentaires : repenser les politiques de sécurité alimentaire », G24 document de travail, Genève, CNUCED, 2009.

35. Frederic Mousseau, *Le Défi de la hausse des prix alimentaires : les réponses apportées pour combattre la faim,* Oakland, Californie, Oakland Institute, 2010.

36. Z. R. Khan et J. A. Pickett, « Gestion des insectes foreurs par des stratégies *push-pull* : une étude de cas dans l'exploitation de la biodiversité et de l'écologie chimique », *in* Geoff M. Gurr, Steve D. Wratten et Miquel A. Altieri (éd.), *Ecological Engineering for Pest Management : Advances in Habitat Manipulation for Arthropods,* Ithaca, État de New York, Cornell University Press, 2004, p. 155-164.

37. Z. R. Khan *et al.*, « Performance économique de la technologie *push-pull* dans la gestion des insectes foreurs et contrôle de *Striga* dans les systèmes agricoles des petits exploitants de l'ouest du Kenya », *Crop Protection*, vol. 27, 2008, p. 1084-1097.

38. Compliance Advisor Ombudsman (CAO), www.cao-ombudsman.org.

39. « Indonésie/Groupe Wilmar–01/Kalimantan occidental », Compliance Advisor Ombudsman (CAO), base de données électronique : www.cao-ombudsman.org/cases/case_detail.aspx?id=76.

40. *Rapport d'audit social et environnemental Ben & Jerry*, base de données électronique : www.benjerry.com/company/sear.

41. Équipe spéciale de haut niveau du Secrétariat général des Nations unies sur la crise mondiale de la sécurité alimentaire, *Cadre global d'action*, New York, juillet 2008, FAO, « Déclaration du Sommet mondial sur la sécurité alimentaire », Rome, novembre 2009 ; Banque mondiale, « Le fonds multi-donateurs attribue ses premiers dons à cinq pays », communiqué de presse, Washington DC, 23 juin 2010 ; Feed the Future, base de données électronique : www.feedthefuture.gov.

42. Comité des droits économiques, sociaux et culturels, « Remarque générale 12 : Le droit à la nourriture (article 11) », Nations unies, 12 mai 1999 ; Daryll E. Ray, « Combattre la faim dans le monde en augmentant la production dans le monde ? », *Policy Pennings*, Agricultural Policy Analysis Center, université du Tennessee, 2 avril 2010.

43. ActionAid International, *Impact de la poussée des agro-importations sur les pays en voie de développement*, Johannesburg, juillet 2008.

44. *Ibid.*

45. Organisation de coopération et de développement économiques (OCDE) et FAO, *OECD-FAO Perspectives agricoles 2010–2019*, Paris, OCDE, 2010 ; H.R. 4173 Dodd-Frank *Wall Street Reform and Consumer Protection Act*, base de données électronique : www.opencongress.org/bill/111-h4173/show ; Institut pour la politique agricole et commerciale (IATP), « L'adoption ce jour du *Wall Street Reform and Consumer Protection Act* limitera la spéculation dans le domaine agricole : de nouvelles règles pour freiner l'influence de Wall Street sur le marché alimentaire et agricole », communiqué de presse, Minneapolis, 21 juillet 2010.

46. East Africa Grain Council, « Entrepôts certifiés », base de données électronique : www.eagc.org/warehouses.asp ; Club du Sahel et de l'Afrique de l'Ouest (CSAO-OCDE), « Forum 2010 CSAO : appel aux dons », base de données électronique : www.oecd.org/document/8/0,3343,en_38233741_38242551_45431968_1_1_1_1,00.html ; Riza Bernabe, « Nécessité d'un mécanisme de réserve de riz dans le Sud-Est asiatique », pour l'Association des riziculteurs asiatiques, présentation PowerPoint pour la conférence Réserves alimentaires : stabiliser les marchés, investir dans l'agriculture et rétablir la sécurité alimentaire, Bruxelles, 1er-2 juin 2010 ; Joachim von Braun, « Réguler les marchés alimentaires », *Financial Times*, 9 août 2010.

47. Banque mondiale, *L'intérêt croissant pour les terres agricoles dans le monde peut-il générer des bénéfices équitables à long terme ?*, Washington DC, septembre 2010 ; Alexandra Spieldoch, *Accaparement mondial des terres*,

Washington DC, Foreign Policy in Focus, 18 juin 2009 ; FAO *et al.*, « Principes pour des investissements agricoles responsables qui respectent les droits, les moyens de subsistance et les ressources », note de travail, Rome, 25 janvier 2010.

48. FAO, *Guide pour effectuer une évaluation du droit à l'alimentation,* Rome, 2009.

49. De Schutter, *op. cit.,* note 26.

50. *Ibid.*

INDEX

B

C

D

E

H

I

J

K

L

M

N

S

T

U

V

W

RÉALISATION : NORD COMPO À VILLENEUVE-D'ASCQ
IMPRESSION : NORMANDIE ROTO IMPRESSION S.A.S. À LONRAI
DÉPÔT LÉGAL : NOVEMBRE 2011. N° 105004 (114177)
IMPRIMÉ EN FRANCE